普通高等教育"十四五"系列教材

信号与系统（第二版）

主 编 张 宇

副主编 熊 炜 黄道敏

中国水利水电出版社
www.waterpub.com.cn

·北京·

内 容 提 要

本书主要阐述确定性信号的时域和频域分析基本方法，线性时不变系统的特性，以及确定性信号通过线性时不变系统的时域和变换域分析方法。全书共 8 章，主要内容包括信号与系统的基本概念，连续时间系统的时域、频域和复频域（s 域）分析，离散信号与系统的时域和复频域（z 域）分析，以及 MATLAB 在信号与系统中的应用。本书在内容安排上注重核心知识，弱化繁冗内容；注重理论与工程相结合，力求深入浅出。

本书可作为高等院校电气信息类专业"信号与系统"课程的教材和研究生入学考试参考书，也可供相关专业的工作人员自学和参考。

图书在版编目（C I P）数据

信号与系统 / 张宇主编. -- 2版. -- 北京 ：中国
水利水电出版社，2022.10
普通高等教育"十四五"系列教材
ISBN 978-7-5226-0922-5

Ⅰ．①信… Ⅱ．①张… Ⅲ．①信号系统－高等学校－
教材 Ⅳ．①TN911.6

中国版本图书馆CIP数据核字(2022)第153154号

策划编辑：杜 威 责任编辑：张玉玲 加工编辑：赵佳琦 封面设计：梁 燕

书 名	普通高等教育"十四五"系列教材 信号与系统（第二版） XINHAO YU XITONG
作 者	主 编 张 宇 副主编 熊 炜 黄道敏
出版发行	中国水利水电出版社 （北京市海淀区玉渊潭南路 1 号 D 座　100038） 网址：www.waterpub.com.cn E-mail：mchannel@263.net（万水） 　　　　sales@mwr.gov.cn 电话：（010）68545888（营销中心）、82562819（万水）
经 售	北京科水图书销售有限公司 电话：（010）68545874、63202643 全国各地新华书店和相关出版物销售网点
排 版	北京万水电子信息有限公司
印 刷	三河市德贤弘印务有限公司
规 格	184mm×260mm　16 开本　21.5 印张　537 千字
版 次	2016 年 11 月第 1 版　2016 年 11 月第 1 次印刷 2022 年 10 月第 2 版　2022 年 10 月第 1 次印刷
印 数	0001—3000 册
定 价	58.00 元

第二版前言

　　"信号与系统"课程是电气工程、自动化、通信工程、电子信息工程等专业的核心基础课程，是一门重要的承上（高等数学、线性代数、复变函数、电路分析基础、模拟电子技术等）启下（数字信号处理、通信原理、自动控制技术等）的课程。可以说"信号与系统"课程教学的成败直接决定是否能够培养出合格的电气信息类专业人才。

　　本书面向电气、电子信息类应用人才，突出应用型人才要求，着力满足电气工程、自动化、电子信息、通信工程等专业新工科建设中关于信号与系统方面的知识要求。本书注重核心知识，弱化繁冗内容，既注重连续信号与系统的时域、频域、复频域分析，离散信号与系统的时域、z 域分析等核心知识点，又做到叙述简洁、例题典型、公式推导优化；理论与实际紧密结合，针对"信号与系统"课程理论性强、不易理解的问题，教材理论部分注重与实际例子相结合，仿真实践部分力求与实验课程相协调。

　　本书是"普通高等教育'十三五'规划教材"《信号与系统》（2016 年）的修订版，新版本在内容上仍然覆盖了"信号与系统"课程教学基本要求的所有内容，在体系结构上保留了原书的特色。同时，根据当前"信号与系统"的发展，结合新工科建设的需求和教学要求，我们对教材内容进行了修订。与上一版相比，本书的最大改动在于第8章，详细介绍了MATLAB的基本知识，MATLAB 仿真软件应用于信号与系统的时域、频域、复频域分析，以及离散信号与系统的时域、z 域分析的方法，并给出了 21 个经典应用的例子。该部分内容与仿真实验内容一一对应，以便课程教学。另外，"信号与系统"的实践教学还与大学生科技创新实践以及全国电子设计竞赛相衔接，通过积极引导学生参加这样的实践活动，提高学生对课堂知识的理解，提升其科技创新与实践能力。

　　本书由张宇任主编，熊炜、黄道敏任副主编，其中第 1、2、3、5 章由湖北工业大学张宇教授编写，第 4 章由空军预警学院黄道敏副教授编写，第 6 章由湖北工业大学熊炜副教授编写，第 7 章由湖北工业大学熊炜副教授和曾春艳副教授共同编写，第 8 章由空军预警学院彭军讲师编写。

　　限于编者的水平，书中恐有疏误之处，恳请读者批评指正。

作　者

2022 年 6 月

第一版前言

"信号与系统"课程是电气工程、自动化、通信工程、电子信息工程、电子科技与技术等专业的核心基础课程，是一门重要的承上（高等数学、线性代数、复变函数、电路分析基础、模拟电子技术等）启下（数字信号处理、通信原理、高频电子线路、自动控制技术、电子测量技术等）的课程。可以说"信号与系统"课程教学的成败直接决定是否能够培养出合格的电气信息类专业人才。

"信号与系统"是通信与信息系统、信号与信息处理等专业的研究生入学考试必考课程。为了适应现代信号处理技术的发展以及研究生入学考试要求，同时解决授课学时与教学内容、理论传授与实践练习之间的矛盾，通过与"数字信号处理"课程整合，目前"信号与系统"课程主要侧重于连续时间信号与系统的时域、频域和复频域分析，其后续课程"数字信号处理"课程则主要侧重于离散时间信号与系统的时域、频域和复频域分析。

本书系"普通高等教育'十三五'规划教材"，根据教育部高等学校电子信息科学与电气信息类基础课程教学指导分委员会制定的"信号与系统课程教学基本要求"修订，在内容组织和选取上有较大的变化，基本上属于重写和重新组织，并有较多的补充。这些变化的目的在于帮助教师更好地讲授这门课以及学生更容易掌握这门课的内容。

在实践教学环节，逐渐放弃了传统、落后的实验箱，而将现代化仿真工具软件 Simulink 引入实践教学环节，加入课程设计。此外，"信号与系统"的实践教学还体现在大学生科技创新实践以及全国电子设计竞赛中，通过积极引导学生参加这样的实践活动，不但提高了学生对课堂知识的理解，而且增加了学生的科技创新与实践能力。

编者在不断跟踪国内外"信号与系统"教材体系和内容变化的基础上，结合自己长期从事本课程双语教学的实践体会，并针对我国教学体系与教学实践改革的现状和要求，以及学生的具体情况，本着知识体系完备、例题典型丰富、强化基础、贴近实际、叙述简洁、讲解透彻、便于读者自学的原则，改版编写了这本反映现代"信号与系统"基本原理、教学体系和内容的教材。

本书第 1、2、3、5 章由张宇副教授执笔，第 4 章由黄道敏讲师执笔，第 6 章由熊炜副教授执笔，第 7 章由熊炜副教授和曾春艳讲师执笔，第 8 章由康瑞讲师执笔。全书由张宇副教授负责统稿。

在本书的编写过程中，研究生徐晶晶、吴俊驰、刘小镜等同学参与了部分文字的录入和插图的制作，在此向他们一并表示衷心感谢。

限于编者的水平，书中恐有疏误之处，恳请读者批评指正。

作者于湖北工业大学
2016 年 7 月

目　　录

第 1 章　信号与系统的基本概念

步入二十一世纪后，人类社会就进入了信息社会，信息社会的关键是信息的使用和传递。消息依附于某一物理量上就构成了信号。信息与信号密切相关，在现代社会中，人们广泛地涉足信号与系统的问题。特别是随着近代科学技术的发展，大规模、超大规模集成电路的出现，数字计算机的广泛应用，使得信号与系统日益复杂和综合，从而大大促进了其理论研究的发展。

在系统理论研究中主要包括两大任务：一是系统分析；二是系统综合。系统分析主要是处理整个系统与输入及输出信号的关系，以完成系统所具有的功能；系统综合则是为达到预期输出的目的而完成对物理模型的建立。

系统的概念是广义的，它极其广泛地出现在各个领域中。本书仅限于对电信号及电系统的分析。

1.1　信号及其描述方式

1.1.1　信号

所谓信号，广泛地说其是随时间变化的物理量，是传递和记录信息的一种工具。从数学的角度而言，它可以看成一个或多个独立变量的函数表达。从通信技术角度而言，它是借助电、光、声将文字、图像、语音、数码等信息从甲地传递到乙地，或对不同信号进行各种形式的处理。本书中的电信号主要是指随时间或频率变化的电压量及电流量。

1.1.2　信号的描述方式

信号的描述方式主要有两种：一种是解析函数表达形式，另一种是图像表达形式。信号的独立变量与其函数的依托关系是多种形式的，例如以时间特征量作为自变量来表示信号，则称为时域表示法，即把一个信号随时间变化的规律用 $x = x(t)$ 的解析函数表达式描述出来，或通过图像的形式描述出来。

若以频率特征量作为自变量来描述信号，则称为频域表示法。这种信号既可以用解析函数表示，也可以用图像表示。

1.2　信号的分类

由语音、图像、数码等形成的电信号，其形式是多种多样的。根据其本身的特征，可按以下几种方式分类。

1. 确定性信号与随机信号

如果信号可以表示为一个或几个自变量的确定函数，则称此信号为确定性信号，如正弦信号、阶跃信号等。

如果一个信号在发生以前无法确切地知道它的波形，即该信号没有确定的函数表达式，而只能预测该信号对某一数值的概率，这样的信号就称为随机信号。例如，信息传输过程中的信号严格来说都是随机的，因为这种信号中包含着干扰和噪声。

2. 周期信号与非周期信号

如果一个信号每隔固定的时间 T 都精确地再现该信号的本身，则称为周期信号。周期信号具有两大特点，即周而复始且无始无终。一个连续时间周期信号的表达式为

$$x(t) = x(t \pm nT) \quad n = 0, 1, 2, \cdots \tag{1-1}$$

满足此式的最小 T 值为信号的周期。只要给出该信号在一个周期内的变化过程，便可以确定它在任意时刻的数值。

作为非周期信号则无固定时间长度的周期。例如，通信系统中测试所采用的正弦波、雷达中的矩形脉冲都是周期信号，而语音波形、开关启闭所造成的瞬态则是非周期信号。

3. 连续时间信号与离散时间信号

如果在所讨论的时间间隔内，除若干个不连续点之外，对于任意时间值都可给出确定的函数值，此信号就称为连续信号。例如，正弦波或如图 1-1 所示的矩形脉冲都是连续信号。连续信号的幅值可以是连续的，也可以是离散的（只取某些规定值）。时间和幅值都为连续的信号又称为模拟信号。离散信号在时间上是离散的，只在某些不连续的规定瞬时给出函数值，在其他时间没有定义，如图 1-2 所示的信号。此图对应的函数 $x(t)$ 只在 $t = -2, -1, 0, 1, 2, 3, 4 \cdots$ 离散时刻给出函数值 $2.1, -1, 1, 2, 0, 4.3, -2 \cdots$。给出函数值的离散时刻的间隔可以是均匀的，也可以是不均匀的，一般情况下都采用均匀间隔，如图 1-2 所示。这时，自变量 t 简化为整数序号 n，函数符号记为 $x(n)$，仅当 n 为整数时 $x(n)$ 才有定义。离散时间信号也可以被认为是一组序列值的集合，用 $\{x(n)\}$ 表示。

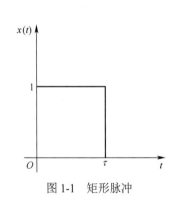

图 1-1 矩形脉冲

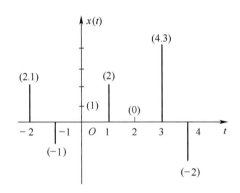

图 1-2 离散信号（抽样信号）

图 1-2 所示信号写作序列为

$$x(n) = \begin{cases} 2.1 & (n = -2) \\ -1 & (n = -1) \\ 1 & (n = 0) \\ 2 & (n = 1) \\ 0 & (n = 2) \\ 4.3 & (n = 3) \\ -2 & (n = 4) \end{cases}$$

为简化表达，此信号也可记为

$$x(n) = \{2.1 \quad -1 \quad \underset{\uparrow}{1} \quad 2 \quad 0 \quad 4.3 \quad -2\} \tag{1-2}$$

数字 1 下面的箭头表示与 $n = 0$ 相对应，左右两边依次给出 n 取负整数和正整数时对应的 $x(n)$ 值。

如果离散时间信号的幅值是连续的，则又可称之为抽样信号，如图 1-2 所示。另一种情况是离散信号的幅值也被限定为某些离散值，也即时间与幅度取值都具有离散性，这种信号又称为数字信号，各离散时刻的函数取值只能是 "0" 和 "1"，如图 1-3 所示。此外，还可以有幅度为多个离散值的多电平数字信号。

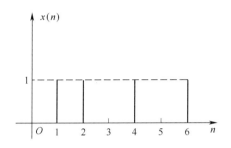

图 1-3　离散信号（数字信号）

4. 能量信号与功率信号

能量信号是一个脉冲式信号，它通常只存在于有限的时间间隔内。当然还有一些信号存在于无限的时间间隔内，但其能量的主要部分集中在有限时间间隔内，这样的信号也称为能量信号。如图 1-4 所示都为能量信号。

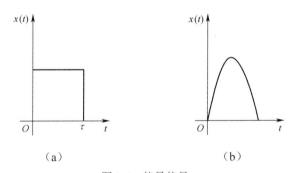

（a）　　　　　　　　　　（b）

图 1-4　能量信号

作为能量信号在 $(-\infty, +\infty)$ 时间间隔内，在 1Ω 电阻上所消耗的能量可定义为

$$E = \int_{-\infty}^{+\infty} |x(t)|^2 \mathrm{d}t < \infty \tag{1-3}$$

其中 $x(t)$ 既可为电压信号，又可为电流信号。

当时间间隔趋于无限时，其在 1Ω 电阻上所消耗的能量也趋于无穷大，但在 1Ω 电阻上消耗的平均功率是大于零的有限值，则这样的信号为功率信号。作为功率信号，其平均功率可定义为

$$P = \lim_{T \to \infty} \frac{1}{2T} \int_{-T}^{T} |x(t)|^2 \mathrm{d}t \qquad (1\text{-}4)$$

由此可概括为：若信号 $x(t)$ 能量有限，即 $0 < E < \infty$，此时 $P=0$，则称该信号为能量信号；若信号 $x(t)$ 功率有限，即 $0 < P < \infty$，此时 $E = \infty$，则称该信号为功率信号。对于周期信号，其能量随着时间的增加可以趋于无限，但功率是有限值，所以周期信号属于功率信号；而非周期信号既可以是能量信号，也可以是功率信号。

1.3　常用单元信号

对于实际信号而言，大部分都是不同形式的复杂信号，这些复杂信号通常是由常用的基本单元信号组合而成的，因此了解常用单元信号是非常必要的。

1.3.1　常用连续信号

1. 正弦信号

正弦信号的定义为

$$x(t) = A\cos(\omega t + \phi) \qquad (1\text{-}5)$$

式中：A 为振幅，ϕ 为初相位，ω 为角频率。它是周期为 T 的周期信号，与频率 f 及角频率 ω 的关系为

$$T = \frac{1}{f} = \frac{2\pi}{\omega} \qquad (1\text{-}6)$$

其波形如图 1-5 所示。

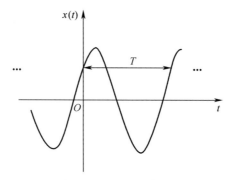

图 1-5　正弦信号波形图

2. 指数信号

指数信号的定义为

$$x(t) = A\mathrm{e}^{at}, \quad -\infty < t < \infty \qquad (1\text{-}7)$$

式中：a 为任意常数。当 $a > 0$ 时，$x(t)$ 随 t 增大而呈指数增大；当 $a < 0$ 时，$x(t)$ 随 t 增大而呈指数衰减；当 $a=0$ 时，$x(t) = A$（常数），其波形如图 1-6 所示。

当指数信号 e^{at} 中的 a 为一复数 s 时，该信号称为复指数信号，其表达式为

$$x(t) = A\mathrm{e}^{st} \qquad (1\text{-}8)$$

式中，$s = a + \mathrm{j}\omega$。由欧拉公式可知，复指数信号可分解为实部和虚部两部分，即 $\mathrm{e}^{st} = \mathrm{e}^{(a+\mathrm{j}\omega)t}$ $= \mathrm{e}^{at}\mathrm{e}^{\mathrm{j}\omega t} = \mathrm{e}^{at}(\cos\omega t + \mathrm{j}\sin\omega t)$。其中，实部包含余弦信号，虚部包含正弦信号。而 s 的实部 a 表示了正弦和余弦振幅随时间变化的情况：当 $a > 0$ 时，为增幅振荡信号；当 $a < 0$ 时，为减幅振荡信号；当 $a = 0$ 时，为等幅振荡信号。当 s 的实部 $a = 0$ 时，复指数信号 e^{st} 将变化为纯虚指数信号 $\mathrm{e}^{\mathrm{j}\omega t}$。

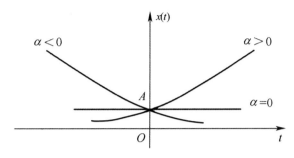

图 1-6　指数信号波形图

3. 抽样信号

抽样信号的定义为

$$x(t) = \frac{\sin t}{t} = Sa(t) \tag{1-9}$$

其波形如图 1-7 所示。

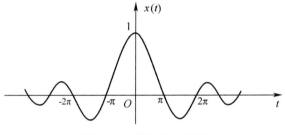

图 1-7　抽样信号波形图

该信号具有如下性质：

（1）当 $t = 0$ 时，有

$$Sa(t) = \lim_{t \to 0}\frac{\sin t}{t} = 1 \tag{1-10}$$

（2）当 $Sa(t) = 0$ 时，有

$$t = \pm k\pi, k = 1, 2, 3, \cdots \tag{1-11}$$

由式（1-11）可确定抽样信号的零值点。

（3）该信号呈现与时间 t 反比衰减振荡的变化趋势。

（4）该信号是关于时间 t 的偶函数，即

$$Sa(t) = Sa(-t) \tag{1-12}$$

（5）该信号在 $(-\infty, +\infty)$ 内的积分值为有限值，即

$$\int_{-\infty}^{\infty} \frac{\sin t}{t} \mathrm{d}t = \pi \tag{1-13}$$

4. 高斯信号

高斯信号的定义为

$$x(t) = E\mathrm{e}^{-\left(\frac{t}{\tau}\right)^2} \tag{1-14}$$

其波形如图 1-8 所示。该信号在时间 $t \to \pm\infty$ 时趋于零。

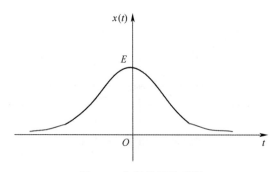

图 1-8　高斯信号波形图

1.3.2　常用奇异信号

若某一信号本身存在不连续点（跳变点）或其导数与积分存在不连续点，则称此信号为奇异信号。一般来说，奇异信号都是实际信号的理想化模型。

1. 单位阶跃信号 $\varepsilon(t)$

单位阶跃信号可定义为

$$\varepsilon(t) = \begin{cases} 1, & t > 0 \\ 0, & t < 0 \end{cases} \tag{1-15}$$

其波形如图 1-9 所示。

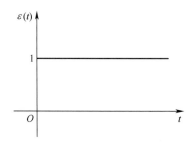

图 1-9　单位阶跃信号波形图

阶跃信号在信号分析中的作用主要是用来描述信号在某一时刻的转换。如果将此信号作为信号源放入电路中，就相当于起到了一个开关换路的作用。因此也常称此信号为"开关"函数。

2. 单位冲激信号 $\delta(t)$

单位冲激信号可定义为

$$\delta(t) = \begin{cases} \infty, & t = 0 \\ 0, & t \neq 0 \end{cases}$$

且

$$\int_{-\infty}^{\infty} \delta(t)\mathrm{d}t = 1 \tag{1-16}$$

其波形如图 1-10 所示。

该信号仅在 $t = 0$ 的瞬间存在，且在无穷小的时间间隔内取值为无穷大，但积分值为有限值。图 1-10 中信号的箭头表示该信号的积分值等于 1，通常将其积分值称为冲激强度。

当冲激信号在 $(-\infty, \infty)$ 区间的积分值为任意常数 A 时，则称之为强度为 A 的冲激信号，用 $A\delta(t)$ 表示，其波形如图 1-11 所示。

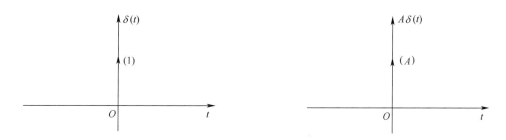

图 1-10　单位冲激信号波形图　　　　　　　图 1-11　强度为 A 的冲激信号

实际上，冲激信号是通过对某些满足一定条件的规则信号求极限来定义的。最简单的求极限过程如图 1-12 所示的矩形脉冲 $x(t)$，其脉冲宽度为 τ，幅度为 $1/\tau$。如果减小脉宽 τ，则幅度 $1/\tau$ 必然增大，但作为矩形脉冲的面积是不变的。当取 τ 趋于零的极限时，其脉宽趋于无穷小，而幅度趋于无穷大，但二者乘积的极限却趋于一个有限值，即 $x(t)$ 与横轴 t 所围成的面积恒为 1。这个矩形脉冲在 $\tau \to 0$ 时的极限情况就是单位冲激信号 $\delta(t)$，该极限的数学表达式为

$$\delta(t) = \lim_{\tau \to 0} x(t) = \lim_{\tau \to 0} \frac{1}{\tau} \left[\varepsilon\left(t + \frac{\tau}{2} \right) - \varepsilon\left(t - \frac{\tau}{2} \right) \right] \tag{1-17}$$

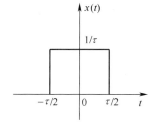

图 1-12　矩形脉冲的极限为冲激信号

冲激信号具有如下性质：

（1）时移性质。如果单位冲激信号发生在 $t = t_0$ 处，则该信号称为时移冲激信号。其表达式为

$$\delta(t - t_0) = \begin{cases} \infty, & t = t_0 \\ 0, & t \neq t_0 \end{cases}$$

且

$$\int_{-\infty}^{\infty} \delta(t - t_0) \mathrm{d}t = 1 \tag{1-18}$$

其波形如图 1-13（a）所示。

冲激信号既可以沿时间轴右移也可以沿时间轴左移，如图 1-13（b）所示。

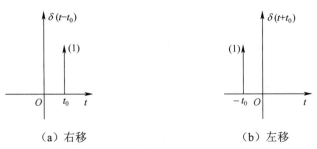

（a）右移　　　　　　　　　（b）左移

图 1-13　时移后的冲激信号波形图

（2）抽样性质。按照广义函数的理论，$\delta(t)$ 也可定义为

$$\int_{-\infty}^{\infty} x(t)\delta(t)\mathrm{d}t = x(0) \tag{1-19}$$

其中，$x(t)$ 是在 $t = 0$ 时刻的连续函数。

证明：因为 $x(t)$ 是连续函数，则有

$$\int_{-\infty}^{\infty} x(t)\delta(t)\mathrm{d}t = \int_{0^-}^{0^+} x(t)\delta(t)\mathrm{d}t$$

即在 $t = 0$ 时刻，$x(0^-)$ 与 $x(0^+)$ 的取值不变。由此可得

$$\int_{0^-}^{0^+} x(t)\delta(t)\mathrm{d}t = \int_{0^-}^{0^+} x(0)\delta(t)\mathrm{d}t = x(0)\int_{0^-}^{0^+} \delta(t)\mathrm{d}t$$

由单位冲激信号的定义 $\int_{0^-}^{0^+} \delta(t)\mathrm{d}t = 1$，可得

$$\int_{-\infty}^{\infty} x(t)\delta(t)\mathrm{d}t = x(0)$$

式（1-19）中给出了 $\delta(t)$ 的一个重要性质，即冲激信号抽样性质。此式表明：$\delta(t)$ 与任意信号 $x(t)$ 相乘并在 $(-\infty, \infty)$ 时间内积分，即可得到 $x(t)$ 在 $t = 0$ 时刻（抽样时刻）的函数值 $x(0)$。同理，若冲激时刻发生在 $t = t_0$ 处，则可筛选出抽样时刻 $t = t_0$ 处的函数值 $x(t_0)$，即

$$\int_{-\infty}^{\infty} x(t)\delta(t - t_0)\mathrm{d}t = x(t_0) \tag{1-20}$$

（3）乘积性质。如果 $x(t)$ 为在 $t = 0$ 点连续且处处有界函数，由式（1-19）可有

$$\int_{-\infty}^{\infty} x(t)\delta(t)\mathrm{d}t = \int_{-\infty}^{\infty} x(0)\delta(t)\mathrm{d}t = x(0)\int_{-\infty}^{\infty} \delta(t)\mathrm{d}t = x(0)$$

由此可以得到

$$x(t)\delta(t) = x(0)\delta(t) \tag{1-21}$$

证明：引入测试函数 $\phi(t)$。首先证明等式左端，即

$$x(t)\delta(t) = \int_{-\infty}^{\infty} \phi(t)x(t)\delta(t)\mathrm{d}t = \phi(0)x(0)$$

而等式右端为

$$x(0)\delta(t) = \int_{-\infty}^{\infty} \phi(t)x(0)\delta(t)\mathrm{d}t = x(0)\int_{-\infty}^{\infty} \phi(t)\delta(t)\mathrm{d}t = x(0)\phi(0)$$

可见式（1-21）的左端与右端相等。

式（1-21）表明：$\delta(t)$ 与任一信号 $x(t)$ 相乘，其乘积结果是一个强度为 $x(0)$ 的冲激信号，该冲激信号的冲激时刻不变。

将式（1-21）推广可得

$$x(t)\delta(t-t_0) = x(t_0)\delta(t-t_0) \tag{1-22}$$

（4）尺度变换性质。由式（1-19），考虑积分 $\int_{-\infty}^{\infty} x(t)\delta(at)\mathrm{d}t$，令 $\tau = at$，则有

$$a>0 \text{ 时，} \quad \int_{-\infty}^{\infty} x(t)\delta(at)\mathrm{d}t = \frac{1}{a}\int_{-\infty}^{\infty} x\left(\frac{\tau}{a}\right)\delta(\tau)\mathrm{d}\tau = \frac{1}{a}x(0)$$

$$a<0 \text{ 时，} \quad \int_{-\infty}^{\infty} x(t)\delta(at)\mathrm{d}t = -\frac{1}{a}\int_{-\infty}^{\infty} x\left(\frac{\tau}{a}\right)\delta(\tau)\mathrm{d}\tau = -\frac{1}{a}x(0)$$

综上可得

$$\int_{-\infty}^{+\infty} x(t)\delta(at)\mathrm{d}t = \frac{1}{|a|}x(0) = \frac{1}{|a|}\int_{-\infty}^{+\infty} x(t)\delta(t)\mathrm{d}t$$

由此得到

$$\delta(at) = \frac{1}{|a|}\delta(t), \quad a \neq 0 \tag{1-23}$$

（5）冲激信号奇、偶性。

$$\delta(t) = \delta(-t) \tag{1-24}$$

（6）冲激信号积分性质。

$$\delta(t) = \frac{\mathrm{d}\varepsilon(t)}{\mathrm{d}t} \tag{1-25}$$

则由微、积分的互逆运算可有

$$\varepsilon(t) = \int_{-\infty}^{t} \delta(\tau)\mathrm{d}\tau \tag{1-26}$$

3. 符号函数 sgn(t)

符号函数定义为

$$\mathrm{sgn}(t) = \begin{cases} 1, & x > 0 \\ -1, & x < 0 \end{cases} \tag{1-27}$$

可以利用阶跃信号来表示符号函数

$$\mathrm{sgn}(t) = 2\varepsilon(t) - 1 = \varepsilon(t) - \varepsilon(-t) \tag{1-28}$$

其波形如图 1-14 所示。

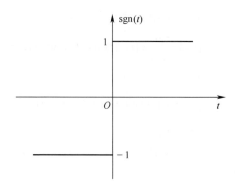

图 1-14　sgn(t) 信号波形

4. 单位斜变信号

斜变信号也称斜坡信号或斜升信号，是指从某一时刻开始随时间正比例增长的信号。如果增长的变化率是 1，就称作单位斜变信号，其波形图如图 1-15 所示，表示式为

$$r(t) = \begin{cases} t, & t > 0 \\ 0, & t < 0 \end{cases} \tag{1-29}$$

如果将起始点移至 t_0，则表示式为

$$r(t-t_0) = \begin{cases} t - t_0, & t \geqslant t_0 \\ 0, & t < t_0 \end{cases} \tag{1-30}$$

其波形图如图 1-16 所示。

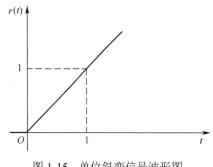 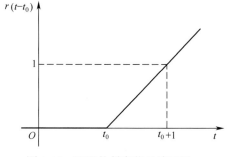

图 1-15　单位斜变信号波形图　　　　　　图 1-16　延迟的斜变信号波形图

5. 冲激偶信号

冲激函数的微分（阶跃函数的二阶导数）将呈现正、负极性的一对冲激，称为冲激偶信号，用 $\delta'(t)$ 表示。可以利用规则函数系列取极限的概念引出 $\delta'(t)$，在此借助三角形脉冲系列，波形如图 1-17（a）所示。三角形脉冲 $s(t)$ 的底宽为 2τ，高度为 $\dfrac{1}{\tau}$，当 $\tau \to 0$ 时，$s(t)$ 成为单位冲激函数 $\delta(t)$。在图 1-17（c）中画出 $\dfrac{\mathrm{d}s(t)}{\mathrm{d}t}$ 波形，它是正、负极性的两个矩形脉冲，称为脉冲偶对。其宽度都为 τ，高度分别为 $\pm\dfrac{1}{\tau^2}$，面积都是 $\dfrac{1}{\tau}$。随着 τ 减小，脉冲偶对宽度变窄，幅度增高，面积为 $\dfrac{1}{\tau}$。当 $\tau \to 0$ 时，$\dfrac{\mathrm{d}s(t)}{\mathrm{d}t}$ 是正、负极性的两个冲激函数，其强度均为无穷大，

如图 1-17（d）所示，这就是冲激偶信号 $\delta'(t)$。冲激偶信号的一个重要性质为

$$\int_{-\infty}^{\infty} \delta'(t)x(t)\mathrm{d}t = -x'(0) \tag{1-31}$$

这里，$x'(t)$ 在 0 点连续，$x'(0)$ 为 $x(t)$ 导数在零点的取值。此关系式可由分部积分展开而得到。

证明：

$$\int_{-\infty}^{\infty} \delta'(t)x(t)\mathrm{d}t = x(t)\delta(t)\bigg|_{-\infty}^{\infty} - \int_{-\infty}^{\infty} x'(t)\delta(t)\mathrm{d}t = -x'(0)$$

对于延迟 t_0 的冲激偶信号 $\delta'(t-t_0)$，同样有

$$\int_{-\infty}^{\infty} \delta'(t-t_0)x(t)\mathrm{d}t = -x'(t_0) \tag{1-32}$$

冲激偶信号的另一个性质是它所包含的面积等于零，这是因为正、负两个冲激的面积相互抵消了。于是有

$$\int_{-\infty}^{\infty} \delta'(t)\mathrm{d}t = 0 \tag{1-33}$$

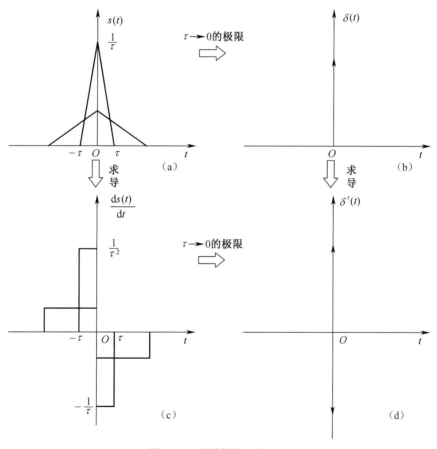

图 1-17　冲激偶信号的形成

1.4   信号的运算

信号运算形式可以分为以下几种：信号和与积运算，信号时移运算，信号尺度变换运算，信号反褶运算，信号幅度变换运算，信号微、积分运算等。一般来说，确定信号的各种运算都可以采用两种方法：一种是通过图像进行信号的各种运算；另一种是通过解析形式进行信号的各种运算。

1. 信号和与积运算

信号和与积运算是指信号进行代数相加与相乘，这类运算较为简单。需要注意的是，必须将同一瞬间的两个函数值相加或相乘。

2. 信号时移运算

信号时移运算就是将信号 $x(t)$ 转换为 $x(t+a)$ 的过程，即 $x(t) \rightarrow x(t+a)$。信号可以沿时间轴左移或右移。当 $a > 0$ 时，信号波形沿时间轴左移；当 $a < 0$ 时，信号波形沿时间轴右移。

3. 信号尺度变换运算

信号尺度变换运算（信号压扩运算）就是将信号 $x(t)$ 转换成新的信号 $x(at)$ 的过程，即 $x(t) \rightarrow x(at)$。其中，a 为压扩系数，可以为正，也可以为负，但 $a \neq 0$。

若 $a > 1$，则将 $x(t)$ 图像压缩到 $1/a$ 倍即得到 $x(at)$ 的图像；若 $0 < a < 1$，则将 $x(t)$ 图像扩展到 $1/a$ 倍而得到 $x(at)$ 的图像。

需要注意的是：信号压扩运算是指在时间轴上进行图形的压缩或扩展，而在整个变换过程中信号的幅度不变。

4. 信号反褶运算

信号反褶运算是将 $x(t)$ 转换为 $x(-t)$ 的过程，或者说是信号尺度变换运算 $x(at)$ 中 $a = -1$ 时的特殊情况。其实质就是将原信号 $x(t)$ 图像相对纵轴作反褶。

5. 信号幅度变换运算

信号幅度变换运算的过程是将 $x(t)$ 转换为 $ax(t)$ 的过程，将 $x(t)$ 图像上每个时刻对应的新值变为原值的 a 倍，就得到了 $ax(t)$ 的图像。

6. 信号微、积分运算

（1）信号微分运算。信号微分运算将包含两种情况：一种是对连续信号微分运算，这种运算与连续函数微分运算相同；另一种是对奇异信号微分运算，在这种微分运算中，将包含对信号连续部分的微分运算和对间断点（也可称为跳变点）的微分运算。从数学角度讲，间断点处无穷小极限的取值将是不定值。而按前面所讨论关于冲激信号的物理含义，这个不定值可以理解为在间断点处，信号在无穷小时间内将受到一个无穷大能量的冲激，导致信号在该点发生跳变。这实际上意味着在该点处应有一个冲激信号存在，所以信号在间断点处的微分结果应是一个冲激信号。

（2）信号积分运算。如果信号微分运算需要注意间断点处微分，那么信号积分运算就必须注意在做分段积分时，前一段积分对后面积分的影响。

以上讨论的都是信号基本单元运算。但实际信号运算都是由基本单元运算所组成的复杂运算。一般来说是将原信号 $x(t)$ 转换为 $x(at \pm b)$ 的过程。在这样的转换中将包含信号时移、尺度变换、反褶等运算。这里需注意：在同时含有信号的多种运算时，与信号基本运算顺序无关，每一个步骤只参与一种基本运算，逐步完成。

例 1-1　已知信号 $x(t)$ 的波形如图 1-18（a）所示，试画出 $x(-3t-2)$ 波形。

解：（1）首先考虑移位的作用，求得 $x(t-2)$ 波形如图 1-18（b）所示。

（2）将 $x(t-2)$ 作尺度倍乘，求得 $x(3t-2)$ 波形如图 1-18（c）所示。

（3）将 $x(3t-2)$ 反褶，给出 $x(-3t-2)$ 波形如图 1-18（d）所示。

如果改变上述运算的顺序，例如先求 $x(3t)$ 或先求 $x(-t)$，最终也会得到相同的结果。

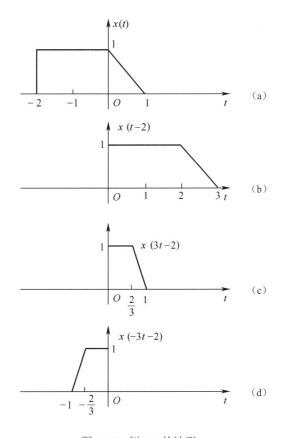

图 1-18　例 1-1 的波形

1.5　信号的分解与合成

对于实际信号及系统的分析和处理，我们常采用对复杂信号进行单元函数分解后再合成的方法。按照数学理论，对信号进行分解可有多种形式，最终将信号分解为何种形式需根据所讨论问题的实际要求来确定。本节只对几种常用的信号分解形式进行简单讨论，而每一种信号分解过程将在后续所学内容上进行详细讨论。

1. **任意信号分解为直流分量与交流分量之和**

信号平均值即信号的直流分量。从原信号中去掉直流分量即得信号的交流分量。设原信号为 $x(t)$，分解为直流分量 x_D 与交流分量 $x_A(t)$，表示为

$$x(t) = x_D + x_A(t) \tag{1-34}$$

若此时间函数为电流信号，则在时间间隔 T 内流过单位电阻所产生的平均功率应等于

$$P = \frac{1}{T} \int_{-\frac{T}{2}}^{\frac{T}{2}} x^2(t)\mathrm{d}t$$

$$= \frac{1}{T} \int_{-\frac{T}{2}}^{\frac{T}{2}} \left[x_\mathrm{D} + x_\mathrm{A}(t)\right]^2 \mathrm{d}t$$

$$= \frac{1}{T} \int_{-\frac{T}{2}}^{\frac{T}{2}} \left[x_\mathrm{D}^2 + 2x_\mathrm{D}x_\mathrm{A}(t) + x_\mathrm{A}^2(t)\right] \mathrm{d}t$$

$$= x_\mathrm{D}^2 + \frac{1}{T} \int_{-\frac{T}{2}}^{\frac{T}{2}} x_\mathrm{A}^2(t)\mathrm{d}t \tag{1-35}$$

在推导过程中用到 $x_\mathrm{D}x_\mathrm{A}(t)$ 的积分等于零。由式（1-35）可见，一个信号的平均功率等于直流功率与交流功率之和。

2. 任意信号分解为偶分量与奇分量之和

设 $x_\mathrm{e}(t)$ 表示信号 $x(t)$ 的偶分量，$x_\mathrm{o}(t)$ 表示信号 $x(t)$ 的奇分量，则有

$$x(t) = x_\mathrm{e}(t) + x_\mathrm{o}(t) \tag{1-36}$$

由数学理论可知：偶函数与奇函数定义为
偶函数

$$x_\mathrm{e}(t) = x_\mathrm{e}(-t) \tag{1-37}$$

其波形关于纵轴对称。
奇函数

$$x_\mathrm{o}(t) = -x_\mathrm{o}(-t) \tag{1-38}$$

其波形关于坐标原点对称。

联立求解式（1-37）及式（1-38）可得 $x_\mathrm{e}(t)$、$x_\mathrm{o}(t)$ 与 $x(t)$ 的关系式为

$$x_\mathrm{e}(t) = \frac{1}{2}\left[x(t) + x(-t)\right] \tag{1-39}$$

$$x_\mathrm{o}(t) = \frac{1}{2}\left[x(t) - x(-t)\right] \tag{1-40}$$

3. 任意时域连续信号分解为无穷多连续冲激信号之和

为了方便信号与系统的时域分析，根据冲激信号定义，一般常采用将任意连续信号分解为无穷多连续冲激信号之和的方法，即

$$x(t) = \lim_{\Delta\tau \to 0} \sum_{\tau=-\infty}^{\infty} x(\tau)\delta(t-\tau)\Delta\tau = \int_{-\infty}^{\infty} x(\tau)\delta(t-\tau)\mathrm{d}\tau \tag{1-41}$$

这一部分的详细内容将在第 2 章中讨论。

4. 任意信号分解为实分量与虚分量之和

根据所讨论问题的需要，常常需要对信号进行实、虚分量的分解。例如，讨论连续及离散时域信号的频谱时，常可利用该分解形式。一般来说，信号的实虚分解可用下式来表示。设 $x_\mathrm{r}(t)$ 表示信号 $x(t)$ 的实部，$x_\mathrm{i}(t)$ 表示信号 $x(t)$ 的虚部，则有

$$x(t) = x_\mathrm{r}(t) + \mathrm{j}x_\mathrm{i}(t) \tag{1-42}$$

5．任意信号表示为正交函数分量之和

依据数学理论，任意信号 $x(t)$ 既可表示为三角函数集合的形式也可表示为复指数函数集合的形式。因为这两种集合的形式都属于正交函数集合的形式，所以其表达式为

三角函数集合形式：

$$x(t) = a_0 + \sum_{n=1}^{\infty} a_n \cos(n\omega_1 t + \phi_n) \tag{1-43}$$

复指数函数集合形式：

$$x(t) = \sum_{n=-\infty}^{\infty} X(n\omega_1) \mathrm{e}^{jn\omega_1 t} \tag{1-44}$$

这种分解形式将在第 3 章中进行详细讨论。

1.6　系统的模型

所谓系统，广义地说就是一个将输入和输出联系起来的物理过程的数学模型，即完成从实际输入到输出转换的模式。例如，常见的"4C"系统即通信系统、控制系统、计算机系统和指挥系统。广义系统的定义可以用简单的方框图来表示，如图 1-19 所示。图 1-19 中，$x(t)$ 表示系统输入信号，$y(t)$ 表示系统输出信号。整个系统的作用就是完成从输入 $x(t)$ 到输出 $y(t)$ 的转换。图 1-19 所示系统框图的数学模型即为

$$y(t) = T\big[x(t)\big] \tag{1-45}$$

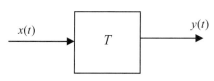

图 1-19　系统框图

科学的每一分支都有自己的一套"模型"理论，在模型的基础上可以运用数学工具进行研究。为便于对系统进行分析，同样需要建立系统的模型。所谓模型，是系统物理特性的数学抽象，以数学表达式或具有理想特性的符号组合图形来表征系统特性。

例如，由电阻器、电容器和线圈组合而成的串联回路，可抽象表示为如图 1-20 所示的 R、L、C 串联回路模型。一般情况下，可以认为 R 代表电阻器的阻值，C 代表电容器的容量，L 代表线圈的电感量。若激励信号是电压源 $e(t)$，欲求解电流 $i(t)$，由元件的理想特性与 KVL 可以建立如下的微分方程式

$$LC\frac{\mathrm{d}^2 i}{\mathrm{d}t^2} + RC\frac{\mathrm{d}i}{\mathrm{d}t} + i = C\frac{\mathrm{d}e}{\mathrm{d}t} \tag{1-46}$$

这就是电阻器、电容器与线圈串联组合系统的数学模型。在电子技术中经常用到的理想特性元件模型还有互感器、回转器、各种受控源、运算放大器等，它们的数学表示和符号图形在电路分析基础课程中都已述及，此处不再重复。

系统模型的建立是有一定条件的，对于同一物理系统，在不同条件下，可以得到不同形式的数学模型。严格来说，只能得到近似的模型。例如，刚刚建立的图 1-20 所示的电路模型

与式（1-46）只是在工作频率较低，而且线圈、电容器损耗相对很小情况下的近似。如果考虑电路中的寄生参量，如分布电容、引线电感和损耗，而且工作频率较高，则系统模型会变得十分复杂，图 1-20 与式（1-46）就不能应用。工作频率更高时，将无法再用集总参数模型来表示此系统，需采用分布参数模型。

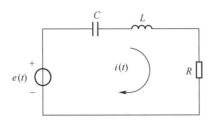

图 1-20　R、L、C 串联回路模型

从另一方面讲，对于不同的物理系统，经过抽象和近似，有可能得到形式上完全相同的数学模型。即使对于理想元件组成的系统，在不同电路结构情况下，其数学模型也有可能一致。例如，根据网络对偶理论可知，一个 G（电导）、C（电容）、L（电感）组成的并联回路，在电流源激励下求其端电压的微分方程将与式（1-46）的形式相同。此外，还能够找到对应的机械系统，其数学模型与这里的电路方程也完全相同。

对于较复杂的系统，其数学模型可能是一个高阶微分方程，规定此微分方程的阶次就是系统的阶数，例如，图 1-20 的系统是二阶系统。也可以把这种高阶微分方程改为一阶联立方程组的形式，这是同一个系统模型的两种不同表现形式，前者称为输入－输出方程，后者称为状态方程，它们之间可以相互转换。

建立数学模型只是进行系统分析工作的第一步，为求得给定激励条件下系统的响应，还应当知道激励接入瞬时系统内部的能量储存情况。储能的来源可能是先前激励（或扰动）作用的后果，没有必要追究详细的历史演变过程，只需知道激励接入瞬时系统的状态。系统的起始状态由若干独立条件给出，独立条件的数目与系统的阶次相同，例如图 1-20 所示的电路，其数学模型是二阶微分方程，通常以起始时刻电容端电压与电感电流作为两个独立条件表征它的起始状态。

如果系统数学模型、起始状态以及输入激励信号都已确定，即可运用数学方法求解其响应。一般情况下可以对所得结果作出物理解释，赋予物理意义。综上所述，系统分析的过程是从实际物理问题抽象出数学模型，经数学解析后再回到物理实际的过程。

1.7　系统的分类

1.7.1　连续时间系统与离散时间系统

连续时间系统是指输入、输出及状态量都是时间 t 的连续函数，即能够完成由一种连续信号转换成另一种连续信号的数学模型。这种数学模型就是微分方程，如模拟通信系统。

离散时间系统是指输入、输出都是离散的变量 n（n 为整数集合），即将一种离散信号转换成另一种离散信号的数学模型。而离散系统的数学模型是差分方程，如数字计算机系统。

1.7.2　即时系统与动态系统

若系统响应信号只取决于同时刻的激励信号，而与它过去的工作状态（历史）无关，则为无记忆系统，即即时系统，如仅由电阻元件所组成的系统（只需用代数方程来描述）。

若系统响应信号不仅取决于同时刻的激励信号，而且与它过去的工作状态有关，则为动态系统，它记载着曾经发生过的信息，如电容、电感、磁芯等。动态系统数学模型是微分方程或差分方程。

1.7.3　集总参数系统与分布参数系统

只由集总参数元件组成的系统称为集总参数系统；含有分布参数元件的系统是分布参数系统（如传输线、波导等）。集总参数系统用常微分方程作为它的数学模型，而分布参数系统的数学模型是偏微分方程，这时描述系统的独立变量不仅是时间变量，还要考虑到空间位置。

1.7.4　线性系统与非线性系统

具有叠加性与均匀性（也称齐次性，homogeneity）的系统称为线性系统。所谓叠加性是指当几个激励信号同时作用于系统时，总的输出响应等于每个激励单独作用所产生响应之和；而均匀性的含义是，当输入信号乘以某常数时，响应也倍乘相同的常数。不满足叠加性或均匀性的系统是非线性系统。

1. 齐次性

设激励信号为 $x(t)$，经系统产生的响应为 $y(t)$，则当激励信号扩大或缩小 a 倍时，其响应也随之扩大或缩小 a 倍，即

$$T[x(t)] = y(t) \Rightarrow T[ax(t)] \xrightarrow{T} ay(t) \tag{1-47}$$

2. 叠加性

设激励信号 $x_1(t)$ 作用于线性系统，产生响应 $y_1(t)$；又设激励信号 $x_2(t)$ 作用于同一系统，产生响应 $y_2(t)$，则当两个激励信号同时作用于该系统时，其响应为两个分别响应之和，即

$$y_1(t) = T[x_1(t)]$$
$$y_2(t) = T[x_2(t)]$$
$$y(t) = y_1(t) + y_2(t) = T[x_1(t) + x_2(t)] \tag{1-48}$$

综合考虑式（1-47）及式（1-48），有

$$\alpha y_1(t) + \beta y_2(t) = T[\alpha x_1(t) + \beta x_2(t)] \tag{1-49}$$

式（1-49）表示了线性系统必须同时满足齐次性和叠加性。

对于线性系统而言，任何响应都可分解为两部分：一部分由外界激励作用引起的零状态响应；另一部分由特殊激励（初始状态）引起的零输入响应，即

$$y(t) = y_{zs}(t) + y_{zi}(t) \tag{1-50}$$

其中零状态响应 $y_{zs}(t)$ 满足零状态线性；零输入响应 $y_{zi}(t)$ 满足零输入线性。

1.7.5 时变系统与非时变系统

时变系统是指系统参数随时间变化。例如，由可变电容所组成的电路系统就是时变系统，描述这种系统的数学模型应是变系数微分方程或变系数差分方程。

非时变系统的重要性质就是系统参数不随时间而改变。描述这种系统的数学模型应是常系数微分方程或常系数差分方程。

设有连续非时变系统，若激励 $x(t)$ 经该系统产生的响应是 $y(t)$ ，即

$$y(t) = T[x(t)]$$

则

$$y(t-\tau) = T[x(t-\tau)] \tag{1-51}$$

也就是当输入延迟 $x(t-\tau)$ 后系统引起的响应也应延迟 $y(t-\tau)$ 。

对于非时变系统，其输入与输出信号之间所满足的关系如图 1-21 所示。

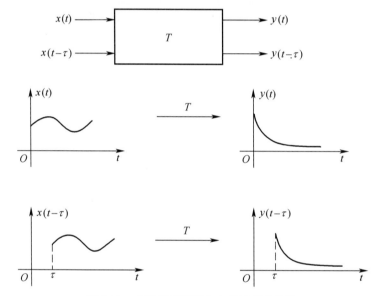

图 1-21 非时变系统输入与输出信号关系

由此可知，只要初始状态不变，非时变系统的响应形式仅取决于输入形式，而与输入的时间起点无关。

例 1-2 判断下列系统是否为线性非时变系统：

（1） $y(t) = \cos[x(t)]$ ；

（2） $y(n) = nx(n)$ 。

解 （1）设输入信号分别为 $x_1(t)$ 和 $x_2(t)$ ，相应的输出为 $y_1(t)$ 和 $y_2(t)$ ，则

$$y_1(t) = T[x_1(t)] = \cos[x_1(t)], \quad y_2(t) = T[x_2(t)] = \cos[x_2(t)]$$

当输入为 $\alpha x_1(t) + \beta x_2(t)$ 时，相应的输出为

$$y_3(t) = T[\alpha x_1(t) + \beta x_2(t)] = \cos[\alpha x_1(t) + \beta x_2(t)] \neq \alpha \cos[x_1(t)] + \beta \cos[x_2(t)]$$

即 $y_3(t) \neq y_1(t) + y_2(t)$ ，故该系统为非线性系统。

又设输入延迟时间为 τ ，则相应的输出为 $y_4(t) = \cos[x(t-\tau)] = y(t-\tau)$ ，故该系统为非时变系统。

（2）同理，根据线性系统性质可判断系统 $y(n) = nx(n)$ 为线性系统。

此外，按非时变系统定义，当输入信号为 $x_1(n)$ 时，其输出为 $y_1(n) = nx_1(n)$ ，若该系统为非时变系统，就应有 $y_1(n-n_0) = (n-n_0)x_1(n-n_0)$ 。那么设输入为 $x_2(n) = x_1(n-n_0)$ 时，相应的输出为 $y_2(n) = nx_1(n-n_0)$ ，显然 $y_2(n) \neq y_1(n-n_0)$ ，故该系统为时变系统。

1.7.6　可逆系统与不可逆系统

若系统在不同激励信号作用下产生不同的响应，则称此系统为可逆系统。对于每个可逆系统都存在一个"逆系统"，当原系统与此逆系统级联组合后，输出信号与输入信号相同。

例如，输出 $y_1(t)$ 与输入 $x_1(t)$ 具有如下约束的系统是可逆的。

$$y_1(t) = 5x_1(t) \tag{1-52}$$

此可逆系统的逆系统输出

$$y_2(t) = \frac{1}{5}x_2(t) \tag{1-53}$$

不可逆系统的一个实例为

$$y_3(t) = x_3{}^2(t) \tag{1-54}$$

显然无法根据给定的输出 $y_3(t)$ 来决定输入 $x_3(t)$ 的正、负号，即不同的激励信号产生了相同的响应，因而它是不可逆的。

可逆系统的概念在信号传输与处理技术领域中得到广泛的应用。例如，在通信系统中，为满足某些要求可将待传输信号进行特定的加工（如编码），在接收信号之后仍要恢复原信号，此编码器应当是可逆的。这种特定加工的一个实例：如在发送端为信号加密，在接收端需要正确解密。

1.7.7　因果与非因果系统

若系统的激励与响应是一种因果关系，即激励是产生响应的原因，响应便是激励引起的结果，那就说明系统任何时刻的响应只取决于激励现在与过去值，而不取决于激励的将来值。

非因果系统则表示这种因果关系不成立，说明系统的响应发生在激励之前，没有激励就有响应。非因果系统是一种理想化系统，是不可实现系统。

例 1-3　试判断下列系统是否为因果系统：

（1）　$y(t) = 3x(t-3)$ ；

（2）　$y(t) = x(2-t)$ 。

解　（1）由系统模型可知，该系统 t_0 时刻产生的响应是 t_0 以前的输入 $x(t_0-3)$ 的响应，该系统的响应发生在激励之后，所以它是因果系统。

（2）由已知的系统模型，设该系统在 $t_0 = 0$ 的响应为 $y(0) = x(2)$ ，显然该响应与输入 $x(2)$ 有关，这说明系统的响应在前、激励在后，激励没进到系统就已经有响应了，所以该系统为非因果系统。

1.7.8　稳定系统与非稳定系统

所谓稳定系统，是指对于有限（有界）激励只能产生有限（有界）响应的系统。这里的有限激励也包括激励为零的情况。换言之，对于一个稳定系统，若激励函数为

$$|x(t)| \leqslant M_x, \quad 0 \leqslant t < \infty$$

则响应函数为

$$|y(t)| \leqslant M_y, \quad 0 \leqslant t < \infty$$

1.8　系统分析方法

在系统分析中，线性连续时不变系统（LTI）的分析具有重要意义。这不仅是因为在实际应用中经常遇到 LTI 系统，而且一些非线性系统或时变系统在限定范围与指定条件下，遵从线性时不变特性的规律；另一方面，LTI 系统的分析方法已经形成了完整且严密的体系，日趋完善和成熟。

为便于读者了解本书概貌，下面就系统分析方法作一概述，着重说明 LTI 系统的分析方法。

在建立系统模型方面，系统的数学描述方法可分为两大类型，一是输入－输出描述法，二是状态变量描述法。

输入－输出描述法着眼于系统激励与响应之间的关系，并不关心系统内部变量的情况。对于在通信系统中大量遇到的单输入－单输出系统，应用这种方法较为方便。

状态变量描述法不仅可以给出系统的响应，还可以提供系统内部各变量的情况，也便于多输入－多输出系统的分析。在近代控制系统的理论研究中，广泛采用状态变量描述法。

从系统数学模型的求解方法来讲，大体上可分为时间域方法与变换域方法两大类型。

时间域方法直接分析时间变量的函数，研究系统的时间响应特性，或称时域特性。这种方法的主要优点是物理概念清楚。对于输入－输出描述的数学模型，可以利用经典法解常系数线性微分方程或差分方程，辅以算子符号方法可使分析过程适当简化；对于状态变量描述的数学模型，则需要求解矩阵方程。在线性系统时域分析方法中，卷积方法最受重视，它的优点表现在许多方面。在信号与系统研究的发展过程中，曾一度认为时域方法运算繁琐、不够方便，随着计算机技术与各种算法工具的出现，时域分析又重新受到重视。

变换域方法将信号与系统模型的时间变量函数变换成相应变换域的某种变量函数。例如，傅里叶变换（FT）以频率为独立变量，以频域特性为主要研究对象；而拉普拉斯变换（LT）与 z 变换（ZT）则注重研究极点与零点分析，利用 s 域或 z 域的特性解释现象和说明问题。目前，在离散系统分析中，正交变换的内容日益丰富，如离散傅里叶变换（DFT）、离散沃尔什变换（DWT）等。为提高计算速度，人们对快速算法产生了巨大兴趣，又出现了如快速傅里叶变换（FFT）等计算方法。变换域方法可以将时域分析中的微分、积分运算转化为代数运算，或将卷积积分变换为乘法。在解决实际问题时又有许多方便之处，例如根据信号占有频带与系统通带间的适应关系来分析信号传输问题，往往比时域法简便和直观。在信号处理问题中，经正交变换，将时间函数用一组变换系数（谱线）来表示，在允许一定误差的情况下，变换系数的数目可以很少，有利于判别信号中带有特征性的分量，也便于传输。

　　LTI 系统的研究，以叠加性、均匀性和时不变特性作为分析一切问题的基础。按照这一观点去考察，时间域方法与变换域方法并没有本质区别。这两种方法都是把激励信号分解为某种基本单元，在这些单元信号分别作用的条件下求得系统的响应，然后叠加。例如，这种单元在时域卷积方法中是冲激函数，在傅里叶变换中是正弦函数或指数函数，在拉普拉斯变换中则是复指数信号。因此，变换域方法不仅可以视为求解数学模型的有力工具，而且能够赋予明确的物理意义，基于这种物理解释，时间域方法与变换域方法得到了统一。

　　本书按照先输入-输出描述后状态变量描述、先连续后离散、先时间域后变换域的顺序，研究线性时不变系统的基本分析方法，结合通信系统与控制系统的一般问题，初步介绍这些方法在信号传输与处理方面的简单应用。

　　长期以来，人们对于非线性系统与时不变系统的研究付出了足够的代价，虽然取得了不少进展，而目前仍有较多困难，还不能总结出系统、完整、具有普遍意义的分析方法。近年来，在信号传输与处理研究领域中，人们利用人工神经网络、模糊集理论、遗传算法、混沌理论以及它们的相互结合解决了线性时不变系统模型难以描述的许多实际问题，取得了令人满意的结果，这些方法显示了强大的生命力，它们的构成原理和处理问题的方法与本课程的基本内容有着本质的区别。随着对课程的深入学习，读者将逐步认识到本书方法的局限性。科学发展日新月异，信号与系统领域的新理论、新技术层出不穷，对于这一科学领域的学习将永无止境。

　　本章讨论了有关信号与系统的一些基本概念和重要性质，介绍了一些常用信号及信号的基本运算。这些都是信号与系统分析的重要基础。

习题 1

　　1-1　分别判断如图 1-22 所示各波形是连续时间信号还是离散时间信号。若是离散时间信号，是否为数字信号？

　　1-2　说明下列信号是周期信号还是非周期信号。若是周期信号，试求其周期 T。

（1）$a\sin t - b\sin 3t$；　　　　　　　　（2）$a\sin 4t + b\cos 7t$；

（3）$a\sin 3t + b\cos \pi t, \pi = 3$ 和 $\pi \approx 3.141\cdots$；

（4）$a\cos \pi t + b\sin 2\pi t$；　　　　　　（5）$a\sin \dfrac{5t}{2} + b\cos \dfrac{6t}{5} + c\sin \dfrac{t}{7}$；

（6）$(a\sin 2t)^2$；　　　　　　　　　　（7）$(a\sin 2t + b\sin 5t)^2$。

　　提示：如果含有 n 个不同频率余弦分量的复合信号是一个周期为 T 的周期信号，则其周期 T 必为各分量信号周期 T_i（$i = 1,2,3,\cdots,n$）的整数倍，即有

$$T = m_i T_i \quad \text{或} \quad \omega_i = m_i \omega$$

式中，$\omega_i = \dfrac{2\pi}{T_i}$ 为各余弦分量的角频率，$\omega = \dfrac{2\pi}{T}$ 为复合信号的基波频率，m_i 为正整数。

　　因此只要能找到 n 个不含整数公因子的正整数 m_1、m_2、m_3、$\cdots$、m_n，使

$$\omega_1 : \omega_2 : \omega_3 : \cdots : \omega_n = m_1 : m_2 : m_3 : \cdots : m_n$$

成立，就可判定该信号为周期信号，其周期为

$$T = m_i T_i = m_i \frac{2\pi}{\omega_i}$$

　　如果复合信号中某分量频率为无理数，则该信号称为概周期信号。概周期信号是非周期信号，但如果选用某一有理数频率来近似表示无理数频率，则该信号也可视为周期信号。所选的近似值改变，则该信号的周期也随之变化。例如，$\cos t + \cos\sqrt{2}t$ 的信号，如令 $\sqrt{2} \approx 1.41$，则可求得 $m_1 = 100$，$m_2 = 141$，该信号的周期为 $T = 200\pi$；如令 $\sqrt{2} \approx 1.414$，则该信号的周期变为 2000π。

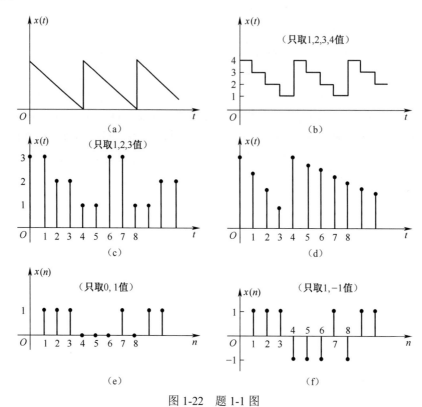

图 1-22　题 1-1 图

　　1-3　试说明下列信号中哪些是周期信号，哪些是非周期信号；哪些是能量信号，哪些是功率信号。计算它们的能量或平均功率。

（1）$x(t) = \dfrac{1}{2}\cos 3t$；

（2）$x(t) = \begin{cases} 8\mathrm{e}^{-4t}, & t \geqslant 0 \\ 0, & t < 0 \end{cases}$；

（3）$x(t) = 5\sin 2\pi t + 10\sin 3\pi t$，$-\infty < t < \infty$；

（4）$x(t) = 20\mathrm{e}^{-10|t|}\cos \pi t$，$-\infty < t < \infty$；

（5）$x(t) = \cos 5\pi t + 2\cos 2\pi^2 t$，$-\infty < t < \infty$。

　　1-4　试粗略绘出下列各函数式表示的信号波形。

（1）$x(t) = 3 - \mathrm{e}^{-t}$，$t > 0$；

（2）$x(t) = 5\mathrm{e}^{-t} + 3\mathrm{e}^{-2t}$ ，$t > 0$ ；

（3）$x(t) = \mathrm{e}^{-t} \sin 2\pi t$ ，$0 < t < 3$ ；

（4）$x(t) = \dfrac{\sin at}{at}$ ；

（5）$x(n) = (-2)^{-n}$ ，$0 < n \leqslant 6$ ；

（6）$x(n) = \mathrm{e}^n$ ，$0 \leqslant n < 5$ ；

（7）$x(n) = n$ ，$0 < n < k$ 。

1-5 试写出图 1-23（a）（b）（c）所示各波形的函数式。

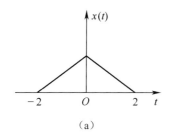 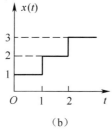 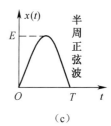

（a）　　　　　　　　　（b）　　　　　　　　　（c）

图 1-23 题 1-5 图

1-6 试绘出下列各时间函数的波形图，注意它们的区别。

（1）$t[\varepsilon(t) - \varepsilon(t-1)]$ ；

（2）$t \cdot \varepsilon(t-1)$ ；

（3）$t[\varepsilon(t) - \varepsilon(t-1)] + \varepsilon(t-1)$ ；

（4）$(t-1)\varepsilon(t-1)$ ；

（5）$-(t-1)[\varepsilon(t) - \varepsilon(t-1)]$ ；

（6）$t[\varepsilon(t-2) - \varepsilon(t-3)]$ ；

（7）$(t-2)[\varepsilon(t-2) - \varepsilon(t-3)]$ 。

1-7 试绘出下列各时间函数的波形图，注意它们的区别。

（1）$x_1(t) = \sin(\omega t) \cdot \varepsilon(t)$ ；

（2）$x_2(t) = \sin[\omega(t - t_0)] \cdot \varepsilon(t)$ ；

（3）$x_3(t) = \sin(\omega t) \cdot \varepsilon(t - t_0)$ ；

（4）$x_4(t) = \sin[\omega(t - t_0)] \cdot \varepsilon(t - t_0)$ 。

1-8 试应用冲激信号的抽样特性，求下列表示式的函数值。

（1）$\displaystyle\int_{-\infty}^{\infty} x(t - t_0)\delta(t)\mathrm{d}t$ ；

（2）$\displaystyle\int_{-\infty}^{\infty} x(t_0 - t)\delta(t)\mathrm{d}t$ ；

（3）$\displaystyle\int_{-\infty}^{\infty} \delta(t - t_0)\varepsilon\left(t - \dfrac{t_0}{2}\right)\mathrm{d}t$ ；

（4）$\displaystyle\int_{-\infty}^{\infty} \delta(t - t_0)\varepsilon(t - 2t_0)\mathrm{d}t$ ；

（5）$\displaystyle\int_{-\infty}^{\infty} (\mathrm{e}^{-t} + t)\delta(t + 2)\mathrm{d}t$ ；

（6）$\displaystyle\int_{-\infty}^{\infty} (t + \sin t)\delta\left(t - \dfrac{\pi}{6}\right)\mathrm{d}t$ ；

（7）$\displaystyle\int_{-\infty}^{\infty} \mathrm{e}^{-\mathrm{j}\omega t}[\delta(t) - \delta(t - t_0)]\mathrm{d}t$ 。

1-9   试完成下列信号的运算。

（1） $(3t^2 + 2)\delta\left(\dfrac{t}{2}\right)$；

（2） $\mathrm{e}^{-3t}\delta(5 - 2t)$；

（3） $\sin\left(2t + \dfrac{\pi}{3}\right)\delta\left(t + \dfrac{\pi}{2}\right)$；

（4） $\mathrm{e}^{-(t-2)}\varepsilon(t)\delta(t - 3)$。

1-10   已知 $x(t)$ 的波形，为求 $x(t_0 - at)$，应按下列哪种运算求得正确结果（式中 t_0、a 都为正值）？

（1） $x(-at)$ 左移 t_0；

（2） $x(at)$ 右移 t_0；

（3） $x(at)$ 左移 $\dfrac{t_0}{a}$；

（4） $x(-at)$ 右移 $\dfrac{t_0}{a}$。

1-11   已知信号 $x(t)$ 波形如图 1-24 所示，试绘出下列函数的波形。

（1） $x(2t)$；

（2） $x(t)\varepsilon(t)$；

（3） $x(t - 2)\varepsilon(t)$；

（4） $x(t - 2)\varepsilon(t - 2)$；

（5） $x(2 - t)$；

（6） $x(-2 - t)\varepsilon(-t)$。

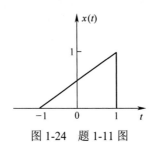

图 1-24   题 1-11 图

1-12   信号波形如图 1-25 所示，试计算出这些信号的偶分量和奇分量，并画出对应的波形图。

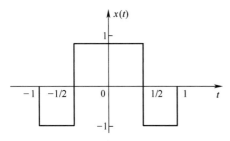
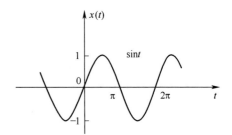

图 1-25   题 1-12 图

1-13   已知信号波形如图 1-26 所示，试画出 $x(t)$ 波形图。

1-14   已知信号波形如图 1-27 所示，试画出 $x(t)$、$\dfrac{\mathrm{d}x(t)}{\mathrm{d}t}$、$\dfrac{\mathrm{d}^2 x(t)}{\mathrm{d}t^2}$ 波形图。

1-15   已知信号波形如图 1-28 所示，试画出 $x^{(-1)}(t) = \displaystyle\int_{-\infty}^{t} x(\tau)\,\mathrm{d}\tau$ 波形图。

1-16   已知信号波形如图 1-29 所示，试画出 $\dfrac{\mathrm{d}}{\mathrm{d}t}\left[x\left(1 - \dfrac{1}{2}t\right)\right]$ 波形图。

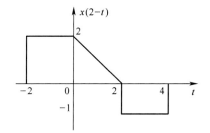

图 1-26　题 1-13 图

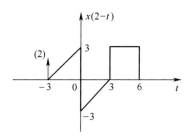

图 1-27　题 1-14 图

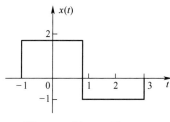

图 1-28　题 1-15 图

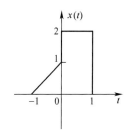

图 1-29　题 1-16 图

1-17　已知信号波形如图 1-30 所示，试画出 $y_1(t) = x(t) \cdot x\left(1 - \dfrac{t}{2}\right)$ 及 $y_2(t) = x'(t) \cdot x(t)$ 的波形图。

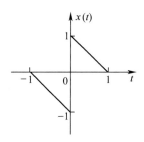

图 1-30　题 1-17 图

1-18　已知信号 $x_1(t)$ 及 $x_2(t)$ 的波形如图 1-31 所示，试求：

（1）$x_1(t) \cdot x_2(t)$；　　　　　　（2）$x_1(-t) \cdot x_2(1-t)$；

（3）$x_1(2t) \cdot x_2\left(1 + \dfrac{t}{2}\right)$；　　　（4）$x_1(t) \cdot x_2(-1-t)$。

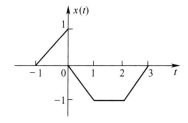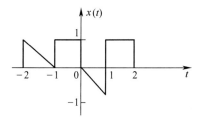

图 1-31　题 1-18 图

1-19   试判断下列系统是否为线性、时不变、因果的。

（1）$y(t) = \dfrac{\mathrm{d}x(t)}{\mathrm{d}t}$;   （2）$y(t) = x(t)\varepsilon(t)$;

（3）$y(t) = \sin[x(t)]\varepsilon(t)$;   （4）$y(t) = x(1-t)$;

（5）$y(t) = x(2t)$;   （6）$y(t) = x^2(t)$;

（7）$y(t) = \displaystyle\int_{-\infty}^{t} x(\tau)\mathrm{d}\tau$;   （8）$y(t) = \displaystyle\int_{-\infty}^{5t} x(\tau)\mathrm{d}\tau$ 。

1-20   某 LTI 连续系统具有一定的初始状态，已知激励为 $x(t)$ 时，全响应 $y_1(t) = \mathrm{e}^{-t} + 2\cos\pi t, t > 0$ ；若初始状态不变，激励为 $2x(t)$ 时，全响应 $y_2(t) = 3\cos\pi t, t > 0$ 。求在同样初始状态条件下，当激励为 $3x(t)$ 时系统的全响应 $y_3(t)$ 。

1-21   试判断下列系统是否是可逆的。若可逆，给出它的逆系统；若不可逆，指出使该系统产生相同输出的两个输入信号。

（1）$y(t) = x(t-5)$;   （2）$y(t) = \dfrac{\mathrm{d}}{\mathrm{d}t}x(t)$;

（3）$y(t) = \displaystyle\int_{-\infty}^{t} x(\tau)\mathrm{d}\tau$;   （4）$y(t) = x(2t)$ 。

1-22   某 LTI 系统，当激励 $x_1(t) = \varepsilon(t)$ 时，响应 $y_1(t) = \mathrm{e}^{-at}\varepsilon(t)$ 。试求当激励 $x_2(t) = \delta(t)$ 时，响应 $y_2(t)$ 的表示式（假定起始时刻系统无储能）。

第2章 连续时间系统的时域分析

不涉及任何数学变换，而直接在时间变量域内对系统进行分析，称为系统的时域分析。具体分析方法有时域经典法与时域卷积法两种。

时域经典法就是直接求解系统微分方程的方法。这种方法的优点是直观、物理概念清楚，缺点是求解过程冗繁、应用上也有局限性。因此，在20世纪50年代以前，人们普遍喜欢采用变换域分析方法（如拉普拉斯变换法），而较少采用时域经典法。20世纪50年代以后，由于 $\delta(t)$ 函数及计算机的普遍应用，时域卷积法得到了迅速发展，且不断成熟和完善，已成为系统分析的重要方法之一。时域分析法是各种变换域分析法的基础。

在本章中，首先建立系统的数学模型——微分方程，然后利用时域经典法求系统的零输入响应，用时域卷积法求系统的零状态响应，再把零输入响应与零状态响应相加，即得系统的全响应。其思路与程序是：

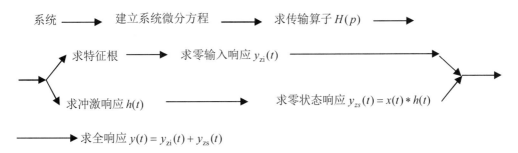

其次将介绍：系统相当于一个微分方程；系统相当于一个传输算子 $H(p)$；系统相当于一个信号——冲激响应 $h(t)$。对系统进行分析，就是研究激励信号 $x(t)$ 与冲激响应信号 $h(t)$ 之间的关系，这种关系就是卷积积分。

2.1 系统的数学模型——微分方程与传输算子

研究系统，首先要建立系统的数学模型——微分方程。建立电路系统微分方程的依据是电路的两种约束：拓扑约束（KCL，KVL）与元件约束（元件的时域伏安关系）。为了容易理解和接受，可以采取从特殊到一般的方法来研究。

图 2-1（a）所示为一含有三个独立动态元件的双网孔电路，其中 $f(t)$ 为激励，$i_1(t)$，$i_2(t)$ 为响应。对两个网孔可列出 KVL 方程为

$$\begin{cases} L_1 \dfrac{\mathrm{d}i_1}{\mathrm{d}t} + R_1 i_1 + \dfrac{1}{C}\int_{-\infty}^{t} i_1(\tau)\mathrm{d}\tau - \dfrac{1}{C}\int_{-\infty}^{t} i_2(\tau)\mathrm{d}\tau = f(t) \\ -\dfrac{1}{C}\int_{-\infty}^{t} i_1(\tau)\mathrm{d}\tau + L_2 \dfrac{\mathrm{d}i_2}{\mathrm{d}t} + R_2 i_2 + \dfrac{1}{C}\int_{-\infty}^{t} i_2(\tau)\mathrm{d}\tau = 0 \end{cases}$$

以上两式为含有两个待求变量 $i_1(t)$，$i_2(t)$ 的联立微分积分方程。为了得到只含有一个变量的微分方程，需引用微分算子 p，即

$$p = \frac{\mathrm{d}}{\mathrm{d}t} \; ; \quad p^2 = \frac{\mathrm{d}^2}{\mathrm{d}t^2} \; ; \quad \cdots ; \quad p^n = \frac{\mathrm{d}^n}{\mathrm{d}t^n} \; ;$$

$$\frac{1}{p} = p^{-1} = \int_{-\infty}^{t} i(\tau)\mathrm{d}\tau \cdots$$

按照上述规定有

$$p \cdot \frac{1}{P} = 1 \qquad 先积分后微分$$

$$\frac{1}{P} \cdot P \neq 1 \qquad 先微分后积分$$

因为

$$p \cdot \frac{1}{p} f(t) = \frac{\mathrm{d}}{\mathrm{d}t} \int_{-\infty}^{t} f(\tau)\mathrm{d}\tau = f(t)$$

而

$$\frac{1}{p} \cdot p f(t) = \int_{-\infty}^{t} \frac{\mathrm{d}}{\mathrm{d}\tau} f(\tau)\mathrm{d}\tau = f(\tau)\big|_{-\infty}^{t}$$

$$= f(t) - f(-\infty) \neq f(t)$$

在引入了微分算子 p 后，上述微分方程即可写为

$$\begin{cases} L_1 p i_1(t) + R_1 i_1(t) + \dfrac{1}{Cp} i_1(t) - \dfrac{1}{Cp} i_2(t) = f(t) \\[2mm] -\dfrac{1}{Cp} i_1(t) + L_2 p i_2(t) + R_2 i_2(t) + \dfrac{1}{Cp} i_2(t) = 0 \end{cases}$$

即

$$\begin{cases} \left(L_1 p + R_1 + \dfrac{1}{Cp} \right) i_1(t) - \dfrac{1}{Cp} i_2(t) = f(t) \\[2mm] -\dfrac{1}{Cp} i_1(t) + \left(L_2 p + R_2 + \dfrac{1}{Cp} \right) i_2(t) = 0 \end{cases} \qquad (2\text{-}1)$$

　　根据式（2-1）可画出算子形式的电路模型，如图 2-1（b）所示。将图 2-1（a）与（b）对照，可容易地根据图 2-1（a）画出图 2-1（b），即将 L 改写成 Lp，将 C 改写成 $\dfrac{1}{Cp}$，其余均不变。当画出了算子电路模型后，也可以很容易地根据图 2-1（b）所示算子电路模型列出式（2-1）。

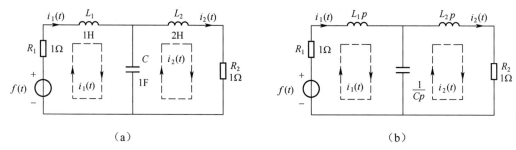

图 2-1　含有三个独立动态元件的双网孔电路

将式（2-1）写成矩阵的形式即为

$$\begin{bmatrix} L_1 p + R_1 + \dfrac{1}{Cp} & -\dfrac{1}{Cp} \\ -\dfrac{1}{Cp} & L_2 p + R_2 + \dfrac{1}{Cp} \end{bmatrix} \begin{bmatrix} i_1(t) \\ i_2(t) \end{bmatrix} = \begin{bmatrix} f(t) \\ 0 \end{bmatrix}$$

即

$$Z(p) \begin{bmatrix} i_1(t) \\ i_2(t) \end{bmatrix} = \begin{bmatrix} f(t) \\ 0 \end{bmatrix}$$

式中

$$Z(p) = \begin{bmatrix} L_1 p + R_1 + \dfrac{1}{Cp} & -\dfrac{1}{Cp} \\ -\dfrac{1}{Cp} & L_2 p + R_2 + \dfrac{1}{Cp} \end{bmatrix}$$

称为算子形式的回路阻抗矩阵，可以直接写出。当回路的循环方向选为顺时针（或均选为逆时针）时，$Z(p)$ 为一对称方阵，其对角线上的元素为各自回路的自阻抗，对角线两边的元素为相邻回路的互阻抗。

给式（2-1）等号两端同时乘以 p，即得联立的微分方程，即

$$\begin{cases} \left(L_1 p^2 + R_1 p + \dfrac{1}{C} \right) i_1(t) - \dfrac{1}{C} i_2(t) = pf(t) \\ -\dfrac{1}{C} i_1(t) + \left(L_2 p^2 + R_2 p + \dfrac{1}{C} \right) i_2(t) = 0 \end{cases}$$

将已知数据代入上式，得

$$\begin{cases} \left(p^2 + p + 1 \right) i_1(t) - i_2(t) = pf(t) \\ -i_1(t) + \left(2p^2 + p + 1 \right) i_2(t) = 0 \end{cases} \tag{2-2}$$

写成矩阵形式为

$$\begin{bmatrix} p^2 + p + 1 & -1 \\ -1 & 2p^2 + p + 1 \end{bmatrix} \begin{bmatrix} i_1(t) \\ i_2(t) \end{bmatrix} = \begin{bmatrix} pf(t) \\ 0 \end{bmatrix} \tag{2-3}$$

用行列式法从式（2-2）中可求得响应 $i_1(t)$ 为

$$i_1(t) = \dfrac{\begin{vmatrix} pf(t) & -1 \\ 0 & 2p^2 + p + 1 \end{vmatrix}}{\begin{vmatrix} p^2 + p + 1 & -1 \\ -1 & 2p^2 + p + 1 \end{vmatrix}} = \dfrac{p(2p^2 + p + 1)}{p(2p^3 + 3p^2 + 4p + 2)} f(t)$$

$$= \dfrac{2p^2 + p + 1}{2p^3 + 3p^2 + 4p + 2} f(t) \tag{2-4}$$

注意，在上式的演算过程中，消去了分子与分母中的公因子 p。这是因为所研究的电路是三阶的，因而电路的微分方程也应是三阶的。但应注意，并不是在任何情况下分子与分母中

的公因子都可消去。有的情况可以消去，有的情况不能消去，应视具体情况而定。故有

$$(2p^3 + 3p^2 + 4p + 2)i_1(t) = (2p^2 + p + 1)f(t)$$

即

$$2\frac{d^3 i_1(t)}{dt^3} + 3\frac{d^2 i_1(t)}{dt^2} + 4\frac{di_1(t)}{dt} + 2i_1(t) = 2\frac{d^2 f(t)}{dt^2} + \frac{df(t)}{dt} + f(t)$$

$$\frac{d^3 i_1(t)}{dt^3} + \frac{3}{2}\frac{d^2 i_1(t)}{dt^2} + 2\frac{di_1(t)}{dt} + i_1(t) = \frac{d^2 f(t)}{dt^2} + \frac{1}{2}\frac{df(t)}{dt} + \frac{1}{2}f(t), \quad t > 0 \tag{2-5}$$

式（2-5）即为待求变量为 $i_1(t)$ 的三阶常系数线性非齐次常微分方程。方程等号左端为响应 $i_1(t)$ 及其各阶导数的线性组合，等号右端为激励 $f(t)$ 及其各阶导数的线性组合。

同理可求得 $i_2(t)$ 为

$$i_2(t) = \frac{1}{2p^3 + 3p^2 + 4p + 2}f(t) \tag{2-6}$$

即

$$(2p^3 + 3p^2 + 4p + 2)i_2(t) = f(t)$$

$$\left(p^3 + \frac{3}{2}p^2 + 2p + 1\right)i_2(t) = \frac{1}{2}f(t)$$

$$\frac{d^3 i_2(t)}{dt^3} + \frac{3}{2}\frac{d^2 i_2(t)}{dt^2} + 2\frac{di_2(t)}{dt} + i_2(t) = \frac{1}{2}f(t) \tag{2-7}$$

上式即为描述响应 $i_2(t)$ 与激励 $f(t)$ 关系的微分方程。

式（2-4）和式（2-6）也可根据式（2-3）用解矩阵方程的方法求得

$$\begin{bmatrix} i_1(t) \\ i_2(t) \end{bmatrix} = \begin{bmatrix} p^2 + p + 1 & -1 \\ -1 & 2p^2 + p + 1 \end{bmatrix}^{-1} \begin{bmatrix} pf(t) \\ 0 \end{bmatrix}$$

$$= \begin{bmatrix} \dfrac{2p^2 + p + 1}{2p^3 + 3p^2 + 4p + 2}f(t) \\ \dfrac{1}{2p^3 + 3p^2 + 4p + 2}f(t) \end{bmatrix}$$

即

$$i_1(t) = \frac{2p^2 + p + 1}{2p^3 + 3p^2 + 4p + 2}f(t)$$

$$i_2(t) = \frac{1}{2p^3 + 3p^2 + 4p + 2}f(t)$$

可见与式（2-4）和式（2-6）完全相同。

对于 n 阶系统，若设 $y(t)$ 为响应变量，$x(t)$ 为激励，如图 2-2 所示，则系统微分方程的一般形式为

$$\frac{d^n y(t)}{dt^n} + a_{n-1}\frac{d^{n-1} y(t)}{dt^{n-1}} + \cdots + a_1\frac{dy(t)}{dt} + a_0 y(t)$$

$$= b_m \frac{\mathrm{d}^m x(t)}{\mathrm{d}t^m} + b_{m-1} \frac{\mathrm{d}^{m-1} x(t)}{\mathrm{d}t^{m-1}} + \cdots + b_1 \frac{\mathrm{d}x(t)}{\mathrm{d}t} + b_0 x(t) \tag{2-8}$$

$x(t)$ ⟶ | 线性时不变（零状态或非零状态）系统 | ⟶ $y(t)$

图 2-2　n 阶系统

用微分算子 p 表示则为

$$(p^n + a_{n-1}p^{n-1} + \cdots + a_1 p + a_0) y(t)$$
$$= (b_m p^m + b_{m-1} p^{m-1} + \cdots + b_1 p + b_0) x(t) \tag{2-9}$$

或写成

$$D(p)y(t) = N(p)x(t) \tag{2-10}$$

又可写成

$$y(t) = \frac{N(p)}{D(p)} x(t) = H(p)x(t) \tag{2-11}$$

式中
$$D(p) = p^n + a_{n-1}p^{n-1} + \cdots + a_1 p + a_0$$

称为系统或微分方程式（2-8）的特征多项式。

$$N(p) = b_m p^m + b_{m-1} p^{m-1} + \cdots + b_1 p + b_0$$

$$H(p) = \frac{N(p)}{D(p)} = \frac{b_m p^m + b_{m-1} p^{m-1} + \cdots + b_1 p + b_0}{p^n + a_{n-1}p^{n-1} + \cdots + a_1 p + a_0} \tag{2-12}$$

$H(p)$ 称为响应 $y(t)$ 对激励 $x(t)$ 的传输算子或转移算子，它为 p 的两个实系数有理多项式之比，其分母为微分方程的特征多项式 $D(p)$。$H(p)$ 描述了系统本身的特性，与系统的激励和响应无关。

这里指出一点：字母 p 在本质上是一个微分算子，但从数学形式的角度，可以人为地把它看成一个变量（一般是复数）。这样，传输算子 $H(p)$ 就是 p 的两个实系数有理多项式之比。

令传输算子 $H(p) = \dfrac{N(p)}{D(p)}$ 的分母多项式 $D(p)$ 等于零，即

$$D(p) = p^n + a_{n-1}p^{n-1} + \cdots + a_1 p + a_0 = 0$$

称为系统（或微分方程）的特征方程，其根称为系统的特征根，又称系统的自然频率或固有频率，也称 $H(p)$ 的极点〔当 $D(p) = 0$ 时，$H(p) = \infty$〕。系统的特征多项式 $D(p)$、特征方程 $D(p) = 0$ 及特征根（自然频率），只与系统本身的结构和参数有关，而与激励和响应的具体数值无关。

2.2　系统微分方程的经典解

由数学微分方程理论可知，微分方程的完全解应为微分方程的齐次解与特解之和，即

$$y(t) = y_{\mathrm{h}}(t) + y_{\mathrm{p}}(t) \tag{2-13}$$

其中，$y_{\mathrm{h}}(t)$ 表示微分方程的齐次解，$y_{\mathrm{p}}(t)$ 表示微分方程的特解。

1. 齐次解

齐次解就是齐次微分方程

$$y_h^{(n)}(t) + a_{n-1}y_h^{n-1}(t) + \cdots + a_1 y_h^{(1)}(t) + a_0 y_h(t) = 0 \qquad (2\text{-}14)$$

的解。根据微分方程理论，对式（2-14）应先求解该方程的特征方程。

设其特征根为 p，相应的特征方程为

$$p^n + a_{n-1}p^{n-1} + \cdots + a_1 p + a_0 = 0 \qquad (2\text{-}15)$$

根据式（2-15）所得出的不同特征根，决定齐次解的不同。

讨论：

（1）当特征方程存在 n 个不同的单根时（单根中包括实根也包括共轭复根），其解为

$$y_h(t) = \sum_{i=1}^{n} C_i e^{p_i t} \qquad (2\text{-}16)$$

其中，C_i 为待定常数，由系统初始条件确定。

（2）当特征方程存在 r 个重根，$n-r$ 个单根时，其齐次解为

$$y_h(t) = \sum_{i=1}^{r} C_i t^{r-i} e^{p_i t} + \sum_{j=r+1}^{n} C_j e^{p_j t} \qquad (2\text{-}17)$$

其中，C_i（$i=1,2,\cdots,r$），C_j（$j=r+1,r+2,\cdots,n$）均为待定常数，仍由系统初始条件确定。

2. 特解

微分方程的特解形式取决于外界激励信号 $x(t)$ 的函数形式，不同激励信号的函数形式，其特解形式也不同。表 2-1 给出几种典型激励信号所对应的特解形式。

表 2-1 不同激励信号所对应的特解形式

激励 $x(t)$	特解 $y_p(t)$
t^m	$c_m t^m + c_{m-1} t^{m-1} + \cdots + c_1 t + c_0$，所有特征根均不等于 0 $t^r\left(P_m t^m + P_{m-1} t^{m-1} + \cdots + P_0\right)$，有 r 重等于 0 的特征根
$e^{\alpha t}$	$Pe^{\alpha t}$，α 不等于特征根 $P_1 t e^{\alpha t} + P_0 e^{\alpha t}$，$\alpha$ 等于特征单根 $P_r t^r e^{\alpha t} + P_{r-1} t^{r-1} e^{\alpha t} + \cdots + P_1 t e^{\alpha t} + P_0 e^{\alpha t}$，$\alpha$ 等于 r 重特征根
$\cos\beta t$ 或 $\sin\beta t$	$B\cos\beta t + C\sin\beta t$ 或 $A\cos(\beta t - \theta)$ 其中 $\alpha e^{j\theta} = B + jC$ 所有的特征根均不等于 $\pm j\beta$

这里需要提醒注意的是：表示特解的待定常数与齐次解中的待定常数的确定过程是不同的。特解中的待定常数应由系统方程自身来确定。

例 2-1 已知系统微分方程为 $y''(t) + 3y'(t) + 2y(t) = x'(t) + 2x(t)$，激励信号 $x(t) = t^2$ 且 $y(0) = 2$，$y'(0) = 1$，求其特解及完全解。

解 设 $y_p(t)$ 表示系统方程的特解。查表 2-1 可知：

$$y_p(t) = C_2 t^2 + C_1 t + C_0 \qquad (2\text{-}18)$$

其一阶导数

$$y_p'(t) = 2C_2 t + C_1 \qquad (2\text{-}19)$$

二阶导数

$$y_p''(t) = 2C_2 \qquad (2\text{-}20)$$

以上三式中 C_0、C_1、C_2 都为待定常数。

将 $y_p(t)$、$y_p'(t)$、$y_p''(t)$ 代入原方程中，可得三个待定常数，分别为 $C_0 = 2$，$C_1 = -2$，$C_2 = 1$。由此可得特解为

$$y_p(t) = t^2 - 2t + 2 \qquad (2\text{-}21)$$

进一步求齐次解。首先将原方程变为齐次微分方程

$$y_h''(t) + 3y_h'(t) + 2y_h(t) = 0 \qquad (2\text{-}22)$$

相应的特征方程为 $p^2 + 3p + 2 = 0$，由此可得特征根 $p_1 = -1$，$p_2 = -2$，则齐次解为

$$y_h(t) = C_1 e^{-t} + C_2 e^{-2t} \qquad (2\text{-}23)$$

全解为

$$y(t) = y_h(t) + y_p(t) = C_1 e^{-t} + C_2 e^{-2t} + t^2 - 2t + 2 \qquad (2\text{-}24)$$

其一阶导数为

$$y'(t) = -C_1 e^{-t} - 2C_2 e^{-2t} + 2t - 2 \qquad (2\text{-}25)$$

将题中给定的初始条件代入式（2-24）及式（2-25）中可得待定常数 $C_1 = 3$，$C_2 = -3$，则可确定该系统完全解为

$$y(t) = 3e^{-t} - 3e^{-2t} + t^2 - 2t + 2 \qquad (2\text{-}26)$$

以上简单回顾了线性常系数微分方程的经典解法。从系统分析的角度，线性常系数微分方程描述的系统称为时不变系统，齐次解表示系统的自由响应，系统的自然频率决定了系统自由响应的全部形式。完全解中的特解称为系统的强迫响应，可见强迫响应只与激励函数的形式有关。整个系统的完全响应由系统自身特性决定的自由响应 $y_h(t)$ 和与外加激励信号 $x(t)$ 有关的强迫响应 $y_p(t)$ 两部分组成。

2.3　系统零输入响应的求解

用时域经典法求解系统完全响应是把响应分成自由响应和强迫响应两个部分。系统响应的这种分解只是一种形式。另一种广泛应用的重要分解是零输入响应和零状态响应。

当系统的外加激励 $x(t) = 0$ 时，仅由系统初始条件（初始储能）产生的响应 $y_{zi}(t)$ 称为系统的零输入响应。由于 $y_{zi}(t)$ 在一般情况下不为零，欲使式（2-10）成立，则必须有 $D(p) = 0$。下面分两种情况来求 $y_{zi}(t)$。

1. $D(p) = 0$ 的根为 n 个单根

当 $D(p) = 0$ 的根（特征根）为 n 个单根（不论实根、虚根、复数根）$p_1, p_2, \cdots, p_n$ 时，$y_{zi}(t)$ 的通解表达式为

$$y_{zi}(t) = A_1 e^{p_1 t} + A_2 e^{p_2 t} \cdots + A_n e^{p_n t} \qquad (2\text{-}27)$$

2.　$D(p) = 0$ 的根为 n 个重根

当 $D(p) = 0$ 的根（特征根）为 n 个重根（不论实根、虚根、复数根）$p_1 = p_2 = \cdots = p_n = p$ 时，$y_{zi}(t)$ 的通解表达式为

$$y_{zi}(t) = A_1 e^{pt} + A_2 t e^{pt} + \cdots + A_n t^{n-1} e^{pt} \qquad (2\text{-}28)$$

式（2-27）和式（2-28）中，A_1，A_2，A_3，$\cdots$，A_n 为积分常数，应将 $y_{zi}(t)$ 及其各阶导数的初始值 $y_{zi}(0^+)$、$y_{zi}'(0^+)$、$y_{zi}''(0^+)$、$\cdots$、$y_{zi}^{(n-1)}(0^+)$ 代入以上两式来确定。

综上所述，可得出求解 $y_{zi}(t)$ 的基本步骤如下：

（1）求系统的自然频率。

（2）写出 $y_{zi}(t)$ 的通解表达式，如式（2-27）或式（2-28）所示。

（3）根据换路定律、电荷守恒定律、磁链守恒定律，从系统的起始状态求系统的初始值（初始条件）$y_{zi}(0^+)$、$y_{zi}'(0^+)$、$y_{zi}''(0^+)$、$\cdots$、$y_{zi}^{(n-1)}(0^+)$。

（4）将已求得的初始值 $y_{zi}(0^+)$、$y_{zi}'(0^+)$、$y_{zi}''(0^+)$、$\cdots$、$y_{zi}^{(n-1)}(0^+)$ 代入式（2-27）或式（2-28）确定积分常数 A_1、A_2、$\cdots$、A_n。

（5）将确定出的积分常数 A_1、A_2、$\cdots$、A_n 代入式（2-27）或式（2-28）中，即得 $y_{zi}(t)$。

（6）画出 $y_{zi}(t)$ 的波形。

例 2-2　已知各系统的传输算子及初始值，求各系统的自然频率与零输入响应 $y_{zi}(t)$。

（1）$H(p) = \dfrac{p+4}{p(p^2+3p+2)}$，$y_{zi}(0^+) = 0$，$y_{zi}'(0^+) = 1$，$y_{zi}''(0^+) = 0$；

（2）$H(p) = \dfrac{1}{p^2+2p+5}$，$y_{zi}(0^+) = 1$，$y_{zi}'(0^+) = 7$；

（3）$H(p) = \dfrac{2p^2+8p+3}{(p+1)(p+3)^2}$，$y_{zi}(0^+) = 2$，$y_{zi}'(0^+) = 1$，$y_{zi}''(0^+) = 0$。

解　（1）令 $D(p) = p(p^2+3p+2) = p(p+1)(p+2) = 0$，可得系统的自然频率（特征根）为 $p_1 = 0$，$p_2 = -1$，$p_3 = -2$。因此可以写出

$$y_{zi}(t) = A_1 e^{p_1 t} + A_2 e^{p_2 t} + A_3 e^{p_3 t} = A_1 + A_2 e^{-t} + A_3 e^{-2t}$$

由已知

$$y_{zi}'(t) = -A_2 e^{-t} - 2A_3 e^{-2t}$$
$$y_{zi}''(t) = A_2 e^{-t} + 4A_3 e^{-2t}$$

因此有

$$y_{zi}(0^+) = A_1 + A_2 + A_3 = 0$$
$$y_{zi}'(0^+) = -A_2 - 2A_3 = 1$$
$$y_{zi}''(0^+) = A_2 + 4A_3 = 0$$

联立解得 $A_1 = \dfrac{3}{2}$，$A_2 = -2$，$A_3 = \dfrac{1}{2}$。故可得系统的零输入响应为

$$y_{zi}(t) = \frac{3}{2} - 2e^{-t} + \frac{1}{2}e^{-2t}, \quad t > 0$$

（2）由 $D(p) = p^2 + 2p + 5 = 0$ 的根（自然频率）为 $p_1 = -1 + \mathrm{j}2$，$p_2 = -1 - \mathrm{j}2 = p_1^*$，可写出

$$y_{zi}(t) = A_1 e^{(-1+\mathrm{j}2)t} + A_2 e^{(-1-\mathrm{j}2)t}$$

又知

$$y_{zi}'(t) = (-1 + \mathrm{j}2)A_1 e^{(-1+\mathrm{j}2)t} + (-1 - \mathrm{j}2)A_2 e^{(-1-\mathrm{j}2)t}$$

因此有

$$y_{zi}(0^+) = A_1 + A_2 = 1$$
$$y_{zi}'(0^+) = (-1 + \mathrm{j}2)A_1 + (-1 - \mathrm{j}2)A_2 = 7$$

联立解得 $A_1 = \frac{1}{2} - \mathrm{j}2$，$A_2 = \frac{1}{2} + \mathrm{j}2 = A_1^*$。故可得系统的零输入响应为

$$y_{zi}(t) = \left(\frac{1}{2} - \mathrm{j}2\right)e^{(-1+\mathrm{j}2)t} + \left(\frac{1}{2} + \mathrm{j}2\right)e^{(-1-\mathrm{j}2)t}$$
$$= e^{-t}(\cos 2t + 4\sin 2t), \quad t > 0$$

（3）由 $D(p) = (p+1)(p+3)^2 = 0$ 的根（自然频率）为 $p_1 = -1$，$p_2 = p_3 = -3$（二重根），可写出

$$y_{zi}(t) = A_1 e^{-t} + A_2 e^{-3t} + A_3 t e^{-3t}$$

又

$$y_{zi}'(t) = -A_1 e^{-t} - 3A_2 e^{-3t} - 3A_3 t e^{-3t} + A_3 e^{-3t}$$
$$y_{zi}''(t) = A_1 e^{-t} + 9A_2 e^{-3t} + 9A_3 t e^{-3t} - 3A_3 e^{-3t} - 3A_3 e^{-3t}$$

故

$$y_{zi}(0^+) = A_1 + A_2 = 2$$
$$y_{zi}'(0^+) = -A_1 - 3A_2 + A_3 = 1$$
$$y_{zi}''(0^+) = A_1 + 9A_2 - 6A_3 = 0$$

联立解得 $A_1 = 6$，$A_2 = -4$，$A_3 = -5$，故得

$$y_{zi}(t) = 6e^{-t} - 4e^{-3t} - 5t e^{-3t}, \quad t > 0$$

例 2-3　如图 2-3 所示电路。（1）若 $i_1(0^-) = 2\mathrm{A}$，$i_1'(0^+) = 1\mathrm{A/s}$，求 $i_1(t)$ 与 $i_2(t)$；（2）若 $i_1(0^-) = 1\mathrm{A}$，$i_2(0^-) = 2\mathrm{A}$，再求 $i_1(t)$ 与 $i_2(t)$。

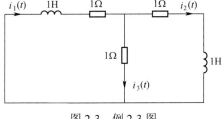

图 2-3　例 2-3 图

解　因电路中无外激励，故电路中的响应均为零输入响应。

（1）设两个网孔回路的参考方向均为顺时针，则回路阻抗矩阵为

$$Z(p) = \begin{bmatrix} p+2 & -1 \\ -1 & p+2 \end{bmatrix}$$

故得电路的特征方程为

$$\det Z(p) = \begin{vmatrix} p+2 & -1 \\ -1 & p+2 \end{vmatrix}$$

$$= p^2 + 4p + 3 = (p+1)(p+3) = 0$$

解得特征根为 $p_1 = -1$，$p_2 = -3$，故得

$$i_1(t) = A_1 e^{-t} + A_2 e^{-3t} \qquad ①$$

$$i_2(t) = B_1 e^{-t} + B_2 e^{-3t} \qquad ②$$

由式①有

$$i_1(0^+) = i_1(0^-) = A_1 + A_2 = 2$$

$$i_1'(0^+) = -A_1 - 3A_2 = 1$$

联立解得 $A_1 = \dfrac{7}{2}$，$A_2 = -\dfrac{3}{2}$。代入式①得

$$i_1(t) = \left(\frac{7}{2} e^{-t} - \frac{3}{2} e^{-3t} \right) \text{A}, \quad t \geqslant 0$$

由式②有

$$i_2(0^+) = i_2(0^-) = B_1 + B_2 \qquad ③$$

$$i_2'(0^+) = -B_1 - 3B_2 \qquad ④$$

下面求 $i_2(0^+)$ 和 $i_2'(0^+)$。因有

$$-1 i_1'(0^+) - 1 i_1(0^+) = 1 i_3(0^+)$$

故得

$$i_3(0^+) = -1 - 2 = -3 \text{A}$$

又有

$$i_2(0^+) = i_1(0^+) - i_3(0^+) = 2 - (-3) = 5 \text{A}$$

$$1 i_3(0^+) = 1 i_2(0^+) + 1 i_2'(0^+)$$

故得

$$i_2'(0^+) = i_3(0^+) - i_2(0^+) = -8 \text{A/s}$$

将 $i_2(0^+) = 5 \text{A}$，$i_2'(0^+) = -8 \text{A/s}$ 代入式③、式④有

$$B_1 + B_2 = 5$$

$$-B_1 - 3B_2 = -8$$

联立解得 $B_1 = \dfrac{7}{2}$，$B_2 = \dfrac{3}{2}$。代入式②得

$$i_2(t) = \left(\dfrac{7}{2}\mathrm{e}^{-t} + \dfrac{3}{2}\mathrm{e}^{-3t} \right)\mathrm{A}，\ t \geqslant 0$$

（2）因有 $i_3(0^+) = i_1(0^+) - i_2(0^+) = i_1(0^-) - i_2(0^-) = 1 - 2 = -1\mathrm{A}$。故有

$$-1i_1(0^+) - 1i_1'(0^+) = 1i_3(0^+) = -1$$

$$1i_2(0^+) + 1i_2'(0^+) = 1i_3(0^+) = -1$$

故得

$$i_1'(0^+) = -i_3(0^+) - i_1(0^+) = 1 - 1 = 0$$

$$i_2'(0^+) = i_3(0^+) - i_2(0^+) = -1 - 2 = -3\mathrm{A/s}$$

将 $i_1(0^+) = 1\mathrm{A}$，$i_1'(0^+) = 0$ 代入式①得

$$i_1(0^+) = A_1 + A_2 = 1$$

$$i_1'(0^+) = -A_1 - 3A_2 = 0$$

联立解得 $A_1 = \dfrac{3}{2}$，$A_2 = -\dfrac{1}{2}$。代入式①得

$$i_1(t) = \left(\dfrac{3}{2}\mathrm{e}^{-t} - \dfrac{1}{2}\mathrm{e}^{-3t} \right)\mathrm{A}，\ t \geqslant 0$$

将 $i_2(0^+) = 2\mathrm{A}$，$i_2'(0^+) = -3\mathrm{A/s}$ 代入式③、式④得

$$B_1 + B_2 = 2$$

$$-B_1 - 3B_2 = -3$$

联立解得 $B_1 = \dfrac{3}{2}$，$B_2 = \dfrac{1}{2}$。代入式②得

$$i_2(t) = \left(\dfrac{3}{2}\mathrm{e}^{-t} + \dfrac{1}{2}\mathrm{e}^{-3t} \right)\mathrm{A}，\ t \geqslant 0$$

2.4　系统的冲激响应和阶跃响应

2.4.1　系统的冲激响应

单位冲激激励 $\delta(t)$ 在零状态系统中产生的响应称为单位冲激响应，简称冲激响应，用 $h(t)$ 表示，如图 2-4 所示。此时系统的微分方程式（2-11）变为

$$h(t) = H(p)\delta(t) = \frac{N(p)}{D(p)}\delta(t)$$

$$= \frac{b_m p^m + b_{m-1}p^{m-1} + \cdots + b_1 p + b_0}{p^n + a_{n-1}p^{n-1} + \cdots + a_1 p + a_0}\delta(t) \tag{2-29}$$

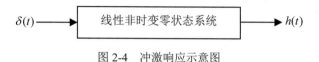

图 2-4 冲激响应示意图

2.4.2 单位冲激响应的求法

单位冲激响应 $h(t)$ 可通过将 $H(p)$ 展开成部分分式而求得，以下分三种情况进行研究。

1. $n > m$ 时

当 $n > m$ 时，$H(p)$ 为真分式。设 $D(p) = 0$ 的根为 n 个单根（不论实根、虚根、复数根） p_1，p_2，$\cdots$，p_n，则可将 $H(p)$ 展开成部分分式，即

$$
\begin{aligned}
H(p) &= \frac{b_m p^m + b_{m-1} p^{m-1} + \cdots + b_1 p + b_0}{p^n + a_{n-1} p^{n-1} + \cdots + a_1 p + a_0} \\
&= \frac{b_m p^m + \cdots + b_1 p + b_0}{(p - p_1)(p - p_2) \cdots (p - p_n)} \\
&= \frac{K_1}{p - p_1} + \frac{K_2}{p - p_2} + \cdots + \frac{K_n}{p - p_n}
\end{aligned}
\tag{2-30}
$$

其中 K_1，K_2，$\cdots$，K_n 为待定系数，是可以求得的。于是式（2-29）可写为

$$
h(t) = \frac{K_1}{p - p_1} \delta(t) + \frac{K_2}{p - p_2} \delta(t) + \cdots + \frac{K_n}{p - p_n} \delta(t)
\tag{2-31}
$$

为了求得 $h(t)$，先来研究上式中等号右端的第 n 项。令

$$
h_n(t) = \frac{K_n}{p - p_n} \delta(t), \quad n = 1,2,3,\cdots
$$

即

$$
(p - p_n) h_n(t) = K_n \delta(t)
$$

$$
p h_n(t) - p_n h_n(t) = K_n \delta(t)
$$

即

$$
\frac{\mathrm{d}}{\mathrm{d}t} h_n(t) - p_n h_n(t) = K_n \delta(t)
\tag{2-32}
$$

将式（2-32）等号两端同时乘以 $\mathrm{e}^{-p_n t}$，即

$$
\mathrm{e}^{-p_n t} \frac{\mathrm{d} h_n(t)}{\mathrm{d}t} - p_n \mathrm{e}^{-p_n t} h_n(t) = K_n \mathrm{e}^{-p_n t} \delta(t) = K_n \delta(t)
$$

即

$$
\frac{\mathrm{d}}{\mathrm{d}t} \left[\mathrm{e}^{-p_n t} h_n(t) \right] = K_n \delta(t)
$$

将上式等号两端同时在区间 $(-\infty, t)$ 进行积分，即

$$
\int_{-\infty}^{t} \frac{\mathrm{d}}{\mathrm{d}\tau} \left[\mathrm{e}^{-p_n \tau} h_n(t) \right] \mathrm{d}\tau = \int_{-\infty}^{t} K_n \delta(t) \mathrm{d}\tau = K_n \varepsilon(t)
$$

即

$$\left[\mathrm{e}^{-p_n \tau} h_n(\tau) \right]_{-\infty}^{t} = K_n \varepsilon(t)$$

即

$$\mathrm{e}^{-p_n t} h_n(t) - h_n(-\infty) = K_n \varepsilon(t)$$

因必有 $h_n(-\infty) = 0$，故得

$$h_n(t) = K_n \mathrm{e}^{p_n t} \varepsilon(t), \quad n = 1, 2, \cdots$$

同法可求得式（2-31）等号右端的其余各项。故得

$$h(t) = K_1 \mathrm{e}^{p_1 t} \varepsilon(t) + K_2 \mathrm{e}^{p_2 t} \varepsilon(t) + \cdots + K_n \mathrm{e}^{p_n t} \varepsilon(t)$$

$$= \sum_{i=1}^{n} K_i \mathrm{e}^{p_i t} \varepsilon(t), \quad i = 1, 2, 3, \cdots, n \qquad （2\text{-}33）$$

可见单位冲激响应 $h(t)$ 的形式与系统零输入响应 $y_{zi}(t)$ 的形式相同，但两者中系数的求法不同。式（2-27）中的系数 A_n 由系统的初始值确定，而式（2-33）中的系数 K_i 则是部分分式中的系数。

若 $D(p) = 0$ 的根（特征根）中含有 r 重根 p_i，则 $H(p)$ 的部分分式中将含有形如 $\dfrac{K}{(p - p_i)^r}$ 的项，可以证明，与之对应的冲激响应的形式将为 $\dfrac{K}{(r-1)!} t^{r-1} \mathrm{e}^{p_i t} \varepsilon(t)$。

表 2-2 给出了各种形式的 $H(p)$ 及其对应的 $h(t)$。

表 2-2　$H(p)$ 及其对应的 $h(t)$

$H(p)$	$h(t)$
K	$K\delta(t)$
p	$\delta'(t)$
$\dfrac{K}{p - p_n}$	$K\mathrm{e}^{p_n t} \varepsilon(t)$
$\dfrac{K_1 + \mathrm{j}K_2}{p - (a + \mathrm{j}\omega)} + \dfrac{K_1 - \mathrm{j}K_2}{p - (a - \mathrm{j}\omega)}$	$2\mathrm{e}^{at}\left(K_1 \cos \omega t - K_2 \sin \omega t\right)\varepsilon(t)$
$\dfrac{K\mathrm{e}^{\mathrm{j}\theta}}{p - (a + \mathrm{j}\omega)} + \dfrac{K\mathrm{e}^{-\mathrm{j}\theta}}{p - (a - \mathrm{j}\omega)}$	$2K\mathrm{e}^{at} \cos(\omega t + \theta)\varepsilon(t)$
$\dfrac{K}{(p - p_i)^r}$，r 为正整数	$\dfrac{K}{(r-1)!} t^{r-1} \mathrm{e}^{p_i t} \varepsilon(t)$

例 2-4　已知 $h(t) = \dfrac{p+3}{p^2 + 3p + 2}\delta(t)$，求 $h(t)$。

解
$$H(p) = \frac{p+3}{p^2 + 3p + 2} = \frac{p+3}{(p+1)(p+2)} = \frac{K_1}{p+1} + \frac{K_2}{p+2}$$

式中 K_1，K_2 的求法如下：

$$K_1 = \frac{p+3}{(p+1)(p+2)}(p+1)\Big|_{p=-1} = 2$$

$$K_2 = \frac{p+3}{(p+1)(p+2)}(p+2)\Big|_{p=-2} = -1$$

故

$$H(p) = \frac{2}{p+1} - \frac{1}{p+2}$$

故

$$h(t) = \left(\frac{2}{p+1} - \frac{1}{p+2}\right)\delta(t)$$

$$= \frac{2}{p+1}\delta(t) - \frac{1}{p+2}\delta(t) = 2e^{-t}\varepsilon(t) - e^{-2t}\varepsilon(t)$$

$$= \left(2e^{-t} - e^{-2t}\right)\varepsilon(t)$$

2.　$n = m$ 时

当 $n = m$ 时，应将 $H(p)$ 用除法化为一个常数项 b_m 与一个真分式 $\frac{N_0(p)}{N(p)}$ 之和，即

$$H(p) = b_m + \frac{N_0(p)}{N(p)}$$

$$= b_m + \frac{K_1}{p-p_1} + \frac{K_2}{p-p_2} + \cdots + \frac{K_n}{p-p_n}$$

故得单位冲激响应为

$$h(t) = b_m\delta(t) + \sum_{i=1}^{n} K_i e^{p_i t}\varepsilon(t), \quad i = 1, 2, \cdots, n$$

可见，这种情况下，$h(t)$ 中将含有冲激函数 $\delta(t)$。

例 2-5　已知 $h(t) = \frac{p^2+4p+5}{p^2+3p+2}\delta(t)$，求 $h(t)$。

解　　$H(p) = \frac{p^2+4p+5}{p^2+3p+2} = 1 + \frac{p+3}{p^2+3p+2} = 1 + \frac{2}{p+1} - \frac{1}{p+2}$

故

$$h(t) = \left(1 + \frac{2}{p+1} - \frac{1}{p+2}\right)\delta(t) = \delta(t) + \frac{2}{p+1}\delta(t) - \frac{1}{p+2}\delta(t)$$

$$= \delta(t) + \left(2e^{-t} - e^{-2t}\right)\varepsilon(t)$$

3.　$n < m$ 时

当 $n < m$ 时，$h(t)$ 中除了包含指数项 $\sum_{i=1}^{n} K_i e^{p_i t}\varepsilon(t)$ 和冲激函数 $\delta(t)$ 外，还将包含直到 $\delta^{(m-n)}(t)$ 的冲激函数 $\delta(t)$ 的各阶导数。

例 2-6　已知 $h(t) = \dfrac{3p^3 + 5p^2 - 5p - 5}{p^2 + 3p + 2}\delta(t)$，求 $h(t)$。

解
$$H(p) = \frac{3p^3 + 5p^2 - 5p - 5}{p^2 + 3p + 2} = 3p - 4 + \frac{p + 3}{p^2 + 3p + 2}$$

$$= 3p - 4 + \frac{2}{p + 1} - \frac{1}{p + 2}$$

故
$$h(t) = \left(3p - 4 + \frac{2}{p + 1} - \frac{1}{p + 2}\right)\delta(t)$$

$$= 3p\delta(t) - 4\delta(t) + \frac{2}{p + 1}\delta(t) - \frac{1}{p + 2}\delta(t)$$

$$= 3\delta'(t) - 4\delta(t) + (2\mathrm{e}^{-t} - \mathrm{e}^{-2t})\varepsilon(t)$$

例 2-7　已知系统的微分方程为
$$(p + 1)^3(p + 2)y(t) = (4p^3 + 16p^2 + 23p + 13)x(t)$$
试求系统的冲激响应 $h(t)$。

解
$$H(p) = \frac{(4p^3 + 16p^2 + 23p + 13)}{(p + 1)^3(p + 2)} = \frac{K_{11}}{(p + 1)^3} + \frac{K_{12}}{(p + 1)^2} + \frac{K_{13}}{p + 1} + \frac{K_2}{p + 2}$$

$$= \frac{2}{(p + 1)^3} + \frac{1}{(p + 1)^2} + \frac{3}{p + 1} + \frac{1}{p + 2}$$

故
$$h(t) = \frac{2}{(p + 1)^3}\delta(t) + \frac{1}{(p + 1)^2}\delta(t) + \frac{3}{p + 1}\delta(t) + \frac{1}{p + 2}\delta(t)$$

$$= \frac{2}{(3 - 1)!}t^2\mathrm{e}^{-t}\varepsilon(t) + \frac{1}{(2 - 1)!}t\mathrm{e}^{-t}\varepsilon(t) + 3\mathrm{e}^{-t}\varepsilon(t) + \mathrm{e}^{-2t}\varepsilon(t)$$

$$= (t^2\mathrm{e}^{-t} + t\mathrm{e}^{-t} + 3\mathrm{e}^{-t} + \mathrm{e}^{-2t})\varepsilon(t)$$

例 2-8　电路如图 2-5 所示。求关于 $u_1(t)$ 与 $u_2(t)$ 的冲激响应 $h_1(t)$ 与 $h_2(t)$。

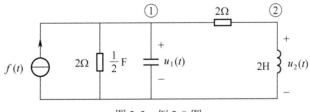

图 2-5　例 2-8 图

解　对节点①②列 KCL 方程为
$$\left(\frac{p}{2} + 1\right)u_1(t) - \frac{1}{2}u_2(t) = f(t)$$

$$-\frac{1}{2}u_1(t) + \left(\frac{1}{2p} + \frac{1}{2}\right)u_2(t) = 0$$

联立解得

$$u_1(t) = \frac{2(p+1)}{p^2 + 2p + 2} f(t)$$

$$= 2\frac{p+1}{(p+1)^2 + 1} f(t)$$

$$u_2(t) = \frac{2p}{p^2 + 2p + 2} f(t)$$

$$= 2\left[\frac{p+1}{(p+1)^2 + 1} - \frac{1}{(p+1)^2 + 1}\right] f(t)$$

故得

$$h_1(t) = \frac{2(p+1)}{(p+1)^2 + 1} \delta(t) = 2e^{-t} \cos t \varepsilon(t)$$

$$h_2(t) = 2\frac{p+1}{(p+1)^2 + 1} \delta(t) - 2\frac{1}{(p+1)^2 + 1} \delta(t)$$

$$= (2e^{-t} \cos t - 2e^{-t} \sin t) \varepsilon(t)$$

2.4.3　系统的阶跃响应及其求法

单位阶跃激励 $\varepsilon(t)$ 在零状态系统中产生的响应称为单位阶跃响应，简称阶跃响应，用 $g(t)$ 表示，如图 2-6 所示。

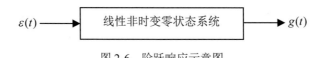

$$\varepsilon(t) \longrightarrow \boxed{\text{线性非时变零状态系统}} \longrightarrow g(t)$$

图 2-6　阶跃响应示意图

求解阶跃响应的常用方法有以下两种。

（1）已知简单的一阶电路系统，利用三要素公式求解 $g(t)$。

例 2-9　已知 RC 电路如图 2-7 所示，试求以 $u_C(t)$ 为求解变量的阶跃响应 $g(t)$。

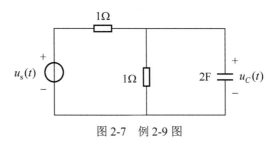

图 2-7　例 2-9 图

解　由题意，该电路的激励信号 $u_s(t) = \varepsilon(t)$，很显然应有 $u_C(0^-) = 0$。当 $t = 0^+$ 后输入信号进入系统，依据换路定则可有 $u_C(0^+) = u_C(0^-) = 0$。而当该电路达到稳态（$t = \infty$）时，有 $u_C(\infty) = \frac{1}{2} \text{V}$。根据电路的结构及元件的参数可有时间常数 $\tau = R_0 C = \frac{1}{2} \times 2 = 1\text{s}$。将上面所求结

果代入三要素公式中，有

$$g(t) = g(\infty) + \left[g(0_+) - g(\infty) \right] \mathrm{e}^{-\frac{t}{\tau}}, \ t \geq 0$$

$$= \left[\frac{1}{2} + \left(0 - \frac{1}{2} \right) \mathrm{e}^{-t} \right] \varepsilon(t)$$

$$= \left[\frac{1}{2} \left(1 - \mathrm{e}^{-t} \right) \right] \varepsilon(t)$$

（2）依据冲激信号与阶跃信号的关系求解。

当已知冲激响应时，可对此积分得阶跃响应，即

$$g(t) = \int_{0_-}^{t} h(\tau) \mathrm{d}\tau \tag{2-34}$$

例 2-10　求图 2-8 所示电路关于 $u(t)$ 的单位冲激响应 $h(t)$ 与单位阶跃响应 $g(t)$。

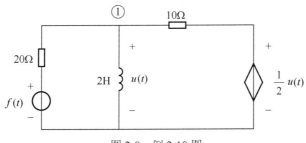

图 2-8　例 2-10 图

解　节点①的 KCL 方程为

$$\left(\frac{1}{20} + \frac{1}{2p} + \frac{1}{10} \right) u(t) = \frac{1}{20} f(t) + \frac{1}{10} \times \frac{1}{2} u(t)$$

即

$$\left(1 + \frac{p}{5} \right) u(t) = \frac{1}{10} p f(t)$$

故得

$$u(t) = \frac{\frac{1}{2} p}{p + 5} f(t)$$

$$= \left(\frac{1}{2} - \frac{5}{2} \times \frac{1}{p + 5} \right) f(t)$$

故得

$$h(t) = \left(\frac{1}{2} - \frac{5}{2} \times \frac{1}{p + 5} \right) \delta(t)$$

$$= \frac{1}{2} \delta(t) - \frac{5}{2} \mathrm{e}^{-5t} \varepsilon(t)$$

又

$$g(t) = \int_{0_-}^{t} h(\tau) \mathrm{d}\tau = \frac{1}{2} \mathrm{e}^{-5t} \varepsilon(t)$$

2.5 系统零状态响应——卷积积分

由于任意信号可以用冲激信号的组合表示，即

$$x(t) = \int_{-\infty}^{\infty} x(\tau)\delta(t-\tau)\mathrm{d}\tau \tag{2-35}$$

若把它作用到冲激响应为 $h(t)$ 的线性时不变系统，则系统的响应为

$$y(t) = T[x(t)] = T\left[\int_{-\infty}^{\infty} x(\tau)\delta(t-\tau)\mathrm{d}\tau\right] = \int_{-\infty}^{\infty} x(\tau)T[\delta(t-\tau)]\mathrm{d}\tau$$

$$= \int_{-\infty}^{\infty} x(\tau)h(t-\tau)\mathrm{d}\tau \tag{2-36}$$

这就是卷积积分。由于 $h(t)$ 是在零状态下定义的，因而式（2-36）表示的响应是系统的零状态响应 $y_{zs}(t)$。

卷积方法最早的研究可追溯到 19 世纪初，数学家欧拉（Euler）、泊松（Poisson）以及其后的许多科学家对此问题做了大量工作，其中，最值得纪念的是杜阿美尔（Duhamel）。近代，随着信号与系统理论研究的深入及计算机技术的发展，卷积方法得到广泛的应用，同时反卷积的问题也越来越受重视。反卷积是卷积的逆运算。在现代地震勘探、超声诊断、光学成像、系统辨识及其他诸多信号处理领域中，卷积和反卷积无处不在，而且许多都是有待深入开发研究的课题。本节将对卷积积分的运算方法做一说明。

式（2-36）表示了卷积积分的物理意义。卷积方法的原理就是将信号分解为冲激信号之和，借助系统的冲激响应 $h(t)$，求解系统对任意激励信号的零状态响应。

对于任意两个信号 $x_1(t)$ 和 $x_2(t)$，两者做卷积运算定义为

$$x(t) = \int_{-\infty}^{\infty} x_1(\tau)x_2(t-\tau)\mathrm{d}\tau \tag{2-37}$$

做一变量代换不难证明

$$x(t) = \int_{-\infty}^{\infty} x_2(\tau)x_1(t-\tau)\mathrm{d}\tau = x_1(t)*x_2(t) = x_2(t)*x_1(t) \tag{2-38}$$

式中，$x_1(t)*x_2(t)$ 是两函数做卷积运算的简写符号，也可以写成 $x_1(t)\otimes x_2(t)$。这里的积分上下限分别为 ∞ 和 $-\infty$，这是由于对 $x_1(t)$ 和 $x_2(t)$ 的作用时间范围没有加以限制。实际由于系统的因果性或激励信号存在时间的局限性，其积分限会有变化，这一点借助卷积的图形解释可以看得很清楚。可以说卷积积分中积分限的确定是非常关键的，应在运算中加以注意。

用图解方法说明卷积运算可以把一些抽象的关系形象化，便于理解卷积的概念及方便运算。

设系统的激励信号为 $x(t)$，如图 2-9（a）所示，冲激响应为 $h(t)$，如图 2-9（b）所示，则系统的零状态响应为

$$y(t) = x(t)*h(t) = \int_{-\infty}^{\infty} x(\tau)h(t-\tau)\mathrm{d}\tau \tag{2-39}$$

分析式（2-39）可以看出，卷积积分变量是 τ。$h(t-\tau)$ 说明在 τ 的坐标系中 $h(\tau)$ 有反褶和位移的过程，如图 2-9（c）和（d）所示，然后两者重叠部分相乘做积分。这样对两信号做卷积积分运算需要以下五个步骤：

（1）改换图形中的横坐标，由 t 改为 τ，τ 变成函数的自变量。

（2）把其中的一个信号反褶，如图 2-9（c）所示。

（3）把反褶后的信号做位移，位移量是 t，这样 t 是一个参变量。在 τ 坐标系中，$t>0$ 图形右移；$t<0$ 图形左移，如图 2-9（d）所示。

（4）两信号重叠部分相乘 $x(\tau)h(t-\tau)$。

（5）完成相乘后图形的积分。

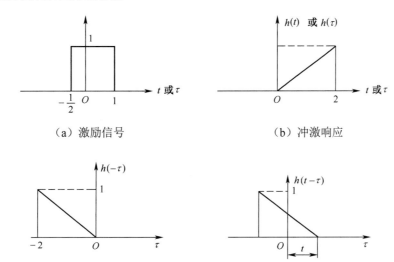

（a）激励信号　　　　　　　　　　　（b）冲激响应

（c）反褶　　　　　　　　　　　　（d）位移

图 2-9　卷积的图形解释

按上述步骤完成的卷积积分结果如下：

（1）$-\infty < t \leqslant -\dfrac{1}{2}$，如图 2-10（a）所示。

$$x(t) * h(t) = 0$$

（2）$-\dfrac{1}{2} \leqslant t \leqslant 1$，如图 2-10（b）所示。

$$x(t) * h(t) = \int_{-\frac{1}{2}}^{t} 1 \times \frac{1}{2}(t-\tau)\mathrm{d}\tau$$

$$= \frac{t^2}{4} + \frac{t}{4} + \frac{1}{16}$$

（3）$1 \leqslant t \leqslant \dfrac{3}{2}$，如图 2-10（c）所示。

$$x(t) * h(t) = \int_{-\frac{1}{2}}^{1} 1 \times \frac{1}{2}(t-\tau)\mathrm{d}\tau$$

$$= \frac{3}{4}t - \frac{3}{16}$$

（4）$\dfrac{3}{2} \leqslant t \leqslant 3$，如图 2-10（d）所示。

$$x(t) * h(t) = \int_{t-2}^{1} 1 \times \frac{1}{2}(t-\tau)\mathrm{d}\tau$$

$$= -\frac{t^2}{4} + \frac{t}{2} + \frac{3}{4}$$

（5）$3 \leqslant t < \infty$，如图 2-10（e）所示。

$$x(t) * h(t) = 0$$

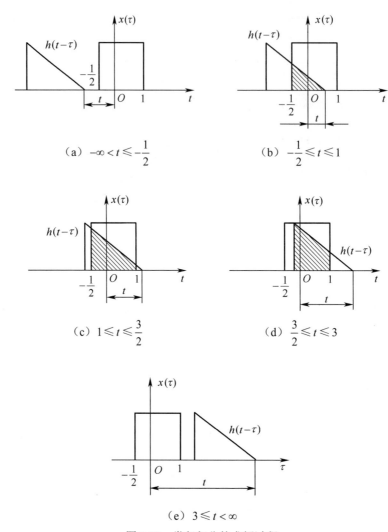

（a）$-\infty < t \leqslant -\dfrac{1}{2}$ （b）$-\dfrac{1}{2} \leqslant t \leqslant 1$

（c）$1 \leqslant t \leqslant \dfrac{3}{2}$ （d）$\dfrac{3}{2} \leqslant t \leqslant 3$

（e）$3 \leqslant t < \infty$

图 2-10　卷积积分的求解过程

图 2-10 中的阴影面积即为相乘积分的结果。最后，若以 t 为横坐标，将与 t 对应的积分值描成曲线，就是卷积积分 $x(t) * h(t)$ 函数图像，如图 2-11 所示。

从以上图解分析可以看出，卷积中积分限的确定取决于两个图形交叠部分的范围。卷积结果所占有的时宽等于两个函数各自时宽的总和。

按式（2-38）也可以把 $x(t)$ 反褶位移计算，得到的结果相同。

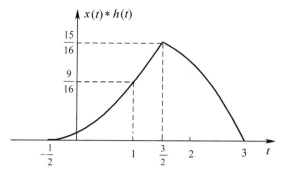

图 2-11　卷积积分结果

2.6　卷积运算的性质

作为一种数学运算，卷积运算具有某些特殊性质，这些性质在信号与系统分析中有重要作用。利用这些性质还可以使卷积运算简化。

2.6.1　卷积代数

通常乘法运算中的某些代数定律也适用于卷积运算。

1. 交换律

$$x_1(t) * x_2(t) = x_2(t) * x_1(t) \tag{2-40}$$

把积分变量 τ 改换为 $(t - \lambda)$，即可证明交换律

$$x_1(t) * x_2(t) = \int_{-\infty}^{\infty} x_1(\tau) \, x_2(t - \tau) \mathrm{d}\tau = \int_{-\infty}^{\infty} x_2(\lambda) \, x_1(t - \lambda) \mathrm{d}\lambda = x_2(t) * x_1(t)$$

这意味着两函数在卷积积分中的次序是可以交换的。

2. 分配律

$$x_1(t) * [x_2(t) + x_3(t)] = x_1(t) * x_2(t) + x_1(t) * x_3(t) \tag{2-41}$$

分配律用于系统分析，相当于并联系统的冲激响应，等于组成并联系统的各子系统冲激响应之和，如图 2-12 所示。

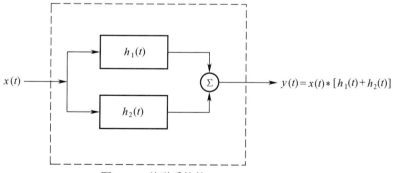

图 2-12　并联系统的 $h(t) = h_1(t) + h_2(t)$

3. 结合律

$$[x_1(t) * x_2(t)] * x_3(t) = x_1(t) * [x_2(t) * x_3(t)] \tag{2-42}$$

这里包含两次卷积运算，是一个二重积分，只要改换积分次序即可证明此定律。

$$[x_1(t)*x_2(t)]*x_3(t) = \int_{-\infty}^{\infty}\left[\int_{-\infty}^{\infty}x_1(\lambda)x_2(\tau-\lambda)d\lambda\right]x_3(t-\tau)d\tau$$

$$= \int_{-\infty}^{\infty}x_1(\lambda)\left[\int_{-\infty}^{\infty}x_2(\tau-\lambda)x_3(t-\tau)d\tau\right]d\lambda$$

$$= \int_{-\infty}^{\infty}x_1(\lambda)\left[\int_{-\infty}^{\infty}x_2(\tau)x_3(t-\tau-\lambda)d\tau\right]d\lambda$$

$$= x_1(t)*[x_2(t)*x_3(t)]$$

结合律用于系统分析，相当于串联系统的冲激响应，等于组成串联系统的各子系统冲激响应的卷积，如图 2-13 所示。

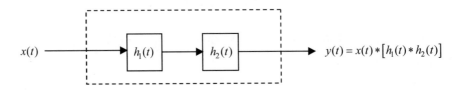

图 2-13　串联系统的 $h(t) = h_1(t)*h_2(t)$

2.6.2　卷积的微分与积分

上述卷积代数定律与乘法运算的性质类似，但是卷积的微分或积分却与两函数相乘的微分或积分性质不同。

两个函数卷积后的导数等于其中一函数之导数与另一函数的卷积，其表示式为

$$\frac{d}{dt}[x_1(t)*x_2(t)] = x_1(t)*\frac{dx_2(t)}{dt}$$

$$= \frac{dx_1(t)}{dt}*x_2(t) \tag{2-43}$$

由卷积定义可证明此关系式

$$\frac{d}{dt}[x_1(t)*x_2(t)] = \frac{d}{dt}\int_{-\infty}^{\infty}x_1(\tau)x_2(t-\tau)d\tau$$

$$= \int_{-\infty}^{\infty}x_1(\tau)\frac{dx_2(t-\tau)}{dt}d\tau$$

$$= x_1(t)*\frac{dx_2(t)}{dt} \tag{2-44}$$

同样可以证明

$$\frac{d}{dt}[x_2(t)*x_1(t)] = x_2(t)*\frac{dx_1(t)}{dt} \tag{2-45}$$

显然，$x_2(t)*x_1(t)$ 也即 $x_1(t)*x_2(t)$，故式（2-45）成立。

两个函数卷积后的积分等于其中一函数之积分与另一函数的卷积。其表示式为

$$\int_{-\infty}^{t}\left[x_1(\lambda)*x_2(\lambda)\right]\mathrm{d}\lambda = x_1(t)*\int_{-\infty}^{t}x_2(\lambda)\mathrm{d}\lambda$$

$$= x_2(t)*\int_{-\infty}^{t}x_1(\lambda)\,\mathrm{d}\lambda \qquad (2\text{-}46)$$

证明如下

$$\int_{-\infty}^{t}\left[x_1(\lambda)*x_2(\lambda)\right]\mathrm{d}\lambda = \int_{-\infty}^{t}\left[\int_{-\infty}^{\infty}x_1(\tau)x_2(\lambda-\tau)\mathrm{d}\tau\right]\mathrm{d}\lambda$$

$$= \int_{-\infty}^{\infty}x_1(\tau)\left[\int_{-\infty}^{t}x_2(\lambda-\tau)\mathrm{d}\lambda\right]\mathrm{d}\tau$$

$$= x_1(t)*\int_{-\infty}^{t}x_2(\lambda)\mathrm{d}\lambda \qquad (2\text{-}47)$$

借助卷积交换律同样可求得 $x_2(t)$ 与 $x_1(t)$ 之积分相卷积的形式，于是式（2-46）全部得到证明。

应用类似的推演可以导出卷积的高阶导数或多重积分的运算规律。

设 $s(t)=\left[x_1(t)*x_2(t)\right]$，则有

$$s^{(i)}(t) = x_1^{(j)}(t)*x_2^{(i-j)}(t) \qquad (2\text{-}48)$$

此处当 i、j 取正整数时为导数的阶次，取负整数时为重积分的次数。一个简单的例子是

$$\frac{\mathrm{d}x_1(t)}{\mathrm{d}t}*\int_{-\infty}^{t}x_2(\lambda)\mathrm{d}\lambda = x_1(t)*x_2(t) \qquad (2\text{-}49)$$

2.6.3　与冲激函数或阶跃函数的卷积

函数 $x(t)$ 与单位冲激函数 $\delta(t)$ 卷积的结果仍然是函数 $x(t)$ 本身。根据卷积定义以及冲激函数的特性容易证明

$$x(t)*\delta(t) = \int_{-\infty}^{\infty}x(\tau)\delta(t-\tau)\mathrm{d}\tau$$

$$= \int_{-\infty}^{\infty}x(\tau)\delta(\tau-t)\mathrm{d}\tau$$

$$= x(t) \qquad (2\text{-}50)$$

这里用到 $\delta(x)=\delta(-x)$，因此 $\delta(t-\tau)=\delta(\tau-t)$。

今后将会看到，在信号与系统分析中，此性质应用广泛。

进一步有

$$x(t)*\delta(t-t_0) = \int_{-\infty}^{\infty}x(\tau)\,\delta(t-t_0-\tau)\mathrm{d}\tau$$

$$= x(t-t_0) \qquad (2\text{-}51)$$

这表明，与 $\delta(t-t_0)$ 信号相卷积的结果相当于把函数本身延迟 t_0。

利用卷积的微分、积分特性，不难得到以下一系列结论。

对于冲激偶函数 $\delta'(t)$，有

$$x(t) * \delta'(t) = x'(t) \tag{2-52}$$

对于单位阶跃函数 $\varepsilon(t)$，可以求得

$$x(t) * \varepsilon(t) = \int_{-\infty}^{t} x(\lambda)\mathrm{d}\lambda \tag{2-53}$$

推广到一般情况可得

$$x(t) * \delta^{(k)}(t) = x^{(k)}(t) \tag{2-54}$$

$$x(t) * \delta^{(k)}(t - t_0) = x^{(k)}(t - t_0) \tag{2-55}$$

式中，k 表示求导或取重积分的次数，当 k 取正整数时为导数阶次，k 取负整数时为重积分的次数，例如 $\delta^{(-1)}(t)$ 即 $\delta(t)$ 之积分——单位阶跃 $\varepsilon(t)$，$\varepsilon(t)$ 与 $x(t)$ 之卷积得到 $x^{(-1)}(t)$，即 $x(t)$ 的一次积分式，这就是式（2-53）。

一些常用函数卷积积分的结果见表 2-3。

表 2-3　常用函数卷积表

序号	$x_1(t)$	$x_2(t)$	$x_1(t) * x_2(t)$
1	$x(t)$	$\delta(t)$	$x(t)$
2	$x(t)$	$\varepsilon(t)$	$\displaystyle\int_{-\infty}^{t} x(\lambda)\mathrm{d}\lambda$
3	$x(t)$	$\delta'(t)$	$x'(t)$
4	$\varepsilon(t)$	$\varepsilon(t)$	$t\varepsilon(t)$
5	$\varepsilon(t) - \varepsilon(t - t_1)$	$\varepsilon(t)$	$t\varepsilon(t) - (t - t_1)\varepsilon(t - t_1)$
6	$\varepsilon(t) - \varepsilon(t - t_1)$	$\varepsilon(t) - \varepsilon(t - t_2)$	$t\varepsilon(t) - (t - t_1)\varepsilon(t - t_1) - (t - t_2)\varepsilon(t - t_2) + (t - t_1 - t_2) \cdot$ $\varepsilon(t - t_1 - t_2)$
7	$\mathrm{e}^{at}\varepsilon(t)$	$\varepsilon(t)$	$-\dfrac{1}{a}(1 - \mathrm{e}^{at})\varepsilon(t)$
8	$\mathrm{e}^{at}\varepsilon(t)$	$\varepsilon(t) - \varepsilon(t - t_1)$	$-\dfrac{1}{a}(1 - \mathrm{e}^{at})\big[\varepsilon(t) - \varepsilon(t - t_1)\big] - \dfrac{1}{a}(\mathrm{e}^{-at_1} - 1)\mathrm{e}^{at}\varepsilon(t - t_1)$
9	$\mathrm{e}^{at}\varepsilon(t)$	$\mathrm{e}^{at}\varepsilon(t)$	$t\mathrm{e}^{at}\varepsilon(t)$
10	$\mathrm{e}^{a_1 t}\varepsilon(t)$	$\mathrm{e}^{a_2 t}\varepsilon(t)$	$\dfrac{1}{a_1 - a_2}(\mathrm{e}^{a_1 t} - \mathrm{e}^{a_2 t})\varepsilon(t)$，$\quad a_1 \neq a_2$
11	$\mathrm{e}^{at}\varepsilon(t)$	$t^n\varepsilon(t)$	$\dfrac{n!}{a^{n+1}}\mathrm{e}^{at}\varepsilon(t) - \displaystyle\sum_{j=0}^{n} \dfrac{n!}{a^{j+1}(n-j)!}t^{n-j}\varepsilon(t)$
12	$t^m\varepsilon(t)$	$t^n\varepsilon(t)$	$\dfrac{m!n!}{(m+n+1)!}t^{m+n+1}\varepsilon(t)$

续表

序号	$x_1(t)$	$x_2(t)$	$x_1(t) * x_2(t)$
13	$t^m e^{a_1 t}\varepsilon(t)$	$t^n e^{a_2 t}\varepsilon(t)$	$\displaystyle\sum_{j=0}^{m}\frac{(-1)^j m!(n+j)!}{j!(m-j)!(a_1-a_2)^{n+j+1}}t^{m-j}e^{a_1 t}\varepsilon(t)$ $\displaystyle + \sum_{k=0}^{n}\frac{(-1)^k n!(m+k)!}{k!(n-k)!(a_2-a_1)^{m+k+1}}t^{n-k}e^{a_2 t}\varepsilon(t),\ \ a_1 \neq a_2$
14	$e^{-at}\cos(\beta t+\theta)\varepsilon(t)$	$e^{\lambda t}\varepsilon(t)$	$\left[\dfrac{\cos(\theta-\varphi)}{\sqrt{(a+\lambda)^2+\beta^2}}e^{\lambda t}-\dfrac{e^{-at}\cos(\beta t+\theta-\varphi)}{\sqrt{(a+\lambda)^2+\beta^2}}\right]\varepsilon(t)$ 其中 $\varphi = \arctan\left(\dfrac{-\beta}{a+\lambda}\right)$

卷积的性质可以用来简化卷积运算,以图 2-14 所示的两函数卷积运算为例,利用式(2-49),可得

$$y(t) = x(t) * h(t) = \frac{\mathrm{d}}{\mathrm{d}t}x(t) * \int_{-\infty}^{t} h(\lambda)\mathrm{d}\lambda$$

其中

$$\frac{\mathrm{d}}{\mathrm{d}t}x(t) = \delta\left(t+\frac{1}{2}\right) - \delta(t-1)$$

其图形如图 2-14(a)所示。

$$h^{(-1)}(t) = \int_{-\infty}^{t} h(\lambda)\,\mathrm{d}\lambda = \int_{-\infty}^{t} \frac{1}{2}\lambda\left[\varepsilon(\lambda) - \varepsilon(\lambda-2)\right]\mathrm{d}\lambda$$

$$= \left(\int_{0}^{t}\frac{1}{2}\lambda\mathrm{d}\lambda\right)\varepsilon(t) - \left(\int_{2}^{t}\frac{1}{2}\lambda\mathrm{d}\lambda\right)\varepsilon(t-2)$$

$$= \frac{1}{4}t^2\varepsilon(t) - \frac{1}{4}(t^2-4)\varepsilon(t-2)$$

$$= \frac{1}{4}t^2\left[\varepsilon(t) - \varepsilon(t-2)\right] + \varepsilon(t-2)$$

其图形如图 2-14(b)所示。

$$\frac{\mathrm{d}}{\mathrm{d}t}x(t) * \int_{-\infty}^{t} h(\lambda)\,\mathrm{d}\lambda = \frac{1}{4}\left(t+\frac{1}{2}\right)^2\left[\varepsilon\left(t+\frac{1}{2}\right) - \varepsilon\left(t-\frac{3}{2}\right)\right] + \varepsilon\left(t-\frac{3}{2}\right)$$

$$-\left\{\frac{1}{4}(t-1)^2\left[\varepsilon(t-1) - \varepsilon(t-3)\right] + \varepsilon(t-3)\right\}$$

$$= \begin{cases} \dfrac{1}{4}\left(t+\dfrac{1}{2}\right)^2, & -\dfrac{1}{2} \leqslant t < 1 \\ \dfrac{1}{4}\left(t+\dfrac{1}{2}\right)^2 - \dfrac{1}{4}(t-1)^2 = \dfrac{3}{4}\left(t-\dfrac{1}{4}\right), & 1 \leqslant t < \dfrac{3}{2} \\ 1 - \dfrac{1}{4}(t-1)^2, & \dfrac{3}{2} \leqslant t < 3 \end{cases}$$

可以看出，如果对某一信号微分后出现冲激信号，则卷积最终结果是另一信号对应积分后平移叠加的结果，如图 2-14（c）和（d）所示。需要注意的是，常数信号 $x(t) = E$（$-\infty < t < \infty$）经微分变成零，这种情况需要特殊考虑。

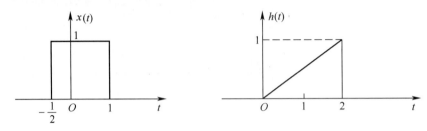

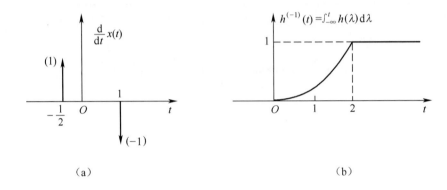

（a）　　　　　　　　　　　　　　　（b）

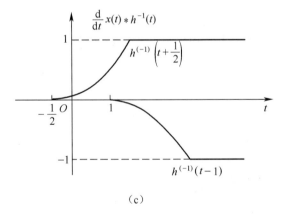

（c）

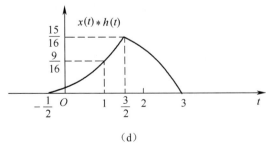

（d）

图 2-14　两函数卷积运算

习题 2

2-1　写出图 2-15 所示电路中表示输入 $i(t)$ 和输出 $u_1(t)$ 及 $u_2(t)$ 之间关系的线性微分方程，并求出转移算子。

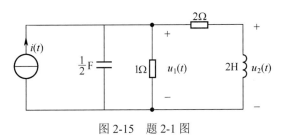

图 2-15　题 2-1 图

2-2　试写出图 2-16 所示电路中表示输入 $e(t)$ 和输出 $i_1(t)$ 之间关系的线性微分方程，并求转移算子 $H(p)$。

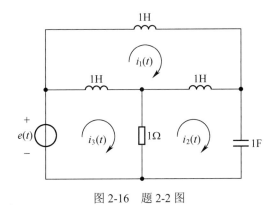

图 2-16　题 2-2 图

2-3　已知系统相应的齐次方程及其对应的 0_+ 状态条件，试求系统的零输入响应。

（1）$\dfrac{\mathrm{d}^2}{\mathrm{d}t^2}y(t)+2\dfrac{\mathrm{d}}{\mathrm{d}t}y(t)+2y(t)=0$　　　给定：$y(0^+)=1,\ y'(0^+)=2$；

（2）$\dfrac{\mathrm{d}^2}{\mathrm{d}t^2}y(t)+2\dfrac{\mathrm{d}}{\mathrm{d}t}y(t)+y(t)=0$　　　给定：$y(0^+)=1,\ y'(0^+)=2$；

（3）$\dfrac{\mathrm{d}^3}{\mathrm{d}t^3}y(t)+2\dfrac{\mathrm{d}^2}{\mathrm{d}t^2}y(t)+\dfrac{\mathrm{d}}{\mathrm{d}t}y(t)=0$　　给定：$y(0^+)=y'(0^+)=0,\ y''(0^+)=1$。

2-4　试求解系统微分方程 $5\dfrac{\mathrm{d}y(t)}{\mathrm{d}t}+10y(t)=5x(t)$ 在给定外界激励 $x(t)$ 时的特解。

（1）$x(t)=3$；（2）$x(t)=\mathrm{e}^{-\frac{t}{2}}$；（3）$x(t)=\cos 2t$；（4）$x(t)=t^2$。

2-5　计算下列积分。

（1）$\displaystyle\int_{-\infty}^{\infty}t\delta(t-2)\mathrm{d}t$；

（2）$\int_{-1}^{2}(t^{2}+t)\delta(t-3)\mathrm{d}t$；

（3）$\int_{0-}^{0+}\mathrm{e}^{-3t}\delta(-t)\mathrm{d}t$。

2-6   给定系统微分方程如下：

$$\frac{\mathrm{d}^{2}}{\mathrm{d}t^{2}}y(t)+3\frac{\mathrm{d}}{\mathrm{d}t}y(t)+2y(t)=\frac{\mathrm{d}}{\mathrm{d}t}x(t)+3x(t)$$

若激励信号与起始状态为以下两种情况：

（1）$x(t)=\varepsilon(t),\ y(0^{-})=1,\ y'(0^{-})=2$；

（2）$x(t)=\mathrm{e}^{-3t}\varepsilon(t),\ y(0^{-})=1,\ y'(0^{-})=2$。

试分别求出它们的全响应，并指出其零输入响应、零状态响应、自由响应、强迫响应各分量。

2-7   已知系统微分方程为 $\dfrac{\mathrm{d}^{2}y(t)}{\mathrm{d}t^{2}}+4\dfrac{\mathrm{d}y(t)}{\mathrm{d}t}+3y(t)=x(t)$，初始条件为 $y(0)=1$，$y'(0)=3$，当输入信号 $x(t)$ 取以下两种形式时，试求系统的全响应 $y(t)$。

（1）$x(t)=\varepsilon(t)$；   （2）$x(t)=\mathrm{e}^{-t}$。

2-8   已知系统微分方程为 $\dfrac{\mathrm{d}y(t)}{\mathrm{d}t}+3y(t)=x(t)$，若激励信号 $x(t)$ 为以下形式时，试求系统的零状态响应。

（1）$x(t)=\varepsilon(t)$；   （2）$x(t)=\delta(t)$；   （3）$x(t)=\delta'(t)$。

2-9   试求下列微分方程描述的系统冲激响应 $h(t)$ 和阶跃响应 $g(t)$。

（1）$\dfrac{\mathrm{d}}{\mathrm{d}t}y(t)+3y(t)=2\dfrac{\mathrm{d}}{\mathrm{d}t}x(t)$；

（2）$\dfrac{\mathrm{d}^{2}}{\mathrm{d}t^{2}}y(t)+\dfrac{\mathrm{d}}{\mathrm{d}t}y(t)+y(t)=\dfrac{\mathrm{d}}{\mathrm{d}t}x(t)+x(t)$；

（3）$\dfrac{\mathrm{d}}{\mathrm{d}t}y(t)+2y(t)=\dfrac{\mathrm{d}^{2}}{\mathrm{d}t^{2}}x(t)+3\dfrac{\mathrm{d}}{\mathrm{d}t}x(t)+3x(t)$。

2-10   图 2-17 所示的线性系统由子系统组合而成。设子系统的冲激响应分别为 $h_1(t)=\delta(t-1)$，$h_2(t)=\varepsilon(t)-\varepsilon(t-3)$。试求此线性系统的冲激响应。

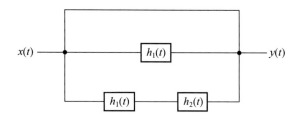

图 2-17   题 2-10 图

2-11   已知系统微分方程为 $y''(t)+2y'(t)+2y(t)=x''(t)+x(t)$，激励信号 $x(t)=\delta(t)$，试完成：

（1）判断 $t=0$ 的起始点是否发生跳变；（2）求冲激响应和阶跃响应。

2-12　电路如图 2-18 所示，已知 $L_1 = L_2 = 1\text{H}$，$R = 1\Omega$，试求以 $u_L(t)$ 为求解变量的冲激响应。

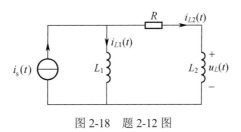

图 2-18　题 2-12 图

2-13　电路如图 2-19 所示，试列出以 $i_R(t)$ 为输出变量的系统微分方程并求解系统的冲激响应和阶跃响应。

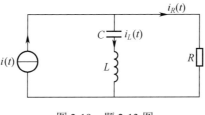

图 2-19　题 2-13 图

2-14　已知某线性系统单位阶跃响应为 $g(t) = (2e^{-2t} - 1)\varepsilon(t)$，试利用卷积的性质求如图 2-20 所示各波形信号激励下的零状态响应。

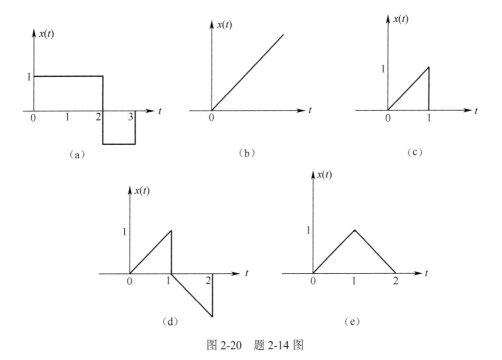

图 2-20　题 2-14 图

2-15 已知 $x(t)*t\varepsilon(t)=(t+e^{-t}-1)\varepsilon(t)$，试求 $x(t)$。

2-16 信号 $x_1(t)$、$x_2(t)$ 的波形如图 2-21 所示，试完成下列信号间的卷积运算，并画出卷积后的波形图。

（1） $x_1(t)*x_2(t)$；　　　　（2） $x_1(t-2)*x_2(t)$。

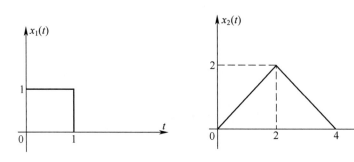

图 2-21　题 2-16 图

2-17 试计算卷积积分： $x(t)=[\varepsilon(t-1)-\varepsilon(t-5)]*[\varepsilon(t+5)-\varepsilon(t+3)+\varepsilon(t+1)]$。

2-18 已知某 LTI 系统的冲激响应为 $h(t)=\varepsilon(t-1)$，系统的输入 $x(t)=e^{-t}\varepsilon(t+2)$，试求该系统的零状态响应。

2-19 试求下列各函数 $x_1(t)$ 与 $x_2(t)$ 的卷积 $x_1(t)*x_2(t)$。

（1） $x_1(t)=\varepsilon(t),x_2(t)=e^{-at}\varepsilon(t)$；

（2） $x_1(t)=\delta(t),\ x_2(t)=\cos(\omega t+45°)$；

（3） $x_1(t)=(1+t)[\varepsilon(t)-\varepsilon(t-1)],x_2(t)=\varepsilon(t-1)-\varepsilon(t-2)$；

（4） $x_1(t)=\cos(\omega t),\ x_2(t)=\delta(t+1)-\delta(t-1)$；

（5） $x_1(t)=e^{-at}\varepsilon(t),\ x_2(t)=\sin t\varepsilon(t)$。

2-20 试求下列两组卷积，并注意相互间的区别。

（1） $x(t)=\varepsilon(t)-\varepsilon(t-1)$，求 $s(t)=x(t)*x(t)$；

（2） $x(t)=\varepsilon(t-1)-\varepsilon(t-2)$，求 $s(t)=x(t)*x(t)$。

2-21 某 LTI 系统框图如图 2-22 所示，其中 $h_1(t)=h_2(t)=\varepsilon(t)$，$h_3(t)=\delta'(t)$，$h_4(t)=\varepsilon(t-1)$，$h_5(t)=\delta(t-1)$，$h_6(t)=-\delta(t)$，试求系统的冲激响应 $h(t)$。

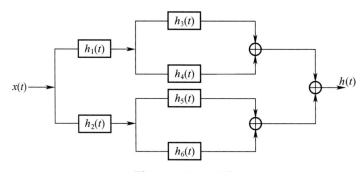

图 2-22　题 2-21 图

2-22　某 LTI 系统框图如图 2-23 所示，其中激励信号 $x(t) = \varepsilon(t)$，$h_1(t) = \delta(t-1)$，$h_2(t) = \varepsilon(t)$，$h_3(t) = \delta(t)$，$h_4(t) = -\delta(t-2)$，试求：

（1）系统的冲激响应 $h(t)$；

（2）系统的零状态响应。

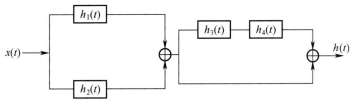

图 2-23　题 2-22 图

连续时间信号的频谱
——傅里叶变换

第 3 章　连续时间信号的频谱
——傅里叶变换

在第 2 章中，我们主要介绍了连续信号和系统的时域分析。这种方法只是分析信号与系统的众多方法之一。事实上，信号的频谱是一个非常重要的概念，根据理论分析及实际工程上的需要，连续信号也可以在频域中进行分析。本章将借助数学上傅里叶级数及傅里叶积分变换的工具，引入周期及非周期信号的频谱，进一步解决连续信号时域与频域之间的变换。

3.1　用完备正交函数集表示信号

3.1.1　正交矢量

在平面空间中，两个矢量正交是指两个矢量相互垂直。如图 3-1（a）所示的 A_1 和 A_2 是正交的，它们之间的锐夹角为 90°。显然，平面空间两个矢量正交的条件是

$$A_1 \cdot A_2 = 0 \tag{3-1}$$

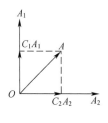

（a）平面

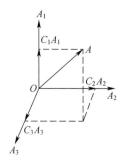

（b）三维空间

图 3-1　正交矢量

这样可将一个平面中任意矢量 A，在直角坐标中分解为两个正交矢量的组合。

$$A = C_1 A_1 + C_2 A_2 \tag{3-2}$$

同理，对一个三维空间中的矢量 A 必须用三维的正交矢量集 $\{A_1, A_2, A_3\}$ 来表示，如图 3-1（b）所示，有

$$A = C_1 A_1 + C_2 A_2 + C_3 A_3 \tag{3-3}$$

其中 A_1，A_2，A_3 相互正交。在三维空间中 $\{A_1, A_2, A_3\}$ 是一个完备的正交矢量集，而二维正交矢量集则在此情况下是不完备的。

依次类推，在 n 维空间中，只有 n 个正交矢量 A_1，A_2，A_3，$\cdots$，A_n 构成的正交矢量集 $\{A_1, A_2, A_3, \cdots, A_n\}$ 才是完备的，也就是说，在 n 维空间中的任一矢量 A，必须用 n 维正交矢量集 $\{A_1, A_2, A_3, \cdots, A_n\}$ 来表示，即

$$A = C_1 A_1 + C_2 A_2 + \cdots C_n A_n \tag{3-4}$$

虽然 n 维矢量空间并不存在于客观世界，但是这种概念有许多应用之处。例如，n 个独立变量的一个线性方程，可看作 n 维坐标系中 n 个分量组成的矢量。

3.1.2　正交函数与正交函数集

正交矢量分解的概念可推广应用于信号分析，信号常以时间函数来表示，故信号的分解也就是时间函数的分解。仿照矢量正交概念，也可定义函数的正交。

设 $x_1(t)$ 和 $x_2(t)$ 是定义在 (t_1,t_2) 区间上的两个实变函数（信号），若在 (t_1,t_2) 区间上有

$$\int_{t_1}^{t_2} x_1(t)x_2(t)\mathrm{d}t = 0 \tag{3-5}$$

则称 $x_1(t)$ 和 $x_2(t)$ 在 (t_1,t_2) 内正交。

若 $x_1(t),x_2(t),\cdots,x_n(t)$ 定义在区间 (t_1,t_2)，并且在 (t_1,t_2) 内有

$$\int_{t_1}^{t_2} x_i(t)x_r(t)\mathrm{d}t = \begin{cases} 0, & i \neq r \\ k_i, & i = r \end{cases} \tag{3-6}$$

则 $\{x_1(t),x_2(t),\cdots,x_n(t)\}$ 在 (t_1,t_2) 内称为正交函数集，其中 $i,r=1,2\cdots,n$；k_i 为一正数。

如果

$$\int_{t_1}^{t_2} x_i(t)x_r(t)\mathrm{d}t = \begin{cases} 0, & i \neq r \\ 1, & i = r \end{cases} \tag{3-7}$$

则称 $\{x_1(t),x_2(t),\cdots,x_n(t)\}$ 为归一化正交函数集。

对于在区间 (t_1,t_2) 内的复变函数集 $\{x_1(t),x_2(t),\cdots,x_n(t)\}$，若满足

$$\int_{t_1}^{t_2} x_i(t)x_r^*(t)\mathrm{d}t = \begin{cases} 0, & i \neq r \\ k_i, & i = r \end{cases} \tag{3-8}$$

则称此复变函数集为正交复变函数集。其中 $x_r^*(t)$ 为 $x_r(t)$ 的共轭复变函数。

3.1.3　完备的正交函数集

如果在正交函数集 $\{x_1(t),x_2(t),\cdots,x_n(t)\}$ 之外，找不到另外一个非零函数与该函数集 $\{x_i(t)\}$ 中每一个函数都正交，则称该函数集为完备正交函数集，否则为不完备正交函数集。

对于完备正交函数集，有两个重要定理。

定理 3-1　设 $\{x_1(t),x_2(t),\cdots,x_n(t)\}$ 在 (t_1,t_2) 区间内是某一类信号（函数）的完备正交函数集，则这一类信号中的任何一个信号 $x(t)$ 都可以精确地表示为 $\{x_1(t),x_2(t),\cdots,x_n(t)\}$ 的线性组合，即

$$x(t) = C_1x_1(t) + C_2x_2(t) + \cdots C_nx_n(t) \tag{3-9}$$

式中，C_i 为加权系数，且有

$$C_i = \frac{\int_{t_1}^{t_2} x(t)x_i^*(t)\mathrm{d}t}{\int_{t_1}^{t_2} |x_i(t)|^2 \mathrm{d}t} \tag{3-10}$$

式（3-9）常称正交展开式，有时也称为欧拉—傅里叶公式或广义傅里叶级数，C_i 称为傅里叶级数系数。

定理 3-2 在式（3-9）条件下，有

$$\int_{t_1}^{t_2} |x(t)|^2 \mathrm{d}t = \sum_i \int_{t_1}^{t_2} |C_i x_i(t)|^2 \mathrm{d}t \qquad (3\text{-}11)$$

式（3-11）可以理解为 $x(t)$ 的能量等于各个分量的能量之和，即反映能量守恒。定理 3-2 也称为帕塞瓦尔定理。

例 3-1 已知余弦函数集 $\{\cos t, \cos 2t, \cdots, \cos nt\}$ （n 为整数），试完成：

（1）证明该函数集在区间 $(0, 2\pi)$ 内为正交函数集；

（2）思考该函数集在区间 $(0, 2\pi)$ 内是完备正交函数集吗？

（3）思考该函数集在区间 $(0, \dfrac{\pi}{2})$ 内是正交函数集吗？

解 （1）因为

当 $i \neq r$ 时

$$\int_0^{2\pi} \cos it \cos rt \mathrm{d}t = \frac{1}{2}\left[\frac{\sin(i+r)t}{i+r} + \frac{\sin(i-r)t}{i-r}\right]\Bigg|_0^{2\pi} = 0$$

当 $i = r$ 时

$$\int_0^{2\pi} \cos it \cos rt \mathrm{d}t = \frac{1}{2}\left[t + \frac{1}{2i}\sin 2it\right]\Bigg|_0^{2\pi} = \pi$$

可见该函数集在区间 $(0, 2\pi)$ 内满足式（3-6），故它在区间 $(0, 2\pi)$ 内是一个正交函数集。

（2）因为对于非零函数 $\sin t$，有

当 $n \neq 1$ 时

$$\int_0^{2\pi} \sin t \cos nt \mathrm{d}t = 0$$

当 $n = 1$ 时

$$\int_0^{2\pi} \sin t \cos t \mathrm{d}t = 0$$

即 $\sin t$ 在区间 $(0, 2\pi)$ 内与 $\{\cos nt\}$ 正交。故函数集 $\{\cos nt\}$ 在区间 $(0, 2\pi)$ 内不是完备正交函数集。

（3）当 $i \neq r$ 时

$$\int_0^{\pi/2} \cos it \cos rt \mathrm{d}t = \frac{1}{i^2 - r^2}\left[i \sin \frac{i\pi}{2} \cos \frac{r\pi}{2} - r \cos \frac{i\pi}{2} \sin \frac{r\pi}{2}\right]$$

对于任意整数 i, r，此式并不恒等于零。因此，根据正交函数集的定义，该函数集 $\{\cos nt\}$ 在区间 $(0, \dfrac{\pi}{2})$ 内不是正交函数集。

由上例可以看到，一个函数集是否正交，与它所在的区间有关，在某一区间内可能正交，而在另一区间内又可能不正交。另外，在判断函数集正交时，是指函数集中所有函数应两两正交，不能从一个函数集中的某 n 个函数相互正交，就判断该函数集是正交函数集。

3.1.4 常见的完备正交函数集

（1）三角函数集 $\{\cos n\omega t, \sin m\omega t\}$ （$n, m = 0, 1, 2, \cdots$）在区间 $(t_0, t_0 + T)$ 内，有

$$\int_{t_0}^{t_0+T} \cos n\omega t \cos m\omega t \mathrm{d}t = \begin{cases} 0 & (n \neq m) \\ T/2 & (n = m) \\ T & (n = m = 0) \end{cases}$$

$$\int_{t_0}^{t_0+T} \sin n\omega t \sin m\omega t \mathrm{d}t = \begin{cases} 0 & (n \neq m, n = m = 0) \\ T/2 & (n = m) \end{cases}$$

$$\int_{t_0}^{t_0+T} \sin n\omega t \cos m\omega t \mathrm{d}t = 0$$

其中

$$T = \frac{2\pi}{\omega}$$

可见在区间 (t_0, t_0+T) 内，三角函数集 $\{\cos n\omega t, \sin m\omega t\}$ 对于周期为 T 的信号组成正交函数集，而且是完备的正交函数集（其完备性在此不讨论）。而函数集 $\{\cos n\omega t\}, \{\sin m\omega t\}$ 也是正交函数集，但它们均不是完备的。

（2）函数集 $\{\mathrm{e}^{jn\omega t}\}$（$n = 0, \pm1, \pm2, \cdots$）在区间 (t_0, t_0+T) 内，对于周期为 T 的一类周期信号来说，也是一个完备的正交函数集。

（3）函数集 $\{Sa[\frac{\pi}{T}(t-nT)]\}$（$n = 0, \pm1, \pm2, \cdots$）在区间 $(-\infty, \infty)$ 内，对于有限带宽信号来说是一个完备的正交函数集。

3.2　周期信号的傅里叶级数

3.2.1　三角函数形式的傅里叶级数

傅里叶级数理论为周期信号的分解给出了严格的数学证明。按照傅里叶级数理论，任何一个周期为 T 的周期信号 $x(t)$，如果满足狄利克雷条件，即 $x(t)$ 在一个周期内有有限个不连续点和极值点且绝对可积，都可以展开成如下的三角级数：

$$x(t) = a_0 + a_1\cos\omega_0 t + b_1\sin\omega_0 t + a_2\cos 2\omega_0 t + b_2\sin 2\omega_0 t + \cdots a_n\cos(n\omega_0 t) + b_n\sin(n\omega_0 t) + \cdots$$

$$= a_0 + \sum_{n=1}^{\infty} [a_n\cos(n\omega_0 t) + b_n\sin(n\omega_0 t)] \tag{3-12}$$

其中，a_n 和 b_n 为傅里叶系数。

式（3-12）表示的傅里叶级数展开式称为三角形式的傅里叶级数。其中，ω_0 为基波角频率，它与信号周期 T 的关系为

$$\omega_0 = \frac{2\pi}{T} \tag{3-13}$$

由信号分解为正交函数族的数学理论可知，在一个周期 T 内，其傅里叶系数为

$$a_0 = \frac{1}{T}\int_{t_0}^{t_0+T} x(t)\mathrm{d}t \tag{3-14}$$

$$a_n = \frac{2}{T}\int_{t_0}^{t_0+T} x(t)\cos(n\omega_0 t)\mathrm{d}t, \quad n = 1, 2, \cdots \tag{3-15}$$

$$b_n = \frac{2}{T}\int_{t_0}^{t_0+T} x(t)\sin(n\omega_0 t)\mathrm{d}t, \quad n = 1, 2, \cdots \tag{3-16}$$

由上述三式可知，若将周期信号 $x(t)$ 展开为三角形式的傅里叶级数，首先必须求出基波频率和傅里叶系数。

令式（3-12）中

$$a_n \cos(n\omega_0 t) + b_n \sin(n\omega_0 t) = A_n \cos(n\omega_0 t + \varphi_n)$$

那么

$$a_n = A_n \cos\varphi_n$$
$$b_n = -A_n \sin\varphi_n$$

由此可推出

$$A_n = \sqrt{a_n^2 + b_n^2}, \quad n=1,2,3,\cdots \tag{3-17}$$

$$\varphi_n = -\arctan\left(\frac{b_n}{a_n}\right), \quad n=1,2,3,\cdots \tag{3-18}$$

则式（3-12）又可有如下形式：

$$x(t) = A_0 + \sum_{n=1}^{\infty} A_n \cos(n\omega_0 t + \varphi_n) \tag{3-19}$$

其中

$$A_0 = a_0 = \frac{1}{T}\int_{t_0}^{t_0+T} x(t)\mathrm{d}t \tag{3-20}$$

A_0 为周期信号的平均值，它是周期信号 $x(t)$ 中所包含的直流分量；而式（3-19）中当 $n=1$ 时即为 $A_1 \cos(\omega_0 t + \varphi_1)$，称此为一次谐波，它的角频率与基波角频率相同；当 $n=2$ 时即为 $A_2 \cos(2\omega_0 t + \varphi_2)$，称此为二次谐波，它的角频率是基波角频率的二倍；依此类推，$A_n \cos(n\omega_0 t + \varphi_n)$ 为 n 次谐波，而相应的 A_n 为 n 次谐波分量的振幅（又称实振幅）；φ_n 为 n 次谐波分量的初相位。

式（3-12）与式（3-19）所具有的物理含义是相同的，都表明了任意周期信号皆可以分解为直流分量和各次谐波分量之和，而作为各次谐波分量是指其频率为基波频率的整数倍。

例 3-2　试求图 3-2 所示周期三角脉冲信号的傅里叶级数展开式。

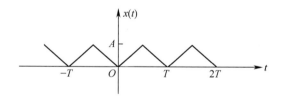

图 3-2　周期三角脉冲信号

解　$x(t)$ 在一个周期内的表达式为

$$x(t) = \begin{cases} -\dfrac{2A}{T}t, & -\dfrac{T}{2} \leqslant t \leqslant 0 \\[2mm] \dfrac{2A}{T}t, & 0 \leqslant t \leqslant \dfrac{T}{2} \end{cases}$$

其傅里叶系数为

$$a_0 = \frac{1}{T}\int_{-T/2}^{T/2} x(t)\mathrm{d}t = \frac{1}{T}\left[\int_{-T/2}^{0} -\frac{2A}{T}t\,\mathrm{d}t + \int_{0}^{T/2}\frac{2A}{T}t\,\mathrm{d}t\right] = \frac{A}{2}$$

$$a_n = \frac{2}{T} \int_{-T/2}^{T/2} x(t) \cos(n\omega_0 t) \mathrm{d}t$$

$$= \frac{2}{T} \left[\int_{-T/2}^{0} -\frac{2A}{T} t \cos(n\omega_0 t) \mathrm{d}t + \int_{0}^{T/2} \frac{2A}{T} t \sin(n\omega_0 t) \mathrm{d}t \right]$$

$$= \begin{cases} -\dfrac{4A}{(n\pi)^2}, & n = 1,3,5\cdots \\ 0, & n = 2,4,6\cdots \end{cases}$$

$$b_n = 0$$

将上面三式所得到的傅里叶系数代入式（3-12）中可得

$$x(t) = \frac{A}{2} - \frac{4A}{\pi^2} \left(\cos\omega_0 t + \frac{1}{3^2} \cos 3\omega_0 t + \frac{1}{5^2} \cos 5\omega_0 t + \cdots \right) \qquad （3-21）$$

通过例 3-2 可以看到周期信号的展开式需经过三个积分运算才能确定傅里叶系数。显然当信号比较复杂时，将给周期信号分解带来一定的困难。通常可以通过傅里叶级数的性质来简化积分运算。

3.2.2　傅里叶级数的性质

讨论傅里叶级数的性质，主要是方便和简化傅里叶系数的计算。

1. 对称性

（1）若周期信号是时间 t 的偶函数，即

$$x(t) = x(-t) \qquad （3-22）$$

其波形呈现纵轴对称，如图 3-3 所示。可以证明，这类函数的傅里叶系数为

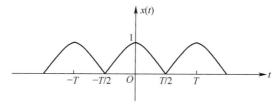

图 3-3　周期信号 $x(t)$ 为偶函数

$$a_n = \frac{4}{T} \int_{0}^{\frac{T}{2}} x(t) \cos(n\omega_0 t) \mathrm{d}t \qquad n = 0,1,2,3,\cdots \qquad （3-23）$$

$$b_n = 0 \qquad （3-24）$$

则对应傅里叶级数展开式为

$$x(t) = a_0 + \sum_{n=1}^{\infty} a_n \cos(n\omega_0 t) \qquad （3-25）$$

式（3-23）和式（3-24）说明：时域中的偶函数，其傅里叶级数展开式中不含正弦分量，而余弦分量系数 a_n 和直流分量可通过半周期内的积分求得。

（2）若周期信号是时间 t 的奇函数，即

$$x(t) = -x(-t) \qquad （3-26）$$

其波形关于坐标原点对称，如图 3-4 所示。这类函数的傅里叶系数为

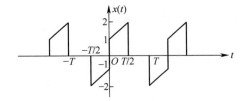

图 3-4　周期信号为时间 t 的奇函数

$$a_n = 0 \tag{3-27}$$

$$b_n = \frac{4}{T} \int_0^{\frac{T}{2}} x(t) \sin(n\omega_0 t) \mathrm{d}t \tag{3-28}$$

对应傅里叶级数展开式为

$$x(t) = \sum_{n=1}^{\infty} b_n \sin(n\omega_0 t) \tag{3-29}$$

式（3-27）和式（3-28）表明：时域下的奇函数不含直流和余弦分量，其正弦分量系数 b_n 可通过半周期内的积分求得。

（3）若周期信号是时间 t 的奇谐函数，即

$$x(t) = -x\left(t \pm \frac{T}{2}\right) \tag{3-30}$$

其波形如图 3-5 所示。

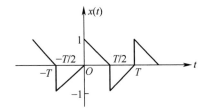

图 3-5　周期信号为时间 t 的奇谐函数

从图形上看，图形的前半周期移动 $T/2$ 后，与后半周期波形对称于横轴，也称半波对称。这类函数的傅里叶系数为

$$a_n = \begin{cases} \dfrac{4}{T} \displaystyle\int_0^{\frac{T}{2}} x(t) \cos(n\omega_0 t) \mathrm{d}t, & n = 1,3,5,\cdots \\ 0, & n = 0,2,4,\cdots \end{cases} \tag{3-31}$$

$$b_n = \begin{cases} \dfrac{4}{T} \displaystyle\int_0^{\frac{T}{2}} x(t) \sin(n\omega_0 t) \mathrm{d}t, & n = 1,3,5,\cdots \\ 0, & n = 0,2,4,\cdots \end{cases} \tag{3-32}$$

对应的傅里叶级数展开式为

$$x(t) = \sum_{n=1}^{\infty} A_n \cos(n\omega_0 t + \phi_n), \quad n = 1,3,5,\cdots \tag{3-33}$$

式（3-31）和式（3-32）表明了奇谐函数只含奇次谐波分量。

（4）若周期信号是时间 t 的偶谐函数，即

$$x(t) = x\left(t \pm \frac{T}{2}\right) \tag{3-34}$$

其波形如图 3-6 所示。

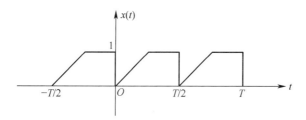

图 3-6　周期信号为时间 t 的偶谐函数

从图形上看，图形的前半周期移动 $T/2$ 后，与后半周期波形完全相同。这类函数的傅里叶系数为

$$a_n = \begin{cases} \dfrac{4}{T} \displaystyle\int_0^{\frac{T}{2}} x(t)\cos(n\omega_0 t)\mathrm{d}t, & n = 0,2,4,\cdots \\ 0, & n = 1,3,5,\cdots \end{cases} \tag{3-35}$$

$$b_n = \begin{cases} \dfrac{4}{T} \displaystyle\int_0^{\frac{T}{2}} x(t)\sin(n\omega_0 t)\mathrm{d}t, & n = 0,2,4,\cdots \\ 0, & n = 1,3,5,\cdots \end{cases} \tag{3-36}$$

对应的傅里叶级数展开式为

$$x(t) = A_0 + \sum_{n=2}^{\infty} A_n \cos(n\omega_0 t + \varphi_n), \quad n = 2,4,\cdots \tag{3-37}$$

若周期信号不具有上述对称性，可称之为非奇非偶函数。一般情况下，可以先对此信号进行奇、偶分量的分解，再进一步求 $x_e(t)$ 和 $x_o(t)$ 的傅里叶级数，可按各自的对称性求其相应的傅里叶系数。

例 3-3　利用对称性分析如图 3-7（a）所示周期信号 $x(t)$ 的傅里叶级数的各种分量形式。

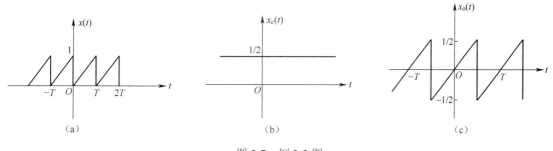

图 3-7　例 3-3 图

解　此 $x(t)$ 为非奇非偶函数，要确定其频率分量，应首先对信号进行奇、偶分量的分解，可得对应的偶分量 $x_e(t)$ 如图 3-7（b）所示，奇分量 $x_o(t)$ 如图 3-7（c）所示。由于 $x_e(t)$ 为偶函

数且等于常数，所以 $a_n = 0, a_0 \neq 0$，此分量只含直流分量。而 $x_o(t)$ 为奇函数，$a_0 = a_n = 0, b_n \neq 0$，故含正弦分量。因此，该周期信号 $x(t)$ 对应的傅里叶级数展开式只含直流和正弦分量。

需要指出，对同一波形表现出奇、偶性质与波形的坐标原点选择有关，因而在允许的情况下，可以适当地选择坐标原点，以简化傅里叶系数的运算。

2. 奇偶性

设任意周期信号 $x(t)$ 的傅里叶系数为 a_n 和 b_n，由傅里叶系数表达式可证明

$$a_n = a_{-n} \qquad\qquad (3\text{-}38)$$

$$b_n = -b_{-n} \qquad\qquad (3\text{-}39)$$

即傅里叶系数 a_n 是关于 $n\omega_0$ 的偶函数；b_n 是关于 $n\omega_0$ 的奇函数。

证明：由傅里叶系数的积分式可有

$$a_n = \frac{2}{T}\int_{-T/2}^{T/2} x(t)\cos(n\omega_0 t)\mathrm{d}t$$

$$a_{-n} = \frac{2}{T}\int_{-T/2}^{T/2} x(t)\cos(-n\omega_0 t)\mathrm{d}t$$

$$= \frac{2}{T}\int_{-T/2}^{T/2} x(t)\cos(n\omega_0 t)\mathrm{d}t$$

则有 $$a_n = a_{-n}$$

同理

$$b_n = \frac{2}{T}\int_{-T/2}^{T/2} x(t)\sin(n\omega_0 t)\mathrm{d}t$$

$$b_{-n} = \frac{2}{T}\int_{-T/2}^{T/2} x(t)\sin(-n\omega_0 t)\mathrm{d}t$$

$$= -\frac{2}{T}\int_{-T/2}^{T/2} x(t)\sin(n\omega_0 t)\mathrm{d}t$$

则有 $$b_n = -b_{-n}$$

将式（3-38）和式（3-39）代入式（3-17）及式（3-18）中可有

$$A_n = A_{-n} \qquad\qquad (3\text{-}40)$$

$$\varphi_n = -\varphi_{-n} \qquad\qquad (3\text{-}41)$$

由此可得，n 次谐波的振幅（即实振幅）A_n 是关于 $n\omega_0$ 的偶函数，n 次谐波的初相位 φ_n 是关于 $n\omega_0$ 的奇函数。各分量的幅度 a_n、b_n、A_n 及相位 φ_n 都是 $n\omega_0$ 的函数。如果把 A_n 对 $n\omega_0$ 的关系绘成如图 3-8 所示的线图，便可清楚且直观地看出各频率分量的相对大小。这种图称为信号的幅度频谱，简称幅度谱。图中每条线代表某一频率分量的幅度，称为谱线。连接各谱线顶点的曲线（如图 3-8 中虚线所示）为包络线，它反映各分量的幅度变化情况。类似地，还可以画出各分量的相位 φ_n 对频率 $n\omega_0$ 的线图，这种图称为相位频谱，简称相位谱。幅度谱和相位谱的例子如图 3-8 所示。周期信号的频谱只会出现在 0、ω_0、$2\omega_0$ 等离散频率点上，这种频谱称为离散谱，它是周期信号频率的主要特点。

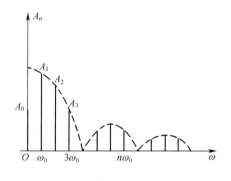
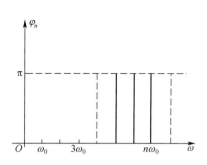

（a）幅度谱   （b）相位谱

图 3-8 周期信号的频谱举例

3.2.3 指数形式的傅里叶级数

周期信号的傅里叶级数展开也可表示为指数形式，已知

$$x(t) = a_0 + \sum_{n=1}^{\infty} [a_n \cos(n\omega_0 t) + b_n \sin(n\omega_0 t)] \tag{3-42}$$

根据欧拉公式有

$$\cos(n\omega_0 t) = \frac{1}{2}(e^{jn\omega_0 t} + e^{-jn\omega_0 t})$$

$$\sin(n\omega_0 t) = \frac{1}{2j}(e^{jn\omega_0 t} - e^{-jn\omega_0 t})$$

把上两式代入式（3-42）得到

$$x(t) = a_0 + \sum_{n=1}^{\infty} \left[\frac{a_n - jb_n}{2} e^{jn\omega_0 t} + \frac{a_n + jb_n}{2} e^{-jn\omega_0 t} \right] \tag{3-43}$$

令

$$X(n\omega_0) = \frac{1}{2}(a_n - jb_n) \quad (n = 1, 2, \cdots) \tag{3-44}$$

考虑到 a_n 是 n 的偶函数，b_n 是 n 的奇函数，由式（3-44）可知

$$X(-n\omega_0) = \frac{1}{2}(a_n + jb_n)$$

将上述结果代入式（3-43），得到

$$x(t) = a_0 + \sum_{n=1}^{\infty} [X(n\omega_0)e^{jn\omega_0 t} + X(-n\omega_0)e^{-jn\omega_0 t}]$$

令 $X(0) = a_0$，考虑到

$$\sum_{n=1}^{\infty} X(-n\omega_0)e^{-jn\omega_0 t} = \sum_{n=-1}^{-\infty} X(n\omega_0)e^{jn\omega_0 t}$$

得到 $x(t)$ 的指数形式傅里叶级数，它是

$$x(t) = \sum_{n=-\infty}^{\infty} X(n\omega_0)e^{jn\omega_0 t} \tag{3-45}$$

若将式(3-15)和式(3-16)代入式(3-44)就可以得到指数形式的傅里叶级数的系数 $X(n\omega_0)$ （简写作 X_n），它等于

$$X_n = \frac{1}{T}\int_{t_0}^{t_0+T} x(t)\mathrm{e}^{-\mathrm{j}n\omega_0 t}\mathrm{d}t \tag{3-46}$$

其中，n 为从 $-\infty$ 到 $+\infty$ 的整数。

X_n 与其他系数有如下关系：

$$\begin{cases}
X_0 = A_0 = a_0 \\[4pt]
X_n = |X_n|\mathrm{e}^{\mathrm{j}\phi_n} = \dfrac{1}{2}(a_n - \mathrm{j}b_n) \\[4pt]
X_{-n} = |X_{-n}|\mathrm{e}^{-\mathrm{j}\phi_n} = \dfrac{1}{2}(a_n + \mathrm{j}b_n) \\[4pt]
|X_n| = |X_{-n}| = \dfrac{1}{2}A_n = \dfrac{1}{2}\sqrt{a_n{}^2 + b_n{}^2}, \quad n=1,2,\cdots \\[4pt]
X_n + X_{-n} = a_n \\[4pt]
b_n = \mathrm{j}(X_n - X_{-n}) \\[4pt]
A_n{}^2 = a_n{}^2 + b_n{}^2 = 4X_n X_{-n}
\end{cases} \tag{3-47}$$

同样可以画出指数形式表示的信号频谱。X_n 一般是复函数，所以又称这种频谱为复数频谱。根据 $X_n = |X_n|\mathrm{e}^{\mathrm{j}\phi_n}$，可以画出复数幅度谱 $|X_n| \propto \omega$ 与复数相位谱 $\varphi_n \propto \omega$，如图 3-9（a）和（b）所示。然而，当 X_n 为实数时，可以用 X_n 的正负表示 φ_n 的 0、π，因此经常把幅度谱与相位谱合画在一张图上，如图 3-9（c）所示。由图可知，每条谱线长度 $|X_n| = \dfrac{1}{2}A_n$。由于在式（3-45）中不仅包括正频率项而且含有负频率项，因此这种频谱相对于纵轴是左右对称的。

比较图 3-8 和图 3-9 可以看出这两种频谱的表示方法实质上是一样的，其不同之处在于图 3-8 中每条谱线代表一个分量的幅度，而图 3-9 中每个分量的幅度一分为二，在正、负频率相对应的位置上各分一半。因此，只有把正、负频率上对应的这两条谱线矢量相加起来才代表一个分量的幅度。应该指出，在复数频谱中出现负频率是由于将 $\sin(n\omega_0 t)$、$\cos(n\omega_0 t)$ 写成指数形式时，从数学的观点自然分成 $\mathrm{e}^{\mathrm{j}\omega_0 t}$ 以及 $\mathrm{e}^{-\mathrm{j}\omega_0 t}$ 两项，因而引入了 $-\mathrm{j}n\omega_0 t$ 项。因此，负频率的出现完全是数学运算的结果，并没有任何物理意义，只有把负频率项与相应的正频率项成对地合并起来，才是实际的频谱函数。

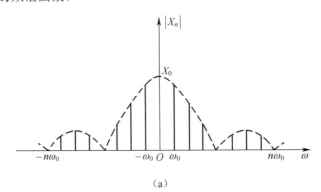

（a）

图 3-9　周期信号的复数频谱

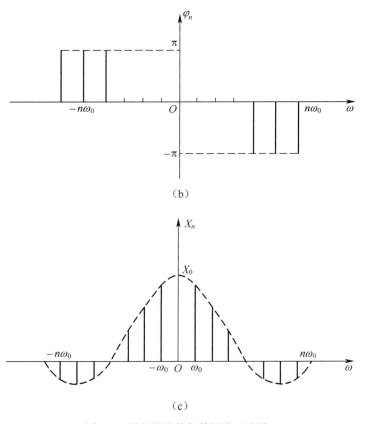

（b）

（c）

图 3-9　周期信号的复数频谱（续图）

例 3-4　将如图 3-10 所示周期信号 $x(t)$ 展开为指数形式的傅里叶级数。

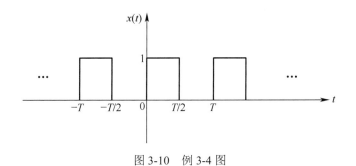

图 3-10　例 3-4 图

解　由图 3-10 可知，$x(t)$ 周期为 T，基波角频率为 $\omega_0 = \dfrac{2\pi}{T}$，而 $x(t)$ 在一个周期内的表达式为

$$x(t) = \begin{cases} 1, & 0 \leqslant t < \dfrac{T}{2} \\ 0, & \dfrac{T}{2} \leqslant t < T \end{cases}$$

可得

$$X_n = \frac{1}{T}\int_{-T/2}^{T/2} x(t)\mathrm{e}^{-\mathrm{j}n\omega_0 t}\mathrm{d}t = \frac{1}{T}\int_0^{T/2}\mathrm{e}^{-\mathrm{j}n\omega_0 t}\mathrm{d}t = \begin{cases} \dfrac{1}{\mathrm{j}n\pi}, & n = \pm1,\pm3,\pm5,\cdots \\ 0, & n = \pm2,\pm4,\pm6,\cdots \end{cases}$$

$$X_0 = a_0 = \frac{1}{2}$$

由此可得指数形式的傅里叶级数为

$$x(t) = \frac{1}{2} + \sum_{n=-\infty}^{\infty} \frac{1}{\mathrm{j}n\pi}\mathrm{e}^{\mathrm{j}n\omega_0 t}, \quad n = \pm1,\pm3,\pm5,\cdots \tag{3-48}$$

3.3　周期矩形脉冲的频谱分析

周期信号的频谱分析可利用傅里叶级数，也可借助傅里叶变换。本节以傅里叶级数展开形式研究典型周期矩形脉冲信号的频谱。

3.3.1　周期矩形脉冲信号的频谱

设周期脉冲信号 $x(t)$ 的脉冲宽度为 τ，脉冲幅度为 E，周期为 T_1。显然，角频率 $\omega_0 = 2\pi f_1 = 2\pi/T_1$，其波形如图 3-11 所示。

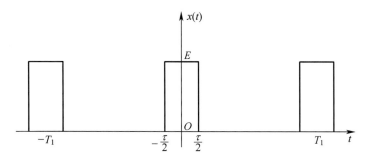

图 3-11　周期矩形信号的波形

此信号在一个周期内（$-\dfrac{T_1}{2} \leqslant t \leqslant \dfrac{T_1}{2}$）的表示式为

$$x(t) = E\left[\varepsilon\left(t + \frac{\tau}{2}\right) - \varepsilon\left(t - \frac{\tau}{2}\right)\right]$$

将周期矩形信号 $x(t)$ 展开成三角形式傅里叶级数

$$x(t) = a_0 + \sum_{n=1}^{\infty}[a_n\cos(n\omega_0 t) + b_n\sin(n\omega_0 t)]$$

求出各系数，其中直流分量为

$$a_0 = \frac{1}{T_1}\int_{-\frac{T_1}{2}}^{\frac{T_1}{2}} x(t)\mathrm{d}t = \frac{1}{T_1}\int_{-\frac{\tau}{2}}^{\frac{\tau}{2}} E\mathrm{d}t = \frac{E\tau}{T_1} \tag{3-49}$$

余弦分量的幅度为

$$a_n = \frac{2}{T_1}\int_{-\frac{T_1}{2}}^{\frac{T_1}{2}} x(t)\cos(n\omega_0 t)\mathrm{d}t = \frac{2}{T_1}\int_{-\frac{\tau}{2}}^{\frac{\tau}{2}} E\cos\left(n\frac{2\pi}{T_1}t\right)\mathrm{d}t = \frac{2E}{n\pi}\sin\left(\frac{n\pi\tau}{T_1}\right)$$

或写作

$$a_n = \frac{2E\tau}{T_1}Sa\left(\frac{n\pi\tau}{T_1}\right) = \frac{E\tau\omega_0}{\pi}Sa\left(\frac{n\omega_0\tau}{2}\right) \qquad （3\text{-}50）$$

$x(t)$ 是偶函数，$b_n = 0$。这样，周期矩形信号的三角形式傅里叶级数为

$$x(t) = \frac{E\tau}{T_1} + \frac{2E\tau}{T_1}\sum_{n=1}^{\infty} Sa\left(\frac{n\pi\tau}{T_1}\right)\cos(n\omega_0 t) \qquad （3\text{-}51）$$

或

$$x(t) = \frac{E\tau}{T_1} + \frac{E\tau\omega_0}{\pi}\sum_{n=1}^{\infty} Sa\left(\frac{n\omega_0\tau}{2}\right)\cos(n\omega_0 t)$$

若将 $x(t)$ 展开成指数形式的傅里叶级数，可得

$$X_n = \frac{1}{T_1}\int_{-\frac{\tau}{2}}^{\frac{\tau}{2}} E\mathrm{e}^{-jn\omega_0 t}\mathrm{d}t = \frac{E\tau}{T_1}Sa\left(\frac{n\omega_0\tau}{2}\right)$$

所以

$$x(t) = \sum_{n=-\infty}^{\infty} X_n\mathrm{e}^{jn\omega_0 t} = \frac{E\tau}{T_1}\sum_{n=-\infty}^{\infty} Sa\left(\frac{n\omega_0\tau}{2}\right)\mathrm{e}^{jn\omega_0 t}$$

对式（3-51）而言，若给定 τ、T_1 或 ω_0、E，就可以求出直流分量、基波与各次谐波分量的幅度，其值为

$$A_0 = a_0 = \frac{E\tau}{T_1}$$

$$A_n = a_n = \frac{2E\tau}{T_1}Sa\left(\frac{n\pi\tau}{T_1}\right) \qquad （n = 1, 2, \cdots）$$

图 3-12（a）和（b）分别表示幅度谱 $|A_n|$ 和相位谱 φ_n 的图形，考虑到这里 A_n 是实数，因此一般把幅度谱 $|A_n|$、相位谱 φ_n 合画在一幅图上，如图 3-12（c）所示。同样，也可画出复数频谱 X_n，如图 3-12（d）所示。

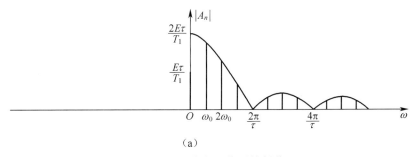

（a）

图 3-12　周期矩形信号的频谱

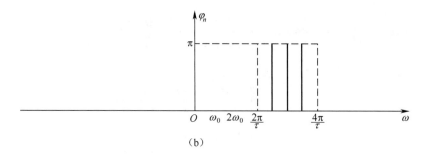

（b）

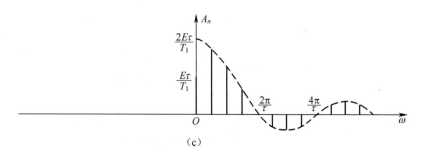

（c）

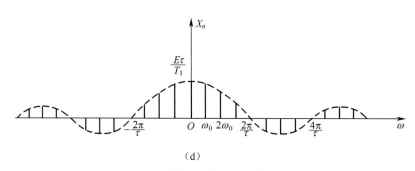

（d）

图 3-12　周期矩形信号的频谱（续图）

3.3.2　周期矩形脉冲频谱结构分析

（1）周期矩形脉冲如同一般的周期信号，它的频谱是离散的，两谱线的间隔为 $\omega_0 = 2\pi/T_1$，脉冲重复周期愈大，谱线愈靠近。

（2）直流分量、基波及各次谐波分量的大小正比于脉冲幅度 E 和脉宽 τ，反比于周期 T_1。各谱线的幅度按 $Sa\left(\dfrac{n\pi\tau}{T_1}\right)$ 包络线的规律而变化。例如，$n=1$ 时，基波幅度为 $\dfrac{2E}{\pi}\sin\left(\dfrac{\pi\tau}{T_1}\right)$；$n=2$ 时，二次谐波的幅度为 $\dfrac{E}{\pi}\sin\left(\dfrac{2\pi\tau}{T_1}\right)$。当 $\omega = \dfrac{2m\pi}{\tau}$（$m=1,2,\cdots$）时，谱线的包络线经过零点。

当 ω 位于 0，$2.86\dfrac{\pi}{\tau}\left(\approx 3\dfrac{\pi}{\tau}\right)$，$4.92\dfrac{\pi}{\tau}\left(\approx 5\dfrac{\pi}{\tau}\right)$，$\cdots$ 时，谱线的包络线为极值，极值的大小分别为 $\dfrac{2E\tau}{T_1}$ 及 $-0.217\left(\dfrac{2E\tau}{T_1}\right)$，$0.128\left(\dfrac{2E\tau}{T_1}\right)$，$\cdots$，如图 3-13 所示。

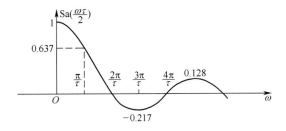

图 3-13   周期矩形信号归一化频谱包络线

（3）周期矩形信号包含无穷多条谱线，也就是说它可以分解成无穷多个频率分量。但其主要能量集中在第一个零点以内。实际上，在允许一定失真的条件下，可以要求一个通信系统只把 $\omega \leqslant \dfrac{2\pi}{\tau}$ 频率范围内的各个频谱分量传送过去，而舍弃 $\omega > \dfrac{2\pi}{\tau}$ 的分量。这样，常常把 $\omega = 0 \sim \dfrac{2\pi}{\tau}$ 这段频率范围称为矩形信号的频带宽度，记作 B，于是

$$B_{\omega} = \frac{2\pi}{\tau}$$

或

$$B_f = \frac{1}{\tau} \tag{3-52}$$

显然，频带宽度 B 只与脉宽 τ 有关，而且成反比关系。

为了说明在不同脉宽 τ 和不同周期 T_1 的情况下周期矩形信号频谱的变化规律，图 3-14 画出了当 τ 保持不变，而 $T_1 = 5\tau$ 和 $T_1 = 10\tau$ 两种情况时的频谱。可以看到，当周期 T_1 减小时，则谱线幅度增大，谱线间隔 $\omega_0 = \dfrac{2\pi}{T_1}$ 也变大，带宽 $B_{\omega} = \dfrac{2\pi}{\tau}$ 不变，此时谱线个数减少；相反，当周期 T_1 增大时，则谱线幅度变小，谱线间隔也变小，带宽仍保持不变，则相应的谱线个数将增加。

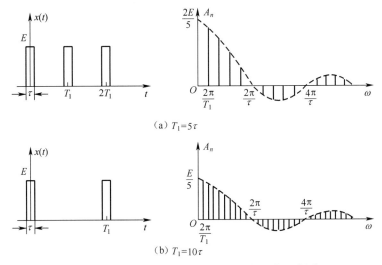

（a）$T_1 = 5\tau$

（b）$T_1 = 10\tau$

图 3-14 τ 不变，不同 T_1 值下的周期矩形信号频谱

图 3-15 所示为 T_1 保持不变，$\tau = \dfrac{T_1}{5}$ 与 $\tau = \dfrac{T_1}{10}$ 两种情况时的频谱。可以看到，当保持周期 T_1 不变而将脉冲宽度 τ 减小时，则谱线的幅度将随之减小，谱线间隔 $\omega_0 = \dfrac{2\pi}{T_1}$ 不变，频带带宽 B_ω 变宽，由此导致谱线个数 N 增多；反之，当增大脉冲宽度 τ 时，其谱线的幅度将增大，谱线间隔仍不变，而带宽将变窄，由此导致谱线个数减少。

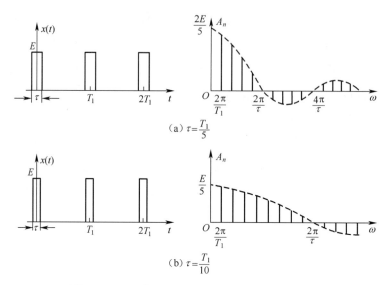

图 3-15　T_1 不变，不同 τ 值下的周期矩形信号频谱

3.3.3　周期信号频谱的特点

由周期信号的频谱结构可知，周期信号频谱应具有以下三个特性：

（1）频谱由频率不连续的谱线组成，即具有离散性，所以周期信号的频谱是离散谱。

（2）当频率为 ω_0 整数倍时，频谱 X_n 才有值与之对应，而每一条谱线仅代表一个谐波分量，这就是周期信号频谱谐波性。

（3）由周期信号的幅度谱可知，各次谐波的振幅随 $n\omega_0$ 增大而逐渐衰减趋于收敛，所以周期信号的频谱具有收敛性。

上述频谱的三个主要特点——离散性、谐波性、收敛性，是所有周期信号共有的特点。

3.4　非周期信号频谱——傅里叶变换

前两节已经讨论了周期信号的傅里叶级数，并得到了它的离散频谱。本节把上述傅里叶分析方法推广到非周期信号中去，导出傅里叶变换。

3.4.1　频谱密度函数

图 3-16（a）所示的周期矩形信号，当周期 T_1 无限增大时，周期信号就转化为非周期性的单脉冲信号。所以可以把非周期信号看成周期 T_1 趋于无限大的周期信号。在 3.3 节已经指出，

当周期信号的周期 T_1 增大时，谱线的间隔 $\omega_0 = \dfrac{2\pi}{T_1}$ 变小，若周期 T_1 趋于无限大，则谱线的间隔趋于无限小，这样离散频谱就变成连续频谱了。同时，由式（3-46）可知，由于周期 T_1 趋于无限大，谱线的长度 $X(n\omega_0)$ 趋于零。这就是说，按 3.2 节所表示的频谱将化为乌有，失去应有的意义。但是，从物理概念上考虑，既然成为一个信号，必然含有一定的能量，无论信号怎样分解，其所含能量是不变的。所以不管周期增大到什么程度，频谱的分布依然存在。或者从数学角度看，在极限情况下，无限多的无穷小量之和，仍可等于一个有限值，此有限值的大小取决于信号的能量。

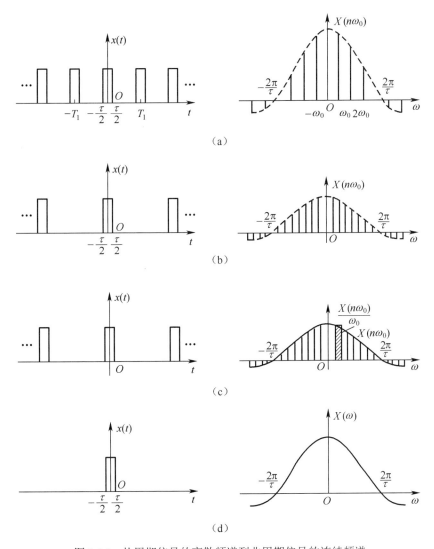

图 3-16   从周期信号的离散频谱到非周期信号的连续频谱

基于上述原因，对非周期信号不能再采用 3.2 节那种频谱的表示方法，而必须引入一个新的量——频谱密度函数。下面由周期信号的傅里叶级数推导出傅里叶变换，并说明频谱密度函数的意义。

设有一个周期信号 $x(t)$ 及其复数频谱 $X(n\omega_0)$ 如图 3-16 所示，将 $x(t)$ 展开成指数形式的傅里叶级数为

$$x(t) = \sum_{n=-\infty}^{\infty} X(n\omega_0)\mathrm{e}^{jn\omega_0 t}$$

其频谱为

$$X(n\omega_0) = \frac{1}{T_1} \int_{-\frac{T_1}{2}}^{\frac{T_1}{2}} x(t)\mathrm{e}^{-jn\omega_0 t}\mathrm{d}t$$

两边乘以 T_1，得到

$$X(n\omega_0)T_1 = \frac{2\pi X(n\omega_0)}{\omega_0} = \int_{-\frac{T_1}{2}}^{\frac{T_1}{2}} x(t)\mathrm{e}^{-jn\omega_0 t}\mathrm{d}t \tag{3-53}$$

对于非周期信号，重复周期 $T_1 \to \infty$，重复频率 $\omega_0 \to 0$，谱线间隔 $\Delta(n\omega_0) \to \mathrm{d}\omega$，而离散频率 $n\omega_0$ 变成连续频率 ω。在这种极限情况下，$X(n\omega_0) \to 0$，但 $2\pi\dfrac{X(n\omega_0)}{\omega_0}$ 不趋于零，而趋于有限值，且变成一个连续函数，通常记作 $X(\omega)$ 或 $X(\mathrm{j}\omega)$，即

$$X(\omega) = \lim_{\omega_0 \to 0} 2\pi\frac{X(n\omega_0)}{\omega_0} = \lim_{T_1 \to \infty} X(n\omega_0)T_1 \tag{3-54}$$

式中，$\dfrac{X(n\omega_0)}{\omega_0}$ 表示单位频带的频谱值，即频谱密度的概念。因此 $X(\omega)$ 称为原函数 $x(t)$ 的频谱密度函数，简称为频谱函数。若以 $\dfrac{X(n\omega_0)}{\omega_0}$ 的幅度为高，以间隔 ω_0 为宽画一个小矩形，如图 3-16（c）所示，则该小矩形的面积等于 $\omega = n\omega_0$ 频率处的频谱值 $X(n\omega_0)$。

这样，式（3-53）在非周期信号的情况下将变成

$$X(\omega) = \lim_{T_1 \to \infty} \int_{-\frac{T_1}{2}}^{\frac{T_1}{2}} x(t)\mathrm{e}^{-jn\omega_0 t}\mathrm{d}t$$

即

$$X(\omega) = \int_{-\infty}^{\infty} x(t)\mathrm{e}^{-\mathrm{j}\omega t}\mathrm{d}t \tag{3-55}$$

同样，傅里叶级数

$$x(t) = \sum_{n=-\infty}^{\infty} X(n\omega_0)\mathrm{e}^{jn\omega_0 t}$$

考虑到谱线间隔 $\Delta(n\omega_0) = \omega_0$，上式可改写为

$$x(t) = \sum_{n\omega_0=-\infty}^{\infty} \frac{X(n\omega_0)}{\omega_0}\mathrm{e}^{jn\omega_0 t}\Delta(n\omega_0)$$

在前述极限的情况下，上式中各量改变为

$$n\omega_0 \to \omega$$
$$\Delta(n\omega_0) \to \mathrm{d}\omega$$

$$\frac{X(n\omega_0)}{\omega_0} \rightarrow \frac{X(\omega)}{2\pi}$$

$$\sum_{n\omega_0=-\infty}^{\infty} \rightarrow \int_{-\infty}^{\infty}$$

于是，傅里叶级数变成积分形式，它等于

$$x(t) = \frac{1}{2\pi}\int_{-\infty}^{\infty}X(\omega)\mathrm{e}^{\mathrm{j}\omega t}\mathrm{d}\omega \qquad (3\text{-}56)$$

式（3-55）和式（3-56）是用周期信号的傅里叶级数通过极限的方法导出非周期信号频谱的表示式，称为傅里叶变换。通常式（3-55）称为傅里叶正变换，式（3-56）称为傅里叶逆变换。为书写方便，习惯上采用如下符号：

傅里叶正变换为

$$X(\omega) = F\big[x(t)\big] = \int_{-\infty}^{\infty}x(t)\mathrm{e}^{-\mathrm{j}\omega t}\mathrm{d}t$$

傅里叶逆变换为

$$x(t) = F^{-1}\big[X(\omega)\big] = \frac{1}{2\pi}\int_{-\infty}^{\infty}X(\omega)\mathrm{e}^{\mathrm{j}\omega t}\mathrm{d}\omega$$

式中，$X(\omega)$ 是 $x(t)$ 的频谱函数，一般为复函数，可以写作

$$X(\omega) = \big|X(\omega)\big|\mathrm{e}^{\mathrm{j}\varphi(\omega)}$$

其中 $|X(\omega)|$ 是 $X(\omega)$ 的模，它代表信号中各频率分量的相对大小。$\varphi(\omega)$ 是 $X(\omega)$ 的相位函数，它表示信号中各频率分量之间的相位关系。为了与周期信号的频谱相一致，在这里人们习惯上也把 $|X(\omega)| \propto \omega$ 与 $\varphi(\omega) \propto \omega$ 曲线分别称为非周期信号的幅度频谱与相位频谱。由图 3-16 可以看出，它们都是频率 ω 的连续函数，在形状上与相应的周期信号频谱包络线相同。

与周期信号相类似，也可以将式（3-56）改写成三角函数形式，即

$$x(t) = \frac{1}{2\pi}\int_{-\infty}^{\infty}X(\omega)\mathrm{e}^{\mathrm{j}\omega t}\mathrm{d}\omega = \frac{1}{2\pi}\int_{-\infty}^{\infty}\big|X(\omega)\big|\mathrm{e}^{\mathrm{j}[\omega t+\varphi(\omega)]}\mathrm{d}\omega$$

$$= \frac{1}{2\pi}\int_{-\infty}^{\infty}\big|X(\omega)\big|\cos[\omega t+\varphi(\omega)]\mathrm{d}\omega + \frac{\mathrm{j}}{2\pi}\int_{-\infty}^{\infty}\big|X(\omega)\big|\sin[\omega t+\varphi(\omega)]\mathrm{d}\omega$$

若 $x(t)$ 是实函数，由式（3-55）可知 $|X(\omega)|$ 和 $\varphi(\omega)$ 分别是频率 ω 的偶函数与奇函数。这样，上式化简为

$$x(t) = \frac{1}{2\pi}\int_{-\infty}^{\infty}\big|X(\omega)\big|\cos[\omega t+\varphi(\omega)]\mathrm{d}\omega$$

$$= \frac{1}{\pi}\int_{0}^{\infty}\big|X(\omega)\big|\cos[\omega t+\varphi(\omega)]\mathrm{d}\omega$$

可见，非周期信号和周期信号一样，也可以分解成许多不同频率的正、余弦分量。不同的是，由于非周期信号的周期趋于无限大，基波趋于无限小，于是它包含了从零到无限大的所有频率分量。同时，由于周期趋于无限大，对任意能量有限的信号（如单脉冲信号），在各频率点的分量幅度 $\dfrac{\big|X(\omega)\big|\mathrm{d}\omega}{\pi}$ 趋于无限小，所以频谱不能再用幅度表示，而改用密度函数表示。

对周期信号的复振幅 X_n 取其极限即可得到 $X(\omega)$，使其离散谱变为连续谱。当 $X(\omega)$ 的表达式与 X_n 的表达式对照时，可以看出它们具有相同的函数形式，仅仅是系数相差了 T 倍。这表明二者在一定的条件下可以相互转换。

需要说明的是，函数 $x(t)$ 的傅里叶变换存在的充分条件仍是狄利克雷条件，且应在无限区间内 $x(t)$ 绝对可积。

3.4.2 典型非周期信号的傅里叶变换

本节利用傅里叶变换求几种典型非周期信号的频谱，以方便后续复杂信号的傅里叶变换的分析。

1. 单位冲激函数的频谱

将 $x(t) = \delta(t)$ 代入式（3-55）中，同时考虑到冲激函数的抽样性质可得

$$X(\omega) = \int_{-\infty}^{\infty} \delta(t)\mathrm{e}^{-\mathrm{j}\omega t}\mathrm{d}t = 1$$

即

$$F\big[\delta(t)\big] = 1 \qquad\qquad (3\text{-}57)$$

或

$$\delta(t) \leftrightarrow 1$$

结果表明，单位冲激函数的频谱为常数。这说明它在整个频率范围（ $-\infty < t < \infty$ ）内，频谱分布是均匀的，其频率分量不仅幅度相同，相位也相同。此外，由于冲激信号在时域上持续时间无限小，则相对应的频宽趋于无穷大。由此证明了信号持续时间的长短与频宽成反比的结论。

单位冲激函数及其频谱图如图 3-17 所示。

（a）函数波形　　　　　　　　　（b）频谱图

图 3-17　单位冲激函数的波形及其频谱图

2. 门函数的频谱

门宽为 τ ，门高为 E 的矩形脉冲

$$G_\tau(t) = \begin{cases} E, & -\dfrac{\tau}{2} \leqslant t \leqslant \dfrac{\tau}{2} \\ 0, & \text{其他} \end{cases}$$

其波形如图 3-18（a）所示。

显然，该信号满足狄利克雷条件，由式（3-55）可求得其频谱函数为

$$X(\omega) = \int_{-\infty}^{\infty} x(t)\,\mathrm{e}^{-\mathrm{j}\omega t}\mathrm{d}t = \int_{-\tau/2}^{\tau/2} E\mathrm{e}^{-\mathrm{j}\omega t}\mathrm{d}t = \frac{E}{\mathrm{j}\omega}(\mathrm{e}^{\mathrm{j}\omega\frac{\tau}{2}} - \mathrm{e}^{-\mathrm{j}\omega\frac{\tau}{2}})$$

$$= E\tau \frac{\sin\frac{\omega\tau}{2}}{\frac{\omega\tau}{2}} = E\tau Sa\left(\frac{\omega\tau}{2}\right)$$

其频谱图如图 3-18（b）所示。

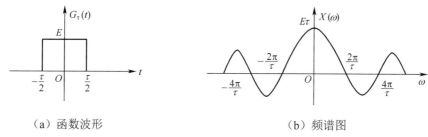

（a）函数波形　　　　　　　　　　　（b）频谱图

图 3-18　门函数的波形及其频谱图

由此结果可知，非周期矩形脉冲频谱中为零值的频率与周期矩形脉冲的零值点是一样的，即 $\frac{2\pi}{\tau}, \frac{4\pi}{\tau}, \cdots$。进一步可以证明，非周期矩形脉冲的频带宽度也与脉冲持续时间成反比。

3. 单边指数信号的频谱

单边指数信号的表达式为

$$x(t) = e^{-\beta t}\varepsilon(t), \quad \beta > 0$$

将其代入式（3-55）中得其频谱函数为

$$X(\omega) = \int_{-\infty}^{\infty} x(t)e^{-j\omega t}dt = \int_{0}^{\infty} e^{-\beta t}e^{-j\omega t}dt = \frac{1}{\beta + j\omega} \tag{3-58}$$

由于所得频谱函数是复函数，故可有幅频函数

$$|X(\omega)| = \frac{1}{\sqrt{\beta^2 + \omega^2}} \tag{3-59}$$

相频函数为

$$\varphi(\omega) = -\arctan\frac{\omega}{\beta} \tag{3-60}$$

其波形图及频谱如图 3-19 所示。

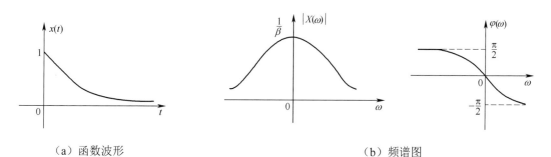

（a）函数波形　　　　　　　　　　　（b）频谱图

图 3-19　单边指数函数的波形及其频谱图

4. 双边指数函数的频谱

双边指数函数的表达式为

$$x(t) = \begin{cases} e^{\beta t}, & t < 0 \\ e^{-\beta t}, & t > 0 \ (\beta > 0) \end{cases}$$

将其代入式（3-55）中，可得频谱函数为

$$\begin{aligned} X(\omega) &= \int_{-\infty}^{\infty} x(t) e^{-j\omega t} dt \\ &= \int_{-\infty}^{0} e^{\beta t} e^{-j\omega t} dt + \int_{0}^{\infty} e^{-\beta t} e^{-j\omega t} dt \\ &= \frac{1}{\beta - j\omega} + \frac{1}{\beta + j\omega} \\ &= \frac{2\beta}{\beta^2 + \omega^2} \end{aligned} \tag{3-61}$$

双边指数函数的波形及其频谱图如图 3-20 所示。

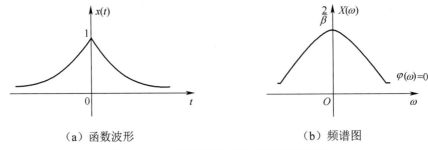

（a）函数波形　　　　　　　　　（b）频谱图

图 3-20　双边指数函数的波形及其频谱图

5. 符号函数

符号函数（或称正负号函数）以符号 sgn 记，其表示式为

$$x(t) = \text{sgn}(t) = \begin{cases} 1, & t > 0 \\ -1, & t < 0 \end{cases} \tag{3-62}$$

显然，这种信号不满足绝对可积条件，但它却存在傅里叶变换。可以借助于符号函数与双边指数衰减函数相乘，先求得此乘积信号 $x_1(t)$ 的频谱，然后取极限，从而得出符号函数 $x(t)$ 的频谱。

先求双边指数信号 $x_1(t)$ 的频谱

$$X_1(\omega) = \int_{-\infty}^{\infty} x_1(t) e^{-j\omega t} dt$$

这样有

$$X_1(\omega) = \int_{-\infty}^{0} -e^{\beta t} e^{-j\omega t} dt + \int_{0}^{\infty} e^{-\beta t} e^{-j\omega t} dt \ , \quad \beta > 0$$

积分并化简，可得

$$\begin{cases} X_1(\omega) = \dfrac{-2\mathrm{j}\omega}{\beta^2 + \omega^2} \\[2ex] |X_1(\omega)| = \dfrac{2|\omega|}{\beta^2 + \omega^2} \\[2ex] \varphi_1(\omega) = \begin{cases} +\dfrac{\pi}{2} & (\omega < 0) \\[1.5ex] -\dfrac{\pi}{2} & (\omega > 0) \end{cases} \end{cases}$$ （3-63）

其波形和频谱如图 3-21 所示。

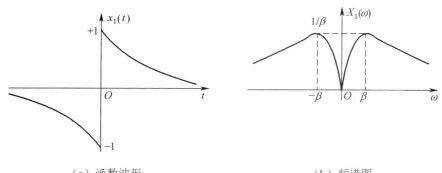

（a）函数波形　　　　　　　　　（b）频谱图

图 3-21　双边指数函数 $x_1(t)$ 的波形及其频谱图

符号函数 sgn(t) 的频谱

$$\begin{aligned} X(\omega) &= \lim_{\beta \to 0} X_1(\omega) \\ &= \lim_{\beta \to 0} \frac{-2\mathrm{j}\omega}{\beta^2 + \omega^2} \end{aligned}$$

所以

$$\begin{cases} X(\omega) = \dfrac{2}{\mathrm{j}\omega} \\[2ex] |X(\omega)| = \dfrac{2}{|\omega|} \\[2ex] \varphi(\omega) = \begin{cases} -\dfrac{\pi}{2} & (\omega > 0) \\[1.5ex] +\dfrac{\pi}{2} & (\omega < 0) \end{cases} \end{cases}$$ （3-64）

其波形和频谱如图 3-22 所示。

6. 单位阶跃函数的频谱

由单位阶跃信号的定义可知，该函数不满足绝对可积的条件，故直接通过式（3-55）的傅里叶变换式不可能求出其频谱。但事实上该函数的频谱是存在的，可采用取极限的方法求得。

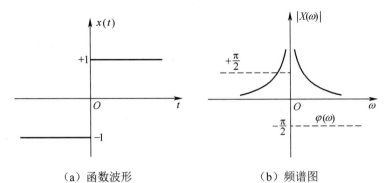

（a）函数波形　　　　　　（b）频谱图

图 3-22　符号函数的波形及其频谱图

将单位阶跃函数看作单边指数信号 $e^{-\beta t}\varepsilon(t)$ 在 $\beta \to 0$ 时的极限，即

$$\varepsilon(t) = \lim_{\beta \to 0} e^{-\beta t}\varepsilon(t) \tag{3-65}$$

利用式（3-58）的结果有

$$F\left[e^{-\beta t}\varepsilon(t)\right] = \frac{1}{\beta + j\omega} = \frac{\beta}{\beta^2 + \omega^2} + \frac{\omega}{j(\beta^2 + \omega^2)} \tag{3-66}$$

对式（3-66）两端同时取极限，有

$$\lim_{\beta \to 0} F[e^{-\beta t}\varepsilon(t)] = F[\varepsilon(t)] = \lim_{\beta \to 0}\left(\frac{\beta}{\beta^2 + \omega^2}\right) + \lim_{\beta \to 0}\left[\frac{\omega}{j(\beta^2 + \omega^2)}\right]$$

其中

$$\lim_{\beta \to 0}\left(\frac{\beta}{\beta^2 + \omega^2}\right) = \begin{cases} \infty, & \omega = 0 \\ 0, & \omega \neq 0 \end{cases}$$

显然这一结果符合冲激函数的定义，其冲激强度应为

$$\int_{-\infty}^{\infty} \frac{\beta}{\beta^2 + \omega^2}\,d\omega = \int_{-\infty}^{\infty} \frac{1}{1 + \left(\dfrac{\omega}{\beta}\right)^2}\,d\left(\frac{\omega}{\beta}\right)$$

$$= \arctan \frac{\omega}{\beta}\bigg|_{-\infty}^{\infty}$$

$$= \frac{\pi}{2} - \left(-\frac{\pi}{2}\right)$$

$$= \pi$$

而第二项为

$$\lim_{\beta \to 0} \frac{\omega}{j(\beta^2 + \omega^2)} = \frac{1}{j\omega}$$

由此可得

$$F[\varepsilon(t)] = \pi\delta(\omega) + \frac{1}{j\omega} \tag{3-67}$$

单位阶跃函数 $\varepsilon(t)$ 的波形及其频谱图如图 3-23 所示。

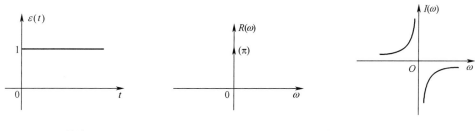

（a）函数波形　　　　　　　　　　　（b）频谱图

图 3-23　单位阶跃函数的波形及其频谱图

3.5　傅里叶变换性质

3.5.1　傅里叶变换性质

傅里叶正变换和逆变换揭示了时域信号 $x(t)$ 和与之对应的频域信号 $X(\omega)$ 的内在联系。它说明了同一信号既可用时域表示也可用频域表示。本节主要讨论傅里叶变换的性质，这些性质从不同的角度揭示了信号时域变化与相应频域变化间的关系，同时也为求解复杂信号的频谱函数提供了一条更为简捷的方法。

1. 对称性

若 $x(t) \leftrightarrow X(\omega)$，则

$$X(t) \leftrightarrow 2\pi x(-\omega) \tag{3-68}$$

证明　由傅里叶反变换定义式可有

$$x(t) = \frac{1}{2\pi} \int_{-\infty}^{\infty} X(\omega) \mathrm{e}^{\mathrm{j}\omega t} \mathrm{d}\omega$$

则一定会有

$$x(-t) = \frac{1}{2\pi} \int_{-\infty}^{\infty} X(\omega) \mathrm{e}^{-\mathrm{j}\omega t} \mathrm{d}\omega$$

做变量替换，取 ω 换成 t，t 换成 ω，上式可为

$$x(-\omega) = \frac{1}{2\pi} \int_{-\infty}^{\infty} X(t) \mathrm{e}^{-\mathrm{j}\omega t} \mathrm{d}t$$

由此可得　　　　　　　　$2\pi x(-\omega) = \int_{-\infty}^{\infty} X(t) \mathrm{e}^{-\mathrm{j}\omega t} \mathrm{d}t$

即　　　　　　　　　　　$X(t) \leftrightarrow 2\pi x(-\omega)$

若 $x(t)$ 为偶函数即 $x(t) = x(-t)$，则一定会有

$$X(t) \leftrightarrow 2\pi x(-\omega) = 2\pi x(\omega)$$

例 3-5　试求常数 $x(t) = A$ 的频谱。

解　因为 $\delta(t) \leftrightarrow 1$，由对称性可得 $1 \leftrightarrow 2\pi\delta(-\omega)$。

由于冲激函数是偶函数，则有

$$\delta(-\omega) = \delta(\omega)$$

则

$$A \leftrightarrow 2\pi A\delta(\omega)$$

常数 A 的波形及其频谱图如图 3-24 所示。

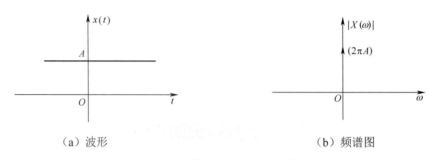

（a）波形　　　　　　　　　　　（b）频谱图

图 3-24　常数 A 的波形及其频谱图

2. 奇偶性

若 $x(t) \leftrightarrow X(\omega)$，且 $X(\omega) = R(\omega) + jI(\omega)$，其中 $R(\omega)$ 表示 $X(\omega)$ 的实部，$I(\omega)$ 表示 $X(\omega)$ 的虚部，则 $R(\omega)$ 是关于 ω 的偶函数，$I(\omega)$ 是关于 ω 的奇函数；$X(\omega)$ 的模 $|X(\omega)|$ 是关于 ω 的偶函数，辐角 $\varphi(\omega)$ 是关于 ω 的奇函数。

证明　由傅里叶变换定义式可得

$$
\begin{aligned}
X(\omega) &= \int_{-\infty}^{\infty} x(t)\mathrm{e}^{-j\omega t}\mathrm{d}t \\
&= \int_{-\infty}^{\infty} x(t)\cos\omega t\mathrm{d}t - j\int_{-\infty}^{\infty} x(t)\sin\omega t\mathrm{d}t \\
&= R(\omega) + jI(\omega)
\end{aligned}
\tag{3-69}
$$

显然有

$$R(\omega) = \int_{-\infty}^{\infty} x(t)\cos\omega t\mathrm{d}t$$

$$R(-\omega) = \int_{-\infty}^{\infty} x(t)\cos(-\omega t)\mathrm{d}t$$

则

$$R(-\omega) = R(\omega) \tag{3-70}$$

式（3-70）说明傅里叶变换 $X(\omega)$ 的实部 $R(\omega)$ 是关于 ω 的偶函数。

又由式（3-69）有

$$I(\omega) = \int_{-\infty}^{\infty} x(t)\sin\omega t\mathrm{d}t$$

$$I(-\omega) = \int_{-\infty}^{\infty} x(t)\sin(-\omega t)\mathrm{d}t$$

则有

$$I(-\omega) = -I(\omega) \tag{3-71}$$

式（3-71）说明傅里叶变换 $X(\omega)$ 的虚部 $I(\omega)$ 是关于 ω 的奇函数。

又因为傅里叶变换 $X(\omega)$ 的模为

$$|X(-\omega)| = \sqrt{R^2(-\omega) + I^2(-\omega)}$$

则

$$|X(\omega)| = |X(-\omega)| \tag{3-72}$$

式（3-72）说明傅里叶变换 $X(\omega)$ 的模 $|X(\omega)|$ 是关于 ω 的偶函数。

$X(\omega)$ 的辐角为

$$\varphi(\omega) = \arctan \frac{I(\omega)}{R(\omega)}$$

$$\varphi(-\omega) = \arctan \frac{I(-\omega)}{R(-\omega)}$$

则有
$$\varphi(-\omega) = -\varphi(\omega) \tag{3-73}$$

式（3-73）说明傅里叶变换 $X(\omega)$ 的辐角 $\varphi(\omega)$ 是关于 ω 的奇函数。

由傅里叶变换定义式同样可证明：

（1）若 $x(t)$ 是关于 t 的实偶函数，则其傅里叶变换 $X(\omega)$ 一定是关于 ω 的实偶函数。

（2）若 $x(t)$ 是关于 t 的实奇函数，则其傅里叶变换 $X(\omega)$ 一定是关于 ω 的虚奇函数。

3. 线性性质

若
$$x_1(t) \leftrightarrow X_1(\omega)，\quad x_2(t) \leftrightarrow X_2(\omega)$$
则
$$\alpha x_1(t) + \beta x_2(t) \leftrightarrow \alpha X_1(\omega) + \beta X_2(\omega)$$
其中 α、β 为常数。

利用傅里叶变换定义式可以很容易证明该特性。由此特性可以看出，傅里叶变换是一种线性运算，它满足叠加性和齐次性。

例 3-6　已知 $1 \leftrightarrow 2\pi\delta(\omega)$，求符号函数 $\mathrm{sgn}(t)$ 的频谱。

解　符号函数的表达式为 $\mathrm{sgn}(t) = \begin{cases} 1, & t>0 \\ -1, & t<0 \end{cases}$。显然该函数不满足绝对可积的条件，所以不能利用傅里叶变换式求解。但符号函数可以表示为

$$\mathrm{sgn}(t) = 2\varepsilon(t) - 1 \tag{3-74}$$

将式（3-74）两端同时取傅里叶变换，由于 $1 \leftrightarrow 2\pi\delta(\omega)$，$\varepsilon(t) \leftrightarrow \pi\delta(\omega) + \frac{1}{\mathrm{j}\omega}$，则由线性性质可得

$$F[\mathrm{sgn}(t)] = F[2\varepsilon(t) - 1]$$
$$= 2\left[\pi\delta(\omega) + \frac{1}{\mathrm{j}\omega}\right] - 2\pi\delta(\omega)$$
$$= \frac{2}{\mathrm{j}\omega}$$

例 3-7　利用例 3-6 结果计算阶跃函数 $\varepsilon(t)$ 的频谱。

解
$$\varepsilon(t) = \frac{1}{2} + \frac{1}{2}\mathrm{sgn}(t)$$
$$F[\varepsilon(t)] = F\left[\frac{1}{2}\right] + \frac{1}{2}F[\mathrm{sgn}(t)]$$
$$= \pi\delta(\omega) + \frac{1}{\mathrm{j}\omega}$$

4. 时移性质

若 $x(t) \leftrightarrow X(\omega)$，则

$$F\left[x(t \pm t_0)\right] = X(\omega)\mathrm{e}^{\pm \mathrm{j}\omega t_0} \tag{3-75}$$

证明　由傅里叶变换定义式，可有

$$F\left[x(t-t_0)\right] = \int_{-\infty}^{\infty} x(t-t_0)\mathrm{e}^{-\mathrm{j}\omega t}\mathrm{d}t$$

令 $\xi = t - t_0$，则有

$$F\left[x(t-t_0)\right] = \int_{-\infty}^{\infty} x(\xi)\mathrm{e}^{-\mathrm{j}\omega(\xi+t_0)}\mathrm{d}\xi = \mathrm{e}^{-\mathrm{j}\omega t_0}\int_{-\infty}^{\infty} x(\xi)\mathrm{e}^{-\mathrm{j}\omega\xi}d\xi$$

$$= X(\omega)\mathrm{e}^{-\mathrm{j}\omega t_0}$$

同理可证 $\qquad\qquad\qquad x(t+t_0) \leftrightarrow X(\omega)\mathrm{e}^{\mathrm{j}\omega t_0}$

这一性质说明了将信号 $x(t)$ 时移 $\pm t_0$，其幅度谱不变，而相位谱发生 $\pm\omega t_0$ 的相移。

5. 频移性质

若 $x(t) \leftrightarrow X(\omega)$，则

$$F\left[x(t)\mathrm{e}^{\pm \mathrm{j}\omega_0 t}\right] = X(\omega \mp \omega_0) \tag{3-76}$$

证明　由傅里叶变换定义式，可有

$$F\left[x(t)\mathrm{e}^{\pm \mathrm{j}\omega_0 t}\right] = \int_{-\infty}^{\infty} x(t)\mathrm{e}^{\pm \mathrm{j}\omega_0 t}\mathrm{e}^{-\mathrm{j}\omega t}\mathrm{d}t = \int_{-\infty}^{\infty} x(t)\mathrm{e}^{-\mathrm{j}(\omega \mp \omega_0)t}\mathrm{d}t$$

$$= X\left[\omega \mp \omega_0\right]$$

上式表明，将 $x(t)$ 乘以因子 $\mathrm{e}^{\mathrm{j}\omega_0 t}$，对应于频谱函数 $X(\omega)$ 沿 ω 轴右移 ω_0；乘以因子 $\mathrm{e}^{-\mathrm{j}\omega_0 t}$，对应于频谱函数沿 ω 轴左移 ω_0。

频移特性在通信技术中有着重要的实际应用，如调制、解调、变频、多路通信等。虽然虚指数 $\mathrm{e}^{\pm \mathrm{j}\omega_0 t}$ 无法直接产生，但根据欧拉公式，可以将它们用正、余弦信号表示。在通信技术中，就是采用 $x(t)$ 与 $\cos\omega_0 t$ 或 $\sin\omega_0 t$ 相乘的手段来实现频谱的搬移。

设 $x(t) \leftrightarrow X(\omega)$，则

$$x(t)\cos\omega_0 t = x(t)\frac{\mathrm{e}^{\mathrm{j}\omega_0 t} + \mathrm{e}^{-\mathrm{j}\omega_0 t}}{2}$$

$$= \frac{1}{2}x(t)\mathrm{e}^{\mathrm{j}\omega_0 t} + \frac{1}{2}x(t)\mathrm{e}^{-\mathrm{j}\omega_0 t}$$

由频移性质可得

$$x(t)\cos\omega_0 t \leftrightarrow \frac{1}{2}X(\omega-\omega_0) + \frac{1}{2}X(\omega+\omega_0) \tag{3-77}$$

式（3-77）为调制定理。

调制定理所阐述的内容是：将 $x(t)$ 的频谱 $X(\omega)$ 一分为二，左右平移 ω_0，振幅减半。

一般来说，式（3-77）中的 $\cos\omega_0 t$ 为高频正弦信号，也称为载波信号，$x(t)$ 为调制信号，$x(t)\cos\omega_0 t$ 为幅度随 $x(t)$ 变化的高频振荡信号，也称为调幅信号。调制定理的示意图如图 3-25 所示。在通信过程中，还可根据需要进行多次调制。

例 3-8　试求 $x(t) = \cos\omega_0 t$ 的频谱函数。

解：由于 $1 \leftrightarrow 2\pi\delta(\omega)$，则

$$1 \cdot \cos\omega_0 t \leftrightarrow \pi[\delta(\omega+\omega_0) + \delta(\omega-\omega_0)] \tag{3-78}$$

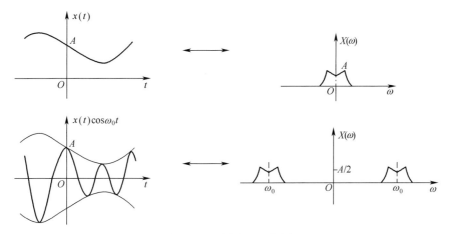

图 3-25　调制定理示意图

6. 尺度变换性质

若 $x(t) \leftrightarrow X(\omega)$，则

$$x(at) \leftrightarrow \frac{1}{|a|} X\left(\frac{\omega}{a}\right), \quad a \neq 0 \tag{3-79}$$

证明　由傅里叶变换定义式，可有 $F\left[x(at)\right] = \int_{-\infty}^{\infty} x(at) \mathrm{e}^{-\mathrm{j}\omega t} \mathrm{d}t$ 做变量替换，令 $at = \xi$，得

当 $a < 0$ 时，有

$$F\left[x(at)\right] = \int_{\infty}^{-\infty} x(\xi) \mathrm{e}^{-\mathrm{j}\omega \frac{\xi}{a}} \mathrm{d}\left(\frac{\xi}{a}\right) = -\int_{-\infty}^{\infty} x(\xi) \mathrm{e}^{-\mathrm{j}\omega \frac{\xi}{a}} \frac{1}{a} \mathrm{d}\xi = -\frac{1}{a} X\left(\frac{\omega}{a}\right)$$

当 $a > 0$ 时，有

$$F\left[x(at)\right] = \int_{-\infty}^{\infty} x(\xi) \mathrm{e}^{-\mathrm{j}\omega \frac{\xi}{a}} \mathrm{d}\left(\frac{\xi}{a}\right) = \int_{-\infty}^{\infty} x(\xi) \mathrm{e}^{-\mathrm{j}\omega \frac{\xi}{a}} \frac{1}{a} \mathrm{d}\xi = \frac{1}{a} X\left(\frac{\omega}{a}\right)$$

综上所述，有 $\qquad x(at) \leftrightarrow \frac{1}{|a|} X\left(\frac{\omega}{a}\right), \quad a \neq 0$

由尺度变换性质可知，将 $x(t)$ 波形沿时间轴压缩 a 倍，可得到新的波形 $x(at)$，而将 $x(t)$ 波形沿时间轴扩展 a 倍，就得到 $x\left(\dfrac{t}{a}\right)$ 的波形。这里将讨论信号在时域中的尺度变化而导致在频域中的尺度变换。

尺度变换特性可由图 3-26 得以说明（以时域门函数及其频谱为例）。

由图 3-26 可以看出，信号在时域中压缩（$a > 1$），则对应于频域中扩展；信号在时域中扩展（$0 < a < 1$），则对应于频域中压缩。由此进一步证明了，信号在时域上所持续的时间与其占有的频带宽度成反比。

不难证明，当 $x(t)$ 既发生时移又有尺度变换时，则有

$$x(at \pm b) \leftrightarrow \frac{1}{|a|} X\left(\frac{\omega}{a}\right) \mathrm{e}^{\pm \mathrm{j}\frac{b}{a}\omega} \tag{3-80}$$

式中，a 与 b 为实数，且 $a \neq 0$。

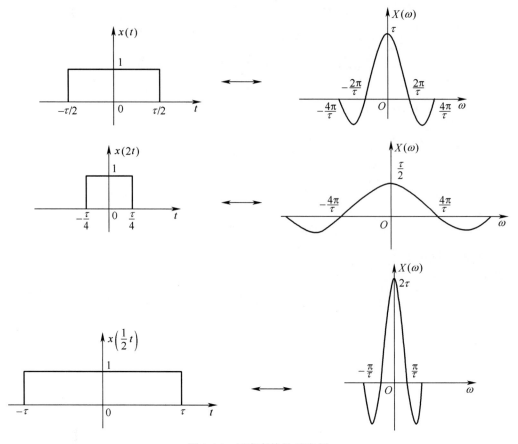

图 3-26　尺度变换的示意图

7. 卷积定理

（1）时域卷积定理。若 $x_1(t) \leftrightarrow X_1(\omega)$，$x_2(t) \leftrightarrow X_2(\omega)$，则

$$x_1(t) * x_2(t) \leftrightarrow X_1(\omega) \cdot X_2(\omega) \tag{3-81}$$

证明　根据傅里叶变换定义式

$$
\begin{aligned}
F\left[x_1(t) * x_2(t)\right] &= \int_{-\infty}^{\infty}\left[\int_{-\infty}^{\infty} x_1(\tau) x_2(t-\tau) \mathrm{d}\tau\right] \mathrm{e}^{-\mathrm{j}\omega t} \mathrm{d}t \\
&= \int_{-\infty}^{\infty} x_1(\tau)\left[\int_{-\infty}^{\infty} x_2(t-\tau) \mathrm{e}^{-\mathrm{j}\omega t} \mathrm{d}t\right] \mathrm{d}\tau \\
&= \int_{-\infty}^{\infty} x_1(\tau) X_2(\omega) \mathrm{e}^{-\mathrm{j}\omega \tau} \mathrm{d}\tau \\
&= X_2(\omega) \int_{-\infty}^{\infty} x_1(\tau) \mathrm{e}^{-\mathrm{j}\omega \tau} \mathrm{d}\tau \\
&= X_1(\omega) \cdot X_2(\omega)
\end{aligned}
$$

（2）频域卷积定理。若 $x_1(t) \leftrightarrow X_1(\omega)$，$x_2(t) \leftrightarrow X_2(\omega)$，则

$$X_1(\omega) * X_2(\omega) \leftrightarrow 2\pi x_1(t) \cdot x_2(t) \tag{3-82}$$

仿照时域卷积定理的证明方式，同样可证明频域卷积定理。

例 3-9　已知 $x_1(t) = \mathrm{e}^{-t}\varepsilon(t), x_2(t) = \mathrm{e}^{-2t}\varepsilon(t)$，试利用时域卷积定理确定 $x_1(t) * x_2(t)$。

解

$$\mathrm{e}^{-t}\varepsilon(t) \leftrightarrow \frac{1}{1+\mathrm{j}\omega} = X_1(\omega)$$

$$\mathrm{e}^{-2t}\varepsilon(t) \leftrightarrow \frac{1}{2+\mathrm{j}\omega} = X_2(\omega)$$

由时域卷积定理，有

$$F\left[x_1(t) * x_2(t)\right] = X_1(\omega) \cdot X_2(\omega)$$

$$= \frac{1}{(1+\mathrm{j}\omega)(2+\mathrm{j}\omega)}$$

$$= \frac{1}{1+\mathrm{j}\omega} - \frac{1}{2+\mathrm{j}\omega}$$

取傅里叶逆变换得

$$\mathrm{e}^{-t}\varepsilon(t) * \mathrm{e}^{-2t}\varepsilon(t) = \mathrm{e}^{-t}\varepsilon(t) - \mathrm{e}^{-2t}\varepsilon(t)$$

例 3-10　已知

$$x(t) = \begin{cases} E\cos\left(\dfrac{\pi t}{\tau}\right), & |t| \leqslant \dfrac{\tau}{2} \\ 0, & |t| > \dfrac{\tau}{2} \end{cases}$$

试利用卷积定理求余弦脉冲的频谱。

解　把余弦脉冲 $x(t)$ 看作矩形脉冲 $G(t)$ 与无穷长余弦函数 $\cos\left(\dfrac{\pi t}{\tau}\right)$ 的乘积，如图 3-27 所示，其表达式为

$$x(t) = G(t)\cos\left(\frac{\pi t}{\tau}\right)$$

而

$$G(\omega) = F\left[G(t)\right] = E\tau Sa\left(\frac{\omega\tau}{2}\right)$$

$$F\left[\cos\left(\frac{\pi t}{\tau}\right)\right] = \pi\delta\left(\omega + \frac{\pi}{\tau}\right) + \pi\delta\left(\omega - \frac{\pi}{\tau}\right)$$

根据频域卷积定理，可以得到 $x(t)$ 频谱为

$$X(\omega) = F\left[G(t)\cos\left(\frac{\pi t}{\tau}\right)\right]$$

$$= \frac{1}{2\pi}E\tau Sa\left(\frac{\omega\tau}{2}\right) * \pi\left[\delta\left(\omega + \frac{\pi}{\tau}\right) + \delta\left(\omega - \frac{\pi}{\tau}\right)\right]$$

$$= \frac{E\tau}{2}Sa\left[\left(\omega + \frac{\pi}{\tau}\right)\frac{\tau}{2}\right] + \frac{E\tau}{2}Sa\left[\left(\omega - \frac{\pi}{\tau}\right)\frac{\tau}{2}\right]$$

上式化简后得到余弦脉冲的频谱为

$$X(\omega) = \frac{2E\tau}{\pi} \frac{\cos\left(\dfrac{\omega\tau}{2}\right)}{\left[1 - \left(\dfrac{\omega\tau}{\pi}\right)^2\right]}$$

利用卷积定理求余弦脉冲的频谱如图 3-27 所示。

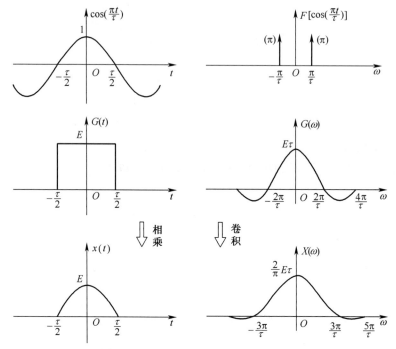

图 3-27   利用卷积定理求余弦脉冲的频谱

8. 时域微、积分性质

（1）微分性质。若 $x(t) \leftrightarrow X(\omega)$，则

$$\frac{\mathrm{d}x(t)}{\mathrm{d}t} \leftrightarrow \mathrm{j}\omega X(\omega) \tag{3-83}$$

$$\frac{\mathrm{d}^n x(t)}{\mathrm{d}t^n} \leftrightarrow (\mathrm{j}\omega)^n X(\omega) \tag{3-84}$$

证明   由傅里叶逆变换可有 $x(t) = \dfrac{1}{2\pi} \displaystyle\int_{-\infty}^{\infty} X(\omega)\mathrm{e}^{\mathrm{j}\omega t}\mathrm{d}\omega$

两边对 t 求导数，得 $\dfrac{\mathrm{d}x(t)}{\mathrm{d}t} = \dfrac{1}{2\pi} \displaystyle\int_{-\infty}^{\infty} \mathrm{j}\omega X(\omega)\mathrm{e}^{\mathrm{j}\omega t}\mathrm{d}\omega$

所以 $\dfrac{\mathrm{d}x(t)}{\mathrm{d}t} \leftrightarrow \mathrm{j}\omega X(\omega)$

同理，可推出 $\dfrac{\mathrm{d}^n x(t)}{\mathrm{d}t^n} \leftrightarrow (\mathrm{j}\omega)^n X(\omega)$

式（3-83）和式（3-84）表示时域的微分特性，说明在时域中 $x(t)$ 对 t 取 n 阶导数等效于在频域中 $x(t)$ 的频谱 $X(\omega)$ 乘以 $(\mathrm{j}\omega)^n$。

对于时域微分定理，容易举出简单的应用例子。若已知单位阶跃信号 $\varepsilon(t)$ 的傅里叶变换，可利用此定理求出 $\delta(t)$ 和 $\delta'(t)$ 的变换式为

$$F\left[\varepsilon(t)\right] = \frac{1}{\mathrm{j}\omega} + \pi\delta(\omega)$$

$$F\left[\delta(t)\right] = \mathrm{j}\omega\left[\frac{1}{\mathrm{j}\omega} + \pi\delta(\omega)\right] = 1$$

$$F\left[\delta'(t)\right] = \mathrm{j}\omega$$

（2）积分性质。若 $x(t) \leftrightarrow X(\omega)$，则

$$F\left[\int_{-\infty}^{t} x(\tau)\mathrm{d}\tau\right] \leftrightarrow \frac{X(\omega)}{\mathrm{j}\omega} + \pi X(0)\delta(\omega)$$

证明

$$F\left[\int_{-\infty}^{t} x(\tau)\mathrm{d}\tau\right] = \int_{-\infty}^{\infty}\left[\int_{-\infty}^{t} x(\tau)\mathrm{d}\tau\right]\mathrm{e}^{-\mathrm{j}\omega t}\mathrm{d}t$$

$$= \int_{-\infty}^{\infty}\left[\int_{-\infty}^{\infty} x(\tau)\varepsilon(t-\tau)\mathrm{d}\tau\right]\mathrm{e}^{-\mathrm{j}\omega t}\mathrm{d}t \qquad (3\text{-}85)$$

此处，将被积函数 $x(\tau)$ 乘以 $\varepsilon(t-\tau)$，同时将积分上限 t 改写为 ∞，结果不变。交换积分次序，并引用延时阶跃函数的傅里叶变换关系式为

$$F\left[\varepsilon(t-\tau)\right] = \left[\frac{1}{\mathrm{j}\omega} + \pi\delta(\omega)\right]\mathrm{e}^{-\mathrm{j}\omega\tau}$$

则式（3-85）变为

$$\int_{-\infty}^{\infty} x(\tau)\left[\int_{-\infty}^{\infty} \varepsilon(t-\tau)\mathrm{e}^{-\mathrm{j}\omega t}\mathrm{d}t\right]\mathrm{d}\tau = \int_{-\infty}^{\infty} x(\tau)\pi\delta(\omega)\mathrm{e}^{-\mathrm{j}\omega\tau}\mathrm{d}\tau + \int_{-\infty}^{\infty} x(\tau)\frac{\mathrm{e}^{-\mathrm{j}\omega\tau}}{\mathrm{j}\omega}\mathrm{d}\tau$$

$$= \pi X(0)\delta(\omega) + \frac{X(\omega)}{\mathrm{j}\omega}$$

例 3-11　已知三角脉冲信号

$$x(t) = \begin{cases} E\left(1 - \dfrac{2}{\tau}|t|\right), & |t| < \dfrac{\tau}{2} \\ 0, & |t| > \dfrac{\tau}{2} \end{cases}$$

其波形如图 3-28 所示，试求其频谱 $X(\omega)$。

解　取 $x(t)$ 一阶与二阶导数可得

$$\frac{\mathrm{d}x(t)}{\mathrm{d}t} = \begin{cases} \dfrac{2E}{\tau}, & -\dfrac{\tau}{2} < t < 0 \\ -\dfrac{2E}{\tau}, & 0 < t < \dfrac{\tau}{2} \\ 0, & |t| > \dfrac{\tau}{2} \end{cases}$$

及

$$\frac{\mathrm{d}^2 x(t)}{\mathrm{d}t^2} = \frac{2E}{\tau}\left[\delta\left(t+\frac{\tau}{2}\right)+\delta\left(t-\frac{\tau}{2}\right)-2\delta(t)\right]$$

其波形如图 3-28 所示。

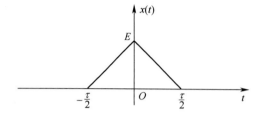
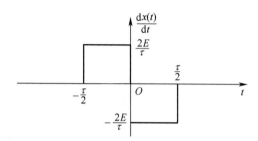

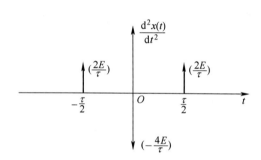
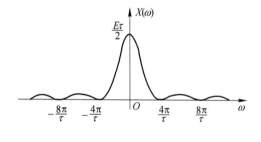

图 3-28　三角脉冲的波形和频谱

以 $X(\omega)$、$X_1(\omega)$ 和 $X_2(\omega)$ 分别表示 $x(t)$ 及其一阶、二阶导数的傅里叶变换，先求得

$$X_2(\omega) = F\left[\frac{\mathrm{d}^2 x(t)}{\mathrm{d}t^2}\right]$$

$$= \frac{2E}{\tau}\left(\mathrm{e}^{\mathrm{j}\omega\frac{\tau}{2}}+\mathrm{e}^{-\mathrm{j}\omega\frac{\tau}{2}}-2\right)$$

$$= \frac{2E}{\tau}\left(2\cos\left(\frac{\omega\tau}{2}\right)-2\right)$$

$$= -\frac{8E}{\tau}\sin^2\left(\frac{\omega\tau}{4}\right)$$

利用积分定理容易求得

$$X_1(\omega) = F\left[\frac{\mathrm{d}x(t)}{\mathrm{d}t}\right]$$

$$= \frac{1}{\mathrm{j}\omega}\left[-\frac{8E}{\tau}\sin^2\left(\frac{\omega\tau}{4}\right)\right]+\pi X_2(0)\delta(\omega)$$

$$X(\omega) = F\left[x(t)\right]$$

$$= \frac{1}{(j\omega)^2}\left[-\frac{8E}{\tau}\sin^2\left(\frac{\omega\tau}{4}\right)\right] + \pi X_1(0)\delta(\omega)$$

$$= \frac{E\tau}{2} \cdot \frac{\sin^2\left(\frac{\omega\tau}{4}\right)}{\left(\frac{\omega\tau}{4}\right)^2} = \frac{E\tau}{2}Sa^2\left(\frac{\omega\tau}{4}\right)$$

在以上两式中，$X_2(0)$ 和 $X_1(0)$ 都等于零。

9. 频域微、积分性质

（1）微分性质。若 $x(t) \leftrightarrow X(\omega)$，则

$$\frac{dX(\omega)}{d\omega} \leftrightarrow (-jt)x(t) \tag{3-86}$$

证明 由卷积的微分及再现性质有

$$X'(\omega) = X'(\omega) * \delta(\omega) = X(\omega) * \delta'(\omega)$$

又由频域卷积定理得

$$X(\omega) * \delta'(\omega) \leftrightarrow 2\pi x(t) \cdot F^{-1}\left[\delta'(\omega)\right]$$

因为 $\delta'(t) \leftrightarrow j\omega$，由傅里叶变换的对称性可得

$$2\pi\delta'(-\omega) = -2\pi\delta'(\omega) \leftrightarrow jt$$

所以 $\delta'(t) \leftrightarrow -\dfrac{jt}{2\pi}$，则

$$X'(\omega) \leftrightarrow (-jt)x(t)$$

一般情况下，有

$$X^{(n)}(\omega) \leftrightarrow (-jt)^n x(t) \tag{3-87}$$

例 3-12 试求 $t\varepsilon(t)$ 的频谱函数。

解 由式（3-86）的频域微分性质可有

$$t\varepsilon(t) \leftrightarrow j\frac{d}{d\omega}\left[\pi\delta(\omega) + \frac{1}{j\omega}\right] = j\pi\delta'(\omega) + \left(\frac{1}{\omega}\right)' = j\pi\delta'(\omega) - \frac{1}{\omega^2}$$

例 3-13 试求 $(1-t)x(1-t)$ 的频谱函数。

解

$$(1-t)x(1-t) = x(1-t) - tx(1-t)$$

根据傅里叶变换的时移、尺度变换性质有

$$x(1-t) \leftrightarrow X(-\omega)e^{-j\omega}$$

又根据傅里叶变换的频域微分性质有

$$tx(1-t) \leftrightarrow j\frac{d}{d\omega}\left[X(-\omega)e^{-j\omega}\right] = jX'(-\omega)e^{-j\omega} + X(-\omega)e^{-j\omega}$$

则

$$(1-t)x(1-t) \leftrightarrow -jX'(-\omega)e^{-j\omega}$$

（2）积分性质。若 $x(t) \leftrightarrow X(\omega)$，则

$$\int_{-\infty}^{\infty} X(\omega)\,\mathrm{d}\omega \leftrightarrow \frac{x(t)}{-\mathrm{j}t} + x(0)\pi\delta(t) \qquad (3\text{-}88)$$

该性质的证明留给读者完成。

为了方便读者的学习，表 3-1 列出了上述讨论过的傅里叶变换性质。

表 3-1　傅里叶变换性质

名称	时域 $x(t) \leftrightarrow X(\omega)$		
线性	$\alpha x_1(t) + \beta x_2(t)$		$\alpha X_1(\omega) + \beta X_2(\omega)$
奇偶性	$x(t)$ 为实函数	$x(t) = x(-t)$ $x(t) = -x(-t)$	$\lvert X(\omega)\rvert = \lvert X(-\omega)\rvert$ $\varphi(\omega) = -\varphi(-\omega)$ $R(\omega) = R(-\omega)$ $I(\omega) = -I(-\omega)$ $X(-\omega) = X^*(\omega)$
			$X(\omega) = R(\omega), I(\omega) = 0$ $X(\omega) = \mathrm{j}I(\omega), R(\omega) = 0$
	$x(t)$ 为虚函数		$\lvert X(\omega)\rvert = \lvert X(-\omega)\rvert$ $\varphi(\omega) = -\varphi(-\omega)$ $R(\omega) = -R(-\omega)$ $I(\omega) = I(-\omega)$ $X(-\omega) = -X^*(\omega)$
对称性	$X(t)$		$2\pi x(-\omega)$
时移特性	$x(t \pm t_0)$		$X(\omega)\mathrm{e}^{\pm \mathrm{j}\omega t_0}$
频移特性	$x(t)\mathrm{e}^{\pm \mathrm{j}\omega_0 t}$		$X(\omega \mp \omega_0)$
尺度变换	$x(at)$，$a \neq 0$		$\dfrac{1}{\lvert a\rvert} X\left(\dfrac{\omega}{a}\right)$
卷积定理	时域	$x_1(t) * x_2(t)$	$X_1(\omega) \cdot X_2(\omega)$
	频域	$x_1(t) \cdot x_2(t)$	$\dfrac{1}{2\pi} X_1(\omega) * X_2(\omega)$
时域微分	$x^n(t)$		$(\mathrm{j}\omega)^n X(\omega)$
时域积分	$x^{(-1)}(t)$		$\dfrac{X(\omega)}{\mathrm{j}\omega} + \pi X(0)\delta(\omega)$
频域微分	$(-\mathrm{j}t)^n x(t)$		$X^{(n)}(\omega)$
频域积分	$\pi x(0)\delta(t) + \dfrac{1}{-\mathrm{j}t}x(t)$		$X^{-1}(\omega)$

3.5.2　周期信号的傅里叶变换

令周期信号 $x(t)$ 的周期为 T_1，角频率为 $\omega_1 = 2\pi f_1 = \dfrac{2\pi}{T_1}$，将 $x(t)$ 展开成傅里叶级数为

$$x(t) = \sum_{n=-\infty}^{\infty} X_n \mathrm{e}^{jn\omega_1 t}$$

将上式两边取傅里叶变换

$$F\left[x(t)\right] = F\left[\sum_{n=-\infty}^{\infty} X_n \mathrm{e}^{jn\omega_1 t}\right]$$

$$= \sum_{n=-\infty}^{\infty} X_n F\left[\mathrm{e}^{jn\omega_1 t}\right]$$

而

$$F\left[\mathrm{e}^{jn\omega_1 t}\right] = 2\pi\delta(\omega - n\omega_1)$$

可得到周期信号 $x(t)$ 的傅里叶变换为

$$F\left[x(t)\right] = 2\pi \sum_{n=-\infty}^{\infty} X_n \delta(\omega - n\omega_1) \tag{3-89}$$

式中，X_n 是 $x(t)$ 的傅里叶级数的系数，已经知道它等于

$$X_n = \frac{1}{T_1} \int_{-\frac{T_1}{2}}^{\frac{T_1}{2}} x(t) \mathrm{e}^{-jn\omega_1 t} \mathrm{d}t \tag{3-90}$$

式（3-89）表明：周期信号 $x(t)$ 的傅里叶变换是由一些冲激函数组成的，这些冲激位于信号的谐频（$0, \pm\omega_1, \pm2\omega_1, \cdots$）处，每个冲激的强度等于 $x(t)$ 的傅里叶级数相应系数 X_n 的 2π 倍。显然，周期信号的频谱是离散的，这一点与 3.2 节的结论一致。然而，由于傅里叶变换是反映频谱密度的概念，因此周期信号的傅里叶变换不同于傅里叶级数，这里不是有限值，而是冲激函数，它表明在无穷小的频带范围内（即谐频点）取得了无限大的频谱值。

下面再来讨论周期性脉冲序列的傅里叶级数与单脉冲的傅里叶变换的关系。已知周期信号 $x(t)$ 的傅里叶级数为

$$x(t) = \sum_{n=-\infty}^{\infty} X_n \mathrm{e}^{jn\omega_1 t}$$

其中，傅里叶系数

$$X_n = \frac{1}{T_1} \int_{-\frac{T_1}{2}}^{\frac{T_1}{2}} x(t) \mathrm{e}^{-jn\omega_1 t} \mathrm{d}t$$

从周期性脉冲序列 $x(t)$ 中截取一个周期，得到所谓的单脉冲信号。它的傅里叶变换

$$X_0(\omega) = \int_{-\frac{T_1}{2}}^{\frac{T_1}{2}} x(t) \mathrm{e}^{-j\omega t} \mathrm{d}t \tag{3-91}$$

比较式（3-90）和式（3-91），显然可以得到

$$X_n = \frac{1}{T_1} X_0(\omega)\bigg|_{\omega=n\omega_1} \tag{3-92}$$

式（3-92）表明：周期脉冲序列的傅里叶级数的系数 X_n 等于单脉冲的傅里叶变换 $X_0(\omega)$ 在 $n\omega_1$ 频率点的值乘以 $\frac{1}{T_1}$。利用单脉冲的傅里叶变换式可以很方便地求出周期性脉冲序列的傅里叶系数。

例 3-14　如图 3-29 所示为间隔为 T_1 的单位冲激函数，用符号 $\delta_T(t)$ 表示周期单位冲激序列，即

$$\delta_T(t) = \sum_{n=-\infty}^{\infty} \delta(t - nT_1)$$

试求此周期单位冲激序列的傅里叶变换。

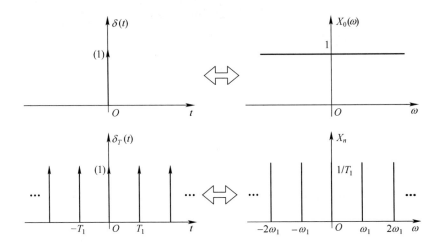

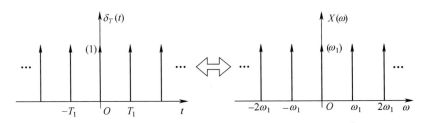

图 3-29　周期冲激序列的傅里叶级数系数与傅里叶变换

解　因为 $\delta_T(t)$ 是周期函数，所以可以把它展开成傅里叶级数

$$\delta_T(t) = \sum_{n=-\infty}^{\infty} X_n \mathrm{e}^{jn\omega_1 t}$$

其中

$$\omega_1 = \frac{2\pi}{T_1}$$

$$X_n = \frac{1}{T_1} \int_{-\frac{T_1}{2}}^{\frac{T_1}{2}} \delta_T(t) e^{-jn\omega_1 t} dt$$

$$= \frac{1}{T_1} \int_{-\frac{T_1}{2}}^{\frac{T_1}{2}} \delta(t) e^{-jn\omega_1 t} dt = \frac{1}{T_1}$$

这样，可得到

$$\delta_T(t) = \frac{1}{T_1} \sum_{n=-\infty}^{\infty} e^{jn\omega_1 t}$$

可见，在周期单位冲激序列的傅里叶级数中只包含位于 $\omega = 0, \pm\omega_1, \pm 2\omega_1, \cdots, \pm n\omega_1, \cdots$ 的频率分量，每个频率分量的大小是相等的，均等于 $1/T_1$。

下面求 $\delta_T(t)$ 的傅里叶变换。由式（3-89）可知

$$F[x(t)] = 2\pi \sum_{n=-\infty}^{\infty} X_n \delta(\omega - n\omega_1)$$

式中，$X_n = \frac{1}{T_1}$，所以 $\delta_T(t)$ 的傅里叶变换为

$$X(\omega) = F[\delta_T(t)] = \omega_1 \sum_{n=-\infty}^{\infty} \delta(\omega - n\omega_1)$$

可见，在周期单位冲激序列的傅里叶变换中，同样也只包含位于 $\omega = 0, \pm\omega_1, \pm 2\omega_1, \cdots,$ $\pm n\omega_1, \cdots$ 处的冲激函数，其强度是相等的，均等于 ω_1。频谱如图 3-29 所示。

例 3-15　已知周期矩形脉冲信号 $x(t)$ 的幅度为 E，脉宽为 τ，周期为 T_1，角频率为 $\omega_1 = 2\pi/T_1$，如图 3-30 所示。试求周期矩形脉冲信号的傅里叶级数与傅里叶变换。

解　利用本节所给出的方法可以很方便地求出傅里叶级数与傅里叶变换。在此，从熟悉的单脉冲入手，已知矩形脉冲 $x_0(t)$ 的傅里叶变换 $X_0(\omega)$ 等于

$$X_0(\omega) = E\tau Sa\left(\frac{\omega\tau}{2}\right)$$

由式（3-92）可以求出周期矩形脉冲信号的傅里叶系数

$$X_n = \frac{1}{T_1} X_0(\omega)\bigg|_{\omega = n\omega_1} = \frac{E\tau}{T_1} Sa\left(\frac{n\omega_1\tau}{2}\right)$$

这样，$x(t)$ 的傅里叶级数为

$$x(t) = \frac{E\tau}{T_1} \sum_{n=-\infty}^{\infty} Sa\left(\frac{n\omega_1\tau}{2}\right) e^{jn\omega_1 t}$$

再由式（3-89）便可得到 $x(t)$ 的傅里叶变换

$$X(\omega) = 2\pi \sum_{n=-\infty}^{\infty} X_n \delta(\omega - n\omega_1)$$

$$= E\tau\omega_1 \sum_{n=-\infty}^{\infty} Sa\left(\frac{n\omega_1\tau}{2}\right) \delta(\omega - n\omega_1)$$

频谱如图 3-30 所示。

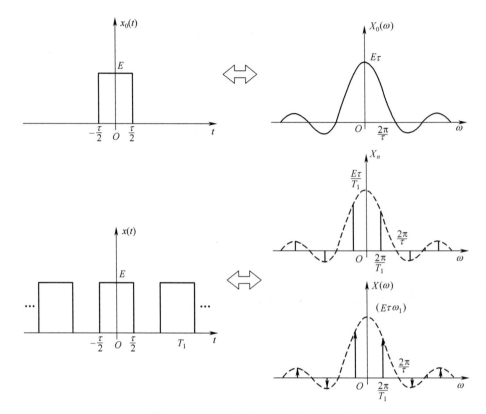

图 3-30　周期矩形脉冲信号的傅里叶级数系数与傅里叶变换

从此例也可以看出，单脉冲的频谱是连续函数，而周期信号的频谱是离散函数。对于 $X(\omega)$ 来说，它包含间隔为 ω_1 的冲激序列，其强度的包络线的形状与单脉冲频谱的形状相同。

3.6　能量谱和功率谱——帕塞瓦尔定理

在第 1 章中已对时域的能量及功率信号做了定义。本节将在频域中讨论其能量谱及功率谱，并由此给出非常重要的帕塞瓦尔定理。

3.6.1　周期信号的功率谱、帕塞瓦尔恒等式

时域功率信号 $P = \dfrac{1}{T}\displaystyle\int_{-T/2}^{T/2} x_T^2(t)\mathrm{d}t$ ，表示了周期信号的平均功率。而周期信号可用直流、基波及各次谐波分量来表示，因此周期信号的平均功率等于直流、基波及各次谐波的平均功率之和。而式中的 $x_T(t)$ 为任意周期信号，它满足傅里叶级数展开式，即

$$x_T(t) = \sum_{n=-\infty}^{\infty} X_n \mathrm{e}^{\mathrm{j}n\omega_1 t}$$

将此式代入时域功率信号中可得

$$P = \frac{1}{T}\int_{-T/2}^{T/2} x_T(t)x_T(t)\mathrm{d}t = \frac{1}{T}\int_{-T/2}^{T/2} x_T(t)\left[\sum_{n=-\infty}^{\infty} X_n \mathrm{e}^{\mathrm{j}n\omega_1 t}\right]\mathrm{d}t$$

交换求和与积分的先后顺序，上式变为

$$P = \sum_{n=-\infty}^{\infty} X_n \left[\frac{1}{T} \int_{-T/2}^{T/2} x_T(t) e^{jn\omega_1 t} dt \right]$$

$$= \sum_{n=-\infty}^{\infty} X_n X_{-n} = \sum_{n=-\infty}^{\infty} |X_n|^2 \tag{3-93}$$

式（3-93）是功率在频域中的表达式，称为帕塞瓦尔恒等式。式（3-93）中 X_n 为傅里叶复系数，它与 X_{-n} 共同构成共轭复数。式（3-93）还可以用实振幅 A_n 来表示，即

$$P = \sum_{n=-\infty}^{\infty} |X_n|^2 = X_0^2 + 2\sum_{n=1}^{\infty} |X_n|^2 = A_0^2 + 2\sum_{n=1}^{\infty} \left(\frac{A_n}{2} \right)^2 = A_0^2 + \sum_{n=1}^{\infty} \left(\frac{A_n}{\sqrt{2}} \right)^2 \tag{3-94}$$

式（3-93）和式（3-94）表示了任意周期信号的平均功率等于直流分量的平方与各次谐波分量有效值的平方和。由此可以看出式（3-94）也描述了平均功率与有效值的关系，可以通过该式求解周期信号的有效值。

功率在频域中的图像表示称为功率谱，它描述了各次谐波分量的平均功率与 $n\omega_1$ 的关系。功率谱只由幅度谱 $|X_n|$ 决定，与相位谱无关。

例 3-16 某 1Ω 电阻两端的电压为交流正弦信号，该周期信号的傅里叶级数展开式为 $u(t) = 2 + 3\cos(\omega_1 t - 45°) + 2\sin 2\omega_1 t - \cos 3\omega_1 t$ （V），试求此电阻的功率。

解

方法一：利用公式 $P = P_0 + \sum_{n=1}^{\infty} P_n$，求出各次谐波的功率再叠加，即

$$P = A_0^2 + \sum_{n=1}^{\infty} \left(\frac{A_n}{\sqrt{2}} \right)^2$$

$$= A_0^2 + \left(\frac{A_1}{\sqrt{2}} \right)^2 + \left(\frac{A_2}{\sqrt{2}} \right)^2 + \left(\frac{A_3}{\sqrt{2}} \right)^2$$

$$= 2^2 + \left(\frac{3}{\sqrt{2}} \right)^2 + \left(\frac{2}{\sqrt{2}} \right)^2 + \left(\frac{1}{\sqrt{2}} \right)^2 = 11W$$

方法二：先求有效值，再求功率。

由于 $P = U^2$，所以 $U = \sqrt{U_0^2 + \sum_{n=1}^{\infty} U_n^2}$，由已知傅里叶级数展开式可得有效值为

$$U = \sqrt{2^2 + \frac{1}{2}(3^2 + 2^2 + 1^2)} = \sqrt{11}V$$

由此可得功率为

$$P = U^2 = 11W$$

3.6.2 非周期信号的能量谱、帕塞瓦尔定理

由时域能量信号的定义式有 $E = \int_{-\infty}^{\infty} x^2(t)dt$，其中非周期信号 $x(t)$ 满足傅里叶逆变换，即

$x(t) = \dfrac{1}{2\pi}\displaystyle\int_{-\infty}^{\infty} X(\omega)\mathrm{e}^{\mathrm{j}\omega t}\mathrm{d}\omega$，为讨论频域能量信号的表达式，将该式代入能量表达式中有

$$E(\omega) = \int_{-\infty}^{\infty} x(t)x(t)\mathrm{d}t = \int_{-\infty}^{\infty} x(t)\frac{1}{2\pi}\left[\int_{-\infty}^{\infty} X(\omega)\mathrm{e}^{\mathrm{j}\omega t}\mathrm{d}\omega\right]\mathrm{d}t$$

交换时间与频率变量的积分顺序有

$$E(\omega) = \frac{1}{2\pi}\int_{-\infty}^{\infty} X(\omega)\left[\int_{-\infty}^{\infty} x(t)\mathrm{e}^{\mathrm{j}\omega t}\mathrm{d}t\right]\mathrm{d}\omega$$

$$= \frac{1}{2\pi}\int_{-\infty}^{\infty} X(\omega)X(-\omega)\mathrm{d}\omega$$

$$= \frac{1}{2\pi}\int_{-\infty}^{\infty} \left|X(\omega)\right|^2\mathrm{d}\omega \tag{3-95}$$

式（3-95）为能量的频域表达式，即能量的帕塞瓦尔定理。式（3-95）中的 $\left|X(\omega)\right|^2$ 为能量密度，表示单位带宽的能量。

显然，由时域及频域的能量表达式有

$$E(\omega) = \int_{-\infty}^{\infty} x^2(t)\,\mathrm{d}t = \frac{1}{2\pi}\int_{-\infty}^{\infty} \left|X(\omega)\right|^2\mathrm{d}\omega \tag{3-96}$$

式（3-96）表明：信号经过时频变换后，其总能量不变。

需要注意的是，无论是周期信号还是非周期信号，$X(\omega)$ 都必须考虑其收敛性的问题，故信号的能量主要集中在低频分量上。

例 3-17 试应用帕塞瓦尔公式求积分 $\displaystyle\int_{-\infty}^{\infty} \dfrac{1}{\omega^2 + \alpha^2}\mathrm{d}\omega$ 。

解 由能量的帕塞瓦尔定理可得

$$E(\omega) = \int_{-\infty}^{\infty} x^2(t)\,\mathrm{d}t = \frac{1}{2\pi}\int_{-\infty}^{\infty} \left|X(\omega)\right|^2\mathrm{d}\omega = \frac{1}{2\pi}\int_{-\infty}^{\infty} \frac{1}{\omega^2 + \alpha^2}\mathrm{d}\omega$$

由此可得

$$\left|X(\omega)\right|^2 = \frac{1}{\omega^2 + \alpha^2} = X(\omega)X(-\omega)$$

令 $X(\omega) = \dfrac{1}{\alpha + \mathrm{j}\omega}$ ，则必有

$$X(-\omega) = \frac{1}{\alpha - \mathrm{j}\omega}$$

由常用信号的傅里叶变换对可有

$$x(t) = \mathrm{e}^{-\alpha t}\varepsilon(t) \leftrightarrow \frac{1}{\alpha + \mathrm{j}\omega}$$

可得该积分为

$$\int_{-\infty}^{\infty} \frac{1}{\omega^2 + a^2}\mathrm{d}\omega = 2\pi\int_{-\infty}^{\infty} x^2(t)\mathrm{d}t$$

$$= 2\pi\int_{-\infty}^{\infty} \left[\mathrm{e}^{-at}\varepsilon(t)\right]^2\mathrm{d}t$$

$$= 2\pi\int_{0}^{\infty} \mathrm{e}^{-2at}\mathrm{d}t = \frac{\pi}{a}$$

习题 3

3-1 试求图 3-31 所示对称周期矩形信号的傅里叶级数（三角形式与指数形式）。

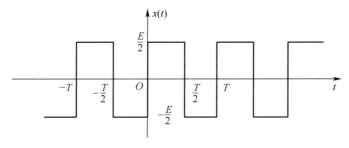

图 3-31 题 3-1 图

3-2 试利用信号 $x(t)$ 的对称性，定性判断图 3-32 所示各周期信号的傅里叶级数中所含有的频率分量。

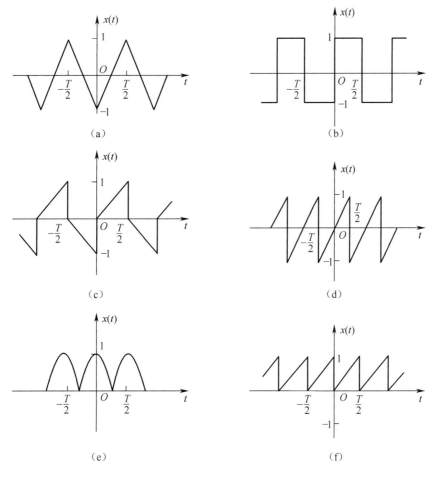

图 3-32 题 3-2 图

3-3　已知周期函数 $x(t)$ 前 $\dfrac{1}{4}$ 周期的波形如图 3-33 所示。试根据下列各种情况画出 $x(t)$ 在一个周期内（$0 < 0 < T$）的波形。

（1）$x(t)$ 是偶函数，只含有偶次谐波；

（2）$x(t)$ 是偶函数，只含有奇次谐波；

（3）$x(t)$ 是偶函数，含有偶次和奇次谐波；

（4）$x(t)$ 是奇函数，只含有偶次谐波；

（5）$x(t)$ 是奇函数，只含有奇次谐波；

（6）$x(t)$ 是奇函数，同时有偶次和奇次谐波。

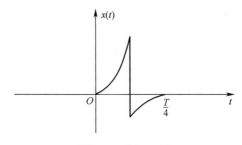

图 3-33　题 3-3 图

3-4　试根据傅里叶变换的定义式计算如图 3-34 所示各脉冲信号的频谱函数。

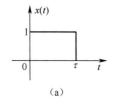

（a）

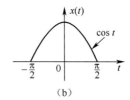

（b）

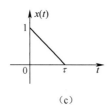

（c）

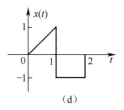

（d）

图 3-34　题 3-4 图

3-5　已知 $x_2(t)$ 与 $x_1(t)$ 的波形关系如图 3-35 所示，$x_1(t)$ 的频谱函数为 $X_1(\omega)$，试用 $x_1(t)$ 的频谱函数 $X_1(\omega)$ 来表示 $x_2(t)$ 的频谱函数 $X_2(\omega)$。

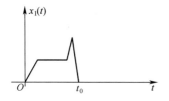
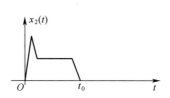

图 3-35　题 3-5 图

3-6　试利用尺度变换性质求信号 $\mathrm{e}^{at}\varepsilon(-t)$ （ $a>0$ ）的频谱函数。

3-7　试利用频移性质和已知单位阶跃信号的频谱，推导出单边余弦信号 $\cos\omega_0 t\varepsilon(t)$ 和单边正弦信号 $\sin\omega_0 t\varepsilon(t)$ 的频谱函数。

3-8　若时间实函数 $x(t)$ 的频谱函数为 $X(\omega)=R(\omega)+\mathrm{j}I(\omega)$ ，试证明 $x(t)$ 的偶分量的频谱函数为 $R(\omega)$ ，奇分量的频谱函数为 $\mathrm{j}I(\omega)$ 。

3-9　已知 $x(t)\leftrightarrow X(\mathrm{j}\omega)$ ，试证明：

（1）若 $x(t)$ 是关于 t 的实偶函数，则 $X(\mathrm{j}\omega)$ 是关于 ω 的实偶函数。

（2）若 $x(t)$ 是关于 t 的实奇函数，则 $X(\mathrm{j}\omega)$ 是关于 ω 的虚奇函数。

3-10　试利用傅里叶变换的对称特性求下列函数的傅里叶变换。

（1） $x(t)=\dfrac{\sin 2\pi(t-2)}{\pi(t-2)}$ ；　　　　（2） $x(t)=\dfrac{2a}{a^2+t^2}$ ；

（3） $x(t)=\left(\dfrac{\sin 2\pi t}{2\pi t}\right)^2$ 。

3-11　试求下列频谱函数对应的时间函数。

（1） $X(\omega)=\delta(\omega+\omega_0)-\delta(\omega-\omega_0)$ ；　　　　（2） $X(\omega)=\tau Sa\left(\dfrac{\omega\tau}{2}\right)$ ；

（3） $X(\omega)=\dfrac{1}{(a+\mathrm{j}\omega)^2}$ ；　　　　（4） $X(\omega)=-\dfrac{2}{\omega^2}$ 。

3-12　试用下列特性求如图 3-36 所示信号的频谱函数。

（1）用延时与线性特性；

（2）用时域微分、积分特性。

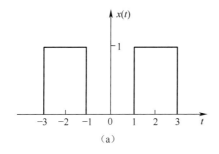　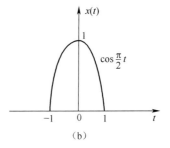

图 3-36　题 3-12 图

3-13　已知 $x(t)$ 的频谱函数为 $X(\omega)$ ，试利用傅里叶变换性质求下列信号的傅里叶变换。

（1） $tx(2t)$ ；　　　　（2） $(t-2)x(t)$ ；

（3） $(t-2)x(-2t)$ ；　　　　（4） $t\dfrac{\mathrm{d}x(t)}{\mathrm{d}t}$ ；

（5） $x(1-t)$ ；　　　　（6） $(1-t)x(1-t)$ ；

（7） $x(2t-5)$ 。

3-14　试利用时域微分、积分特性求如图 3-37 所示波形信号的频谱函数。

3-15　试求如图 3-38 所示 $X(\omega)$ 的傅里叶逆变换 $x(t)$ 。

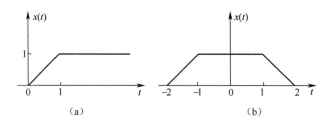

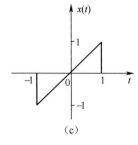

图 3-37　题 3-14 图

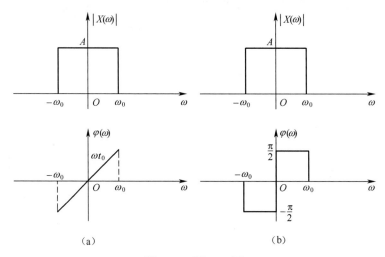

图 3-38　题 3-15 图

3-16　已知 $x_1(t)$ 的频谱函数为 $X_1(\omega)$，将 $x_1(t)$ 按如图 3-39 所示的波形关系构成周期信号 $x_2(t)$，试求此周期信号的频谱函数。

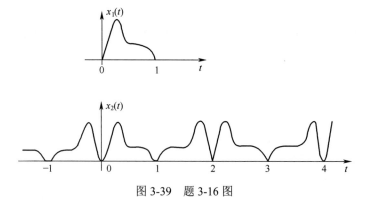

图 3-39　题 3-16 图

3-17　已知信号 $x(t) * x'(t) = (1 - t)\mathrm{e}^{-t}\varepsilon(t)$，试求 $x(t)$。

3-18　试求图 3-40 所示周期信号的频谱函数。

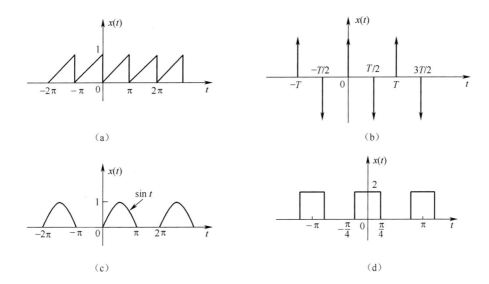

图 3-40　题 3-18 图

3-19　试求 $x(t) = (3 + 3\cos\omega_1 t)\cos\omega_0 t$ 的频谱函数，并作频谱图。

3-20　试利用频域卷积定理，由 $\cos(\omega_0 t)$ 的傅里叶变换和 $\varepsilon(t)$ 的傅里叶变换导出 $\cos(\omega_0 t)\varepsilon(t)$ 的傅里叶变换。

3-21　已知 $x(t) = \begin{cases} \mathrm{e}^{-(t-1)}, & 0 \leqslant t \leqslant 1 \\ 0, & \text{其他} \end{cases}$，试求下列各信号的频谱的具体表达式。

（1）$x_1(t) = x(t)$；　　　　　　　　　　（2）$x_2(t) = x(t) + x(-t)$；

（3）$x_3(t) = x(t) - x(-t)$；　　　　　　（4）$x_4(t) = x(t) + x(t-1)$；

（5）$x_5(t) = tx(t)$。

3-22　已知实偶信号 $x(t)$ 的频谱满足 $\ln|X(\omega)| = -|\omega|$，试求 $x(t)$。

3-23　试求下列信号的频谱函数。

（1）$x(t) = \mathrm{e}^{-3t}\varepsilon(t - 2)$；

（2）$x(t) = \mathrm{e}^{-t}\cos\pi t\varepsilon(t)$；

（3）$x(t) = \dfrac{\sin 2\pi t}{t} \cdot \dfrac{\sin \pi t}{2t}$。

3-24　试求下列频谱函数 $X(\omega)$ 的原函数 $x(t)$。

（1）$X(\omega) = \mathrm{j}\pi\,\mathrm{sgn}(\omega)$；

（2）$X(\omega) = \dfrac{\sin 5\omega}{\omega}$；

（3）$X(\omega) = \dfrac{(\mathrm{j}\omega)^2 + 5\mathrm{j}\omega + 18}{(\mathrm{j}\omega)^2 + 6\mathrm{j}\omega + 5}$。

3-25 设 $x(t) \leftrightarrow X(\omega)$，试证明频域积分性质 $\int_{-\infty}^{\omega} X(\xi)\mathrm{d}\xi \leftrightarrow \dfrac{x(t)}{-\mathrm{j}t} + x(0)\pi\delta(t)$。

3-26 试求卷积 $\dfrac{\sin 2\pi t}{2\pi t} * \dfrac{\sin 8\pi t}{8\pi t}$。

3-27 已知 $X(\omega) = 4Sa(\omega)\cos 2\omega$，试求反变换 $x(t)$。

3-28 试计算周期信号 $x(t) = 1 + 2\cos\left(\dfrac{\pi}{4}t + \dfrac{\pi}{3}\right) + \sin\left(\dfrac{\pi}{3}t - \dfrac{\pi}{6}\right)$ 的傅里叶变换。

3-29 $x(t)$ 的波形如图 3-41 所示，试完成：

（1）求出每个信号的频谱函数，并作出频谱图；

（2）求出每个信号的能量密度；

（3）用帕塞瓦尔定理，求出每个信号的能量。

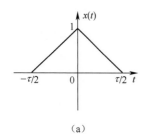 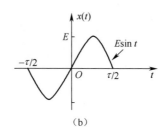 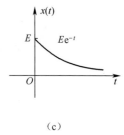

（a） （b） （c）

图 3-41 题 3-29 图

3-30 试利用能量公式，求下列积分值。

（1）$\displaystyle\int_{-\infty}^{\infty} Sa^2(t)\mathrm{d}t$；   （2）$\displaystyle\int_{-\infty}^{\infty} \dfrac{1}{(1+t^2)^2}\mathrm{d}t$。

第4章 连续时间系统的频域分析

第3章借助傅里叶级数、傅里叶积分变换对周期及非周期信号的频谱进行了讨论。本章将利用其结论，对LTI系统进行频域分析。

LTI系统的频域分析法是一种变换域分析法，即把时域中求解响应的问题通过傅里叶级数或傅里叶变换转换到频域中，求解后再转换回时域，从而得到最终结果。

采用傅里叶变换的方法对系统进行分析，不仅可以使一些系统分析问题得以简化，更重要的是接受一种变换的方法，真正体会时频变换在LTI系统的分析中是一种不可替代的有效方法，通过这种方法使得许多有实际意义的物理过程的求解变得可能。

4.1 系统的频率特性

由LTI系统的时域分析可知，当输入信号为$x(t)$，系统单位冲激响应为$h(t)$时，其系统零状态响应$y_{zs}(t) = x(t) * h(t)$。由傅里叶变换的时域卷积定理，对其两端同时取傅里叶变换有

$$F[y_{zs}(t)] = F[x(t)] \cdot F[h(t)]$$
$$Y_{zs}(j\omega) = X(j\omega) \cdot H(j\omega) \tag{4-1}$$

式中，$x(t) \longleftrightarrow X(j\omega)$，$y_{zs}(t) \longleftrightarrow Y_{zs}(j\omega)$，$h(t) \longleftrightarrow H(j\omega)$。

由式（4-1）可定义系统的频率特性为

$$H(j\omega) = \frac{Y_{zs}(j\omega)}{X(j\omega)} \tag{4-2}$$

式（4-2）说明$H(j\omega)$是频率ω的函数。一般情况下，$H(j\omega)$是一个复函数，因此有

$$H(j\omega) = |H(j\omega)| e^{j\varphi(\omega)} \tag{4-3}$$

其中，$|H(j\omega)|$为系统的响应幅度与激励幅度之比，称为幅频特性；$\varphi(j\omega)$则描述了系统响应与激励的相位关系，称为相频特性。

系统的频率特性$H(j\omega)$反映系统自身的特性，它由系统的结构及参数来决定，而与系统的外加激励及系统的初始状态无关。

随着激励信号与待求响应的关系不同，在电路分析中$H(j\omega)$将有不同的含义，它可以是阻抗函数、导纳函数、电压比或电流比。

频率特性$H(j\omega)$的求解方法主要有以下四种：

（1）当给定激励与零状态响应时，根据定义求解，即

$$H(j\omega) = \frac{Y_{zs}(j\omega)}{X(j\omega)}$$

（2）当已知系统单位冲激响应$h(t)$时，其求解式为

$$H(j\omega) = \int_{-\infty}^{\infty} h(t) e^{-j\omega t} dt$$

（3）当给定系统的电路模型时，用相量法求解。

（4）当给定系统的数学模型（微分方程）时，用傅里叶变换法求解。

例 4-1　试求图 4-1（a）所示电路中以 $i_2(t)$ 为响应时的系统频率特性 $H(j\omega)$。

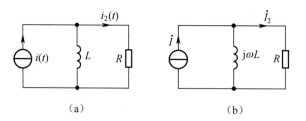

（a）　　　　　　　　　　（b）

图 4-1　例 4-1 图

解　图 4-1（a）所示电路对应的频域电路模型如图 4-1（b）所示。根据相量分析法有

$$H(j\omega) = \frac{\dot{I}_2}{\dot{I}} = \frac{j\omega L}{R + j\omega L}$$

例 4-2　已知描述系统的微分方程为 $y''(t) + 3y'(t) + 2y(t) = x(t)$，试求系统频率特性 $H(j\omega)$。

解　对原微分方程两边取傅里叶变换，并根据时域微分性质，可得

$$[(j\omega)^2 + 3(j\omega) + 2]Y(j\omega) = X(j\omega)$$

所以

$$H(j\omega) = \frac{Y(j\omega)}{X(j\omega)} = \frac{1}{(j\omega)^2 + j3\omega + 2} = \frac{1}{(2 - \omega^2) + j3\omega}$$

例 4-3　已知系统单位冲激响应 $h(t) = 2e^{-3t}\varepsilon(t)$，试求系统频率特性 $H(j\omega)$。

解　因为 $F[h(t)] = H(j\omega)$，所以有

$$H(j\omega) = F[h(t)] = F[2e^{-3t}\varepsilon(t)]$$

由单边指数信号的傅里叶变换对，可得系统频率特性为

$$H(j\omega) = \frac{2}{3 + j\omega}$$

例 4-4　LTI 系统的 RC 相量电路如图 4-2 所示，试求该电路的系统频率特性，并绘出幅频特性及相频特性曲线。

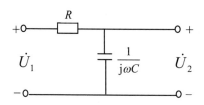

图 4-2　例 4-4 LTI 系统 RC 相量电路

解　这是典型的 RC 低通滤波电路。可以通过求解系统频率特性 $H(\mathrm{j}\omega)$，分析其幅度、相位随频率 ω 的变化规律，从而得到通低频、阻高频信号的结论。

设电路图中的 $\dot{U}_1$ 为激励相量，$\dot{U}_2$ 为响应相量。由式（4-2）可知该电路的系统频率特性为

$$H(\mathrm{j}\omega) = \frac{\dot{U}_2}{\dot{U}_1} = \frac{\dfrac{1}{\mathrm{j}\omega C}}{R + \dfrac{1}{\mathrm{j}\omega C}} = \frac{1}{1 + \mathrm{j}\omega RC}$$

其幅频特性为
$$|H(\mathrm{j}\omega)| = \frac{1}{\sqrt{1 + (\omega RC)^2}}$$

相频特性为
$$\varphi(\omega) = -\arctan \omega RC$$

相应的幅频特性曲线如图 4-3（a）所示，相频特性曲线如图 4-3（b）所示。

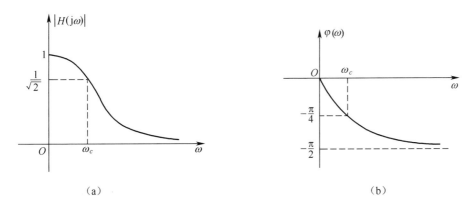

（a）　　　　　　　　　　　　　　　　　　（b）

图 4-3　例 4-4 幅频特性和相频特性曲线

由此结果可以看出，ω 越大，$|H(\mathrm{j}\omega)|$ 越小。这说明信号通过此电路时，高频信号被截止，而低频信号通过，故称此电路为低通滤波电路。

4.2　系统对非正弦周期信号的响应

在电路分析中，已详尽讨论了正弦周期信号作用电路的稳态响应。现在的问题是，若一个非正弦周期信号作用于系统，其响应如何？根据第 3 章讨论可知，周期信号可以分解为一系列谐波分量之和。线性电路在周期信号激励下产生的响应，按线性性质是激励信号中每个谐波分量单独作用时产生响应分量的叠加。而每个谐波分量都是单一频率的正弦波，且存在于 $t \in (-\infty, +\infty)$，同时由于时间的增长而引起的系统的暂态已过去，系统处于稳定状态。此外，考虑信号从 $t = -\infty$ 进入系统之前，系统处于零状态。由此分析可以确定，当非正弦周期信号作用于线性电路时，其响应可通过相量法和叠加定理综合求得。

例 4-5　LTI 系统 RL 电路如图 4-4（a）所示，已知 $R = 10\,\Omega$，$L = 10\,\mathrm{H}$，激励信号 $u_\mathrm{s}(t)$ 的波形如图 4-4（b）所示，试求系统稳态响应 $u(t)$（求到三次谐波为止）。

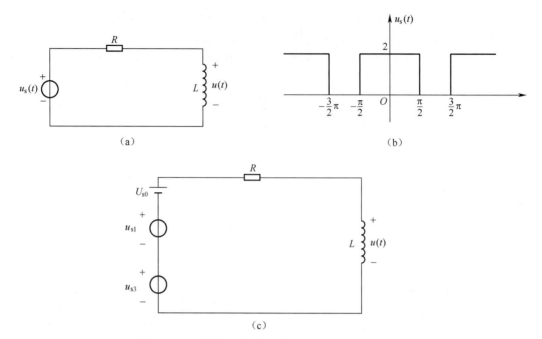

图 4-4　LTI 系统 RL 电路及其输入信号 $u_s(t)$ 的波形

解　由图 4-4（b）可知激励信号 $u_s(t)$ 的周期为 $T = 2\pi$（s），基波角频率 $\omega_0 = \dfrac{2\pi}{T} = 1$（rad/s）。将激励信号 $u_s(t)$ 进行傅里叶级数展开可有

$$u_s(t) = 1 + \frac{4}{\pi}\cos\omega_0 t - \frac{4}{3\pi}\cos 3\omega_0 t + \frac{4}{5\pi}\cos 5\omega_0 t - \frac{4}{7\pi}\cos 7\omega_0 t + \cdots$$

此式说明，可以将 $u_s(t)$ 看成一个直流分量和奇次谐波分量所组成的激励源，这相当于把无穷多个电压源串联作用于电路上，如图 4-4（c）所示。因为周期信号的频谱具有收敛性，其能量主要集中在低频分量上，所以计算傅里叶级数时只需要计算前几项即可。

进一步确定系统频率特性，有

$$H(\mathrm{j}\omega) = \frac{\dot{U}(\mathrm{j}\omega)}{\dot{U}_s(\mathrm{j}\omega)} = \frac{\mathrm{j}\omega L}{R + \mathrm{j}\omega L}$$

利用叠加定理，让各次谐波分量单独作用并求其响应相量。

当 $\omega = 0$ 时，有

$$H(\mathrm{j}0) = 0$$

则响应（直流分量）为

$$\dot{U}_{0\mathrm{m}} = \dot{U}_{s\mathrm{m}}(\mathrm{j}0) \cdot H(\mathrm{j}0) = 0\mathrm{V}$$

当 $\omega = \omega_0$ 时，有

$$H(\mathrm{j}\omega_0) = \frac{\mathrm{j}\omega_0 L}{R + \mathrm{j}\omega_0 L} = \frac{\sqrt{2}}{2}\angle 45°$$

则一次谐波分量所对应的稳态响应相量为

$$\dot{U}_{1m} = \dot{U}_{sm}(j\omega_0)H(j\omega_0) = \frac{4}{\pi} \cdot \frac{\sqrt{2}}{2} \angle 45° = 0.90\angle 45° \text{ V}$$

当 $\omega = 3\omega_0$ 时，有

$$H(j3\omega_0) = \frac{j3\omega_0 L}{R + j3\omega_0 L} = 0.95\angle 18.4°$$

则三次谐波分量所对应的稳态响应相量为

$$\dot{U}_{3m} = \dot{U}_{sm}(j3\omega_0)H(j3\omega_0) = \frac{4}{3\pi}\angle 180° \times 0.95\angle 18.4° = 0.64\angle -161.6° \text{ V}$$

以此类推可求出各次谐波分量所对应的稳态响应相量。而作为各次谐波分量的稳态响应相量的时域表达式分别为

$$u_0(t) = 0$$
$$u_1(t) = 0.9\cos(t + 45°)\text{V}$$
$$u_3(t) = 0.64\cos(3t - 161.6°)\text{V}$$

将各次谐波分量的时域响应相加得该电路的稳态响应为

$$u(t) = u_0(t) + u_1(t) + u_3(t) + \cdots = 0.9\cos(t + 45°) + 0.64\cos(3t - 161.6°) + \cdots \text{ V}$$

4.3　系统对非周期信号的响应

非周期信号作用于线性系统的响应与周期信号有所不同。由于非周期信号对系统的激励是有确定时间的，所以对于零状态系统，其响应只含有零状态响应，其中既有稳态分量，也有随时间衰减的暂态分量。若系统初态不为零，则其响应还应包含零输入响应分量。本节重点讨论零状态系统对非周期信号的响应。

由时域分析可知，当线性时不变系统的单位冲激响应为 $h(t)$、激励为 $x(t)$ 时，系统的零状态响应为

$$y_{zs}(t) = x(t) * h(t) \tag{4-4}$$

式（4-4）两端取傅里叶变换，并利用其时域卷积定理可得

$$Y_{zs}(j\omega) = X(j\omega) \cdot H(j\omega) \tag{4-5}$$

即系统零状态响应的频谱函数等于系统频率特性与激励的频谱函数之乘积。在求得 $Y_{zs}(j\omega)$ 后，则可利用

$$y_{zs}(t) = F^{-1}[Y_{zs}(j\omega)] \tag{4-6}$$

求得系统时域响应。

例 4-6　某 LTI 系统的冲激响应为 $h(t) = (e^{-2t} - e^{-3t})\varepsilon(t)$，试求激励信号 $x(t) = e^{-t}\varepsilon(t)$ 作用于该系统时的零状态响应。

解　因为
$$X(j\omega) = F[x(t)] = \frac{1}{j\omega + 1}$$

$$H(j\omega) = F[h(t)] = \frac{1}{j\omega + 2} - \frac{1}{j\omega + 3} = \frac{1}{(j\omega + 2)(j\omega + 3)}$$

由式（4-5）可知系统零状态响应 $y_{zs}(t)$ 的频谱函数为

$$Y_{zs}(j\omega) = X(j\omega) \cdot H(j\omega) = \frac{1}{(j\omega+1)(j\omega+2)(j\omega+3)}$$

将 $Y_{zs}(j\omega)$ 用部分分式展开得

$$Y_{zs}(j\omega) = \frac{\frac{1}{2}}{j\omega+1} + \frac{(-1)}{j\omega+2} + \frac{\frac{1}{2}}{j\omega+3}$$

进行反变换，可得

$$y_{zs}(t) = \left(\frac{1}{2}e^{-t} - e^{-2t} + \frac{1}{2}e^{-3t} \right)\varepsilon(t)$$

从例 4-6 可知，利用傅里叶变换求系统的零状态响应时，必须首先求得激励的频谱函数和系统频率特性，然后再求出零状态响应的频谱函数。这样从频谱的观点来解释激励与响应波形的差异，物理概念比较清楚，反映了系统本身是一个信号处理器。它依照自身的系统频率特性 $H(j\omega)$ 对输入信号的频谱 $X(j\omega)$ 进行处理，使得输出响应的频谱 $Y_{zs}(j\omega)$ 为 $X(j\omega) \cdot H(j\omega)$。但是利用傅里叶变换分析法求反变换一般比较困难，因此频域分析的目的通常不是由此求系统的时域响应，重点是在求频域分析信号的频谱和系统的带宽，以及研究信号通过系统传输时对信号频谱的影响等。

例 4-7 图 4-5 所示 RC 电路中，若激励电压 $x(t) = \varepsilon(t)$，试分别求出这两种电路的零状态响应，并从频谱的观点对其结果进行解释。

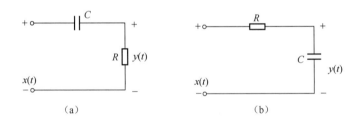

图 4-5 例 4-7 电路图

解 激励电压的频谱函数为

$$X(j\omega) = F[x(t)] = \pi\delta(\omega) + \frac{1}{j\omega}$$

对图 4-5（a）所示电路，由电路分析理论可得

$$H_a(j\omega) = \frac{j\omega\tau}{1+j\omega\tau}$$

式中，τ 为电路时间常数 $\tau = RC$。响应频谱为

$$Y_a(j\omega) = H_a(j\omega)X(j\omega) = \frac{j\omega\tau}{1+j\omega\tau}\left[\pi\delta(\omega) + \frac{1}{j\omega} \right] = \frac{\tau}{1+j\omega\tau}$$

所以

$$y_a(t) = e^{-t/\tau}\varepsilon(t) = e^{-t/(RC)}\varepsilon(t)$$

对于图 4-5（b）所示电路，可得

$$H_b(j\omega) = \frac{1}{1 + j\omega\tau}$$

$$Y_b(j\omega) = H_b(j\omega)X(j\omega) = \pi\delta(\omega) + \frac{1}{j\omega(j\omega\tau + 1)}$$

所以

$$y_b(t) = (1 - e^{-t/\tau})\varepsilon(t) = [1 - e^{-t/(RC)}]\varepsilon(t)$$

图 4-6 所示为 $x(t)$ 和 $y(t)$ 的波形、频谱以及 $H(j\omega)$ 的幅频特性。由图 4-6 可知，在 $x(t) = \varepsilon(t)$ 通过系统 $H_a(j\omega)$ 后，低频分量受到削弱，并失去了冲激线谱，而高频分量几乎不变。高频分量的存在意味着输出波形会和输入波形一样产生突变；冲激线谱的失去使 $Y_a(j\omega)$ 变为连续谱，这意味着输出波形是一个脉冲，因此 $y_a(t)$ 最终必衰减到零。

在 $x(t) = \varepsilon(t)$ 通过系统 $H_b(j\omega)$ 后，其高频分量受到抑制，但低频分量几乎不变，并含有冲激。在频域中，$\omega = 0$ 处的冲激表明在时域中含有平均值，因而当 $t \to \infty$ 时，$y_b(t)$ 仍有一定数值。而高频分量失去较多，表明时域中波形不能急剧变化。因此，输出波形只能逐渐地上升到稳态值。

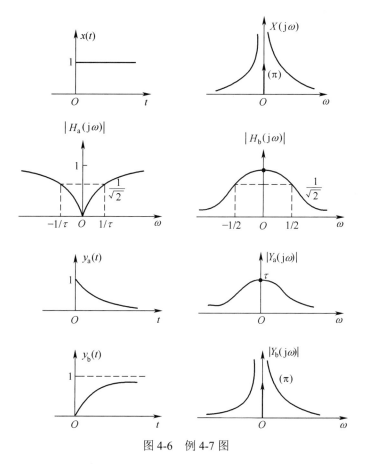

图 4-6 例 4-7 图

4.4 信号无失真传输条件

通信传输中有两个任务：其一是将信号原样从甲方传到乙方（即不失真）；其二是将信号改变后进行传送。至于采用哪种传输，取决于通信自身的要求及不同的通信系统。

一般来说，输入信号通过通信系统后，其输出信号都会发生变化。在通信系统中出现信号失真主要体现在两个方面，即幅度失真和相位失真。

在通信系统中，传送语言及音乐信号时，为了保证声音不失真，最重要的是使信号中各频率分量的幅度保持相对不变，因为人耳对各频率分量间的相位变化不是很敏感。当传送图像信号时，保持各频率分量间的相位关系，则是保证图像不失真的决定性条件。

需要注意的是，这里所说的信号失真是一种线性失真，不会在传输过程中产生新的频率分量。

4.4.1 无失真概念

对于一个线性系统，一般要求能够无失真地传输信号。信号的无失真传输，从时域来说，就是要求系统输出响应的波形应当与系统输入激励信号的波形完全相同，而幅度大小可以不同，时间前后可有所差异，即

$$y(t) = kx(t - t_0) \tag{4-7}$$

式中，k 为与 t 无关的实常数，称为波形幅度衰减的比例系数；t_0 为延迟时间。

这样，虽然输出响应 $y(t)$ 的幅度有 k 倍的变化，而且有 t_0 时间的滞后，但整个波形的形状不变，如图 4-7 所示。

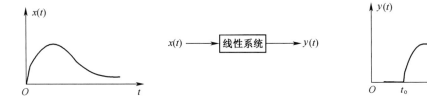

图 4-7 无失真传输波形

4.4.2 无失真传输条件

若要保持系统无失真传输信号，从频域分析，可对式（4-7）两边取傅里叶变换，并利用其时移性，有

$$Y(j\omega) = KX(j\omega)e^{-j\omega t_0}$$

由于

$$Y(j\omega) = X(j\omega)H(j\omega)$$

所以无失真传输的系统频率特性为

$$H(j\omega) = ke^{-j\omega t_0} \tag{4-8}$$

即

$$|H(j\omega)| = k \ , \quad \varphi(\omega) = -\omega t_0$$

因此，无失真传输系统在频域应满足如下两个条件：

（1）系统的幅频特性在整个频率范围内应为常数 k，即系统的通频带为无穷大。

（2）系统的相频特性在整个频率范围内应与 ω 成正比，即 $\varphi(\omega) = -\omega t_0$，如图 4-8 所示。

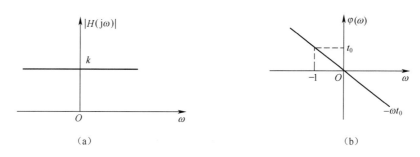

（a）　　　　　　　　　　　　（b）

图 4-8　无失真传输条件

若对式（4-8）取傅里叶反变换，则可知系统的冲激响应为

$$h(t) = k\delta(t - t_0) \tag{4-9}$$

式（4-9）表明，一个无失真传输系统，其单位冲激响应仍为一个冲激函数，不过在强度上不一定为单位 1，位置上也不一定位于 $t = 0$ 处。因此，式（4-9）从时域给出了无失真传输系统的条件。

无失真传输系统的幅频特性应在无限宽的频率范围内保持常量，但这是不可能实现的。实际上，由于所有信号的能量总是随频率的增高而减少，因此，系统只要有足够大的频宽，以保证包含绝大多数能量的频率分量能够通过，就可以获得较满意的传输质量。

例 4-8　如图 4-9（a）所示电路中，若要使其成为一个无失真传输系统，试确定 R_1 和 R_2 的值，激励为正弦稳态函数。

解　图 4-9（a）电路的频域模型如图 4-9（b）所示。由相量法可得

$$Y(j\omega) = \frac{\left(R_1 + j\omega\right)\left(R_2 + \dfrac{1}{j\omega}\right)}{R_1 + R_2 + j\left(\omega - \dfrac{1}{\omega}\right)} X(j\omega)$$

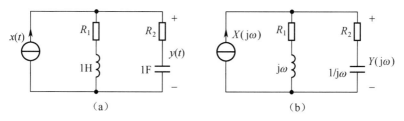

（a）　　　　　　　　　　　　（b）

图 4-9　例 4-8 图

故系统频率特性为

$$H(j\omega) = \frac{Y(j\omega)}{X(j\omega)} = \frac{(R_1 R_2 + 1) + j(\omega R_2 - R_1/\omega)}{(R_1 + R_2) + j\left(\omega - \dfrac{1}{\omega}\right)}$$

若该电路为一个无失真传输系统，则应满足式（4-8），即

$$\begin{cases} |H(j\omega)| = k \\ \varphi(\omega) = -\omega t_0 \end{cases}$$

可见，当 $R_1 = R_2 = 1\Omega$ 时，可满足此条件，即

$$|H(j\omega)| = 1$$

$$\varphi(\omega) = 0$$

所以

$$R_1 = R_2 = 1\Omega$$

4.5　理想低通滤波器的冲激响应与阶跃响应

由 4.4 节所讨论的无失真传输系统的条件可知这种要求是比较苛刻的，对于实际系统而言很难满足这个条件。因此，一般都会根据系统不同的功能，适当将此条件放宽。理想低通滤波器就是在放宽无失真条件下的一种理想系统。

4.5.1　理想低通滤波器的冲激响应

理想低通滤波器是实际滤波器的理想化模型。该系统频率特性可表示为

$$H(j\omega) = \begin{cases} k e^{-j\omega t_d}, & |\omega| < \omega_c \\ 0, & |\omega| > \omega_c \end{cases} \qquad (4\text{-}10)$$

其频率特性曲线如图 4-10 所示。

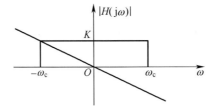

图 4-10　理想低通滤波器的频率特性

由式（4-10）及图 4-10 可以看到理想低通滤波器的截止频率为 ω_c。根据其幅频特性要求，在截止频率范围内，即在通带范围内，它的传输系数的模为一个常数 k，高于截止频率的那些信号将被滤掉。同时，相应的相频特性要求在通带内与频率呈线性正比关系。显然理想低通滤波器的系统函数比无失真传输系统的条件放宽了。

作为理想低通滤波器的单位冲激响应 $h(t)$ 与其系统频率特性的关系是一对傅里叶变换，即

$$h(t) = F^{-1}\left[H(j\omega) \right]$$

由傅里叶反变换定义式可有

$$h(t) = \frac{1}{2\pi} \int_{-\omega_c}^{\omega_c} H(j\omega) e^{j\omega t} d\omega = \frac{1}{2\pi} \int_{-\omega_c}^{\omega_c} k e^{-j\omega t_d} e^{j\omega t} d\omega$$

$$= \frac{k}{2\pi} \int_{-\omega_c}^{\omega_c} e^{-j\omega t_d} e^{j\omega t} d\omega = \frac{k\omega_c}{\pi} Sa[\omega_c(t - t_d)] \qquad (4\text{-}11)$$

由式（4-11）的结果可知，对于理想低通滤波器而言，输入的是单位冲激信号 $\delta(t)$ ，如图 4-11（a）所示，而输出的单位冲激响应 $h(t)$ 则是抽样信号，如图 4-11（b）所示。显然该系统为失真系统。

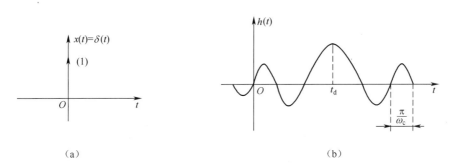

图 4-11　理想低通滤波器的输入及输出

此外，由式（4-11）及图 4-11 都可以看到，该系统在 $t<0$ 时， $h(t) \neq 0$ ，说明该系统在输入没有进入到系统之前，就已经有响应了。所以理想低通滤波器是非因果系统，是物理不可实现的系统。尽管如此，由于理想低通滤波器的频率特性比较简单，且实际系统的频率特性较为接近理想低通滤波器的频率特性，故近似采用该系统的频率特性，从而实现对实际系统的逐步修正和完善。

4.5.2　理想低通滤波器的阶跃响应

设理想低通滤波器的阶跃响应为 $g(t)$ ，它与系统的冲激响应满足关系式 $g(t) = \int_{-\infty}^{t} h(\tau)\mathrm{d}\tau$ ，将理想低通滤波器的冲激响应的结果代入该式中有

$$g(t) = \int_{-\infty}^{t} \frac{k\omega_{\mathrm{c}}}{\pi} Sa[\omega_{\mathrm{c}}(\tau - t_{\mathrm{d}})]\mathrm{d}\tau = \frac{k\omega_{\mathrm{c}}}{\pi}\int_{-\infty}^{t} \frac{\sin\omega_{\mathrm{c}}(\tau - t_{\mathrm{d}})}{\omega_{\mathrm{c}}(\tau - t_{\mathrm{d}})}\mathrm{d}\tau$$

令 $\xi = \omega_{\mathrm{c}}(t - t_{\mathrm{d}})$ ，则上式可为

$$\begin{aligned}
g(t) &= \frac{k}{\pi}\int_{-\infty}^{\omega_{\mathrm{c}}(t-t_{\mathrm{d}})} \frac{\sin\xi}{\xi}\mathrm{d}\xi \\
&= \frac{k}{\pi}\int_{-\infty}^{0} \frac{\sin\xi}{\xi}\mathrm{d}\xi + \frac{k}{\pi}\int_{0}^{\omega_{\mathrm{c}}(t-t_{\mathrm{d}})} \frac{\sin\xi}{\xi}\mathrm{d}\xi \\
&= \frac{k}{\pi}\cdot\frac{\pi}{2} + \frac{k}{\pi} Si[\omega_{\mathrm{c}}(t - t_{\mathrm{d}})] \\
&= \frac{k}{2} + \frac{k}{\pi} Si[\omega_{\mathrm{c}}(t - t_{\mathrm{d}})] \tag{4-12}
\end{aligned}$$

式中， $Si(t)$ 为正弦积分函数， $Si(t) = \int_{0}^{t} \frac{\sin\xi}{\xi}\mathrm{d}\xi$ 。该函数具有以下性质：

（1） $Si(t)$ 为奇函数，即 $Si(t) = -Si(t)$ ；

（2）取自变量 $t \to 0$ 的极限，可有 $\lim\limits_{t\to 0} Si(t) = 0$ ；

（3） $Si(\infty) = \dfrac{\pi}{2}, Si(-\infty) = -\dfrac{\pi}{2}$ 。

作为理想低通滤波器的输入信号为单位阶跃信号 $\varepsilon(t)$，而输出信号的函数表达式为正弦积分函数 $Si(t)$，故该系统为失真系统。其阶跃响应的时域波形如图 4-12 所示。

同时该系统在 $t < 0$ 时，仍有输出 $g(t) \neq 0$，故该系统为非因果系统。

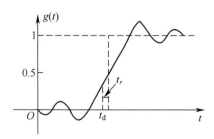

图 4-12　理想低通滤波器的阶跃响应

4.6　抽样定理

随着计算机的日益普及以及通信技术向数字化方向的迅速发展，离散信号及系统得到了广泛应用。

4.6.1　抽样的概念

离散信号如何获得？一般来说，首先对连续信号进行抽样。所谓抽样过程就是指将连续信号变为离散信号的过程。一般情况下都是采用等间隔抽样（也可以不等间隔），实现这一过程可以通过不同的手段。

1. 自然抽样

自然抽样的过程是通过电子开关来实现的，如图 4-13（a）所示为电子开关的示意图。在该图中，aa' 端输入连续信号 $x(t)$，其波形如图 4-13（b）所示。该开关按周期 T 做往复动作。导致 $x(t)$ 被断续接通到 bb' 端。设定开关每次接通到 a 点的时间为 τ，则 bb' 端将得到如图 4-13（c）所示的抽样信号 $x_s(t)$。显然，原始的连续信号 $x(t)$ 经电子开关后变成了一系列幅值离散的具有宽度 τ、高度 $x(t)$ 且在各时间点取值的门函数。故又将此抽样过程称为矩形脉冲抽样。

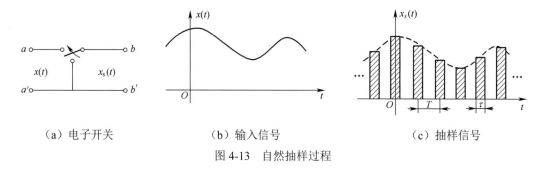

（a）电子开关　　　　　　（b）输入信号　　　　　　（c）抽样信号

图 4-13　自然抽样过程

2. 理想抽样

如图 4-14（a）所示，周期为 T，幅度为 1 的冲激脉冲序列 $\delta_T(t)$，当其与图 4-14（b）所

示连续信号 $x(t)$ 相乘后即得抽样信号 $x_s(t)$，如图 4-14（c）所示。显然 $x_s(t)$ 的波形仍然是冲激序列，但却是加权的冲激序列，各点的冲激强度（即权值）取信号 $x(t)$ 在该时刻的数值。

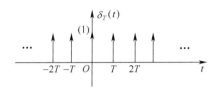

（a）冲激脉冲序列

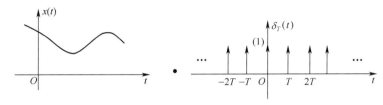

（b）连续信号

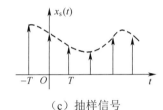

（c）抽样信号

图 4-14　理想抽样过程

4.6.2　时域抽样

在下面的讨论过程中，将解决如下两个问题：

（1）抽样信号 $x_s(t)$ 的傅里叶变换是什么形式，它和未经抽样的原连续信号 $x(t)$ 的傅里叶变换之间的关系如何？

（2）连续信号 $x(t)$ 被抽样后，它是否会保留原信号 $x(t)$ 的全部信息，即在什么条件下，可以从抽样信号 $x_s(t)$ 中无失真地恢复原信号 $x(t)$。

设连续信号 $x(t)$ 的傅里叶变换为 $X(\mathrm{j}\omega)$，即 $x(t) \leftrightarrow X(\mathrm{j}\omega)$；任意抽样脉冲序列 $p(t)$ 的傅里叶变换为 $P(\mathrm{j}\omega)$，即 $p(t) \leftrightarrow P(\mathrm{j}\omega)$；抽样后离散信号 $x_s(t)$ 的傅里叶变换为 $X_s(\mathrm{j}\omega)$，即 $x_s(t) \leftrightarrow X_s(\mathrm{j}\omega)$。

又设采用均匀抽样，其抽样周期为 T_s，抽样角频率为

$$\omega_\mathrm{s} = 2\pi f_\mathrm{s} = \frac{2\pi}{T_\mathrm{s}} \tag{4-13}$$

式中，f_s 为抽样频率。

一般情况下，时域抽样过程是通过任意抽样脉冲序列 $p(t)$ 与连续信号 $x(t)$ 相乘来完成的，即满足

$$x_\mathrm{s}(t) = x(t) \cdot p(t) \tag{4-14}$$

由于任意抽样脉冲序列 $p(t)$ 是周期信号，则该脉冲序列的傅里叶变换为

$$P(\mathrm{j}\omega) = 2\pi \sum_{n=-\infty}^{\infty} p_n \delta(\omega - n\omega_\mathrm{s}) \tag{4-15}$$

其中，傅里叶复系数

$$p_n = \frac{1}{T_\mathrm{s}} \int_{-T_\mathrm{s}/2}^{T_\mathrm{s}/2} p(t) \mathrm{e}^{-\mathrm{j}\omega_\mathrm{s}t} \mathrm{d}t \tag{4-16}$$

根据频域卷积定理有

$$X_s(\mathrm{j}\omega) = \frac{1}{2\pi} X(\mathrm{j}\omega) * P(\mathrm{j}\omega) \tag{4-17}$$

将式（4-15）代入式（4-17）有

$$X_s(\mathrm{j}\omega) = \frac{1}{2\pi}[X(\mathrm{j}\omega)] * 2\pi \sum_{n=-\infty}^{\infty} [p_n \delta(\omega - n\omega_\mathrm{s})]$$

$$= \sum_{n=-\infty}^{\infty} p_n X[\mathrm{j}(\omega - n\omega_\mathrm{s})] \tag{4-18}$$

式（4-18）表明：连续信号 $x(t)$ 在时域被抽样后，它的频谱 $X_s(\mathrm{j}\omega)$ 是连续信号 $x(t)$ 的频谱 $X(\mathrm{j}\omega)$ 以抽样角频率 ω_s 为间隔，周期性地重复而得到的。

以理想抽样为例，图 4-15 给出了时域连续信号的抽样过程及其对应的傅里叶变换的频谱形式。

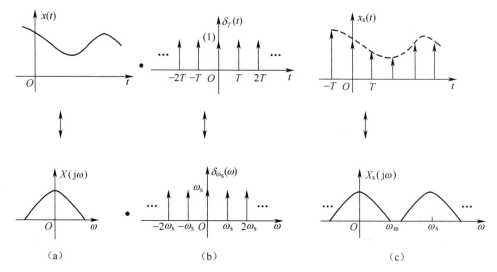

图 4-15　理想抽样过程及其对应的频谱

4.6.3　时域抽样定理

设连续信号 $x(t)$ 的频谱 $X(\mathrm{j}\omega)$ 的最高频率为 ω_m，抽样角频率为 ω_s。显然，两个频率的取值不同，会导致抽样信号的频谱 $X_s(\mathrm{j}\omega)$ 与原信号的频谱 $X(\mathrm{j}\omega)$ 之间发生变化。

当 $\omega_\mathrm{s} > 2\omega_\mathrm{m}$ 时，抽样后的频谱 $X_s(\mathrm{j}\omega)$ 的波形之间无重叠，但波形之间有间隔，如图 4-16（a）所示。

当 $\omega_s = 2\omega_m$ 时，抽样后的频谱 $X_s(j\omega)$ 的波形之间既无重叠又无间隔，如图 4-16（b）所示。

当 $\omega_s < 2\omega_m$ 时，抽样后的频谱 $X_s(j\omega)$ 将发生频率的混叠，如图 4-16（c）所示。

显然，频率混叠后就会使信号在恢复过程中出现失真，从而没有达到抽样的目的。由以上分析可以得到结论，为了避免混叠混差，抽样信号的角频率应大于或等于输入信号最高角频率的两倍。

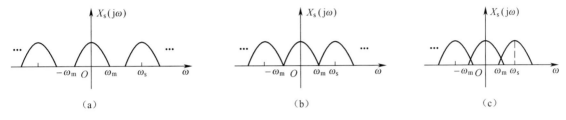

图 4-16　时域抽样下的频谱混叠

时域抽样定理：

一个限带信号要想从它的抽样中完全恢复过来，则其抽样的时间间隔必须满足

$$T_s \leqslant \frac{1}{2f_m} \tag{4-19}$$

式中，$\dfrac{1}{2f_m}$ 为奈奎斯特间隔，相对应的 $2f_m$ 称为奈奎斯特频率。

抽样定理的限制条件如下：

（1）输入信号必须是限带信号，不允许带宽无穷宽。

（2）抽样的时间间隔要小于或等于奈奎斯特间隔。

4.6.4　频域抽样及其抽样定理

1. 频域抽样

频域抽样模型如图 4-17 所示。它是时域抽样模型的对偶形式，可表示为

$$X_s(j\omega) = X(j\omega) \cdot p(j\omega) \tag{4-20}$$

由傅里叶变换的时域卷积定理可有

$$x_s(t) = x(t) * p(t) \tag{4-21}$$

其中，连续信号 $x(t)$ 为时限信号，它的时间存在区间为 $(-t_m, t_m)$。

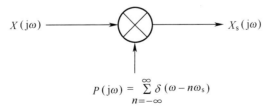

图 4-17　频域抽样模型

由于在频域中对 $X(\mathrm{j}\omega)$ 进行等间隔为 ω_{s} 的抽样，所以有

$$P(\mathrm{j}\omega) = \sum_{n=-\infty}^{\infty} \delta(\omega - n\omega_{\mathrm{s}}) \qquad (4\text{-}22)$$

由傅里叶反变换可得

$$p(t) = \frac{1}{\omega_{\mathrm{s}}} \sum_{n=-\infty}^{\infty} \delta(t - nT_{\mathrm{s}}) \qquad (4\text{-}23)$$

其中

$$T_{\mathrm{s}} = \frac{2\pi}{\omega_{\mathrm{s}}}$$

将式（4-23）代入式（4-21）中，有

$$x_{\mathrm{s}}(t) = \frac{1}{\omega_{\mathrm{s}}} \sum_{n=-\infty}^{\infty} x(t - nT_{\mathrm{s}}) \qquad (4\text{-}24)$$

式（4-24）表明：在频域对连续信号 $x(t)$ 的频谱 $X(\mathrm{j}\omega)$ 进行等间隔抽样，其结果就是将被抽样后的频谱 $X_{\mathrm{s}}(\mathrm{j}\omega)$ 所对应的时域信号 $x_{\mathrm{s}}(t)$，以 T_{s} 为周期重复再现原信号 $x(t)$ 后再乘上因子 $\dfrac{1}{\omega_{\mathrm{s}}}$。图 4-18 给出了频域抽样时，频域与时域的相关波形。

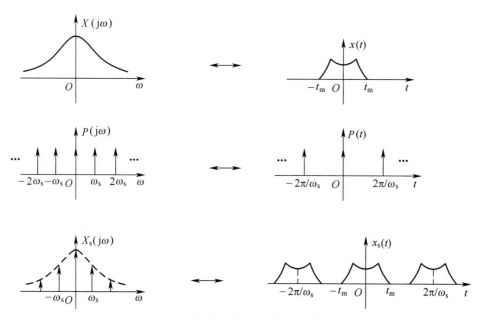

图 4-18　频域抽样下的时频变换关系

2. 频域抽样定理

若连续时间信号 $x(t)$ 是一个时限信号，即满足在 $(-t_{\mathrm{m}}, t_{\mathrm{m}})$ 以外其取值为零，那么在频域抽样时，当抽样间隔满足 $T_{\mathrm{s}} \geqslant 2t_{\mathrm{m}}$ 时，就可以保证连续信号 $x(t)$ 在作周期性再现时不会发生信号的混叠，从而可以从 $x_{\mathrm{s}}(t)$ 中无失真地截取出原信号 $x(t)$。

4.7　调制与解调

在通信和信息传输系统、工业自动化和电子工程技术中，调制和解调的应用最为广泛。而调制和解调的基本原理是利用信号与系统的频域分析和傅里叶变换的基本性质，将信号的频谱进行搬移，使之满足一定的需要，从而完成信号的传输或处理。本节仅介绍有关基本概念。

4.7.1　调制

图 4-19 所示为幅度调制（AM）系统。其中，$x(t)$ 为调制信号，即待传输或处理的信号；$s(t) = \cos\omega_0 t$ 称为载波信号；ω_0 为载波频率。由此系统输出的响应 $y(t)$ 为

$$y(t) = x(t)s(t) = x(t)\cos\omega_0 t \tag{4-25}$$

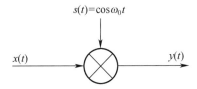

图 4-19　幅度调制（AM）系统

可见，$y(t)$ 是一个幅度随 $x(t)$ 变化的振荡信号，故称为调幅信号。若记

$$y(t) \leftrightarrow Y(\mathrm{j}\omega), \quad x(t) \leftrightarrow X(\mathrm{j}\omega), \quad s(t) \leftrightarrow S(\mathrm{j}\omega)$$

则由频域卷积定理，有

$$Y(\mathrm{j}\omega) = \frac{1}{2\pi}X(\mathrm{j}\omega) * S(\mathrm{j}\omega) \tag{4-26}$$

其中

$$S(\mathrm{j}\omega) = \pi\big[\delta(\omega - \omega_0) + \delta(\omega + \omega_0)\big]$$

所以

$$Y(\mathrm{j}\omega) = \frac{1}{2}\big\{X\big[\mathrm{j}(\omega - \omega_0)\big] + X\big[\mathrm{j}(\omega + \omega_0)\big]\big\} \tag{4-27}$$

若 $X(\mathrm{j}\omega)$ 和 $S(\mathrm{j}\omega)$ 如图 4-20（a）和（b）所示，则调幅信号 $y(t)$ 的频谱 $Y(\mathrm{j}\omega)$ 如图 4-20（c）所示。

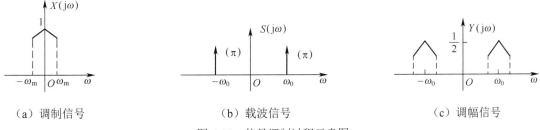

（a）调制信号　　　　　　　　　　（b）载波信号　　　　　　　　　　（c）调幅信号

图 4-20　信号调制过程示意图

由图 4-20 可知，经调制后，原信号的频谱被重新复制并搬移至 $\pm\omega_0$ 处，即所需要的高频范围内。这种经过调制的高频信号很容易以电磁波的形式辐射传播。

除幅度调制外，还有频率调制（FM）和相位调制（PM），它们相较幅度调制具有更好的抑制噪声和抗干扰能力。

4.7.2　解调

由已调高频信号 $y(t)$ 恢复原调制信号 $x(t)$ 的过程称为解调。图 4-21（a）所示为一个调幅信号的解调系统，其中 $s(t)=\cos\omega_0 t$ 称为本地载波信号，它与原调幅的载波信号同频率、同相位。可见该系统是把接收到的调幅信号经本地载波信号再调制，即

$$g(t)=y(t)s(t)=x(t)\cos^2(\omega_0 t)=\frac{1}{2}[x(t)+x(t)\cos 2\omega_0 t] \tag{4-28}$$

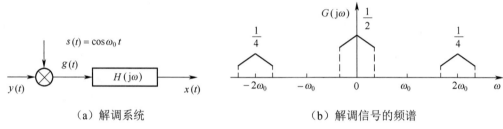

（a）解调系统　　　　　　　　　　　（b）解调信号的频谱

图 4-21　解调

两端取傅里叶变换得

$$G(j\omega)=\frac{1}{2}X(j\omega)+\frac{1}{4}\left\{X[j(\omega+2\omega_0)]+X[j(\omega-2\omega_0)]\right\} \tag{4-29}$$

由图 4-21（b）所示 $G(j\omega)$ 的频谱结构可知，其中含有原信号 $x(t)$ 的全部信息 $X(j\omega)$，此外还有附加的高频分量。当 $g(t)$ 通过理想低通滤波器时，只要使该滤波器幅度为 2，截止频率 ω_c 满足

$$\omega_m < \omega_c < 2\omega_0 - \omega_m$$

就可由输出响应达到恢复调制信号 $x(t)$，完成解调的目的。

4.7.3　调幅信号作用于线性系统

下面举例说明调幅信号作用于线性系统的响应求解问题。

例 4-9　已知某线性时不变系统的系统函数为

$$H(j\omega)=\frac{U_2(j\omega)}{U_1(j\omega)}=\frac{j2\omega}{(j\omega+1)^2+100^2}$$

试求调幅信号 $u_1(t)=(1+\cos t)\cos 100t$ 作用于此系统时的稳态响应 $u_2(t)$。

解　根据三角函数关系，$u_1(t)$ 可写为

$$u_1(t)=\cos 100t+\frac{1}{2}\cos 101t+\frac{1}{2}\cos 99t$$

$$H(j\omega)\approx\frac{j2\omega}{(j\omega)^2+j2\omega+100^2}=\frac{2}{2+j\dfrac{(\omega+100)(\omega-100)}{\omega}}$$

考虑到 $u_1(t)$ 频率范围仅在 $\omega=100$ 附近，取近似条件 $\omega+100\approx 2\omega$，有

$$H(\mathrm{j}\omega) \approx \frac{1}{1+\mathrm{j}(\omega-100)}$$

因为 $H(\mathrm{j}100)=1$，$H(\mathrm{j}101)=\dfrac{\sqrt{2}}{2}\mathrm{e}^{-\mathrm{j}45°}$，$H(\mathrm{j}99)=\dfrac{\sqrt{2}}{2}\mathrm{e}^{\mathrm{j}45°}$，所以响应 $u_2(t)$ 表示式为

$$u_2(t) = \cos 100t + \frac{1}{2}\left[\frac{\sqrt{2}}{2}\cos(101t-45°) + \frac{\sqrt{2}}{2}\cos(99t+45°)\right]$$

$$= \cos 100t + \frac{\sqrt{2}}{2}\cos 100t\cos(t-45°)$$

$$= \left[1 + \frac{\sqrt{2}}{2}\cos(t-45°)\right]\cos 100t$$

可见，由于系统频率特性 $H(\mathrm{j}\omega)$ 的影响使信号频谱产生变化，从而致使响应信号的两个边频分量 $\cos 99t$ 和 $\cos 101t$ 相对载频分量 $\cos 100t$ 有所削弱，在相位上分别产生了 $\pm 45°$ 的相移。所以经过此系统以后，调幅波包络相对强度减小，而且包络产生时延，其相移 $45°$，而载波点相移为零。

4.8　频分复用与时分复用

将若干路信号以某种方式汇合，统一在同一信道中传输称为多路复用。在近代通信系统中普遍采用多路复用技术。本节主要介绍频分复用与时分复用的原理和特点。

4.8.1　频分复用

频分复用就是在发送端将各路信号频谱搬移到各不相同的频率范围，使它们在频域里各自互不重叠，这样就可使用同一信道传输多路信号。当然，这些信号在时域中是完全重叠在一起的。也就是说在时域里是无法将它们区分开的，但在频域中却是可以分离的。因此在接收端利用若干滤波器将各路信号分离，再经过解调即可还原为各路原始信号，如图 4-22 所示为频分复用通信系统的原理框图。通常，相加信号 $x(t)$ 还要进行第二次调制，在接收端将此信号解调后再经带通滤波分路解调。

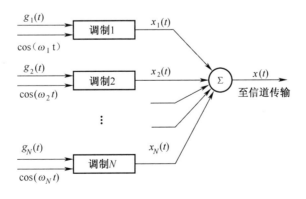

（a）发送端

图 4-22　频分复用通信系统的原理框图

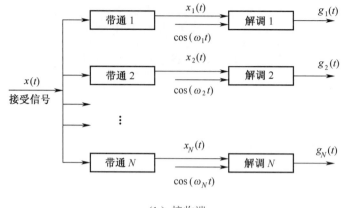

（b）接收端

图 4-22　频分复用通信系统的原理框图（续）

4.8.2　时分复用

时分复用的理论依据是抽样定理。在 4.6 节已经证明，频带受限于 $-f_\mathrm{m} \sim +f_\mathrm{m}$ 的信号，可由间隔小于 $\dfrac{1}{2f_\mathrm{m}}$ 的抽样值唯一地确定。从这些瞬时抽样值可以正确恢复原始的连续信号。因此，允许只传送这些抽样值，信道仅在抽样瞬间被占用，其余的空闲时间可供传送第二路、第三路等各路抽样信号使用。将各路信号的抽样值有序地排列起来就可以实现时分复用，在接收端，这些抽样值由适当的同步检测器分离。当然，实际传送的信号并非理想抽样，可以占用一段时间。如图 4-23 所示为两路抽样信号有序地排列，经同一信道传输的波形。

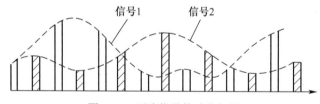

图 4-23　两路信号的时分复用

对于频分复用系统，每个信号在所有时间里都存在于信道中并混杂在一起。但是，每一个信号占据着有限的不同频率区间，此区间不被其他信号占用。在时分复用系统中，每一个信号占据着不同的时间区间，此时区间不被其他信号占用，但是所有信号的频谱可以占用相同的频带区间。从本质上讲，频分复用信号保留了频谱的特性，而在时分复用中信号保留了波形的特性。由于信号安全由其时域特性或完全由其频域特性所规定，因此，在接收机里总是可以在相应的域内应用适当的技术将复用信号分离。

从电路实现来看，时分复用系统优于频分复用系统。在频分复用系统中各路信号需要产生不同的载波，各自占据不同的频带，因而需要设计不同的带通滤波器。而在时分复用系统中，产生与恢复各路信号的电路结构相同，而且以数字电路为主，比频分复用系统中的电路更容易实现超大规模集成，电路类型统一，设计、调试简单。

时分复用系统的另一优点体现在各路信号之间的干扰（串话）性能方面。在频分复用系统中，由于各种放大器的非线性产生谐波失真，出现多项频率倍乘成分，引起各路信号之间的串话。为了减少这种干扰的影响，在设计与制作放大器时，对它们的非线性指标要求比传送单路信号时严格得多，有时难以实现。对于时分复用系统则不存在这种困难。当然，由于设计不当，相邻脉冲信号之间可能出现码间串扰，但这一问题容易得到控制，使其影响很小。

实际的时分复用系统很少直接传输离散时间连续幅度（PAM）信号，而是将它们经过量化编码，形成二进制数字信号进行传输，如脉冲编码调制（PCM）信号。这是一个数字信号的传输系统，拥有数字系统的各种优点，如易于编码、加密、噪声小及电路可大规模集成等。

对于时分复用通信系统，国际上已建立起一些技术标准。按这些标准规定，先把一定路数的电路语音复合成一个标准数据流，称为基群。然后，再把若干组基群汇合成更高速的数字信号。我国和欧洲的基群标准包括 30 路用户信号、2 路同步和控制信号，总共 32 路。每路 PCM 信号速率为 64kbps，基群信号速率就是 $32\times64\text{kbps}=2.048\text{Mbps}$。这是 PCM 通信系统基群的标准时钟速率。在实际应用中，时分复用用户数据不只包含语音信号，也可以是语音、数据、图像多种信源产生的数字信号码流的汇合。

习题 4

4-1　试求图 4-24 所示电路的系统频率特性 $H(\text{j}\omega)$，激励为 $u_1(t)$，响应为 $u_2(t)$。

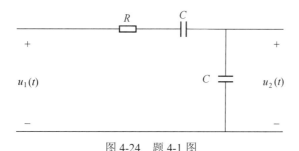

图 4-24　题 4-1 图

4-2　已知系统的频率特性为 $H(\text{j}\omega)=\dfrac{1-\text{j}\omega}{1+\text{j}\omega}$，试求：

（1）单位阶跃响应；

（2）激励 $x(t)=\text{e}^{-2t}\varepsilon(t)$ 的零状态响应。

4-3　试写出下列系统的频率特性 $H(\text{j}\omega)$ 及冲激响应 $h(t)$：

（1）$y(t)=x(t-t_0)$；

（2）$y(t)=\displaystyle\int_{-\infty}^{t}x(\tau)\text{d}\tau$；

（3）$y''(t)+4y'(t)+3y(t)=x'(t)+2x(t)$。

4-4　一个线性时不变连续系统，频率特性 $H(\text{j}\omega)=5\cos2\omega$，试计算：

（1）系统的冲激响应 $h(t)$；

（2）对于任意的输入信号 $x(t)$，且系统在 $x(t)$ 作用前是零状态的，求响应 $y(t)$ 的表达式。

4-5　某理想低通滤波器的频率特性函数为

$$H(j\omega) = \begin{cases} e^{-j\omega}, & -2 < \omega < 2 \\ 0, & \text{其他} \end{cases}$$

对下列不同的输入 $x(t)$，计算滤波器的不同输出 $y(t)$：

（1）$x_1(t) = 5Sa\left(\dfrac{3t}{2\pi}\right)$；

（2）$x_2(t) = 5Sa(t)\cos 2t$。

4-6　已知系统频率特性 $H(j\omega) = \dfrac{-\omega^2 + j4\omega + 5}{-\omega^2 + j3\omega + 2}$，激励信号 $x(t) = e^{-3t}\varepsilon(t)$，试求零状态响应 $y_{zs}(t)$。

4-7　电路如图 4-25 所示，试写出频率特性 $H(j\omega) = \dfrac{U_2(j\omega)}{U_1(j\omega)}$，为得到无失真传输，元件参数 R_1、R_2、C_1、C_2 应满足什么关系？

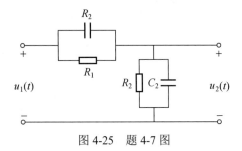

图 4-25　题 4-7 图

4-8　一个因果 LTI 系统的输出 $y(t)$ 与输入 $x(t)$ 由下列方程相联系

$$\frac{\mathrm{d}y(t)}{\mathrm{d}t} + 10y(t) = \int_{-\infty}^{\infty} x(\tau)z(t-\tau)\mathrm{d}\tau - x(t)$$

其中，$z(t) = e^{-t}\varepsilon(t) + 3\delta(t)$，求该系统的频率特性。

4-9　某低通微分器的连续时间滤波器的频率特性为 $H(j\omega) = \dfrac{1}{3\pi}j\omega, \ |\omega| \leqslant 3\pi$。试对以下输入信号 $x(t)$，求滤波器的输出信号 $y(t)$：

（1）$x_1(t) = \cos(2\pi t + \theta)$；

（2）$x_2(t) = \cos(4\pi t + \theta)$。

4-10　一个因果稳定的 LTI 系统，其输出 $y(t)$ 与输入 $x(t)$ 的关系为

$$\frac{\mathrm{d}}{\mathrm{d}t}y(t) + 2y(t) = 3x(t)$$

试求该系统的阶跃响应 $g(t)$ 的终值 $g(\infty)$，以及满足 $g(t_0) = g(\infty)(1 - e^{-2})$ 的 t_0 值。

4-11　某 LTI 系统的频率特性

$$H(j\omega) = \begin{cases} 1 - \dfrac{|\omega|}{3}, & |\omega| \leqslant 3\mathrm{rad/s} \\ 0, & |\omega| \geqslant 3\mathrm{rad/s} \end{cases}$$

若系统的输入为 $x(t) = 3\sum\limits_{n=-\infty}^{\infty} e^{jn\left(\Omega t + \frac{\pi}{2}\right)}$ ，式中 $\Omega = 1\text{rad/s}$ ，求系统的输出 $y(t)$ 。

4-12 已知理想低通滤波器的系统频率特性为 $H(j\omega) = G_{240}(\omega)$ ，输入信号为 $x(t) = 20\cos 100t \cos^2(10^4 t)$ ，试求输出信号 $y(t)$ 。

4-13 图 4-26（a）所示为抑制载波振幅调制的接收系统，若输入信号为 $f(t) = \dfrac{\sin t}{\pi t}\cos 1000t$ ，而载波信号为 $s(t) = \cos 1000t$ ，低通滤波器的系统频率特性如图 4-26（b）所示，试求输出信号 $y(t)$ 。

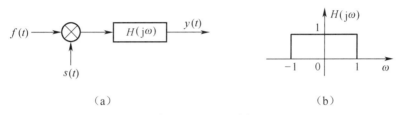

（a）　　　　　　　　　　　　　（b）

图 4-26　题 4-13 图

4-14 系统框图如图 4-26（a）所示，取输入信号 $f(t) = \sum\limits_{n=-\infty}^{\infty} e^{jnt}$ ，载波信号 $s(t) = \cos t$ ，

系统频率特性为 $H(j\omega) = \begin{cases} e^{-j\frac{\pi}{3}\omega}, & |\omega| \leqslant 1.5 \\ 0, & |\omega| > 1.5 \end{cases}$ ，试求系统输出信号 $y(t)$ 。

4-15 分别求出宽度为 $1\mu s$ 和 $2\mu s$ 方波脉冲的奈奎斯特抽样频率。

4-16 某信号的频谱为 $X(j\omega) = Sa\left(\dfrac{\omega\tau}{2}\right)e^{-j\frac{\omega\tau}{2}}$ ，$\dfrac{\tau}{2} = 0.01\text{s}$ ，试求出频带宽度，并分别求出此信号的奈奎斯特抽样角频率和奈奎斯特间隔。

4-17 有限频带信号 $x(t)$ 的最高频率为 200Hz，若对下列信号进行时域抽样，求使频谱不发生混淆的奈奎斯特频率与奈奎斯特间隔。

（1）$x(2t)$ ；

（2）$x(t) * x(2t)$ ；

（3）$x^2(t)$ 。

4-18 一理想带通滤波器的幅频特性与相频特性如图 4-27 所示。若输入为 $x(t) = Sa(2\omega_c t)\cos\omega_0 t$ ，试求出该滤波器的输出 $y(t)$ 。

4-19 图 4-28 所示的周期性矩形脉冲信号的频率 $f = 10\text{kHz}$ ，将其加到一谐振频率为 $f_0 = \dfrac{1}{2\pi\sqrt{LC}} = 30\text{kHz}$ 的并联谐振电路上，并以三倍频信号输出。并联谐振电路的转移函数为 $H(j\omega) = \dfrac{1}{1 + jQ\left(\dfrac{\omega}{\omega_0} - \dfrac{\omega_0}{\omega}\right)}$ 。要求输出中其他分量的幅度小于三次谐波分量幅度的 1%，试求出并联谐振电路的品质因数 Q 。

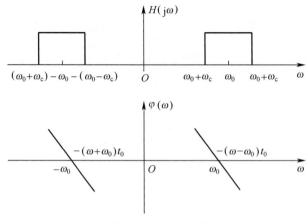

图 4-27　题 4-18 图

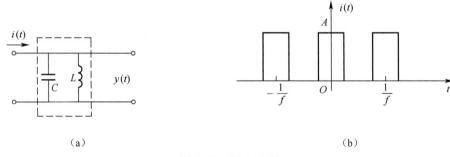

（a）　　　　　　　　　　　　　　　　　（b）

图 4-28　题 4-19 图

4-20　试分析信号通过图 4-29 所示的斜格型网络有无幅度失真与相位失真。

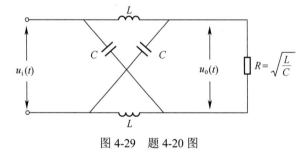

图 4-29　题 4-20 图

第 5 章 连续时间系统的复频域分析

皮埃尔·西蒙·拉普拉斯是法国数学家和天文学家。拉普拉斯变换是一种积分变换，它把时域中的常系数线性微分方程变换为复频域中的常系数线性代数方程。

复频域分析是分析 LTI 系统的有效工具。与傅里叶变换分析法相比，它可以扩大信号变换的范围，而且求解比较简便，因而应用更为广泛。一些不存在傅里叶变换的时间函数，其拉普拉斯变换却存在，这在一定程度上弥补了傅里叶变换的不足，使得拉普拉斯变换具有更强的生命力。

本章首先从傅里叶变换中导出拉普拉斯变换，把频域扩展为复频域，将拉普拉斯变换理解为广义的傅氏变换，对拉普拉斯变换给出一定的物理解释。然后讨论拉普拉斯正、反变换以及拉普拉斯变换的一些基本性质，并以此为基础，着重讨论线性系统的拉氏变换分析法。最后介绍双边拉普拉斯变换、线性系统的模拟和信号流图、系统函数的定义及其应用。

5.1 拉普拉斯变换

在前面章节的讨论中可以看到，信号既可用时域表示，也可用傅里叶变换的频域表示，但并不是所有的时域信号都可以有对应的频域信号。事实上有许多信号，如阶跃信号 $\varepsilon(t)$、单边斜坡信号 $t\varepsilon(t)$、单边正弦信号 $\sin t\varepsilon(t)$ 等，它们都不满足绝对可积的条件，因而不能直接得到其傅里叶变换表达式。虽然借助于广义函数仍可求得它们的傅里叶变换，但同时也增加了分析的难度。另外还有一些常见信号，例如增长指数信号 $e^{\alpha t}$（$\alpha > 0$），由于不满足绝对可积的条件而不存在傅里叶变换。为了简化某些常用信号的变换过程并使更多的常用信号存在变换，故将傅里叶变换推广为拉普拉斯变换（Laplace Transform）。

5.1.1 从傅里叶变换到拉普拉斯变换

对于一个不满足绝对可积条件的信号 $x(t)$，如果用一个实指数函数 $e^{-\sigma t}$ 与之相乘，只要 σ 的数值选择得当，就可以使 $x(t)e^{-\sigma t}$ 满足绝对可积条件，称 $e^{-\sigma t}$ 为收敛因子。

对 $x(t)e^{-\sigma t}$ 取傅里叶变换，有

$$F\left[x(t)e^{-\alpha t}\right] = \int_{-\infty}^{\infty} x(t)e^{-\sigma t}e^{-j\omega t}dt = \int_{-\infty}^{\infty} x(t)e^{-(\sigma+j\omega)t}dt \tag{5-1}$$

令 $s = \sigma + j\omega$，则式（5-1）的结果用 $X(s)$ 表示为

$$X(s) = \int_{-\infty}^{\infty} x(t)e^{-st}dt \tag{5-2}$$

又根据傅里叶反变换式，可知

$$x(t)e^{-\sigma t} = \frac{1}{2\pi}\int_{-\infty}^{\infty} X(s)e^{j\omega t}d\omega$$

$$= \frac{1}{2\pi} \int_{\sigma-j\infty}^{\sigma+j\infty} X(s) e^{j\omega t} \frac{1}{j} ds = \frac{1}{2\pi j} \int_{\sigma-j\infty}^{\sigma+j\infty} X(s) e^{j\omega t} ds \qquad (5-3)$$

两边同时乘以 $e^{\sigma t}$，得

$$x(t) = \frac{1}{2\pi j} \int_{\sigma-j\infty}^{\sigma+j\infty} X(s) e^{st} ds \qquad (5-4)$$

由式（5-2）定义的函数 $X(s)$ 称为 $x(t)$ 的双边拉普拉斯变换，简称拉氏变换。它是复频率 s 的函数，记为 $\mathscr{L}\left[x(t)\right]$。

式（5-4）称为 $X(s)$ 的拉普拉斯反变换，简称拉氏反变换。它是时间 t 的函数，记为 $\mathscr{L}^{-1}\left[X(s)\right]$。或称 $x(t)$ 是 $X(s)$ 的原函数，$X(s)$ 是 $x(t)$ 的象函数。二者关系可表示为

$$x(t) \longleftrightarrow X(s)$$

傅里叶变换是把信号分解为无限多个频率为 ω、复振幅为 $\dfrac{X(j\omega)}{2\pi} d\omega$ 的虚指数分量 $e^{j\omega t}$ 之和，而拉氏变换是把信号分解为无限多个复频率为 $s = \sigma + j\omega$、复振幅为 $\dfrac{X(s)}{2\pi j} ds$ 的复指数分量 e^{st} 之和。拉氏变换与傅里叶变换的区别在于：傅里叶变换是将时域函数 $x(t)$ 变换为频域函数 $X(j\omega)$，此处时域变量 t 和频域变量 ω 都是实数；而拉氏变换是将时域函数 $x(t)$ 变换为复频域函数 $X(s)$，这里时域变量 t 是实数，复频域变量 s 是复数。也就是说，傅里叶变换建立了时域和频域之间的联系，而拉氏变换建立了时域和复频域（s 域）之间的联系。

考虑到实际中遇到的信号都是有始信号，即 $t < 0$，$x(t) = 0$，式（5-2）可以写为

$$X(s) = \int_{0_-}^{\infty} x(t) e^{-st} dt \qquad (5-5)$$

称式（5-5）为 $x(t)$ 的单边拉普拉斯变换，而反变换积分即式（5-4）并不改变。

此处积分下限选择 0_-，是因为考虑到 $x(t)$ 包含 $\delta(t)$ 或其导数的情况，对于在 $t = 0$ 连续或只有有限阶跃型不连续点的情况，这些不同积分下限并不影响积分的值，只有当信号在 $t = 0$ 处包含 $\delta(t)$ 或其导数时，积分结果才会不同。

在下节中可看到，信号及其导数的初始值可以通过单边拉氏变换融入到 s 域中。单边拉式变换在分析具有初始条件的、由线性常系数微分方程描述的因果系统中起着重要的作用。所以，本书主要讨论单边拉普拉斯变换。

5.1.2 收敛域

当信号 $x(t)$ 乘以收敛因子后，有下列关系：

$$\lim_{t \to \infty} x(t) e^{-\sigma t} = 0 \quad (\sigma > \sigma_0) \qquad (5-6)$$

则可以说在此区域（$\sigma > \sigma_0$）内拉氏变换存在。其拉氏变换的收敛域为 $\mathrm{Re}[s] = \sigma > \sigma_0$，如图 5-1 中阴影部分所示，$\sigma_0$ 称为收敛横坐标。凡满足式（5-6）的函数称为"指数阶函数"。指数阶函数若具有发散性可借助于指数函数的衰减压下去，使之成为收敛函数。

对于稳定信号（常数，等幅）$\sigma_0 = 0$，收敛域为 s 平面的右半部；对有始有终的能量信号（如单个矩形脉冲信号），其收敛坐标为 $\sigma_0 = -\infty$，收敛域为整个复平面，即有界的非周期信号的拉氏变换一定存在。对功率信号（周期或非周期的）以及一些非功率非能量信号[如单位

斜坡信号 $t\varepsilon(t)$]，其收敛坐标为 $\sigma_0 = 0$ 。对于按指数规律增长的信号如 $\mathrm{e}^{\alpha t}\varepsilon(t)$ （ $\alpha > 0$ ），其收敛坐标为 $\sigma_0 = \alpha$ 。而对于一些比指数函数增长更快的函数，如 e^{t^2} 或 t^t ，找不到它们的收敛坐标，因此不能进行拉氏变换。

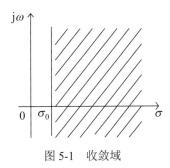

图 5-1　收敛域

由于单边拉氏变换的收敛域比较简单，即使不标出也不会造成混淆。因此在后面的讨论中，常常省略其收敛域。

5.2　单元信号的拉普拉斯变换

1. 单位阶跃信号 $\varepsilon(t)$

$$\mathscr{L}[\varepsilon(t)] = \int_0^\infty \mathrm{e}^{-st}\mathrm{d}t = -\frac{\mathrm{e}^{-st}}{s}\bigg|_0^\infty = -\frac{1}{s}(0-1) = \frac{1}{s} \tag{5-7}$$

2. 单位冲激信号 $\delta(t)$

$$\mathscr{L}[\delta(t)] = \int_{0_-}^\infty \delta(t)\mathrm{e}^{-st}\mathrm{d}t = \int_{0_-}^\infty \delta(t)\mathrm{d}t = 1 \tag{5-8}$$

3. 指数信号 $\mathrm{e}^{-\alpha t}$

$$\mathscr{L}[\mathrm{e}^{-\alpha t}] = \int_0^\infty \mathrm{e}^{-\alpha t}\mathrm{e}^{-st}\mathrm{d}t = -\frac{\mathrm{e}^{-(\alpha+s)t}}{s+\alpha}\bigg|_0^\infty = -\frac{1}{s+\alpha}(0-1) = \frac{1}{s+\alpha} \tag{5-9}$$

4. 正幂信号 t^n （ n 为正整数）

使用分部积分法，有

$$\mathscr{L}[t^n] = \int_{0_-}^\infty t^n\mathrm{e}^{-st}\mathrm{d}t = -\frac{t^n}{s}\mathrm{e}^{-st}\bigg|_{0_-}^\infty + \frac{n}{s}\int_{0_-}^\infty t^{n-1}\mathrm{e}^{-st}\mathrm{d}t = \frac{n}{s}\int_{0_-}^\infty t^{n-1}\mathrm{e}^{-st}\mathrm{d}t$$

即

$$\mathscr{L}[t^n] = \frac{n}{s}\mathscr{L}[t^{n-1}]$$

依次类推，可得

$$\mathscr{L}[t^n] = \frac{n}{s}\cdot\frac{n-1}{s}\mathscr{L}[t^{n-2}] = \frac{n}{s}\cdot\frac{n-1}{s}\cdot\cdots\cdot\frac{2}{s}\cdot\frac{1}{s}\cdot\frac{1}{s} = \frac{n!}{s^{n+1}} \tag{5-10}$$

当 $n=1$ 时，有 $t \leftrightarrow \dfrac{1}{s^2}$；

当 $n=2$ 时，有 $t^2 \leftrightarrow \dfrac{2}{s^3}$。

表 5-1 给出了常用单元信号的拉氏变换。

表 5-1　常用单元信号的拉普拉斯变换

$x(t)$	$X(t)$	$x(t)$	$X(s)$
$\delta(t)$	1	$\sin(\omega_0 t)\varepsilon(t)$	$\dfrac{\omega_0}{s^2 + \omega_0^2}$
$\varepsilon(t)$	$\dfrac{1}{s}$	$\sinh \beta t \varepsilon(t)$	$\dfrac{\beta}{s^2 - \beta^2}$
$\mathrm{e}^{-\alpha t}\varepsilon(t)$	$\dfrac{1}{s+\alpha}$	$\cosh \beta t \varepsilon(t)$	$\dfrac{s}{s^2 - \beta^2}$
$t^n \varepsilon(t)$（n 是正整数）	$\dfrac{n!}{s^{n+1}}$	$(t\cos \omega_0 t)\varepsilon(t)$	$\dfrac{s^2 - \omega_0^2}{(s^2 + \omega_0^2)^2}$
$\mathrm{e}^{-\alpha t} t^n \varepsilon(t)$（$n$ 是正整数）	$\dfrac{n!}{(s+\alpha)^{n+1}}$	$(t\sin \omega_0 t)\varepsilon(t)$	$\dfrac{2\omega_0 s}{(s^2 + \omega_0^2)^2}$
$\cos(\omega_0 t)\varepsilon(t)$	$\dfrac{s}{s^2 + \omega_0^2}$		

5.3　拉普拉斯变换的性质

实际所使用的信号绝大部分都是由单元信号所组成的复杂信号，为方便分析，常用拉氏变换的基本性质来得到信号的拉氏变换。由于篇幅所限，本书对性质证明不作详细推导，有关内容可参考相关书籍。

1. 线性性质

若 $x_1(t) \leftrightarrow X_1(s)$，$x_2(t) \leftrightarrow X_2(s)$，则

$$\alpha x_1(t) + \beta x_2(t) \leftrightarrow \alpha X_1(s) + \beta X_2(s) \tag{5-11}$$

式中，α、β 为任意常数（实数或复数）。

2. 时间右移性质

若 $x(t) \leftrightarrow X(s)$，则对任意正实数 t_0，有

$$x(t-t_0)\varepsilon(t-t_0) \leftrightarrow X(s)\mathrm{e}^{-st_0} \tag{5-12}$$

这个性质表明，时间函数在时域中延迟 t_0，其函数将乘以 e^{-st_0}，称 e^{-st_0} 为时移因子。注意时间左移在拉普拉斯变换中没有对应的性质。

3. 尺度变换性质

若 $x(t) \leftrightarrow X(s)$，则对任意正实数 a，有

$$x(at) \leftrightarrow \frac{1}{a} X\left(\frac{s}{a}\right) \tag{5-13}$$

4. 复频移性质

若 $x(t) \leftrightarrow X(s)$，则对任意实数或复数 s_0，有

$$x(t)e^{s_0 t} \leftrightarrow X(s - s_0) \tag{5-14}$$

式（5-14）表明，时间函数乘以 $e^{s_0 t}$，相当于象函数在 s 域内平移 s_0。

5. 时域微分性质

若 $x(t) \leftrightarrow X(s)$，则

$$\frac{\mathrm{d}x(t)}{\mathrm{d}t} \leftrightarrow sX(s) - x(0^-) \tag{5-15}$$

注意，当 $x(t)$ 为有起因信号时，$\dfrac{\mathrm{d}}{\mathrm{d}t}[x(t)] = \dfrac{\mathrm{d}}{\mathrm{d}t}[x(t)\varepsilon(t)]$，则二者对应的单边拉氏变换相等。

但当 $x(t)$ 为双边信号时，$\dfrac{\mathrm{d}}{\mathrm{d}t}[x(t)] \neq \dfrac{\mathrm{d}}{\mathrm{d}t}[x(t)\varepsilon(t)]$，因此其单边拉氏变换不相等，故不要先取单边拉氏变换，再求导。这是与时移性质不同的。

6. 时域积分性质

若 $x(t) \leftrightarrow X(s)$，则

$$\int_{0^-}^{t} x(\tau)\, \mathrm{d}\tau \leftrightarrow \frac{X(s)}{s} \tag{5-16}$$

或

$$\int_{-\infty}^{t} x(\tau)\, \mathrm{d}\tau \leftrightarrow \frac{X(s)}{s} + \frac{x^{(-1)}(0^-)}{s} \tag{5-17}$$

式中，$x^{(-1)}(0^-) = \displaystyle\int_{-\infty}^{0^-} x(\tau)\mathrm{d}\tau = \int_{-\infty}^{t} x(\tau)\mathrm{d}\tau \Big|_{t=0^-}$ 是 $x(t)$ 积分在 $t = 0^-$ 的取值。

7. s 域微分性质

若 $x(t) \leftrightarrow X(s)$，则对任意正整数 n，有

$$(-t)^n x(t) \leftrightarrow \frac{\mathrm{d}^n}{\mathrm{d}s^n} X(s) \tag{5-18}$$

特别是，当 $n=1$ 时，有

$$tx(t) \leftrightarrow -\frac{\mathrm{d}}{\mathrm{d}s} X(s) \tag{5-19}$$

当 $n=2$ 时，有

$$t^2 x(t) \leftrightarrow \frac{\mathrm{d}^2}{\mathrm{d}s^2} X(s) \tag{5-20}$$

8. s 域积分性质

若 $x(t) \leftrightarrow X(s)$，则

$$\frac{x(t)}{t} \leftrightarrow \int_{s}^{\infty} X(\eta)\mathrm{d}\eta \tag{5-21}$$

9. 卷积定理

若 $x_1(t) \leftrightarrow X_1(s)$，$x_2(t) \leftrightarrow X_2(s)$，则

时域卷积

$$x_1(t) * x_2(t) \leftrightarrow X_1(s)X_2(s) \tag{5-22}$$

复频域卷积

$$x_1(t) \cdot x_2(t) \leftrightarrow \frac{1}{2\pi j} X_1(s) * X_2(s) \tag{5-23}$$

表 5-2 给出了拉普拉斯变换的性质。

表 5-2 拉普拉斯变换的性质

性质	信号	拉氏变换
线性	$\alpha x_1(t) + \beta x_2(t)$	$\alpha X_1(s) + \beta X_2(s)$
时间尺度变换	$x(at)$ （$a > 0$）	$\dfrac{1}{a} X\left(\dfrac{s}{a}\right)$
时间右移	$x(t - t_0)\varepsilon(t - t_0)$ （$t_0 > 0$）	$X(s)e^{-st_0}$
复频移	$x(t)e^{s_0 t}$	$X(s - s_0)$
时域微分	$x'(t)$	$sX(s) - x(0_-)$
时域积分	$\displaystyle\int_{0_-}^{t} x(\tau)\mathrm{d}\tau$	$\dfrac{X(s)}{s}$
s 域微分	$(-t)^n x(t)$	$\dfrac{\mathrm{d}^n}{\mathrm{d}s^n} X(s)$
s 域积分	$\dfrac{x(t)}{t}$	$\displaystyle\int_{s}^{\infty} X(\eta)\mathrm{d}\eta$
卷积定理	$x_1(t) * x_2(t)$	$X_1(s)X_2(s)$

5.4 拉普拉斯反变换

5.4.1 简单函数的拉普拉斯反变换

简单函数的拉普拉斯反变换可以应用表 5-1 所示拉氏变换对和表 5-2 所示拉氏变换的性质得到相应的时间函数。

例 5-1 $X(s) = \dfrac{1 - 2e^{-s}}{s + 1}$，试求原函数 $x(t)$。

解 $X(s)$ 可写成

$$X(s) = \frac{1 - 2e^{-s}}{s + 1} = \frac{1}{s + 1} - \frac{2e^{-s}}{s + 1}$$

利用时移与复频移性质，可得

$$x(t) = e^{-t}\varepsilon(t) - 2e^{-(t-1)}\varepsilon(t - 1)$$

例 5-2 $X(s) = \dfrac{1}{1 + e^{-2s}}$，试求原函数 $x(t)$。

解 已知象函数

$$X(s) = \frac{1}{1 + e^{-2s}} = \frac{1 - e^{-2s}}{1 - e^{-4s}}$$

由周期信号的拉氏变换

$$x_T(t) \leftrightarrow \frac{X_1(s)}{1 - e^{-sT}}$$

其中

$$X_1(s) = 1 - e^{-2s} \leftrightarrow x_1(t) = \delta(t) - \delta(t - 2)$$

则

$$x(t) = \sum_{n=0}^{\infty} x_1(t - nT) = \sum_{n=0}^{\infty} x_1(t - 4n) = \sum_{n=0}^{\infty} \left[\delta(t - 4n) - \delta(t - 2 - 4n) \right]$$

5.4.2 部分分式展开

在 5.1 节中曾指出，利用反变换的定义式

$$x(t) = \frac{1}{2\pi j} \int_{\sigma - j\infty}^{\sigma + j\infty} X(s) e^{st} ds$$

可以由已知的 $X(s)$ 确定出其原函数 $x(t)$。但由于在计算过程中将要遇到较为烦琐的复变函数下的积分运算，所以通常不采用这种解法。

部分分式展开法是常用的一种较为简捷的方法。

设 $x(t) \leftrightarrow X(s)$，它具有如下形式：

$$X(s) = \frac{B(s)}{A(s)} = \frac{b_m s^m + b_{m-1} s^{m-1} + \cdots + b_0}{a_n s^n + a_{n-1} s^{n-1} + \cdots + a_0} \tag{5-24}$$

式中，$B(s)$ 和 $A(s)$ 是复变量 s 的多项式，m 和 n 都是正整数，且系数 a_i 和 b_i 为实数。

设分母 s 的最高次项的系数 $a_n = 1$。一般假设 $B(s)$ 和 $A(s)$ 没有公因子，如果有应该约去。

若 $m < n$，则称 $X(s)$ 为真分式。若 $m \geqslant n$，则要用长除法将 $X(s)$ 化成多项式与真分式之和。

必须指出，拉氏变换象函数并不都是有理函数，但由复指数函数的线性组合构成的连续时间函数的拉氏变换象函数都是有理函数，故部分分式展开就是把一个有理多项式展开成低阶项的线性组合。

为了达到反变换的目的，在满足以上条件后，通常是将式（5-24）展开成多个部分分式之和的形式。一般有以下两种展开形式：

（1）若分母多项式 $A(s)$ 中包含 $(s + p)^k$ 形式的因子，则可分解为

$$A(s) = \frac{C_1}{(s + p)^k} + \frac{C_2}{(s + p)^{k-1}} + \cdots + \frac{C_k}{s + p} \tag{5-25}$$

（2）若分母多项式 $A(s)$ 中包含 $(s^2 + ps + q)^k$ 形式的因子，且需满足 $p^2 - 4q < 0$，则可分解为

$$A(s) = \frac{C_1 s + D_1}{(s^2 + ps + q)^k} + \frac{C_2 s + D_2}{(s^2 + ps + q)^{k-1}} + \cdots + \frac{C_k s + D_k}{s^2 + ps + q} \qquad (5\text{-}26)$$

式中，C_i 和 D_i（$i = 1,2,\cdots,k$）为待定系数。

5.4.3　待定系数的求法

对有理函数 $X(s)$ 做了部分分式展开后，需确定每种分解形式下的待定系数。可分三种情况，采用不同的手段来确定待定系数。

1. 分母方程式 $A(s) = 0$ 中无重根

由于 $A(s)$ 为 s 的 k 次多项式，可对其进行因式分解

$$A(s) = (s - p_1)(s - p_2)\cdots(s - p_k) \qquad (5\text{-}27)$$

式中，p_1，p_2，…，p_n 代表等式 $A(s) = 0$ 的根，且均不相同，则 $X(s)$ 可展开成

$$X(s) = \frac{B(s)}{A(s)} = \frac{C_1}{s - p_1} + \frac{C_2}{s - p_2} + \cdots + \frac{C_n}{s - p_n} + \cdots + \frac{C_k}{s - p_k} \qquad (5\text{-}28)$$

将式（5-28）两端同乘以 $(s - p_n)$，并令 $s = p_n$，则等式右端除了 $\frac{C_n(s - p_n)}{s - p_n} = C_n$ 项外，其余各项均为零，从而得到

$$C_n = \left[(s - p_n)X(s)\right]\big|_{s = p_n} \qquad (5\text{-}29)$$

可利用式（5-29）确定分母无重根时的待定系数。

由式（5-27）可知，p_n 是 $A(s) = 0$ 的一个根。将 p_n 代入式（5-29），有

$$C_n = \lim_{s \to p_n} \frac{(s - p_n)B(s)}{A(s) - A(p_n)} = \lim_{s \to p_n} \frac{B(s)}{\dfrac{A(s) - A(p_n)}{s - p_n}}$$

即

$$C_n = \lim_{s \to p_n} \frac{B(s)}{A'(s)} \qquad (5\text{-}30)$$

式中，$A'(s)$ 为 $A(s)$ 的一阶导数。式（5-30）也可以用来计算待定系数 C_n。

例 5-3　试求 $X(s) = \dfrac{s+4}{s^3 - s^2 - 2s}$ 的展开式。

解　由于象函数满足部分分式展开的条件，故先将 $X(s)$ 做部分分式展开，有

$$X(s) = \frac{s+4}{s^3 - s^2 - 2s} = \frac{s+4}{s(s+1)(s-2)} = \frac{C_1}{s} + \frac{C_2}{s+1} + \frac{C_3}{s-2}$$

显然分母多项式包含 3 个不等实根。由此利用式（5-29）确定待定系数：

$$C_1 = sX(s)\big|_{s=0} = \frac{s+4}{(s+1)(s-2)}\bigg|_{s=0} = -2$$

$$C_2 = (s+1)X(s)\big|_{s=-1} = \frac{s+4}{s(s-2)}\bigg|_{s=-1} = 1$$

$$C_3 = (s-2)X(s)\big|_{s=2} = \frac{s+4}{s(s+1)}\bigg|_{s=2} = 1$$

所以

$$X(s) = -\frac{2}{s} + \frac{1}{s+1} + \frac{1}{s-2}$$

例 5-4　已知 $X(s) = \dfrac{s}{s^2 + 3s + 2}$，试求 $x(t)$。

解　首先将象函数 $X(s)$ 展开成部分分式和的形式，有

$$X(s) = \frac{s}{s^2 + 3s + 2} = \frac{s}{(s+1)(s+2)} = \frac{C_1}{s+1} + \frac{C_2}{s+2}$$

进一步确定待定系数，由式（5-30）得

$$C_1 = \lim_{s \to -1} \frac{s}{2s+3} = \frac{-1}{-2+3} = -1$$

$$C_2 = \lim_{s \to -2} \frac{s}{2s+3} = \frac{-2}{-4+3} = 2$$

代入 $X(s)$ 的表达式中，有

$$X(s) = \frac{-1}{s+1} + \frac{2}{s+2}$$

根据拉氏变换对可得

$$-\frac{1}{s+1} \xrightarrow{\ \mathscr{L}^{-1}\ } -\mathrm{e}^{-t}\varepsilon(t)$$

$$\frac{2}{s+2} \xrightarrow{\ \mathscr{L}^{-1}\ } 2\mathrm{e}^{-2t}\varepsilon(t)$$

所以

$$x(t) = \mathscr{L}^{-1}\left[\frac{-1}{s+1} + \frac{2}{s+2}\right] = (2\mathrm{e}^{-2t} - \mathrm{e}^{-t})\varepsilon(t)$$

2. 分母方程式 $A(s) = 0$ 中有重根

在这种情况下，可采用平衡系数法来确定待定系数。

例 5-5　求 $X(s) = \dfrac{s+4}{(s+1)^2(s+2)}$ 的反变换。

解　该象函数的分母方程式中有二阶重根，$s_{1,2} = -1$，在这种情况下，分解的部分有两项，即

$$X(s) = \frac{C_1}{(s+1)^2} + \frac{C_2}{s+1} + \frac{A}{s+2}$$

在分子恒等式中有

$$s + 4 = C_1(s+2) + C_2(s+1)(s+2) + A(s+1)^2$$

比较等式两端的系数，有

$$\begin{cases} C_2 + A = 0 \\ C_1 + 3C_2 + 2A = 1 \\ 2C_1 + 2C_2 + A = 4 \end{cases}$$

解得

$$\begin{cases} C_1 = 3 \\ C_2 = -2 \\ A = 2 \end{cases}$$

则

$$X(s) = \frac{3}{(s+1)^2} + \frac{-2}{s+1} + \frac{2}{s+2}$$

由常用信号的拉氏变换对可得

$$\frac{3}{(s+1)^2} \leftrightarrow 3t\mathrm{e}^{-t}\varepsilon(t)$$

$$\frac{-2}{s+1} \leftrightarrow -2\mathrm{e}^{-t}\varepsilon(t)$$

$$\frac{2}{s+2} \leftrightarrow 2\mathrm{e}^{-2t}\varepsilon(t)$$

可得

$$x(t) = (3t\mathrm{e}^{-t} - 2\mathrm{e}^{-t} + 2\mathrm{e}^{-2t})\varepsilon(t)$$

3. 分母方程式 $A(s) = 0$ 中有共轭复根

当分母方程式中出现共轭复根时，可以按分母方程式为单根的方法来确定系数，也可采用"配方"的形式，即将其配成正、余弦象函数的形式，然后求反变换。

例 5-6 已知象函数 $X(s) = \dfrac{s+1}{s^2+6s+10}$，试求 $x(t)$。

解 由于 $X(s)$ 的分母方程式的根是一对共轭复根。因此分解部分分式所对应的原函数一定是个复指数函数；复指数的实质是正弦信号。考虑到上述情况，可不采用常规的分解因式的解法，而采用配方的方法将其向式 $\sin\omega_0 t$ 及式 $\cos\omega_0 t$ "靠拢"。

因为

$$s^2 + 6s + 10 = (s+3)^2 + 1$$

所以

$$X(s) = \frac{s+1}{s^2+6s+10} = \frac{s+1}{(s+3)^2+1}$$

由 $\sin\omega_0 t$ 及 $\cos\omega_0 t$ 的拉氏变换和拉氏变换的复频移性质，可得

$$\mathrm{e}^{-at}\sin\omega_0 t\varepsilon(t) \leftrightarrow \frac{\omega_0}{(s+a)^2+\omega_0^2}$$

$$\mathrm{e}^{-at}\cos\omega_0 t\varepsilon(t) \leftrightarrow \frac{s+a}{(s+a)^2+\omega_0^2}$$

又因为

$$X(s) = \frac{s+3}{(s+3)^2+1} - 2\cdot\frac{1}{(s+3)^2+1}$$

可得反变换为

$$x(t) = e^{-3t}\cos t\varepsilon(t) - 2e^{-3t}\sin t\varepsilon(t)$$

利用"配方"的方法可以避免求根和确定系数以及最后整理等过程，从而使反变换的求解过程大大简化。

例 5-7　已知 $X(s) = \dfrac{s}{s^2 + 2s + 5}$，试求其原函数 $x(t)$。

解法一　平衡系数法
共轭极点 $s_{1,2} = -1 \pm j2$，则

$$
\begin{aligned}
X(s) &= \frac{C_1}{s+1-j2} + \frac{C_2}{s+1+j2} \\
&= \frac{C_1(s+1+j2) + C_2(s+1-j2)}{s^2 + 2s + 5} \\
&= \frac{(C_1 + C_2)s + C_1 + C_2 + j2(C_1 - C_2)}{s^2 + 2s + 5}
\end{aligned}
$$

比较系数

$$(C_1 + C_2)s + C_1 + C_2 + j2(C_1 - C_2) = s$$

得

$$C_1 = \frac{2+j}{4}, \quad C_2 = \frac{2-j}{4}$$

所以

$$X(s) = \frac{2+j}{4} \cdot \frac{1}{s+1-j2} + \frac{2-j}{4} \cdot \frac{1}{s+1+j2}$$

则其反变换

$$x(t) = \frac{2+j}{4}e^{-(1-j2)t} + \frac{2-j}{4}e^{-(1+j2)t} = \frac{1}{2}e^{-t}(e^{j2t} + e^{-j2t}) + \frac{j}{4}e^{-t}(e^{j2t} - e^{-j2t})$$

即

$$x(t) = \left(\cos 2t - \frac{1}{2}\sin 2t\right)e^{-t}, \quad t \geqslant 0$$

注意要一直计算到全部为实数为止。

解法二　配方法

$$X(s) = \frac{s}{s^2 + 2s + 5} = \frac{s+1-1}{(s+1)^2 + 4} = \frac{s+1}{(s+1)^2 + 2^2} - \frac{2}{(s+1)^2 + 2^2} \cdot \frac{1}{2}$$

$$x(t) = \cos 2t e^{-t} - \frac{1}{2}\sin 2t e^{-t}, \quad t \geqslant 0$$

5.4.4　围线积分法

拉普拉斯反变换式为

$$x(t) = \frac{1}{2\pi j}\int_{\sigma - j\infty}^{\sigma + j\infty} X(s)e^{st}\mathrm{d}s$$

积分路径是 s 平面上平行于虚轴的直线。为求出此复变函数积分，可从积分限 $\sigma_1 - j\infty$ 到

$\sigma_1 + \mathrm{j}\infty$ 补足一条半径为无穷大的圆弧，以构成一闭合曲线，如图 5-2 所示。根据留数定理，此积分式等于围线中被积函数 $X(s)\mathrm{e}^{st}$ 所有极点的留数之和，即

$$x(t) = \sum_{i=1}^{n} \mathrm{Re}\,s\left[X(s)\mathrm{e}^{st}\right]\Big|_{s=p_i} \tag{5-31}$$

其中，$\mathrm{Re}\,s\left[X(s)\mathrm{e}^{st}\right]\Big|_{s=p_i}$ 为 $X(s)\mathrm{e}^{st}$ 在极点 $s = p_i$ 的留数，并设在围线中共有 n 个极点。

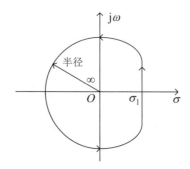

图 5-2　围线积分路径

若 p_i 为单极点，则

$$\mathrm{Re}\,s\left[X(s)\mathrm{e}^{st}\right]\Big|_{s=p_i} = \left[(s-p_i)X(s)\mathrm{e}^{st}\right]\Big|_{s=p_i} \tag{5-32}$$

若 p_i 为 k 阶极点，则

$$\mathrm{Re}\,s\left[X(s)\mathrm{e}^{st}\right]\Big|_{s=p_i} = \frac{1}{(k-1)!}\left[\frac{\mathrm{d}^{k-1}}{\mathrm{d}s^{k-1}}(s-p_i)^k X(s)\mathrm{e}^{st}\right]\Big|_{s=p_i} \tag{5-33}$$

5.5　线性系统的拉普拉斯变换分析法

5.5.1　微分方程的复频域求解

由于单边拉氏变换的积分下限取 0^-，因此象函数 $X(s)$ 中只包含 $t \geqslant 0$ 的信号 $x(t)$ 的信息。因此，用单边拉氏反变换求得的仅仅是 $x(t)$ 的正时域部分，不能恢复出在 $t < 0^-$ 的那部分信号。但是由于许多实际的连续系统，特别是以真实时间变量信号描述的系统，都是一类用微分方程描述的因果系统。这类系统的数学描述，可以归结为具有非零起始条件的线性常系数微分方程。然而人们要求出的通常只是输入时刻之后的系统输出，对以前的那部分输出一般不感兴趣。

对于 LTI 因果系统，系统的输出 $y(t) = y_{zi}(t) + y_{zs}(t)$，其中，$y_{zs}(t)$ 仅由外施激励决定，故在 $t < 0$ 时，$y_{zs}(t) = 0$。而 $y_{zi}(t)$ 与外施激励无关，它取决于非零起始条件，在 $t < 0$ 时，$y_{zi}(t) \neq 0$。因此，对此类系统进行分析时，其双边拉氏变换对求解零输入响应无能为力，但对于单边拉氏变换却可以，尽管它们只能表示非负时域中的信号，但却适用于 $y(t)$（$t > 0$）的讨论。

下面讨论具有非零起始条件的线性常系数微分方程的复频域求解：

设 LTI 系统的微分方程的一般式为

$$a_n y^n(t) + a_{n-1} y^{(n-1)}(t) + \cdots + a_1 y'(t) + a_0 y(t)$$
$$= b_m x^m(t) + b_{m-1} x^{(m-1)}(t) + \cdots + b_1 x'(t) + b_0 x(t) \quad\text{（5-34）}$$

假设 $t < 0$ 时，$x(t) = 0$，则

$$x(0^-) = x'(0^-) = \cdots = x^{(n-1)}(0^-) = 0$$

对式（5-34）两边取拉氏变换，利用微分性质，有

$$a_n\left[s^n Y(s) - \sum_{i=0}^{n-1} s^{n-1-i} y^{(i)}(0^-)\right] + a_{n-1}\left[s^{n-1} Y(s) - \sum_{i=0}^{n-2} s^{n-2-i} y^{(i)}(0^-)\right] + \cdots +$$

$$a_1\left[s Y(s) - y(0^-)\right] + a_0 Y(s) = b_m s^m X(s) + b_{m-1} s^{m-1} X(s) + \cdots + b_1 s X(s) + b_0 X(s)$$

即

$$Y(s) = \frac{b_m s^m + b_{m-1} s^{m-1} + \cdots + b_1 s + b_0}{a_n s^n + a_{n-1} s^{n-1} + \cdots + a_1 s + a_0} X(s) + \frac{\displaystyle\sum_{i=0}^{n-1} A_i(s) y^{(i)}(0^-)}{a_n s^n + a_{n-1} s^{n-1} + \cdots + a_1 s + a_0} \quad\text{（5-35）}$$

其中的第一项就是系统的零状态响应 $y_{zs}(t)$ 的拉氏变换 $Y_{zs}(s)$，第二项是零输入响应的拉氏变换 $Y_{zi}(s)$。

从上述的讨论中可以看到，利用单边拉氏变换不仅可以求解零状态响应的复频域解，还可以把非零起始条件直接化成零输入响应的复频域表示。

例 5-8　系统方程 $y''(t) + 3y'(t) + 2y(t) = 2x'(t) + 6x(t)$，$x(t) = \varepsilon(t)$，$y(0^-) = 2$，$y'(0^-) = 1$。试求零状态响应、零输入响应和全响应。

解　对系统方程两边取拉氏变换，得

$$s^2 Y(s) - s y(0^-) - y'(0^-) + 3s Y(s) - 3y(0^-) + 2Y(s) = 2s X(s) + 6X(s)$$

整理，得

$$(s^2 + 3s + 2) Y(s) - \left[s y(0^-) + y'(0^-) + 3y(0^-)\right] = (2s + 6) X(s)$$

故

$$Y(s) = \frac{s y(0^-) + y'(0^-) + 3y(0^-)}{s^2 + 3s + 2} + \frac{2s + 6}{s^2 + 3s + 2} X(s)$$

将已知条件代入，有

$$Y_{zi}(s) = \frac{s y(0^-) + y'(0^-) + 3y(0^-)}{s^2 + 3s + 2} = \frac{2s + 1 + 6}{s^2 + 3s + 2} = \frac{2s + 7}{(s+1)(s+2)} = \frac{5}{s+1} - \frac{3}{s+2}$$

求拉氏反变换，得

$$y_{zi}(t) = 5\mathrm{e}^{-t} - 3\mathrm{e}^{-2t}, \quad t \geqslant 0$$

$$Y_{zs}(s) = \frac{2s + 6}{s^2 + 3s + 2} X(s) = \frac{2s + 6}{s^2 + 3s + 2} \cdot \frac{1}{s} = \frac{3}{s} - \frac{4}{s+1} + \frac{1}{s+2}$$

其反变换为

$$y_{zs}(t) = (3 - 4\mathrm{e}^{-t} + \mathrm{e}^{-2t}) \varepsilon(t)$$

因此全响应为

$$y(t) = y_{zi}(t) + y_{zs}(t) = 3 + e^{-t} - 2e^{-2t}, \quad t \geq 0$$

由此可以看到，系统全响应的时域微分方程的求解转化为 s 域下的代数方程求解。

5.5.2　电路的 s 域模型

在复频域分析电路时，可不必先列写微分方程再取拉氏变换，而是根据复频域电路模型，直接写出求响应的变换式（代数方程），然后求解复频域响应并进行拉氏反变换。欲得到任一复杂电路的 s 域模型，应先从单一元件组成的简单电路的 s 域模型入手。

1. 电阻元件

设在电流 $i_R(t)$ 的作用下，电阻两端的电压为 $u_R(t)$，参考方向如图 5-3（a）所示，则可得时域中电阻元件的伏安关系为

$$u_R(t) = Ri_R(t) \tag{5-36}$$

将式（5-36）两边取拉氏变换，并设 $u_R(t) \leftrightarrow U_R(s)$，$i_R(t) \leftrightarrow I_R(s)$，得

$$U_R(s) = RI_R(s) \tag{5-37}$$

由式（5-37）可作出电阻元件的 s 域模型，如图 5-3（b）所示。

（a）时域模型　　　　　　　　　　　（b）s 域模型

图 5-3　电阻元件的模型

2. 电感元件

设流过电感元件的电流为 $i_L(t)$，两端电压为 $u_L(t)$，参考方向如图 5-4（a）所示。其时域伏安关系为

$$u_L(t) = L\frac{\mathrm{d}i_L(t)}{\mathrm{d}t} \tag{5-38}$$

对式（5-38）两边取拉氏变换，有

$$U_L(t) = sLI_L(t) - Li_L(0^-) \tag{5-39}$$

或

$$I_L(s) = \frac{1}{sL}U_L(s) + \frac{i_L(0^-)}{s} \tag{5-40}$$

式（5-39）和式（5-40）表明：一个具有初始电流 $i_L(0^-)$ 的电感元件，其 s 域模型为一个复感抗 sL 与一个大小为 $Li_L(0^-)$ 的电压源串联，或者是 sL 与一个大小为 $\dfrac{i_L(0^-)}{s}$ 的电流源并联，如图 5-4（b）所示。

3. 电容元件

设流过电容元件的电流为 $i_C(t)$，两端电压为 $u_C(t)$，参考方向如图 5-5（a）所示。其时域伏安关系为

$$u_C(t) = u_C(0^-) + \frac{1}{C}\int_{0_-}^{t} i_C(x)\mathrm{d}x \qquad (5\text{-}41)$$

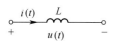 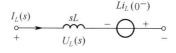 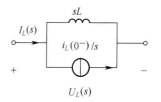

（a）时域模型　　　　　　　　　　　　　　　　（b）s 域模型

图 5-4　电感元件的模型

两边取拉氏变换，得

$$U_C(s) = \frac{u_C(0^-)}{s} + \frac{1}{sC}I_C(s) \qquad (5\text{-}42)$$

或

$$I_C(s) = sCU_C(s) - Cu_C(0^-) \qquad (5\text{-}43)$$

式（5-42）和式（5-43）表明：一个具有初始电压 $u_C(0^-)$ 的电容元件，其 s 域模型为一个复容抗 $\frac{1}{sC}$ 与一个大小为 $\frac{u_C(0^-)}{s}$ 的电压源串联，或者是 $\frac{1}{sC}$ 与一个大小为 $Cu_C(0^-)$ 的电流源并联，如图 5-5（b）所示。

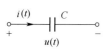 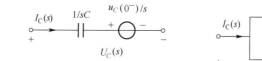 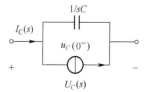

（a）时域模型　　　　　　　　　　　　　　　　（b）s 域模型

图 5-5　电容元件的模型

若把电路中每个元件都用它的 s 域模型代替，将信号源用其拉氏变换式代替，就可得到电路的 s 域模型。在电路的 s 域模型中，电压与电流的关系是代数关系，可应用与电阻电路一样的分析方法与定理列写求解响应的变换式。具体过程见下面的例题。

例 5-9　已知 $i_s(t) = 10\mathrm{A}$，$u_s(t) = 5\sin t(\mathrm{V})$，画出 s 域等效电路，并列出网孔方程和节点方程。

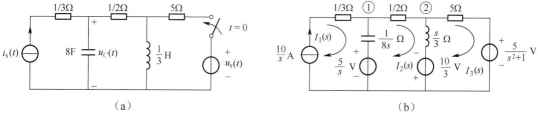

图 5-6　例 5-9 图

解 由图 5-6（a）可知，当 $t=0$ 时有

$$i_L(0^-) = i_s(t) = 10\text{A}$$

$$u_C(0^-) = \frac{1}{2} \times 10 = 5\text{V}$$

根据元件的 s 域模型画出对应的电路模型，如图 5-6（b）所示。
网孔方程：

$$\begin{cases} I_1(s) = \dfrac{10}{s} \\ -\dfrac{1}{8s}I_1(s) + \left(\dfrac{1}{8s} + \dfrac{1}{2} + \dfrac{s}{3}\right)I_2(s) - \dfrac{s}{3}I_3(s) = \dfrac{10}{3} + \dfrac{5}{s} \\ -\dfrac{s}{3}I_2(s) + \left(\dfrac{s}{3} + 5\right)I_3(s) = -\dfrac{5}{s^2+1} - \dfrac{10}{3} \end{cases}$$

节点方程：

$$\begin{cases} (8s+2)U_1(s) - 2U_2(s) = \dfrac{\dfrac{10}{s} + \dfrac{5/s}{1/8s}}{} \\ -2U_1(s) + \left(2 + \dfrac{1}{s/3} + \dfrac{1}{5}\right)U_2(s) = -\dfrac{10/3}{s/3} + \dfrac{5/(s^2+1)}{5} \end{cases}$$

例 5-10 电路如图 5-7（a）所示，已知 $u_C(0^-) = 0$，激励信号 $x(t)$ 如图 5-7（b）所示，试求 $u_C(t)$。

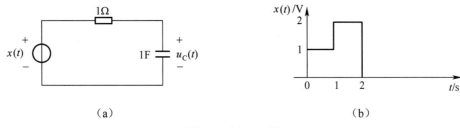

（a）   （b）

图 5-7　例 5-10 图

解 s 域模型如图 5-8（a）所示。激励信号 $x(t)$ 的微分为

$$x'(t) = \delta(t) + \delta(t-1) - 2\delta(t-2)$$

如图 5-8（b）所示。

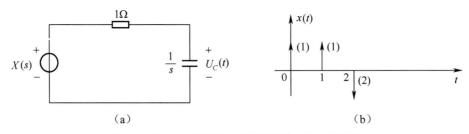

（a）   （b）

图 5-8　例 5-10 电路的 s 域模型及输入信号的微分

利用拉氏变换的时域微分性质可得

$$sX(s) = 1 + e^{-s} - 2e^{-2s}$$

其拉氏变换为

$$X(s) = \frac{1}{s}(1 + e^{-s} - 2e^{-2s})$$

根据图 5-8（a），利用分压公式，得

$$U_C(s) = \frac{1/s}{1 + 1/s} X(s) = \frac{X(s)}{s+1}$$

把 $X(s)$ 代入上式，得

$$U_C(s) = \frac{1}{s(s+1)}\left(1 + e^{-s} - 2e^{-2s}\right) = \left(\frac{1}{s} - \frac{1}{s+1}\right)\left(1 + e^{-s} - 2e^{-2s}\right)$$

$$= \left(\frac{1}{s} - \frac{1}{s+1}\right) + \left(\frac{1}{s} - \frac{1}{s+1}\right)e^{-s} - 2\left(\frac{1}{s} - \frac{1}{s+1}\right)e^{-2s}$$

则其反变换为

$$u_C(t) = (1 - e^{-t})\varepsilon(t) + [1 - e^{-(t-1)}]\varepsilon(t-1) - 2[1 - e^{-(t-2)}]\varepsilon(t-2)$$

5.6　双边拉普拉斯变换

在导出单边拉氏变换式（5-5）时，曾将傅里叶积分的下限取 0^- 值，这样做的理由是注意到一般情况下的实际信号都是从 $t = 0^-$ 开始的；另一方面，这样做便于引入衰减因子 $e^{-\sigma t}$，否则，若将积分下限从 $-\infty$ 开始，在 $t < 0$ 范围内，$e^{-\sigma t}$ 成为增长因子，不但不起收敛作用，反而可能使积分发散。例如：

$$\lim_{t \to \infty} t e^{-\sigma t} = 0 \quad (\sigma > 0)$$

$$\lim_{t \to -\infty} t e^{-\sigma t} = -\infty \quad (\sigma > 0)$$

故积分式 $\int_{-\infty}^{\infty} t e^{-st} \mathrm{d}t$ 不收敛。

但是，也有一些函数，当 σ 选在一定范围内，积分式

$$\int_{-\infty}^{\infty} x(t)\, e^{-st} \mathrm{d}t \tag{5-44}$$

为有限值（见例 5-11）。这表明，按照式（5-44）求积分也可得到函数 $x(t)$ 的一种变换式，这就是双边拉氏变换（也称为指数变换或广义傅里叶变换）。为与单边变换符号 $X(s)$ 相区别，可以用 $X_B(s)$ 表示双边拉氏变换。

下面讨论双边拉氏变换的收敛问题。

例 5-11　设已知函数

$$x(t) = \varepsilon(t) + e^t \varepsilon(-t)$$

其波形如图 5-9（a）所示。试确定 $x(t)$ 双边拉氏变换的收敛区。

解　（1）讨论收敛区：

取积分

$$\int_{-\infty}^{\infty} x(t)e^{-\sigma t}dt = \int_{-\infty}^{0} e^{(1-\sigma)t}dt + \int_{0}^{\infty} e^{-\sigma t}dt$$

此式右侧第一项积分当 $\sigma < 1$ 时是收敛的，第二项积分当 $\sigma > 0$ 时是收敛的。所以在 $0 < \sigma < 1$ 的范围内，$x(t)e^{-\sigma t}$ 满足收敛条件，对其他 σ 值而言，双边拉氏变换是不存在的。将函数 $x(t)$ 分解为如图 5-9（b）和 5-9（c）所示的两部分，分别表示出了它们相对应的收敛区，如图 5-9（d）（e）和（f）所示。

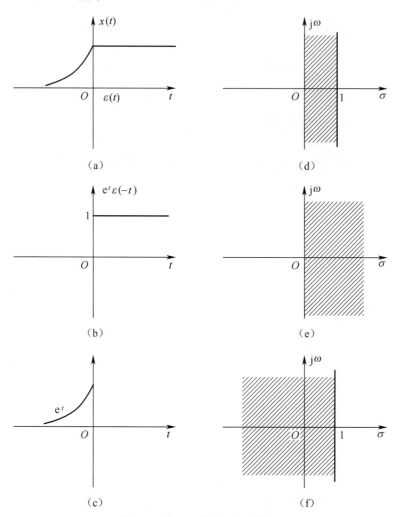

图 5-9　例 5-11 的波形与收敛区

（2）求双边拉氏变换：

$$X_B(s) = \int_{-\infty}^{\infty} x(t)e^{-st}dt$$

$$= \int_{-\infty}^{0} e^{(1-s)t}dt + \int_{0}^{\infty} e^{-st}dt$$

$$= \frac{1}{1-s} + \frac{1}{s} \qquad (0 < \sigma < 1)$$

　　不难看出，双边拉氏变换的问题可分解为两个类似单边拉氏变换的问题来处理。双边拉氏变换的收敛区一般有两个边界，一个边界决定于 $t>0$ 的函数，是收敛区的左边界，以 σ_1 表示；另一个边界决定于 $t<0$ 的函数，是收敛区的右边界，以 σ_2 表示。若 $\sigma_1<\sigma_2$，则 $t>0$ 与 $t<0$ 的两个函数有共同的收敛区，双边拉氏变换存在；若 $\sigma_1 \geqslant \sigma_2$，无共同收敛区，双边拉氏变换就不存在。设有函数

$$x(t)=\mathrm{e}^{at}\varepsilon(t)+\mathrm{e}^{bt}\varepsilon(-t)$$

则其收敛边界为

$$\sigma_1=a,\quad \sigma_2=b$$

也即收敛区落于 $a<\sigma<b$ 的范围之内。如果 $b>a$，则有收敛区，双边拉氏变换存在；若 $b \leqslant a$，则无收敛区，双边拉氏变换不存在。

　　从例 5-11 的结果还可以看出，在给出某函数的双边拉氏变换式 $X_B(s)$ 时，必须注明其收敛区，如果不注明收敛区，在取其逆变换求 $x(t)$ 时将出现混淆。例如，若已知双边拉氏变换为

$$X_{\mathrm{B}}(s)=\frac{1}{1-s}+\frac{1}{s}$$

则对应三种不同可能的收敛区，其逆变换将出现三种可能的函数：

　　（1）若收敛区为 $0<\sigma<1$，有

$$x_1(t)=\varepsilon(t)+\mathrm{e}^t\varepsilon(-t)$$

其波形与收敛域如图 5-9（a）（d）所示。

　　（2）若收敛区为 $\sigma>1$，有

$$x_2(t)=(1-\mathrm{e}^t)\varepsilon(t)$$

其波形与收敛域如图 5-10（a）所示。

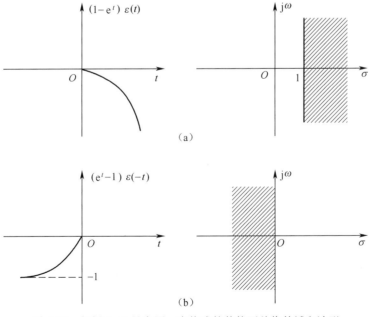

图 5-10　与例 5-11 具有同一变换式的其他两种收敛域和波形

（3）若收敛区为 $\sigma < 0$，有

$$x_3(t) = (e^t - 1)\varepsilon(-t)$$

其波形与收敛域如图 5-10（b）所示。

这表明，不同的函数在各不相同的收敛域条件下可能得到同样的双边拉氏变换。

现在讨论如何求左边函数的拉普拉斯变换 $X_b(s)$。

$$X_b(s) = \int_{-\infty}^{0} x_b(t)e^{-st}dt \tag{5-45}$$

令 $t = -\tau$，即将左边函数对称于坐标纵轴反褶使之成为右边函数，则

$$X_b(-s) = \int_0^{\infty} x_b(-\tau)e^{-(-s)\tau}d\tau$$

再令 $-s = p$，则上式成为

$$X_b(p) = \int_0^{\infty} x_b(-\tau)e^{-p\tau}d\tau \tag{5-46}$$

综上所述，求取左边函数的拉普拉斯变换 $X_b(s)$ 可按下列步骤进行：

（1）对时间求反，即令 $t = -\tau$，构成右边函数 $x_b(-\tau)$；

（2）对 $x_b(-\tau)$ 求单边拉普拉斯变换得 $X_b(p)$；

（3）对复变量 p 求反，即用 $-s$ 代替 p，从而求得 $X_b(s)$。

在求解双边拉普拉斯反变换时，首先要区分开哪些极点是由左边函数形成的，哪些极点是由右边函数形成的，即极点的归属问题。$X_B(s)$ 的极点应分布于收敛区的两侧。如在收敛区中取一任意的反演积分路径，则路径左侧的极点应对应于 $t \geqslant 0$ 的时间函数 $x_a(t)$，右侧的极点则对应于 $t < 0$ 的时间函数 $x_b(t)$。$x_a(t)$ 可由对应极点的部分分式经单边拉普拉斯反变换直接得到，而求 $x_b(t)$ 则可将上述求左边函数正变换的步骤倒过来进行即可。

下面列举利用双边拉氏变换求解电路的一个实例。

例 5-12 图 5-11 所示 RC 电路中，当 $-\infty < t < 0$ 时，开关 S 位于"1"端，当 $t = 0$ 时，S 从"1"转至"2"端，试求 $u_C(t)$ 波形。

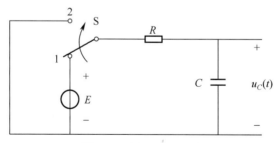

图 5-11 例 5-12 的电路

解 很明显，可将 $t < 0$ 时所加直流电源 E 的作用转换为电路中的起始状态，利用单边拉氏变换求解。现在改用双边拉氏变换进行分析，为此将图 5-11 电路改画为图 5-12（a），其中激励信号 $x(t)$ 的波形如图 5-12（b）所示，其表示式为

$$x(t) = E\varepsilon(-t)$$

取其双边拉氏变换，注明收敛域

$$X(s) = -\frac{E}{s} \quad (\sigma < 0)$$

借助网络函数关系，容易写出 $u_C(t)$ 的双边拉氏变换表示式

$$U_C(s) = X(s) \cdot \frac{\dfrac{1}{sC}}{R + \dfrac{1}{sC}}$$

$$= -\frac{E}{s} + \frac{E}{s + \dfrac{1}{RC}} \quad \left(-\frac{1}{RC} < \sigma < 0 \right)$$

于是求得

$$u_C(t) = E\varepsilon(-t) + Ee^{-\frac{t}{RC}}\varepsilon(t) \qquad \left(-\frac{1}{RC} < \sigma < 0 \right)$$

画出波形如图 5-12（b）所示。

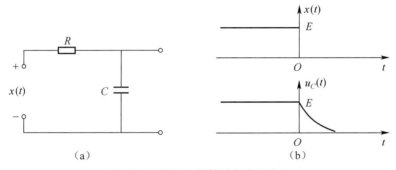

图 5-12　例 5-12 的等效电路与波形

必须注意，在以上分析过程的每一步都应写明变换式的收敛域，否则将导致错误的结果，例如，对于 $U_C(s)$ 表示式，如果将收敛域理解为 $\sigma > 0$ ，则其逆变换为

$$u_C(t) = -E\varepsilon(t) + Ee^{-\frac{t}{RC}}\varepsilon(t)$$

这是不确切的。

由于双边拉氏变换在收敛域方面必须考虑一些限制，因而使逆变换的求解比较麻烦，这是它的缺点。双边拉氏变换的优点在于信号不必限制在 $t > 0$ 的范围内，在某些情况下，把所研究的问题从 $-\infty$ 到 $+\infty$ 做统一考虑，可使概念更加清楚；此外，双边拉氏变换与傅里叶变换的联系更紧密，为全面理解傅里叶变换、拉氏变换以及第 7 章将要学习的 z 变换之间的区别和联系，有必要对双边拉氏变换的原理有所了解。

5.7　系统的模拟图与框图

5.7.1　三种运算器

系统模拟中应用的运算器有加法器、数乘器（也称标量乘法器）和积分器三种。三种运

算器的表示符号及其时域、s 域中输入与输出的关系见表 5-3。

表 5-3　三种运算器的表示符号及其输入与输出的关系

注：1. $y(0^-) = \displaystyle\int_{-\infty}^{0^-} x(\tau)\mathrm{d}\tau$ ，为响应 $y(t)$ 的初始状态。

　　2. 关于信号流图的意义详见 5.8 节。

5.7.2　系统模拟的定义与系统的模拟图

在实验室中常用加法器、数乘器和积分器三种运算器来模拟给定系统的数学模型——微分方程或连续时间系统复频域形式的系统函数 $H(s)$，称之为线性系统的模拟，简称系统模拟。经过模拟而得到的系统称为模拟系统。

从系统模拟的定义可看出，所谓的系统模拟仅是指数学意义上的模拟。模拟的不是实际的系统，而是系统的数学模型——微分方程或系统函数 $H(s)$。这就是说，不管是任何实际系统，只要它们的数学模型相同，则它们的模拟系统就一样，就可以在实验室里用同一个模拟系统对系统的特性进行研究。例如，当系统参数或输入信号改变时，系统的响应如何变化，系统的工作是否稳定，系统的性能指标能否满足要求，系统的频率响应如何变化等。所有这些都可用实验仪器直接进行观测，或在计算机的输出装置上直接显示出来。模拟系统的输出信号，就是系统微分方程的解，称为模拟解。这不仅比直接求解系统的微分方程来得简便，而且便于确定系统的最佳参数和最佳工作状态。这正是系统模拟的重要实用意义和理论价值。

在工程实际中，加法器、数乘器和积分器三种运算器都是用含有运算放大器的电路来实现的，这在电路基础课程中已进行了研究，此处不再赘述。系统模拟一般都是用模拟计算机或数字计算机来实现的，也可在专用的实验设备上实现。

由加法器、数乘器和积分器连接而成的图称为系统模拟图，简称模拟图。模拟图与系统的微分方程或系统函数 $H(s)$ 在描述系统特性方面是等价的。

5.7.3　常用的模拟图形式

常用的模拟图有直接形式、并联形式、级联形式和混联形式四种。它们都可根据系统微分方程或系统函数 $H(s)$ 画出。在计算机模拟中，每一个积分器都备有专用的输入初始条件的引入端，当进行模拟实验时，每一个积分器都要引入它应有的初始条件。有了这样的理解，下面画系统模拟图时，为简明方便，先设系统的初始状态为零，即系统为零状态。此时，模拟系统的输出信号，就是系统的零状态响应了。

1. 直接形式

设系统微分方程式为二阶的，即

$$y''(t) + a_1 y'(t) + a_0 y(t) = x(t) \tag{5-47}$$

为了画出其直接形式的模拟图，将式（5-47）改写为

$$y''(t) = -a_1 y'(t) - a_0 y(t) + x(t)$$

根据此式即可画出时域直接形式的模拟图，如图 5-13（a）所示。图中有两个积分器（因为微分方程是二阶的），还有两个数乘器和一个加法器。图中各变量之间的关系一目了然，无须赘述。

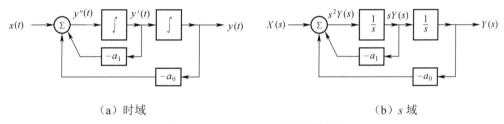

（a）时域　　　　　　　　　　　　　　（b）s 域

图 5-13　式（5-47）对应的模拟图

若将式（5-47）进行拉氏变换即有

$$s^2 Y(s) + a_1 s Y(s) + a_0 Y(s) = X(s) \tag{5-48}$$

或

$$s^2 Y(s) = -a_1 s Y(s) - a_0 Y(s) + X(s) \tag{5-49}$$

根据此式即可画出 s 域直接形式的模拟图，如图 5-13（b）所示。

将图 5-13（a）和（b）对照，可看出两者的结构完全相同，仅是两者的变量表示形式不同。图（a）中是时域变量，图（b）中则是 s 域变量，而且两者完全是对应的。因此，为简便，以后就不必将两种图都画出了，只需画出二者之一即可。

根据式（5-48）可求出系统函数为

$$H(s) = \frac{Y(s)}{X(s)} = \frac{1}{s^2 + a_1 s + a_0} = \frac{s^{-2}}{1 + a_1 s^{-1} + a_0 s^{-2}} \tag{5-50}$$

将式（5-50）与图 5-13（b）进行联系对比，不难看出，若系统函数 $H(s)$ 已知，则根据 $H(s)$ 直接画出 s 域直接形式模拟图的方法也是一目了然的。

若系统的微分方程式为如下形式

$$y''(t) + a_1 y'(t) + a_0 y(t) = b_2 x''(t) + b_1 x'(t) + b_0 x(t) \qquad (5\text{-}51)$$

则其系统函数（这里取 $m=n=2$）为

$$H(s) = \frac{Y(s)}{X(s)} = \frac{b_2 s^2 + b_1 s + b_0}{s^2 + a_1 s + a_0} = \frac{b_2 + b_1 s^{-1} + b_0 s^{-2}}{1 + a_1 s^{-1} + a_0 s^{-2}} \qquad (5\text{-}52)$$

为了画出与此微分方程或 $H(s)$ 相对应的直接形式的模拟图，可引入中间变量 $f(t)$，使之满足

$$x(t) = f''(t) + a_1 f'(t) + a_0 f(t) \qquad (5\text{-}53)$$

$$y(t) = b_2 f''(t) + b_1 f'(t) + b_0 f(t) \qquad (5\text{-}54)$$

将式（5-53）和式（5-54）代入式（5-51）可得到方程两边相等，可见可以引入这样的中间变量 $f(t)$。

故有

$$f''(t) = -a_1 f'(t) - a_0 f(t) + x(t) \qquad (5\text{-}55)$$

与式（5-51）相对应的时域直接形式的模拟图与 s 域直接形式的模拟图如图 5-14（a）与（b）所示。

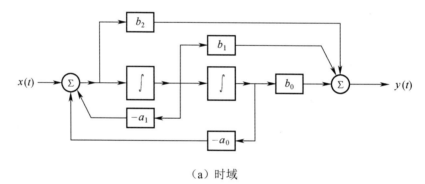

（a）时域

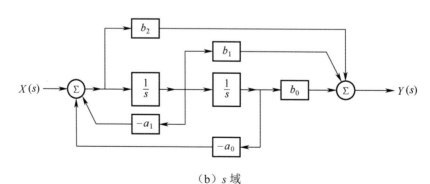

（b）s 域

图 5-14　式（5-51）对应的模拟图

图 5-14 也可根据系统函数 $H(s)$ 的表示式（5-52）直接画出，其步骤和方法一目了然，也无须赘述。

从图 5-14 中看出，图中有两个积分器（因为微分方程是二阶的）、两个加法器[因为式（5-51）

中等号左端和右端各有一个求和式]和五个数乘器。

推广　若系统的微分方程为 n 阶的，且设 $m=n$，即

$$y^n(t) + a_{n-1}y^{n-1}(t) + ... + a_1 y'(t) + a_0 y(t) = b_m x^m(t) + b_{m-1}x^{m-1}(t) + ... + b_1 x'(t) + b_0 x(t)$$

$$(5\text{-}56)$$

仿照上面的结论，可以很容易地画出与上两式相对应的时域和 s 域直接形式的模拟图，请读者自己画出。

需要指出，直接形式的模拟图只适用于 $m \leqslant n$ 的情况。当 $m > n$ 时，就无法模拟了。

2. 并联形式

设系统函数仍为式（5-52），即

$$H(s) = \frac{b_2 s^2 + b_1 s + b_0}{s^2 + a_1 s + a_0}$$

将上式化成真分式并将余式 $N_0(s)$ 展开成部分分式，即

$$H(s) = b_2 + \frac{N_0(s)}{s^2 + a_1 s + a_0} = b_2 + \frac{N_0(s)}{(s - p_1)(s - p_2)}$$

$$= b_2 + \frac{k_1}{s - p_1} + \frac{k_2}{s - p_2} \tag{5-57}$$

式中，p_1、p_2 为 $H(s)$ 的单阶极点；k_1、k_2 为部分分式的待定系数，它们都是可以求得的。根据式（5-57），即可画出与之对应的并联形式的模拟图，如图 5-15 所示。

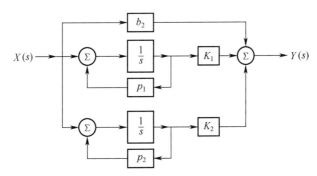

图 5-15　式（5-57）对应的模拟图

特例：若 $b_2 = 0$，则图中最上面的支路就断开了。

若系统函数 $H(s)$ 为 n 阶的，则与之对应的并联形式的模拟图也可如法炮制。请读者研究。

并联模拟图的特点是各子系统之间相互独立，互不干扰和影响。

并联模拟图也只适用于 $m \leqslant n$ 的情况。

3. 级联形式

设系统函数仍为式（5-52），即

$$H(s) = \frac{b_2 s^2 + b_1 s + b_0}{s^2 + a_1 s + a_0} = \frac{b_2(s - z_1)(s - z_2)}{(s - p_1)(s - p_2)}$$

$$= b_2 \cdot \frac{s - z_1}{s - p_1} \cdot \frac{s - z_2}{s - p_2} \tag{5-58}$$

式中，p_1、p_2 为 $H(s)$ 的单阶极点；z_1、z_2 为 $H(s)$ 的单阶零点。它们都是可以求得的。根据式（5-58），即可画出与之对应的级联形式的模拟图，如图 5-16 所示。

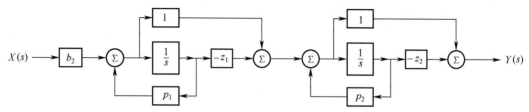

图 5-16　式（5-58）对应的模拟图

若系统函数 $H(s)$ 为 n 阶的，则与之对应的级联形式的模拟图也可仿效画出。

级联模拟图也只适用于 $m \leqslant n$ 的情况。

4. 混联形式

例如，设

$$H(s) = \frac{2s+3}{s^4 + 7s^3 + 16s^2 + 12s} = \frac{2s+3}{s(s+3)(s+2)^2}$$

$$= \frac{\frac{1}{4}}{s} + \frac{1}{s+3} + \frac{-\frac{5}{4}}{s+2} + \frac{\frac{1}{2}}{(s+2)^2}$$

进而再改写成

$$H(s) = \frac{1}{s} \cdot \frac{1}{4} \cdot \frac{5s+3}{s+3} + \frac{-\frac{5}{4}}{s+2} + \frac{\frac{1}{2}}{s^2 + 4s + 4} \tag{5-59}$$

根据上式即可画出与之对应的混联形式的模拟图，如图 5-17 所示。

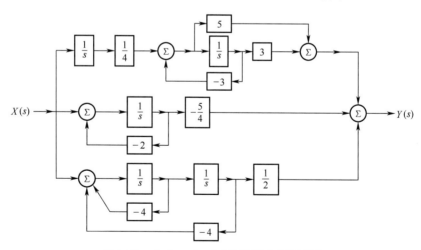

图 5-17　式（5-59）对应的混联形式模拟图

最后还要指出两点：

（1）一个给定的微分方程或系统函数 $H(s)$，与之对应的模拟图可以有无穷多种，上面仅给出了四种常用的形式。同时也要指出，实际模拟时，究竟应采用哪一种形式的模拟图，要根据所研究问题的目的、需要和方便性而定。每一种形式的模拟图都有其工程应用背景。

（2）按照模拟图利用模拟计算机进行模拟实验时，还有许多实际的技术性问题要考虑。例如，需要做有关物理量幅度或时间的比例变换等，以便各种运算单元都能在正常条件下工作。因此，实际的模拟图会有些不一样。

5.7.4　系统的框图

一个系统是由许多部件或单元组成的，将这些部件或单元各用能完成相应运算功能的方框表示，然后将这些方框按系统的功能要求及信号流动的方向连接起来而构成的图，称为系统的框图表示，简称系统的框图。例如图 5-18 所示即为一个子系统的框图，其中图 5-18（a）为时域框图，它完成了激励 $x(t)$ 与单位冲激响应 $h(t)$ 的卷积积分运算功能；图 5-18（b）为 s 域框图，它完成了 $X(t)$ 与系统函数 $H(t)$ 的乘积运算功能。

$$x(t) \longrightarrow \boxed{h(t)} \longrightarrow y(t) = x(t) * h(t) \qquad\qquad X(s) \longrightarrow \boxed{H(s)} \longrightarrow Y(s) = X(s)H(s)$$

（a）时域框图　　　　　　　　　　　　　　　　（b）s 域框图

图 5-18

系统框图表示的好处是，可以一目了然地看出一个大系统是由哪些小系统（子系统）组成的，各子系统之间是什么样的关系，以及信号是如何在系统内部流动的。

应注意，系统的框图与模拟图不是一个概念，两者含义不同。

例 5-13　已知 $H(s) = \dfrac{2s+3}{s^4 + 7s^3 + 16s^2 + 12s}$，试用级联形式、并联形式和混联形式的框图表示之。

解　（1）级联形式。将 $H(s)$ 改写为

$$H(s) = \frac{2s+3}{s(s+3)(s+2)^2} = \frac{1}{s} \cdot \frac{2s+3}{s+3} \cdot \frac{1}{(s+2)^2}$$
$$= H_1(s) \cdot H_2(s) \cdot H_3(s)$$

式中，$H_1(s) = \dfrac{1}{s}$，$H_2(s) = \dfrac{2s+3}{s+3}$，$H_3(s) = \dfrac{1}{(s+2)^2}$。

其框图如图 5-19 所示。由图可得

$$Y(s) = X(s) \cdot H_1(s) \cdot H_2(s) \cdot H_3(s)$$

故得

$$H(s) = \frac{Y(s)}{X(s)} = H_1(s) \cdot H_2(s) \cdot H_3(s)$$

$$X(s) \longrightarrow \boxed{H_1(s)} \longrightarrow \boxed{H_2(s)} \longrightarrow \boxed{H_3(s)} \longrightarrow Y(s)$$

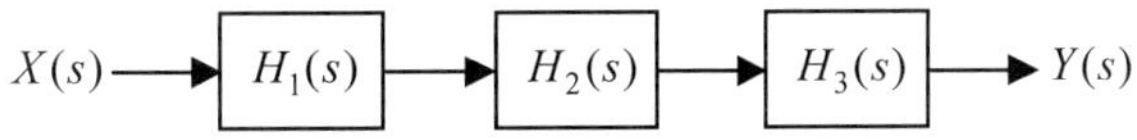

图 5-19　例 5-13 图一

（2）并联形式。将上面的 $H(s)$ 改为

$$H(s) = \frac{\frac{1}{4}}{s} + \frac{1}{s+3} + \frac{-\frac{5}{4}}{s+2} + \frac{\frac{1}{2}}{(s+2)^2}$$

$$= H_1(s) + H_2(s) + H_3(s) + H_4(s)$$

式中，$H_1(s) = \dfrac{\frac{1}{4}}{s}$，$H_2(s) = \dfrac{1}{s+3}$，$H_3(s) = \dfrac{-\frac{5}{4}}{s+2}$，$H_4(s) = \dfrac{\frac{1}{2}}{(s+2)^2}$。

其框图如图 5-20 所示。由图可得

$$Y(s) = X(s) \cdot H_1(s) + X(s) \cdot H_2(s) + X(s) \cdot H_3(s) + X(s) \cdot H_4(s)$$

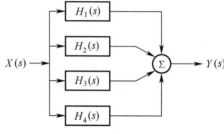

图 5-20　例 5-13 图二

故得

$$H(s) = \frac{Y(s)}{X(s)} = H_1(s) + H_2(s) + H_3(s) + H_4(s)$$

（3）混联形式。将 $H(s)$ 改写为

$$H(s) = \frac{\frac{1}{4}}{s} \cdot \frac{5s+3}{s+3} + \frac{-\frac{5}{4}}{s+2} + \frac{\frac{1}{2}}{s^2+4s+4}$$

$$= H_1(s) \cdot H_2(s) + H_3(s) + H_4(s)$$

式中，$H_1(s) = \dfrac{\frac{1}{4}}{s}$，$H_2(s) = \dfrac{5s+3}{s+3}$，$H_3(s) = \dfrac{-\frac{5}{4}}{s+2}$，$H_4(s) = \dfrac{\frac{1}{2}}{s^2+4s+4}$。

其框图如图 5-21 所示。由图可得

$$Y(s) = X(s) \cdot H_1(s) \cdot H_2(s) + X(s) \cdot H_3(s) + X(s) \cdot H_4(s)$$

故得

$$H(s) = \frac{Y(s)}{X(s)} = H_1(s) \cdot H_2(s) + H_3(s) + H_4(s)$$

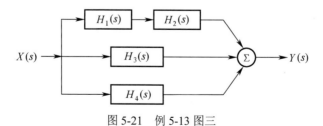

图 5-21　例 5-13 图三

例 5-14　试求图 5-22 所示系统的系统函数 $H(s) = \dfrac{Y(s)}{X(s)}$。

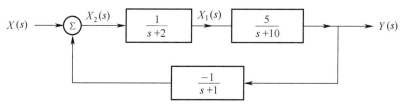

图 5-22　例 5-14 图

解　引入中间变量 $X_1(s)$ 和 $X_2(s)$，如图 5-22 所示。有

$$Y(s) = \frac{5}{s+10} X_1(s) = \frac{5}{s+10} \cdot \frac{1}{s+2} X_2(s)$$

$$= \frac{5}{s+10} \cdot \frac{1}{s+2} \left[X(s) - \frac{1}{s+1} Y(s) \right]$$

解得

$$H(s) = \frac{Y(s)}{X(s)} = \frac{5(s+1)}{(s+10)(s+2)(s+1)+5}$$

$$= \frac{5s+5}{s^3 + 13s^2 + 32s + 25}$$

5.8　系统的信号流图与梅森公式

5.8.1　信号流图的定义

由节点与有向支路构成的表征系统功能与信号流动方向的图，称为系统的信号流图，简称流图。例如，图 5-23（a）所示的系统框图，可用图 5-23（b）来表示，图 5-23（b）即为图 5-23（a）的信号流图。图 5-23（b）中的小圆圈"o"代表变量，有向支路代表一个子系统及信号传输（或流动）方向，支路上标注的 $H(s)$ 代表支路（子系统）的传输函数。这样，根据图 5-23（b），同样可写出系统各标量之间的关系，即

$$Y(s) = H(s)X(s)$$

（a）系统框图　　　　　　　　　　　　　（b）信号流图

图 5-23　系统框图与信号流图

5.8.2　三种运算器的信号流图表示

加法器、数乘器、积分器三种运算器的信号流图表示见表 5-3。从表中可以看出：在信号

流图中，节点"o"除代表变量外，它还对流入节点的信号具有相加（求和）的作用，如表中第一行与第三行中的节点 $Y(s)$ 即是。

5.8.3 模拟图与信号流图的相互转换规则

模拟图与信号流图都可用来表示系统，两者之间可以相互转换，其规则是：

（1）在转换中，信号流动的方向（即支路方向）及正、负号不能改变。

（2）模拟图（或框图）中先是"和点"后是"分点"的地方，在信号流图中应画成一个"混合"节点，如图 5-24 所示。根据此两图写出的各变量之间的关系式是相同的，即 $Y(s) = X_1(s) + X_2(s)$ 。

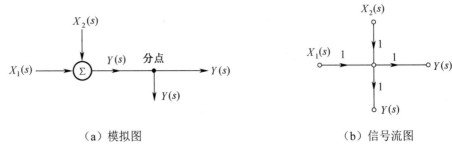

（a）模拟图 　　　　　　　　　　　（b）信号流图

图 5-24　模拟图与信号流图一

（3）模拟图（或框图）中先是"分点"后是"和点"的地方，在信号流图中应在"分点"与"和点"之间增加一条传输函数为1的支路，如图 5-25 所示。

（4）模拟图（或框图）中的两个"和点"之间，在信号流图中有时要增加一条传输函数为1的支路（若不增加，会出现环路的接触，此时就必须增加），但有时也不需增加（若不增加，也不会出现环路的接触，即此时可以不增加），见例 5-15。

（5）在模拟图（或框图）中，若激励节点上有反馈信号和输入信号叠加，在信号流图中，应在激励节点与此"和点"之间增加一条传输函数为1的支路，见例 5-15。

（6）在模拟图（或框图）中，若响应节点上有反馈信号流出，在信号流图中，可从响应节点上引出一条传输函数为1的支路（也可以不增加），见例 5-15。

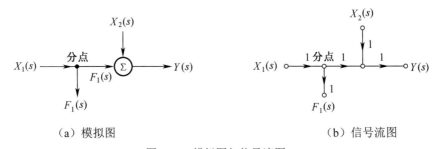

（a）模拟图 　　　　　　　　　　　（b）信号流图

图 5-25　模拟图与信号流图二

例 5-15　将如图 5-14 至图 5-17 所示各形式的模拟图画成信号流图。

解　与图 5-14 至图 5-17 相对应的信号流图分别如图 5-26（a）（b）（c）（d）所示。

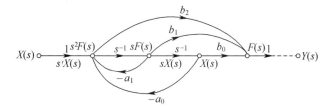

（a）直接形式的信号流图

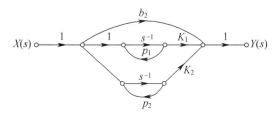

（b）并联形式的信号流图

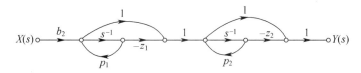

（c）级联形式的信号流图

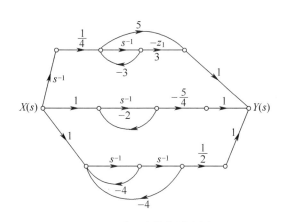

（d）混联形式的信号流图

图 5-26　例 5-15 图

　　信号流图实际上是线性代数方程组的图示形式，即用图把线性代数方程组表示出来。有了系统的信号流图，利用梅森（Mason）公式，即可很容易地求得系统函数 $H(s)$。这要比解线性代数方程组求 $H(s)$ 容易得多。

　　信号流图的优点是：

　　（1）用它表示系统，要比用模拟图或框图表示系统更加简明、清晰，而且图也容易画。

　　（2）信号流图也是求系统函数 $H(s)$ 的有力工具，即根据信号流图，利用梅森（Mason）公式，可以很容易地求得系统的系统函数 $H(s)$。

例 5-16 已知系统的信号流图如图 5-27（a）所示。试画出与之对应的模拟图。

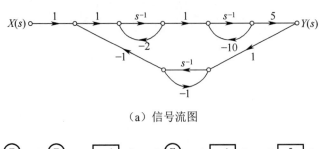

（a）信号流图

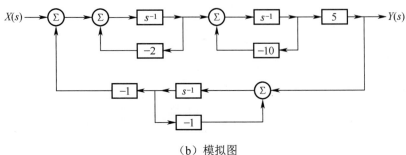

（b）模拟图

图 5-27　例 5-16 图

解　根据模拟图与信号流图的转换规则，即可画出其模拟图如图 5-27（b）所示。于是可求得此系统的传输函数为

$$H(s) = \frac{Y(s)}{X(s)} = \frac{5(s+1)}{s^3 + 13s^2 + 32s + 25}$$

5.8.4　信号流图的名词术语

下面以图 5-26 为例，介绍信号流图中的一些名词术语。

1. 节点

表示系统变量（即信号）的点称为节点，如图中的点 $X(s)$、$s^2 F(s)$、$sF(s)$、$F(s)$、$Y(s)$；或者说每一个节点代表一个变量，该图中共有 5 个变量，故共有 5 个节点。

2. 支路

连接两个节点之间的有向线段（或线条）称为支路。每一条支路代表一个子系统，支路的方向表示信号的传输（或流动）方向，支路旁标注的 $H(s)$ 代表支路（子系统）的传输函数。例如，图中的 $1, s^{-1}, -a_1, -a_0, b_2, b_1, b_0$ 均为相应支路的传输函数。

3. 激励节点

激励节点是指代表系统激励信号的节点，如图中的节点 $X(s)$。激励节点的特点是连接在它上面的支路只有流出去的支路，而没有流入的支路。激励节点也称为源节点或源点。

4. 响应节点

响应节点是指代表所求响应变量的节点，如图中的节点 $Y(s)$。有时为了把响应节点更突出地显示出来，也可从相应节点上再引出一条传输函数为 1 的有向支路，如图 5-26（a）中最右边的虚线条所示。

5. 混合节点

若在一个节点上既有输入支路，又有输出支路，这样的节点即为混合节点。混合节点除了代表变量外，还对输入它的信号求和的功能，它代表的变量就是所有输入信号的和，此和信号就是它的输出信号。

6. 通路

从任一节点出发，沿支路箭头方向（不能是相反方向）连续地经过各相连支路而到达另一节点的路径称为通路。

7. 环路

若通路的起始节点就是通路的终止节点，而且除起始节点外，该通路与其余节点相遇的次数不多于 1，则这样的通路称为闭合通路或环路。如图 5-26（a）中共有两个环路：$s^2F(s) \to s^{-1} \to sF(s) \to (-a_1) \to s^2F(s)$；$s^2F(s) \to s^{-1} \to sF(s) \to s^{-1} \to F(s) \to (-a_0) \to s^2F(s)$。环路也称为回路。

8. 开通路

与任一节点相遇的次数不多于 1 的通路称为开通路，它的起始节点与终止节点不是同一节点。

9. 前向开通路

从激励节点至响应节点的开通路，也简称前向通路。图 5-26（a）中共有三条前向通路：$X(s) \to 1 \to s^2F(s) \to b_2 \to Y(s)$；$X(s) \to 1 \to s^2F(s) \to s^{-1} \to sF(s) \to b_1 \to Y(s)$；$X(s) \to 1 \to s^2F(s) \to s^{-1} \to sF(s) \to s^{-1} \to b_0 \to Y(s)$。

10. 互不接触的环路

没有公共节点的两个环路称为互不接触的环路。在图 5-26（a）中不存在互不接触的环路。

11. 自环路

只有一个节点和一条支路的环路称为自环路，简称自环。

12. 环路传输函数

环路中各支路传输函数的乘积称为环路传输函数。

13. 前向开通路的传输函数

前向开通路中各支路传输函数的乘积，称为前向开通路的传输函数。

5.8.5 梅森公式

从系统的信号流图直接求系统函数 $H(s) = \dfrac{Y(s)}{X(s)}$ 的计算公式，称为梅森公式（Mason Formula）。该公式为

$$H(s) = \frac{Y(s)}{X(s)} = \frac{1}{\Delta} \sum_k P_k \Delta_k \tag{5-60}$$

$$\Delta = 1 - \sum_i L_i + \sum_{m,n} L_m L_n - \sum_{p,q,r} L_p L_q L_r + \dots \tag{5-61}$$

此公式的证明甚繁，此处略去。现从应用角度对此公式予以说明。

式中，Δ 为信号流图的特征行列式；L_i 为第 i 个环路的传输函数，$\sum\limits_{i} L_i$ 为所有环路传输函数之和；$L_m L_n$ 为两个互不接触环路传输函数的乘积，$\sum\limits_{m,n} L_m L_n$ 为所有两个互不接触环路传输函数乘积之和；$L_p L_q L_r$ 为三个互不接触环路传输函数的乘积，$\sum\limits_{p,q,r} L_p L_q L_r$ 为所有三个互不接触环路传输函数乘积之和；P_k 为由激励节点至所求响应节点的第 k 条前向开通路所有支路传输函数的乘积；Δ_k 为除去第 k 条前向通路中所包含的支路和节点后所剩子流图的特征行列式。Δ_k 仍然按照式（5-61）求解。

例 5-17 如图 5-28（a）所示系统，求此系统的系统函数 $H(s) = \dfrac{Y(s)}{X(s)}$。

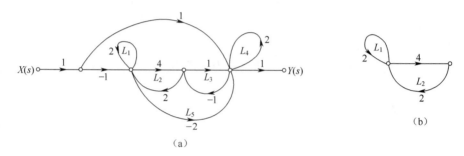

图 5-28　例 5-17 图

解　（1）求 Δ：

$\sum\limits_{i} L_i$：该图共有 5 个环路，其传输函数分别为

$$L_1 = 2, \quad L_2 = 2 \times 4 = 8, \quad L_3 = 1 \times (-1) = -1$$
$$L_4 = 2, \quad L_5 = -2 \times (-1) \times 2 = 4$$

故

$$\sum\limits_{i} L_i = L_1 + L_2 + L_3 + L_4 + L_5 = 15$$

$\sum\limits_{m,n} L_m L_n$：该图中两两互不接触的环路共有三组

$$L_1 L_3 = 2 \times (-1) = -2$$
$$L_1 L_4 = 2 \times 2 = 4$$
$$L_2 L_4 = 8 \times 2 = 16$$

故

$$\sum\limits_{m,n} L_m L_n = L_1 L_3 + L_1 L_4 + L_2 L_4 = 18$$

该图中没有三个和三个以上互不接触的环路，故有 $\sum\limits_{p,q,r} L_p L_q L_r = 0$

因此

$$\Delta = 1 - \sum\limits_{i} L_i + \sum\limits_{m,n} L_m L_n - \sum\limits_{p,q,r} L_p L_q L_r + \cdots$$
$$= 1 - 15 + 18 = 4$$

（2）求 $\sum_k P_k \Delta_k$：

P_k：该图共有三个前向通路，其传输函数分别为

$$P_1 = 1 \times 1 \times 1 = 1$$
$$P_2 = 1 \times (-1) \times 4 \times 1 \times 1 = -4$$
$$P_3 = 1 \times (-1) \times (-2) \times 1 = 2$$

Δ_k：除去 P_1 前向通路中包含的支路和节点后，所剩子流图如图 5-28（b）所示。该子流图共有两个环路，故

$$\sum_i L_i = L_1 + L_2 = 2 + 2 \times 4 = 2 + 8 = 10$$

$$\Delta_1 = 1 - \sum_i L_i = 1 - 10 = -9$$

除去 P_2、P_3 前向通路中所包含的支路和节点后，已无子流图存在，故有

$$\Delta_2 = \Delta_3 = 1$$

可得

$$\sum_k P_k \Delta_k = P_1 \Delta_1 + P_2 \Delta_2 + P_3 \Delta_3$$
$$= 1 \times (-9) + (-4) \times 1 + 2 \times 1 = -11$$

（3）求 $H(s)$：

$$H(s) = \frac{Y(s)}{X(s)} = \frac{1}{\Delta} \sum_k P_k \Delta_k = \frac{1}{4} \times (-11) = -\frac{11}{4}$$

5.9　系统函数

系统的响应一方面与激励有关，另一方面也与系统本身有关。系统函数就是描述系统本身特性的，它在电路与系统理论中占有重要地位。

5.9.1　系统函数的定义与分类

如图 5-29 所示零状态系统，$x(t)$ 为激励，$y(t)$ 为零状态响应，设系统的单位冲激响应为 $h(t)$，则有

$$y(t) = h(t) * x(t)$$

图 5-29　零状态系统

对上式等号两端同时求拉氏变换，并设 $Y(s) = L[y(t)]$，$H(s) = L[h(t)]$，$X(s) = L[x(t)]$，有

$$Y(s) = H(s)X(s) \tag{5-62}$$

$$H(s) = \frac{Y(s)}{X(s)} \tag{5-63}$$

$H(s)$ 称为复频域系统函数，简称系统函数。可见系统函数 $H(s)$ 就是系统零状态响应 $y(t)$ 的象函数 $Y(s)$ 与激励 $x(t)$ 的象函数 $X(s)$ 之比，也就是系统单位冲激响应 $h(t)$ 的拉氏变换。

由于 $H(s)$ 是响应与激励的两个象函数之比，所以 $H(s)$ 与系统的激励和响应的具体数值无关，它只与系统本身的结构与元件参数有关。它充分且完整地描述了系统本身的特性。因此，研究系统的特性，也就归结为对 $H(s)$ 进行研究。

在电路系统领域，系统函数可分为两大类，它们在性质上有相同之处，也有不同之处。这是将它分为两大类的原因之一。

为了易于理解和接受，同时又不失于一般性，下面以如图 5-30 所示的二端口网络为具体对象来介绍。

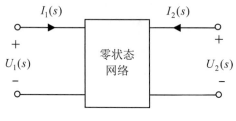

图 5-30 二端口网络

1. 驱动（策动）点函数

当响应与激励是在同一个端口时，系统函数称为驱动点（也称策动点）函数。如图 5-30 所示的零状态二端口电路，若视 $I_1(s)$ 为响应、$U_1(s)$ 为激励（电压源），则系统函数为

$$H(s) = Y(s) = \frac{I_1(s)}{U_1(s)}$$

称为驱动点导纳，也称输入导纳；若视 $U_1(s)$ 为响应、$I_1(s)$ 为激励（电流源），则系统函数为

$$H(s) = Z(s) = \frac{U_1(s)}{I_1(s)}$$

称为驱动点阻抗，也称输入阻抗。且有 $Z(s) = \dfrac{1}{Y(s)}$ 或 $Y(s) = \dfrac{1}{Z(s)}$ ，即 $Z(s)Y(s) = 1$ 。

2. 转移（或传输）函数

当响应与激励是在不同的端口时，系统函数称为转移（或传输）函数。如图 5-30 所示的零状态二端口电路，若视 $I_2(s)$ 为响应、$U_1(s)$ 为激励（电压源），系统函数为

$$H(s) = Y_{21}(s) = \frac{I_2(s)}{U_1(s)}$$

此时，$H(s)$ 称为转移导纳函数；若视 $U_2(s)$ 为响应、$I_1(s)$ 为激励（电流源），则系统函数为

$$H(s) = Z_{21}(s) = \frac{U_2(s)}{I_1(s)}$$

此时，$H(s)$ 称为转移阻抗函数；若视 $U_2(s)$ 为响应、$U_1(s)$ 为激励（电压源），则系统函数为

$$H(s) = \frac{U_2(s)}{U_1(s)}$$

此时，$H(s)$ 称为电压比函数；若视 $I_2(s)$ 为响应、$I_1(s)$ 为激励（电流源），则系统函数为

$$H(s) = \frac{I_2(s)}{I_1(s)}$$

此时，$H(s)$ 称为电流比函数。

转移导纳函数、转移阻抗函数、电压比函数和电流比函数统称为转移函数，也称传输函数或传递函数。

驱动点函数与转移函数统称为系统函数，在电路理论中也称网络函数。

驱动点函数与转移函数在性质上既有共同处，也有不同处。这是将它们加以区分的原因之一。

5.9.2　系统函数的一般表示式及其零、极点图

描述一般 n 阶零状态系统的微分方程为

$$a_n \frac{d^n y(t)}{dt^n} + a_{n-1} \frac{d^{n-1} y(t)}{dt^{n-1}} + \cdots + a_1 \frac{dy(t)}{dt} + a_0 y(t) = b_m \frac{d^m x(t)}{dt^m} + b_{m-1} \frac{d^{m-1} x(t)}{dt^{m-1}} + \cdots + b_1 \frac{dx(t)}{dt} + b_0 x(t)$$

式中，$x(t)$ 和 $y(t)$ 分别为系统的激励与零状态响应。由于已设系统为零状态系统，故必有 $y(0^-) = y'(0^-) = y''(0^-) = \cdots = y^{(n-1)}(0^-) = 0$；又由于 $t < 0$ 时 $x(t) = 0$，故必有 $x(0^-) = x'(0^-) = x''(0^-) = \cdots = x^{(n-1)}(0^-) = 0$。故对上式等号两端同时进行拉氏变换得

$$(a_n s^n + a_{n-1} s^{n-1} + \cdots + a_1 s + a_0)Y(s) = (b_m s^m + b_{m-1} s^{m-1} + \cdots + b_1 s + b_0)X(s)$$

故得

$$H(s) = \frac{Y(s)}{X(s)} = \frac{b_m s^m + b_{m-1} s^{m-1} + \cdots + b_1 s + b_0}{a_n s^n + a_{n-1} s^{n-1} + \cdots + a_1 s + a_0} \tag{5-64}$$

式中，$Y(s) = L[y(t)]$，$X(s) = L[x(t)]$。可见 $H(s)$ 的一般形式为复数变量 s 的两个实系数多项式之比。令

$$D(s) = a_n s^n + a_{n-1} s^{n-1} + \cdots + a_1 s + a_0$$
$$N(s) = b_m s^m + b_{m-1} s^{m-1} + \cdots + b_1 s + b_0$$

则上式即可写为

$$H(s) = \frac{N(s)}{D(s)} \tag{5-65}$$

对于线性时不变系统，式中的 n 和 m 均为正整数；式中的系数 a_r（$r = 1, 2, \cdots, n$），b_i（$i = 1, 2, \cdots, m$）均为实数；式中的 n 可大于、等于或小于 m。

将式（5-65）等号右边的分子多项式 $N(s)$、分母多项式 $D(s)$ 分解因式（设为单根情况），即可将其写成如下形式

$$H(s) = \frac{b_m (s - z_1)(s - z_2) \cdots (s - z_i) \cdots (s - z_m)}{a_n (s - p_1)(s - p_2) \cdots (s - p_r) \cdots (s - p_n)}$$

$$= H_0 \frac{\prod\limits_{i=1}^{m}(s-z_i)}{\prod\limits_{r=1}^{n}(s-p_r)} \qquad (5\text{-}66)$$

式中，$H_0 = \dfrac{b_m}{a_n}$ 为实常数；符号 $\prod$ 表示连乘；p_r（$r=1,2,\cdots,n$）为 $D(s)=0$ 的根；z_i（$i=1,2,\cdots,m$）为 $N(s)=0$ 的根。

由式（5-66）可见，当复数变量 $s=z_i$ 时，即有 $H(s)=0$，故称 z_i 为系统函数 $H(s)$ 的零点，且 z_i 是分子多项式 $N(s)=b_m s^m + b_{m-1}s^{m-1}+\cdots+b_1 s+b_0=0$ 的根；当复数变量 $s=p_r$ 时，即有 $H(s)=\infty$，故称 p_r 为 $H(s)$ 的极点，且 p_r 是分母多项式 $D(s)=a_n s^n + a_{n-1}s^{n-1}+\cdots+a_1 s+a_0=0$ 的根。$H(s)$ 的极点也称为系统的自然频率或固有频率。

将 $H(s)$ 的零点与极点画在 s 平面（复频率平面）上所构成的图形，称为 $H(s)$ 的零、极点图。其中零点用符号"O"表示，极点用符号"×"表示，同时在图中将 H_0 的值也标出。若 $H_0=1$，则可以不予以标出。

在描述系统特性方面 $H(s)$ 与零、极点图是等价的。

例 5-18　试求如图 5-31（a）所示电路的驱动点阻抗 $Z(s)$ 与驱动点导纳 $Y(s)$，并画出零、极点图。已知 $R=1\Omega$，$L=1\text{H}$，$C=0.25\text{F}$。

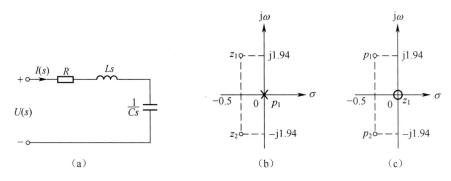

图 5-31　例 5-18 图

解
$$Z(s) = \frac{U(s)}{I(s)} = R + Ls + \frac{1}{Cs} = 1 + s + \frac{4}{s} = \frac{s^2+s+4}{s}$$
$$= \frac{(s+0.5-\text{j}1.94)(s+0.5+\text{j}1.94)}{s}$$

其中 $H_0=1$。可见 $Z(s)$ 有一个极点：$p_1=0$；有两个零点：$z_1=-0.5+\text{j}1.94$，$z_2=-0.5-\text{j}1.94=z_1^*$。其零、极点分布如图 5-31（b）所示。

$$Y(s) = \frac{I(s)}{U(s)} = \frac{1}{Z(s)} = \frac{s}{s^2+s+4} = \frac{s}{(s+0.5-\text{j}1.94)(s+0.5+\text{j}1.94)}$$

由上式可见，$Y(s)$ 有两个极点：$p_1=-0.5+\text{j}1.94$，$p_2=-0.5-\text{j}1.94=p_1^*$；有一个零点：$z_1=0$。其零、极点分布如图 5-31（c）所示。

比较 $Z(s)$ 和 $Y(s)$ 的零、极点关系可看出，$Z(s)$ 的零点就是 $Y(s)$ 的极点，$Z(s)$ 的极点就是 $Y(s)$ 的零点。反过来说也成立，而且两者的零、极点都位于 s 平面的左半平面。这些都是驱动点函数的特点。

例 5-19　试求如图 5-32（a）所示网络的转移导纳函数 $H(s) = \dfrac{I_2(s)}{U_1(s)}$，并画出零、极点图。
已知 $R_1 = R_2 = R_3 = 1\Omega$，$C_1 = C_2 = 1\mathrm{F}$。

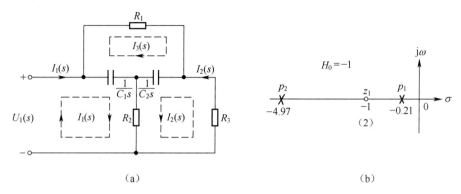

图 5-32　例 5-19 图

解　对三个网孔列 KVL 方程为

$$\left(\frac{1}{C_1 s} + R_2\right) I_1(s) + R_2 I_2(s) - \frac{1}{C_1 s} I_3(s) = U_1(s)$$

$$R_2 I_1(s) + \left(R_2 + R_3 + \frac{1}{C_2 s}\right) I_2(s) + \frac{1}{C_2 s} I_3(s) = 0$$

$$-\frac{1}{C_1 s} I_1(s) + \frac{1}{C_2 s} I_2(s) + \left(\frac{1}{C_1 s} + \frac{1}{C_2 s} + R_1\right) I_3(s) = 0$$

代入数据联立解得

$$H(s) = \frac{I_2(s)}{U_1(s)} = -\frac{s^2 + 2s + 1}{s^2 + 5s + 1} = -\frac{(s+1)^2}{(s+0.21)(s+4.79)}$$

其中，$H_0 = -1$。可见 $H(s)$ 有一个二重零点：$z_1 = -1$；有两个极点：$p_1 = -0.21$，$p_2 = -4.79$，其分布如图 5-32（b）所示。图中零点旁边标记（2），表示该零点是二重零点。

由于该电路中只有一种性质的动态元件（即只有电容而无电感），故其极点一定是位于负实轴上。

例 5-20　试求图 5-33（a）所示电路的电压比函数 $H(s) = \dfrac{U_2(s)}{U_1(s)}$，并画出零、极点图。

解
$$U_2(s) = \frac{U_1(s)}{1 + \frac{1}{s}} \cdot \frac{1}{s} - \frac{U_1(s)}{\frac{1}{s} + 1} \cdot 1 = -\frac{s-1}{s+1} U_1(s)$$

故得
$$H(s) = \frac{U_2(s)}{U_1(s)} = -\frac{s-1}{s+1}$$

其中 $H_0 = -1$。可见，$H(s)$ 有一个零点 $z_1 = 1$，一个极点 $p_1 = -1$，其分布如图 5-33（b）所示。可见零点与极点的分布是以 $\mathrm{j}\omega$ 轴左右对称。具有这种特点的网络称为全通网络或全通系统。

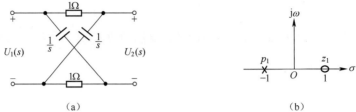

图 5-33 例 5-20 图

例 5-21 已知 $H(s)$ 的零、极点分布如图 5-34 所示，并已知 $H(\infty) = 4$。试求 $H(s)$ 的表示式。

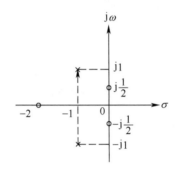

图 5-34 例 5-21 图

解
$$H(s) = H_0 \frac{(s+2)\left(s+\mathrm{j}\frac{1}{2}\right)\left(s-\mathrm{j}\frac{1}{2}\right)}{s(s+1-\mathrm{j}1)(s+1+\mathrm{j}1)}$$

$$= H_0 \times \frac{1}{4} \times \frac{4s^3 + 8s^2 + s + 2}{s^3 + 2s^2 + 2s}$$

故
$$\lim_{s \to \infty} H(s) = H_0 \times \frac{1}{4} \lim_{s \to \infty} \frac{4s^3 + 8s^2 + s + 2}{s^3 + 2s^2 + 2s}$$

即
$$H(\infty) = H_0 \times \frac{1}{4} \times 4 = H_0 = 4$$

$$H(s) = \frac{4s^3 + 8s^2 + s + 2}{s^3 + 2s^2 + 2s}$$

5.9.3 系统函数的应用

由于系统函数 $H(s)$ 描述了系统本身的特性，所以对系统特性的研究，就归纳为对 $H(s)$ 的研究。

1. 研究 $H(s)$ 的零、极点分布对 $h(t)$ 的影响

$H(s)$ 的极点分布确定了单位冲激响应 $h(t)$ 的时域波形模式，详见表 5-4（注：图中极点"×"旁的数字表示极点的阶数，无数字则为一阶极点）。

表 5-4 $H(s)$ 的极点分布与 $h(t)$ 波形的关系

序号	$H(s)$	s 平面上的零、极点	$h(t)$	波形
1	$\dfrac{1}{s}$		$\varepsilon(t)$	
2	$\dfrac{1}{s-a}$ $(a>0)$		$e^{at}\varepsilon(t)$	
3	$\dfrac{1}{s+a}$ $(a>0)$		$e^{-at}\varepsilon(t)$	
4	$\dfrac{1}{(s+a)^2}$ $(a>0)$		$te^{-at}\varepsilon(t)$	
5	$\dfrac{\omega_0}{s^2+\omega_0^2}$		$\sin\omega_0 t\,\varepsilon(t)$	
6	$\dfrac{s}{s^2+\omega_0^2}$		$\cos\omega_0 t\,\varepsilon(t)$	
7	$\dfrac{\omega_0}{(s-a)^2+\omega_0^2}$ $(a>0)$		$e^{at}\sin\omega_0 t\,\varepsilon(t)$	
8	$\dfrac{\omega_0}{(s+a)^2+\omega_0^2}$ $(a>0)$		$e^{-at}\sin\omega_0 t\,\varepsilon(t)$	
9	$\dfrac{1}{s^2}$		$t\varepsilon(t)$	

续表

序号	$H(s)$	s 平面上的零、极点	$h(t)$	波形
10	$\dfrac{2\omega_0 s}{(s^2+\omega_0^2)^2}$	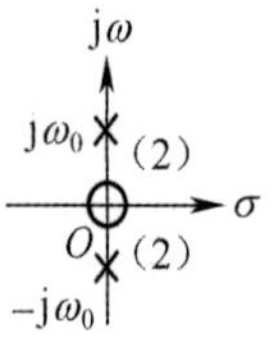	$t\sin\omega_0 t\,\varepsilon(t)$	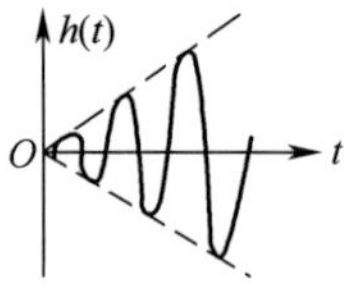
11	$\dfrac{1-e^{-s\tau}}{s}$	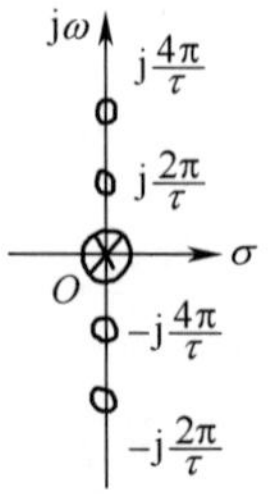	$\varepsilon(t)-\varepsilon(t-\tau)$	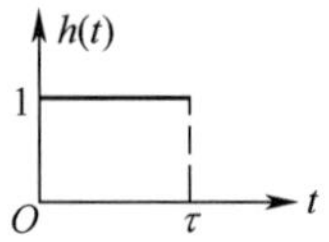
12	$\dfrac{1}{1-e^{-sT}}$	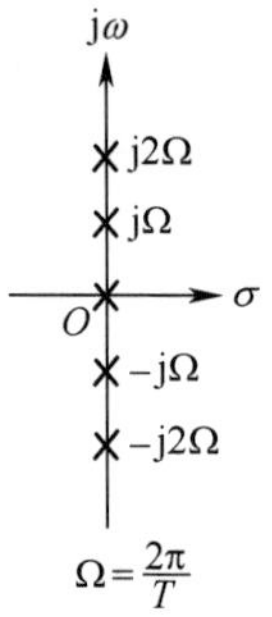	$\displaystyle\sum_{n=0}^{\infty}\delta(t-nT)$	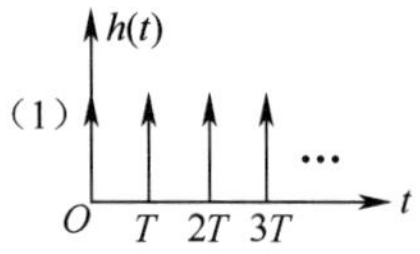

从表中看出：

（1）位于 s 平面左半开平面上的极点所对应的 $h(t)$，是随时间的增长而衰减的，故系统是稳定的，如表中的序号 3、4、8。

（2）位于 s 平面右半开平面上的极点所对应的 $h(t)$，是随时间的增长而增长的，故系统是不稳定的，如表中的序号 2、7。

（3）位于 $j\omega$ 轴上的单阶共轭极点所对应的 $h(t)$ 是等幅正弦振荡，故系统是临界稳定的，如表中的序号 5、6；位于 $j\omega$ 轴上的重阶共轭极点所对应的 $h(t)$ 是增幅正弦振荡，故系统是不稳定的，如表中的序号 10。

（4）位于坐标原点上的单阶极点所对应的 $h(t)$ 是阶跃信号，故系统是临界稳定的，如表中的序号 1；位于坐标原点上的二阶极点所对应的 $h(t)$ 是斜坡信号，故系统是不稳定的，如表中的序号 9。

（5）所有时限信号在 s 平面上没有极点而只有零点（其中有的零点与极点对消了），而且零点全都分布在 $j\omega$ 轴上，如表中的序号 11。

（6）所有周期为 T 的有始周期信号，其极点均分布在 $j\omega$ 轴上的 $\pm j\dfrac{2k\pi}{T}$（ $k=0,1,2\cdots$）点上，而且一定是单阶的（其中有的极点可能与零点对消了）。有始周期信号每对共轭极点的位置正好是该周期信号傅里叶级数展开式中相应谐波分量的频率，如表中的序号 12。

$H(s)$ 的零点分布只影响 $h(t)$ 波形的幅度和相位，不影响 $h(t)$ 的时域波形。但 $H(s)$ 零点阶次的变化，则不仅影响 $h(t)$ 的波形幅度和相位，还可能使其波形中出现冲激函数 $\delta(t)$。

下面的例题即说明了这些问题。

例 5-22　试分别画出下列各系统函数的零、极点分布及冲激响应 $h(t)$ 的波形。

（1）$H(s) = \dfrac{s+1}{(s+1)^2 + 2^2}$

（2）$H(s) = \dfrac{s}{(s+1)^2 + 2^2}$

（3）$H(s) = \dfrac{(s+1)^2}{(s+1)^2 + 2^2}$

解　所给三个系统函数的极点均相同，即均为 $p_1 = -1 + j2, p_2 = -1 - j2 = p_1^*$，但零点各不相同。

（1）$h(t) = \mathscr{L}^{-1}\left[\dfrac{s+1}{(s+1)^2 + 2^2}\right] = e^{-t}\cos 2t\,\varepsilon(t)$

（2）$h(t) = \mathscr{L}^{-1}\left[\dfrac{s}{(s+1)^2 + 2^2}\right] = \mathscr{L}^{-1}\left[\dfrac{s+1}{(s+1)^2 + 2^2} - \dfrac{1}{2}\dfrac{2}{(s+1)^2 + 2^2}\right]$

$\qquad = e^{-t}\cos 2t\,\varepsilon(t) - \dfrac{1}{2}e^{-t}\sin 2t\,\varepsilon(t) = e^{-t}(\cos 2t - \dfrac{1}{2}\sin 2t)\varepsilon(t)$

$\qquad = \dfrac{\sqrt{5}}{2}e^{-t}\cos(2t + 26.57°)\varepsilon(t)$

（3）$h(t) = \mathscr{L}^{-1}\left[\dfrac{(s+1)^2}{(s+1)^2 + 2^2}\right] = \mathscr{L}^{-1}\left[1 - 2\dfrac{2}{(s+1)^2 + 2^2}\right]$

$\qquad = \delta(t) - 2e^{-t}\sin 2t\,\varepsilon(t) = \delta(t) - 2e^{-t}\cos(2t - 90°)\varepsilon(t)$

它们的零、极点分布及其波形分别如图 5-35（a）（b）（c）所示。

从上述分析结果和图 5-35 可以看出，当零点从 -1 移到原点 0 时，$h(t)$ 的波形幅度与相位发生了变化；当 -1 处的零点由一阶变为二阶时，不仅 $h(t)$ 波形的幅度和相位发生了变化，而且其中还出现了冲激函数 $\delta(t)$。

2. 根据 $H(s)$ 的极点分布判断系统的稳定性

对于 LTI 因果系统，在时域中若满足 $\lim\limits_{t\to\infty} h(t) = 0$，则系统是稳定的。因此，对于稳定系统，它的 $H(s)$ 的极点必须全部位于 s 平面的左半开平面上，即必须有 $\mathrm{Re}[s] = \sigma < 0$。

在时域中若满足 $\lim\limits_{t\to\infty} h(t) =$ 有限值（定值或不定值），则系统是临界稳定的。因此，对于临界稳定系统，它的 $H(s)$ 的极点必须全部位于 s 平面的左半闭平面上，即必须有 $\mathrm{Re}[s] = \sigma \leqslant 0$，且位于 $j\omega$ 轴上的极点必须是单阶的。

在时域中若满足 $\lim\limits_{t\to\infty} h(t) = \infty$，则系统是不稳定的。因此，对于不稳定系统，它的 $H(s)$ 的极点中至少要有一个位于 s 平面的右平面上；若极点是位于 $j\omega$ 轴上且是重阶的，则系统也是不稳定的。

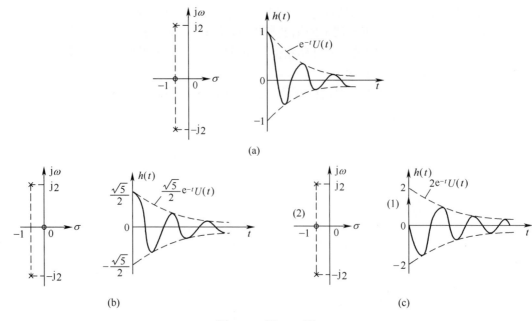

图 5-35　例 5-22 图

因 $H(s)$ 的极点为其分母多项式 $D(s)=0$ 的根，故系统的稳定与否，就归结为 $D(s)=0$ 的根是否均有负的实部，即 $\mathrm{Re}[s]<0$。

3. 根据 $H(s)$ 可写出系统的微分方程

若 $H(s)$ 的分子、分母多项式无公因式相消，则可根据 $H(s)$ 的表达式写出它所联系的响应 $y(t)$ 与激励 $x(t)$ 之间的微分方程。例如设

$$H(s)=\frac{s+2}{s^3+4s^2+5s+10}$$

则其微分方程为

$$\frac{\mathrm{d}^3}{\mathrm{d}t^3}y(t)+4\frac{\mathrm{d}^2}{\mathrm{d}t^2}y(t)+5\frac{\mathrm{d}y(t)}{\mathrm{d}t}+10y(t)=\frac{\mathrm{d}x(t)}{\mathrm{d}t}+2x(t)$$

4. 根据初始值，从 $H(s)$ 的极点求系统的零输入响应 $y_{\mathrm{zi}}(t)$

若 $H(s)$ 的分子、分母多项式无公因式相消，则 $H(s)$ 的极点即为系统微分方程的特征根，亦即系统的自然频率，故可由 $H(s)$ 的极点直接写出系统零输入响应 $y_{\mathrm{zi}}(t)$ 的时域变化模式。若为单极点 $p_1,p_2\cdots,p_n$，则

$$\begin{aligned}
y_{\mathrm{zi}}(t)&=A_1\mathrm{e}^{p_1t}+A_2\mathrm{e}^{p_2t}+\cdots+A_n\mathrm{e}^{p_nt}\\
&=\sum_{i=1}^{n}A_i\mathrm{e}^{p_it}
\end{aligned}\tag{5-67}$$

若为 n 重极点 p，即 $p_1=p_2=\cdots=p_n=p$，则

$$y_{\mathrm{zi}}(t)=A_1\mathrm{e}^{pt}+A_2t\mathrm{e}^{pt}+\cdots+A_nt^{n-1}\mathrm{e}^{pt}\tag{5-68}$$

式中，系数 $A_1,A_2,\cdots,A_n$ 由系统的初始值 $y_{\mathrm{zi}}(0_+),y'_{\mathrm{zi}}(0_+),y''_{\mathrm{zi}}(0_+),\cdots,y_{\mathrm{zi}}^{(n-1)}(0_+)$ 确定。

根据 s 域电路求系统自然频率[即 $H(s)$ 的极点]的方法，与在 2.1 节中所研究的根据算子电

路求自然频率[即 $H(p)$ 的极点]的方法完全相同，所得一切结论也完全相同，此处不再重复。在具体求解时，仅是将 p 换成 s 即可。

例 5-23　图 5-36（a）所示电路，已知 $i(0^-)=-2\text{A}$，$u(0^-)=2\text{V}$。求零输入响应 $i(t)$ 和 $u(t)$。

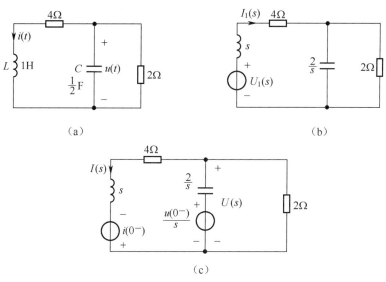

图 5-36　例 5-23 图

解　利用图 5-36（b）所示电路来求电路的自然频率，即求输入导纳函数 $Y(s)$ 的极点。即

$$H(s)=Y(s)=\frac{I_1(s)}{U_1(s)}=\frac{1}{\dfrac{U_1(s)}{I_1(s)}}=\frac{1}{Z(s)}$$

令

$$Z(s)=4+s+\frac{2\times\dfrac{2}{s}}{2+\dfrac{2}{s}}=\frac{s^2+5s+6}{s+1}$$

故得

$$H(s)=Y(s)=\frac{1}{Z(s)}=\frac{s+1}{s^2+5s+6}$$

令

$$D(s)=s^2+5s+6=(s+2)(s+3)=0$$

可得两个极点为 $p_1=-2$，$p_2=-3$。故零输入响应为

$$u(t)=A_1\text{e}^{-2t}+A_2\text{e}^{-3t} \tag{①}$$

又

$$u'(t)=-2A_1\text{e}^{-2t}-3A_2\text{e}^{-3t}$$

故

$$u(0^+)=u(0^-)=A_1+A_2=2 \tag{②}$$

$$u'(0^+)=-2A_1-3A_2 \tag{③}$$

又从图 5-36（a）得

$$i_1(0^+)=\frac{u(0^+)}{2}=\frac{2}{2}=1\text{A}$$

又有

$$Cu'(t)=-i(t)-i_1(t)$$

故
$$\frac{1}{2}u'(0^+) = -i(0^+) - i_1(0^+)$$

$$= -i(0^-) - i_1(0^+) = 2 - 1 = 1\text{A}$$

故得
$$u'(0^+) = 2 \text{ V/s}$$

代入式③有
$$-2A_1 - 3A_2 = 2 \qquad \text{④}$$

联立求解式②④得 $A_1 = 8$，$A_2 = -6$。代入式①得
$$u(t) = (8\text{e}^{-2t} - 6\text{e}^{-3t})\text{V}, \quad t \geqslant 0$$

下面再来求零输入响应 $i(t)$。
$$i(t) = B_1\text{e}^{-2t} + B_2\text{e}^{-3t} \qquad \text{⑤}$$

又
$$i'(t) = -2B_1\text{e}^{-2t} - 3B_2\text{e}^{-3t}$$

故
$$i(0^+) = i(0^-) = B_1 + B_2 = -2 \qquad \text{⑥}$$

$$i'(0^+) = -2B_1 - 3B_2 \qquad \text{⑦}$$

又从图 5-36（a）有
$$u(t) = 4i(t) + Li'(t)$$

故
$$u(0^+) = 4i(0^+) + i'(0^+)$$

故得
$$i'(0^+) = u(0^+) - 4i(0^+)$$

$$= 2 + 4 \times 2 = 10\text{A/s}$$

代入式⑦有
$$-2B_1 - 3B_2 = 10 \qquad \text{⑧}$$

联立求解式⑥⑧得 $B_1 = 4$，$B_2 = -6$。代入式⑤得
$$i(t) = (4\text{e}^{-2t} - 6\text{e}^{-3t})\text{A}, \quad t \geqslant 0$$

此题也可直接将图 5-36（a）所示电路的 s 域电路模型画出，如图 5-36（c）所示，而用节点法（或回路法）求解如下
$$\left(\frac{1}{s+4} + \frac{s}{2} + \frac{1}{2}\right)U(s) = \frac{s}{2} \cdot \frac{1}{s}u(0^-) - \frac{i(0^-)}{s+4}$$

代入已知数据求解即得
$$U(s) = \frac{2s+12}{s^2+5s+6} = \frac{2s+12}{(s+2)(s+3)}$$

$$= \frac{8}{s+2} - \frac{6}{s+3}$$

进行反变换得
$$u(t) = \mathscr{L}^{-1}[U(s)] = (8\text{e}^{-2t} - 6\text{e}^{-3t})\text{V}, \quad t \geqslant 0$$

又
$$U(s) = (s+4)I(s) - i(0^-)$$

故
$$I(s) = \frac{U(s)+i(0^-)}{s+4} = \frac{\frac{2s+12}{s^2+5s+6}-2}{s+4} = \frac{-2s}{s^2+5s+6}$$

$$= \frac{-2s}{(s+2)(s+3)} = \frac{4}{s+2} - \frac{6}{s+3}$$

故得
$$i(t) = (4\text{e}^{-2t} - 6\text{e}^{-3t})\text{A}, \quad t \geqslant 0$$

5. 对给定的激励 $x(t)$ 求系统的零状态响应 $y(t)$

设
$$X(s) = \mathscr{L}[x(t)]$$
$$Y(s) = \mathscr{L}[y(t)]$$

则有
$$Y(s) = H(s)X(s)$$

进行反变换即得零状态响应为
$$y(t) = \mathscr{L}^{-1}[Y(s)] = \mathscr{L}^{-1}[H(s)X(s)]$$

若 $Y(s)$ 的分子、分母没有公因式相消，则 $Y(s)$ 的极点中包括了 $H(s)$ 和 $X(s)$ 的全部极点。其中，$H(s)$ 的极点确定了零状态响应 $y(t)$ 中自由响应分量的时间模式；而 $X(s)$ 的极点则确定了 $y(t)$ 中强迫响应分量的时间模式。

例 5-24　图 5-37（a）所示电路中，已知 $x(t) = 20\mathrm{e}^{-2t}\varepsilon(t)$，试求零状态响应 $u(t)$。

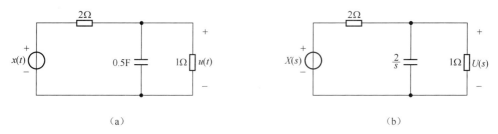

图 5-37　例 5-24 图

解　图 5-37（a）所示电路的复频域电路如图 5-37（b）所示。
$$H(s) = \frac{U(s)}{X(s)} = \frac{1}{2 + \dfrac{1}{1 + 0.5s}} \cdot \frac{1}{1 + 0.5s} = \frac{1}{s+3}$$

$$X(s) = \mathscr{L}[x(t)] = \frac{20}{s+2}$$

$$U(s) = H(s)X(s) = \frac{1}{s+3} \cdot \frac{20}{s+2} = \frac{-20}{s+3} + \frac{20}{s+2}$$

故得
$$u(t) = \underbrace{-20\mathrm{e}^{-3t}\varepsilon(t)}_{\text{自由响应}} + \underbrace{20\mathrm{e}^{-2t}\varepsilon(t)}_{\text{强迫响应}}$$

$$\underbrace{\phantom{-20\mathrm{e}^{-3t}\varepsilon(t) + 20\mathrm{e}^{-2t}\varepsilon(t)}}_{\text{瞬态响应}}$$
零状态响应

6. 求系统的频率特性 $H(\mathrm{j}\omega)$

对于稳定和临界稳定系统[即 $H(s)$ 的收敛域包括 $\mathrm{j}\omega$ 轴在内]，可令 $H(s)$ 中的 $s = \mathrm{j}\omega$ 而求得 $H(\mathrm{j}\omega)$，即

$$H(\mathrm{j}\omega) = H(s)\big|_{s=\mathrm{j}\omega} = \frac{b_m s^m + \cdots + b_1 s + b_0}{a_n s^n + \cdots + a_1 s + a_0}\bigg|_{s=\mathrm{j}\omega}$$

$$= \frac{b_m(\mathrm{j}\omega)^m + \cdots + b_1\mathrm{j}\omega + b_0}{a_n(\mathrm{j}\omega)^n + \cdots + a_1\mathrm{j}\omega + a_0} \qquad (5\text{-}69)$$

$H(\mathrm{j}\omega)$ 一般为 $\mathrm{j}\omega$ 的复数函数，故可写为

$$H(\mathrm{j}\omega) = \left|H(\mathrm{j}\omega)\right| \mathrm{e}^{\mathrm{j}\varphi(\omega)}$$

$\left|H(\mathrm{j}\omega)\right|$ 和 $\varphi(\omega)$ 分别称为系统的幅频特性与相频特性。它们可用解析法或图解法求得。

（1）解析法：以例 5-25 为例加以说明。

例 5-25　试用解析法求图 5-38 所示两个电路的频率特性。图 5-38（a）所示为一阶低通滤波电路，图 5-38（b）所示为一阶高通滤波电路。

（a）一阶低通滤波电路　　　　　　　（b）一阶高通滤波电路

图 5-38　例 5-25 电路图

解　对于图 5-38（a）所示电路

$$H(s) = \frac{U_2(s)}{U_1(s)} = \frac{\dfrac{1}{Cs}}{R + \dfrac{1}{Cs}} = \frac{1}{1 + CRs}$$

故得

$$H(\mathrm{j}\omega) = \left|H(\mathrm{j}\omega)\right| \mathrm{e}^{\mathrm{j}\varphi(\omega)} = \frac{1}{1 + \mathrm{j}\omega RC}$$

即

$$\left|H(\mathrm{j}\omega)\right| = \frac{1}{\sqrt{1 + (\omega RC)^2}}$$

$$\varphi(\omega) = -\arctan(\omega RC)$$

根据上两式即可画出幅频特性与相频特性，如图 5-39 所示，可见为一低通滤波器。当 $\omega = \omega_c = \dfrac{1}{RC}$ 时，$\left|H(\mathrm{j}\omega)\right| = \dfrac{1}{\sqrt{2}}$，$\varphi(\omega) = -45°$。$\omega_c = \dfrac{1}{RC}$ 称为截止频率，0 到 ω_c 的频率范围称为低通滤波器的通频带，通频带就等于 ω_c。

（a）幅频特性　　　　　　　　　（b）相频特性

图 5-39　图 5-38（a）所示电路的频率特性

对于图 5-38（b）所示电路，有

$$H(s) = \frac{U_2(s)}{U_1(s)} = \frac{R}{R + \dfrac{1}{Cs}} = \frac{RCs}{RCs + 1}$$

故得

$$H(j\omega) = \left|H(j\omega)\right| e^{j\varphi(\omega)} = \frac{j\omega RC}{j\omega RC + 1}$$

即

$$\left|H(j\omega)\right| = \frac{RC\omega}{\sqrt{1 + (RC\omega)^2}}$$

$$\varphi(\omega) = \arctan\frac{1}{RC\omega}$$

其频率特性如图 5-40 所示，可见为一高通滤波器。当 $\omega = \omega_c = \dfrac{1}{RC}$ 时，$\left|H(j\omega)\right| = \dfrac{1}{\sqrt{2}}$，

$\varphi(\omega) = 45°$。$\omega_c = \dfrac{1}{RC}$ 为其截止频率，ω_c 到 ∞ 的频率范围为其通频带。

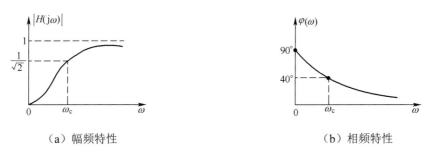

（a）幅频特性　　　　　　　　　　（b）相频特性

图 5-40　图 5-38（b）所示电路的频率特性

（2）图解法：将式（5-69）等号右端的分子分母各分解因式即为

$$H(j\omega) = \left|H(j\omega)\right| e^{j\varphi(\omega)} = \frac{b_m}{a_n} \cdot \frac{(j\omega - z_1)(j\omega - z_2)\cdots(j\omega - z_i)\cdots(j\omega - z_m)}{(j\omega - p_1)(j\omega - p_2)\cdots(j\omega - p_r)\cdots(j\omega - p_n)}$$

$$= H_0 \frac{\displaystyle\prod_{i=1}^{m}(j\omega - z_i)}{\displaystyle\prod_{r=1}^{n}(j\omega - p_r)}$$

其中，$H_0 = \dfrac{b_m}{a_n}$。设零点矢量因子 $(j\omega - z_i) = N_i e^{j\psi_i}$，极点矢量因子 $(j\omega - p_r) = M_r e^{j\theta_r}$。

于是上式可写为

$$H(j\omega) = \left|H(j\omega)\right| e^{j\varphi(\omega)} = H_0 \frac{\displaystyle\prod_{i=1}^{m} N_i e^{j\psi_i}}{\displaystyle\prod_{r=1}^{n} M_r e^{j\theta_r}} = H_0 \frac{\displaystyle\prod_{i=1}^{m} N_i e^{j\sum_{i=1}^{m}\psi_i}}{\displaystyle\prod_{r=1}^{n} M_r e^{j\sum_{r=1}^{n}\theta_r}}$$

$$= H_0 \frac{\prod_{i=1}^{m} N_i}{\prod_{r=1}^{n} M_r} e^{j\left(\sum_{i=1}^{m}\psi_i - \sum_{r=1}^{n}\theta_r\right)}$$

故得幅频与相频特性为

$$\left|H(\mathrm{j}\omega)\right| = H_0 \frac{\prod_{i=1}^{m} N_i}{\prod_{r=1}^{n} M_r} = H_0 \frac{N_1 N_2 \cdots N_i \cdots N_m}{M_1 M_2 \cdots M_r \cdots M_n}$$

$$\varphi(\omega) = \sum_{i=1}^{m} \psi_i - \sum_{r=1}^{n} \theta_r$$
$$= (\psi_1 + \psi_2 + \cdots + \psi_i + \cdots + \psi_m) - (\theta_1 + \theta_1 + \cdots + \theta_r + \cdots + \theta_n)$$

式中，N_i、ψ_i、M_r、θ_r 均可用图解法求得，如图 5-41 所示。故当 ω 沿 $\mathrm{j}\omega$ 轴变化时，即可根据上式求得 $\left|H(\mathrm{j}\omega)\right|$ 与 $\varphi(\omega)$。具体求法见例 5-26。

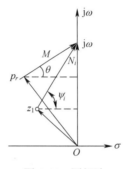

图 5-41　图解法

7. 求系统的正弦稳态响应 $y_s(t)$

只有在稳定的系统中才有可能存在稳态响应，所以研究系统正弦稳态响应问题的前提是系统必须具有稳定性。

对于稳定系统，当正弦激励信号 $x(t)$ 在 $t=0$ 时刻作用于系统时，经过无穷长的时间（实际上只需要有限长时间）后，系统即达到稳定工作状态。此时，系统中的所有瞬态响应已衰减为零，系统中只剩下稳态响应了，此稳态响应即为系统的正弦稳态响应。

设系统为稳定系统且为零状态，其系统函数为

$$H(s) = \frac{N(s)}{D(s)} = \frac{N(s)}{s^n + a_{n-1}s^{n-1} + \cdots + a_1 s + a_0}$$
$$= \frac{N(s)}{(s-p_1)(s-p_2)\cdots(s-p_r)\cdots(s-p_n)}$$

式中，p_r（$r=1,2,\cdots,n$）为 $H(s)$ 的单阶极点（这里以单阶极点为例来研究）。设系统的激励 $x(t)$ 为正弦信号，且在 $t=0$ 时刻作用于系统，即

$$x(t) = E_m \cos\omega_0 t\,\varepsilon(t)$$

式中，ω_0 为正弦激励信号 $x(t)$ 的角频率。$x(t)$ 的象函数为

$$X(s) = \frac{E_m s}{s^2 + \omega_0^2} = \frac{E_m s}{(s - j\omega_0)(s + j\omega_0)}$$

于是得系统零状态响应的象函数为

$$Y_{zs}(s) = H(s)X(s) = H(s)\frac{E_m s}{(s - j\omega_0)(s + j\omega_0)}$$

$$= \frac{N(s)}{D(s)} \cdot \frac{E_m s}{(s - j\omega_0)(s + j\omega_0)} \qquad (5\text{-}70\text{a})$$

或

$$Y_{zs}(s) = \frac{N(s)E_m s}{(s - p_1)(s - p_2)\cdots(s - p_r)\cdots(s - p_n)(s - j\omega_0)(s + j\omega_0)}$$

$$= \frac{K_1}{s - p_1} + \frac{K_2}{s - p_2} + \cdots + \frac{K_r}{s - p_r} + \cdots + \frac{K_n}{s - p_n} + \frac{C_1}{s - j\omega_0} + \frac{C_2}{s + j\omega_0}$$

$$= \left[\sum_{r=1}^{n}\frac{K_r}{s - p_r}\right] + \frac{C_1}{s - j\omega_0} + \frac{C_2}{s + j\omega_0} \qquad (5\text{-}70\text{b})$$

式中，K_r（$r = 1, 2, \cdots, n$）、C_1、C_2 均为部分分式的系数，其值由 $H(s)$ 与 $X(s)$ 共同决定，只要 $H(s)$ 和 $X(s)$ 知道了，都是可以求得的。下面具体地求 C_1 和 C_2。

$$C_1 = H(s)\frac{E_m s}{(s - j\omega_0)(s + j\omega_0)}(s - j\omega_0)\bigg|_{s = j\omega_0} = H(j\omega_0)\frac{E_m j\omega_0}{2j\omega_0}$$

$$= \frac{1}{2}E_m H(j\omega_0) = \frac{1}{2}E_m |H(j\omega_0)|e^{j\varphi(\omega_0)}$$

$$C_2 = H(s)\frac{E_m s}{(s - j\omega_0)(s + j\omega_0)}(s + j\omega_0)\bigg|_{s = -j\omega_0} = H(-j\omega_0)\frac{E_m(-j\omega_0)}{-2j\omega_0}$$

$$= \frac{1}{2}E_m H(-j\omega_0) = \frac{1}{2}E_m |H(-j\omega_0)|e^{j\varphi(-\omega_0)}$$

$$= \frac{1}{2}E_m |H(j\omega_0)|e^{-j\varphi(\omega_0)} = C_1^*$$

代入式（5-70b）得

$$Y_{zs}(s) = \left[\sum_{r=1}^{n}\frac{K_r}{s - p_r}\right] + \frac{1}{2}E_m |H(j\omega_0)|e^{j\varphi(\omega_0)}\frac{1}{s - j\omega_0} + \frac{1}{2}E_m |H(j\omega_0)|e^{-j\varphi(\omega_0)}\frac{1}{s + j\omega_0}$$

经反变换即得系统零状态响应的时域解为

$$y_{zs}(t) = \left[\sum_{r=1}^{n}K_r e^{p_r t}\right] + \frac{1}{2}E_m |H(j\omega_0)|\left[e^{j\varphi(\omega_0)}e^{j\omega_0 t} + e^{-j\varphi(\omega_0)}e^{-j\omega_0 t}\right]$$

$$= \left[\sum_{r=1}^{n}K_r e^{p_r t}\right] + E_m |H(j\omega_0)|\frac{e^{j[\omega_0 t + \varphi(\omega_0)]} + e^{-j[\omega_0 t + \varphi(\omega_0)]}}{2}$$

$$= \left[\sum_{r=1}^{n} K_r \mathrm{e}^{p_r t}\right] + E_m \left|H(\mathrm{j}\omega_0)\right| \cos[\omega_0 t + \varphi(\omega_0)] \tag{5-71}$$

$$\underbrace{\phantom{\sum_{r=1}^{n}}}_{\substack{\text{自由响应}\\ \text{（瞬态响应）}}} \quad \underbrace{}_{\substack{\text{强迫响应}\\ \text{（正弦稳态响应）}}}$$

式中，$\left|H(\mathrm{j}\omega_0)\right|$ 和 $\varphi(\omega_0)$ 分别为系统的幅频特性 $\left|H(\mathrm{j}\omega)\right|$ 与相频特性 $\varphi(\omega)$ 在 $\omega = \omega_0$ 频率上的函数值。

由于系统为稳定的，因而必有 $\mathrm{Re}[p_r] = \sigma_i < 0$，故上式等号右边的和式 $\sum\limits_{r=1}^{n} K_r \mathrm{e}^{p_r t}$ 将随着 $t \to \infty$ 而趋近于零。故当 $t \to \infty$ 时，即当系统达到稳定工作状态时，系统的零状态响应 $y_{zs}(t)$ 中就只存在正弦稳态响应 $y_s(t)$ 了。系统的正弦稳态响应为

$$y_s(t) = E_m \left|H(\mathrm{j}\omega_0)\right| \cos\left[\omega_0 t + \varphi(\omega_0)\right] \tag{5-72}$$

推广：若系统的激励为

$$x(t) = E_m \cos(\omega_0 t + \psi)\varepsilon(t)$$

则系统的正弦稳态响应为

$$y_s(t) = E_m \left|H(\mathrm{j}\omega_0)\right| \cos\left[\omega_0 t + \psi + \phi(\omega_0)\right] \tag{5-73}$$

可见系统的正弦稳态响应 $y_s(t)$ 仍为与激励 $x(t)$ 同频率 ω_0 的正弦函数，但振幅增大了 $\left|H(\mathrm{j}\omega_0)\right|$ 倍，相位增加了 $\varphi(\omega_0)$。

系统正弦稳态响应 $y_s(t)$ 求解的步骤如下：

（1）系统函数 $H(s)$。

（2）求系统的频率特性 $H(\mathrm{j}\omega)$，即

$$H(\mathrm{j}\omega) = H(s)\big|_{s=j\omega} = \left|H(\mathrm{j}\omega)\right|\mathrm{e}^{\mathrm{j}\varphi(\omega)}$$

（3）求 $\left|H(\mathrm{j}\omega_0)\right|$ 和 $\varphi(\omega_0)$，即

$$\left|H(\mathrm{j}\omega)\right|\big|_{\omega=\omega_0} = \left|H(\mathrm{j}\omega_0)\right|$$

$$\varphi(\omega)\big|_{\omega=\omega_0} = \varphi(\omega_0)$$

（4）将所求得的 $\left|H(\mathrm{j}\omega_0)\right|$ 和 $\varphi(\omega_0)$ 代入式（5-73），即得正弦稳态响应 $y_s(t)$。

例 5-26 已知 $H(s) = 4 \times \dfrac{s}{s^2 + 2s + 2}$。试完成：

（1）用解析法求幅频特性 $\left|H(\mathrm{j}\omega)\right|$ 与相频特性 $\varphi(\omega)$，并画出特性曲线；

（2）已知正弦激励 $x(t) = 100\cos(2t + 45°)\varepsilon(t)$，求正弦稳态响应 $y_s(t)$；

（3）用图解法求 $\left|H(\mathrm{j}2)\right|$，$\varphi(2)$ 及其幅频特性 $\left|H(\mathrm{j}\omega)\right|$ 与相频特性 $\varphi(\omega)$。

解 （1）由于 $H(s)$ 的分母为二次多项式且各项中的系数均为正实数，故系统是稳定的。故有

$$H(\mathrm{j}\omega) = H(s)\big|_{s=j\omega} = \frac{4\mathrm{j}\omega}{(\mathrm{j}\omega)^2 + 2\mathrm{j}\omega + 2} = \frac{4\omega\angle 90°}{2 - \omega^2 + \mathrm{j}2\omega}$$

故得
$$\left|H(\mathrm{j}\omega)\right| = \frac{4\omega}{\sqrt{(2-\omega^2)^2 + (2\omega)^2}}$$

$$\varphi(\omega) = 90^\circ - \arctan\frac{2\omega}{2-\omega^2}$$

根据上两式画出的曲线，如图 5-42（b）（c）所示，可见为带通滤波器。

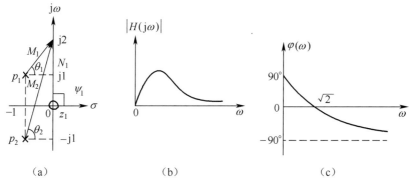

图 5-42　例 5-26 图

（2）将 $\omega = 2\mathrm{rad/s}$ 代入上两式可得
$$\left|H(\mathrm{j}2)\right| = 1.79$$
$$\varphi(2) = -26.57^\circ$$

故得正弦稳态响应为
$$\begin{aligned}
y_\mathrm{s}(t) &= \left|H(\mathrm{j}2)\right|E_m \cos\left[2t + 45^\circ + \varphi(2)\right] \\
&= 1.79 \times 100\cos(2t + 45^\circ - 26.57^\circ) \\
&= 179\cos(2t + 18.43^\circ)
\end{aligned}$$

（3）$H(s) = 4 \times \dfrac{s}{(s+1+\mathrm{j}1)(s+1-\mathrm{j}1)}$

故得一个零点：$z_1 = 0$；两个极点：$p_1 = -1-\mathrm{j}1$，$p_2 = -1+\mathrm{j}1 = p_1^*$。其零、极点分布如图 5-42（a）所示，故得

$$H(\mathrm{j}\omega) = \left|H(\mathrm{j}\omega)\right|\mathrm{e}^{\mathrm{j}\varphi(\omega)} = 4 \times \frac{\mathrm{j}\omega}{(\mathrm{j}\omega+1+\mathrm{j}1)(\mathrm{j}\omega+1-\mathrm{j}1)}$$

当 $\omega = 2\mathrm{rad/s}$ 时，可画出零、极点矢量因子如图 5-42（a）所示。于是由图得

$$N_1 = 2 \qquad \psi_1 = 90^\circ$$
$$M_1 = \sqrt{2} \qquad \theta_1 = 45^\circ$$
$$M_2 = \sqrt{10} \qquad \theta_2 = 71.57^\circ$$

故得
$$\left|H(\mathrm{j}2)\right| = 4 \times \frac{N_1}{M_1 M_2} = 1.79$$

$$\varphi(2) = \psi_1 - (\theta_1 + \theta_2) = -26.57^\circ$$

用同样的方法，可求得 ω 取不同值时的 $\left|H(\mathrm{j}\omega)\right|$ 和 $\varphi(\omega)$，见表 5-5；其相应的曲线仍如图 5-42（b）和（c）所示，可见为带通滤波器。

表 5-5 例 5-26 计算值

ω(rad/s)	0	1	$\sqrt{2}$	2	3	5	10	∞
$\lvert H(\mathrm{j}\omega)\rvert$	0	1.79	2	1.79	1.3	0.8	0.4	0
$\varphi(\omega)$	90°	25.8°	0°	−26.57°	−50°	−66°	−78.5°	−90°

习题 5

5-1 试求下列函数的拉普拉斯变换。

（1）$1-\mathrm{e}^{-at}$；

（2）$\sin t + 2\cos t$；

（3）$t\mathrm{e}^{-2t}$；

（4）$\mathrm{e}^{-t}\sin(2t)$；

（5）$(1+2t)\mathrm{e}^{-t}$；

（6）$[1-\cos(\alpha t)]\mathrm{e}^{-\beta t}$；

（7）$t^2 + 2t$；

（8）$2\delta(t)-3\mathrm{e}^{-7t}$；

（9）$\mathrm{e}^{-\alpha t}\sinh(\beta t)$；

（10）$\cos^2(\omega t)$；

（11）$\dfrac{1}{\beta-\alpha}(\mathrm{e}^{-\alpha t}-\mathrm{e}^{-\beta t})$；

（12）$\mathrm{e}^{-(t+a)}\cos(\omega t)$；

（13）$t\mathrm{e}^{-(t-2)}\varepsilon(t-1)$；

（14）$\mathrm{e}^{-\frac{t}{a}}x\left(\dfrac{t}{a}\right)$，设已知 $\mathscr{L}\,[x(t)]=X(s)$；

（15）$\mathrm{e}^{-at}x\left(\dfrac{t}{a}\right)$，设已知 $\mathscr{L}\,[x(t)]=X(s)$；

（16）$t\cos^3(3t)$；

（17）$t^2\cos(2t)$；

（18）$\dfrac{1}{t}(1-\mathrm{e}^{-at})$；

（19）$\dfrac{\mathrm{e}^{-3t}-\mathrm{e}^{-5t}}{t}$；

（20）$\dfrac{\sin(at)}{t}$。

5-2 试求下列函数的拉普拉斯反变换。

（1）$\dfrac{1}{s+1}$；

（2）$\dfrac{4}{2s+3}$；

（3）$\dfrac{4}{s(2s+3)}$；

（4）$\dfrac{1}{s(s^2+5)}$；

（5）$\dfrac{3}{(s+4)(s+2)}$；

（6）$\dfrac{3s}{(s+4)(s+2)}$；

（7）$\dfrac{1}{s^2+1}+1$；

（8）$\dfrac{1}{s^2-3s+2}$；

（9）$\dfrac{1}{s(RCs+1)}$；

（10）$\dfrac{1-RCs}{s(1+RCs)}$；

（11）$\dfrac{\omega}{(s^2+\omega^2)}\cdot\dfrac{1}{(RCs+1)}$；

（12）$\dfrac{4s+5}{s^2+5s+6}$；

（13）$\dfrac{100(s+50)}{(s^2+201s+200)}$;

（14）$\dfrac{(s+3)}{(s+1)^3(s+2)}$;

（15）$\dfrac{A}{s^2+K^2}$;

（16）$\dfrac{1}{(s^2+3)^2}$;

（17）$\dfrac{s}{(s+a)[(s+\alpha)^2+\beta^2]}$;

（18）$\dfrac{s}{(s^2+\omega^2)[(s+\alpha)^2+\beta^2]}$;

（19）$\dfrac{e^{-s}}{4s(s^2+1)}$;

（20）$\ln\left(\dfrac{s}{s+9}\right)$。

5-3　利用单位阶跃函数的拉普拉斯变换 $\varepsilon(t)\leftrightarrow\dfrac{1}{s}$，求图 5-43 所示波形函数的拉普拉斯变换。

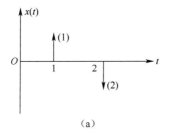

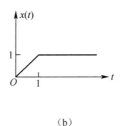

（a）　　　　　　（b）

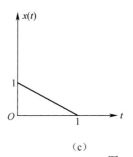

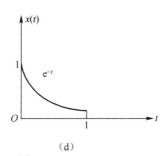

（c）　　　　　　（d）

图 5-43　题 5-3 图

5-4　已知因果信号 $x(t)$ 的拉氏变换 $X(s)=\dfrac{1}{s^2-s+1}$，求：

（1）$e^{-t}x\left(\dfrac{t}{2}\right)$ 的拉氏变换；

（2）$e^{-3t}x(2t-1)$ 的拉氏变换。

5-5　试求图 5-44 所示波形的单边周期函数的拉普拉斯变换。

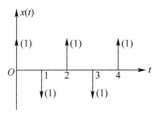

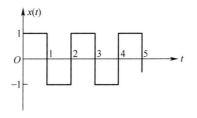

（a）　　　　　　（b）

图 5-44　题 5-5 图

5-6　将连续信号 $x(t)$ 以等时间间隔进行冲激抽样，得到 $x_s(t) = x(t)\delta_T(t)$，

$\delta_T(t) = \sum_{n=0}^{\infty} \delta(t - nT)$，试求：

（1）抽样信号的拉氏变换 $\mathscr{L}[x_s(t)]$；

（2）若 $x(t) = e^{-at}\varepsilon(t)$，求 $\mathscr{L}[x_s(t)]$。

5-7　试利用拉普拉斯变换分析法，求下列系统的响应。

（1）$\dfrac{d^2 y(t)}{dt^2} + 3\dfrac{dy(t)}{dt} + 2y(t) = 0$，$y(0) = 1$，$y'(0) = 2$

（2）$\dfrac{dy(t)}{dt} + 2y(t) + x(t) = 0$，$y(0) = 2$，$x(t) = e^{-t}\varepsilon(t)$

（3）$\begin{cases} \dfrac{dy_1(t)}{dt} + 2y_1(t) - y_2(t) = x(t)，\ y_1(0) = 2，\ y_2(0) = 1，\ x(t) = \varepsilon(t) \\[2mm] -y_1(t) + \dfrac{dy_2(t)}{dt} + 2y_2(t) = 0 \end{cases}$

5-8　已知图 5-45 所示电路参数如下：$R_1 = 1\Omega$，$R_2 = 2\Omega$，$L = 2\text{H}$，$C = \dfrac{1}{2}\text{F}$，激励为 2V 直流。设开关 S 在 $t = 0$ 时断开，断开前电路已达稳态，试求响应电压 $u(t)$，并指出其中的零输入响应与零状态响应、受迫响应与自然响应、瞬态响应与稳态响应。

5-9　已知系统方程如下：

（1）$y''(t) + 11y'(t) + 24y(t) = 5x'(t) + 3x(t)$；

（2）$y'''(t) + 3y''(t) + 2y'(t) = x'(t) + 3x(t)$。

试求系统函数 $H(s)$。

5-10　已知激励信号为 $x(t) = e^{-t}$，零状态响应为 $y(t) = \dfrac{1}{2}e^{-t} - e^{-2t} + 2e^{3t}$，试求此系统的冲激响应 $h(t)$。

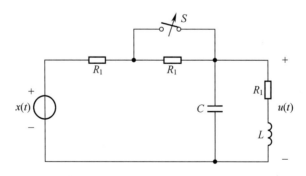

图 5-45　题 5-8 图

5-11　已知 LTI 系统的系统函数为 $H(s) = \dfrac{s+5}{s^2 + 4s + 3}$，输入为 $x(t)$，输出为 $y(t)$。试写出该系统输入输出之间关系的微分方程。若 $x(t) = e^{-2t}\varepsilon(t)$，求系统的零状态响应。

5-12　一个 LTI 系统，当输入 $x(t) = \varepsilon(t)$ 时，输出为 $y(t) = 2e^{-3t}\varepsilon(t)$。试完成：

（1）求出系统的冲激响应 $h(t)$；

（2）当输入 $x(t) = \mathrm{e}^{-t}\varepsilon(t)$ 时，求输出 $y(t)$。

5-13　系统函数为 $H(s) = \dfrac{s}{s^2+4}$，若输入为 $x(t) = \cos 2t\varepsilon(t)$，$y(0^-) = y'(0^-) = 1$，试求响应 $y(t)$。

5-14　已知系统阶跃响应为 $g(t) = 1 - \mathrm{e}^{-2t}$，为使其零状态响应为 $y(t) = (1 - \mathrm{e}^{-2t} - t\mathrm{e}^{-2t})\varepsilon(t)$，试求激励信号 $x(t)$。

5-15　已知激励信号为 $x(t) = \mathrm{e}^{-t}\varepsilon(t)$ 时，其零状态响应 $y_{zs}(t) = (\mathrm{e}^{-t} - 2\mathrm{e}^{-2t} + 3\mathrm{e}^{-3t})\varepsilon(t)$，试求该系统的阶跃响应 $g(t)$。

5-16　描述某 LTI 系统的微分方程为 $y''(t) + 3y'(t) + 2y(t) = x'(t) + 4x(t)$，激励信号为 $x(t) = \mathrm{e}^{-2t}\varepsilon(t)$，起始状态 $y(0^-) = 1$，$y'(0^-) = 1$，试求零输入响应和零状态响应。

5-17　试求微分方程 $y''(t) + 4y'(t) + 3y(t) = x'(t) - 3x(t)$ 所描述的因果线性时不变系统的冲激响应 $h(t)$ 和阶跃响应 $g(t)$。

5-18　如图 5-46 所示电路中，在 $t=0$ 之前开关 S 位于"1"端，电路已进入稳态，$t=0$ 时刻开关从"1"转至"2"端，试求 $u_C(t)$ 和 $i_C(t)$。

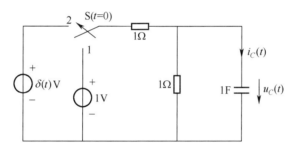

图 5-46　题 5-18 图

5-19　试判断下列函数是否存在双边拉普拉斯变换，如存在求其 $X_B(s)$，并标注收敛区。

（1）$x(t) = \begin{cases} \mathrm{e}^{2t}, & t < 0 \\ \mathrm{e}^{-3t}, & t > 0 \end{cases}$

（2）$x(t) = \begin{cases} \mathrm{e}^{4t}, & t < 0 \\ \mathrm{e}^{3t}, & t > 0 \end{cases}$

（3）$x(t) = \begin{cases} \mathrm{e}^{3t}, & t < 0 \\ \mathrm{e}^{4t}, & t > 0 \end{cases}$

5-20　试求对应于不同收敛区时的原时间函数，双边拉普拉斯变换象函数为

$$X_B(s) = \frac{3s^2 + 6s - 1}{(s+1)(s+3)(s-1)}$$

收敛区分别为

（1）$\sigma < -3$；　　　　　　　　　　　（2）$-3 < \sigma < -1$；

（3）$-1 < \sigma < 1$；　　　　　　　　　　（4）$\sigma > 1$。

5-21　已知二系统框图如图 5-47 所示，试求其系统函数，说明此二系统框图对应的是同一系统。

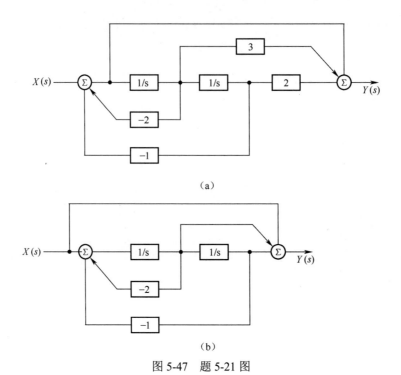

（a）

（b）

图 5-47　题 5-21 图

5-22　某反馈系统如图 5-48 所示，试完成：
（1）由框图求系统函数 $H(s)$；
（2）由信号流图化简求 $H(s)$。

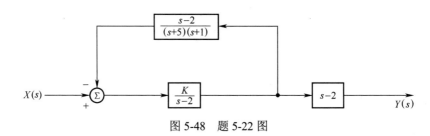

图 5-48　题 5-22 图

5-23　试以图 5-49 所示系统模拟框图作为信号流图，并从信号流图化简或用梅森公式求系统函数 $H(s)$。

5-24　设系统函数 $H(s)$ 如下：

（1）$H(s) = \dfrac{5(s+1)}{s(s+2)(s+5)}$；

（2）$H(s) = \dfrac{2s+3}{(s+2)^2(s+3)}$；

（3）$H(s) = \dfrac{5s^2 + s + 1}{s^3 + s^2 + s}$。

试绘其直接模拟框图、并联模拟框图及级联模拟框图。

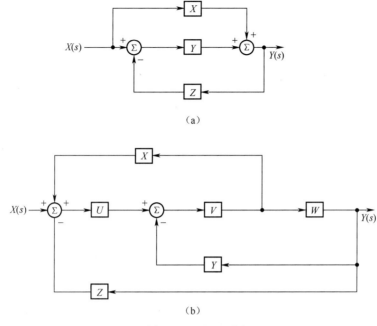

（a）

（b）

图 5-49　题 5-23 图

5-25　试分别写出图 5-50（a）（b）（c）所示电路的系统函数 $H(s) = \dfrac{U_2(s)}{U_1(s)}$。

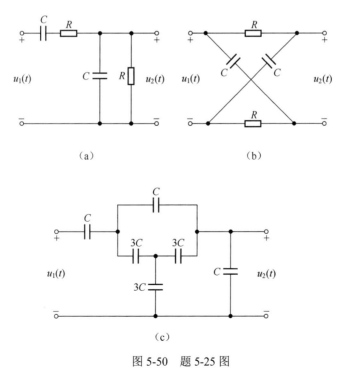

（a）　　　　　　　　　（b）

（c）

图 5-50　题 5-25 图

5-26 已知系统的零、极点分布如图 5-51 所示，并且 $H(0)=5$，试写出系统函数 $H(s)$ 的表达式。

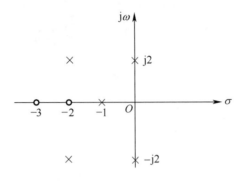

图 5-51 题 5-26 图

5-27 画出下列系统的零极点图，并判断系统是否稳定。

（1） $H(s)=\dfrac{s-2}{s(s+1)}$；

（2） $H(s)=\dfrac{2(s+1)}{s(s^2+1)^2}$。

5-28 某 LTI 系统的微分方程为 $y''(t)+y'(t)-6y(t)=x'(t)+x(t)$，试求：

（1）系统函数 $H(s)$，并画出其零、极点图；

（2）冲激响应 $h(t)$，并判断系统的稳定性。

5-29 若 $H(s)$ 零、极点分布如图 5-52 所示，试讨论它们分别属于哪种滤波网络（低通、高通、带通、带阻）。

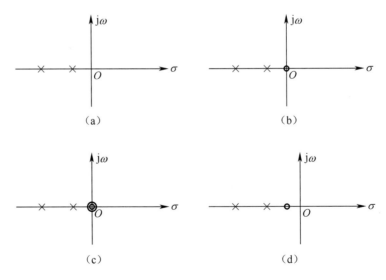

图 5-52 题 5-29 图

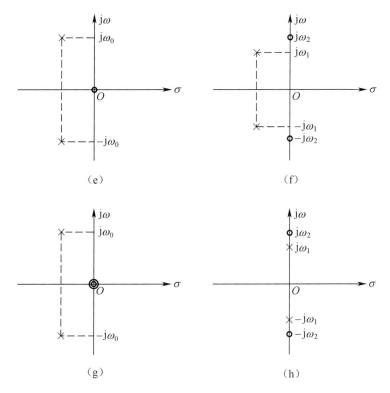

图 5-52 题 5-29 图（续图）

5-30 如图 5-53 所示系统，试完成：

（1）求 $H(s) = \dfrac{Y(s)}{X(s)}$；（2）$K$ 满足什么条件时系统稳定；（3）在临界稳定条件下，求系统的 $h(t)$。

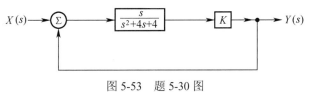

图 5-53 题 5-30 图

第 6 章　离散信号与系统的时域分析

6.1　引言

本书前面的章节讨论中，涉及的系统均为连续时间系统，这类系统用于传输和处理连续时间信号。另外，还有一类用于传输和处理离散时间信号的系统称为离散时间系统，简称离散系统。与连续时间系统相比，离散系统具有精度高、灵活、稳定性与可靠性好、集成化程度高等优点。基于以上优点，离散系统在通信、交通、航空航天、生物医学、地震、遥感等方面得到了广泛的应用，使"数字化"不动声色地渗透到社会及人们日常生活的方方面面。

关于离散信号与系统的分析，在许多方面都与连续信号与系统的分析相类似，两者之间具有一定的并行关系。例如，在信号分析方面，连续信号可分解为多个 $A\delta(t-\tau)$ 信号单元的线性组合，离散信号可分解为多个 $A\delta(n-m)$ 信号单元的线性组合；在系统特性描述方面，连续系统采用微分方程或微分算子方程描述，离散系统采用差分方程或差分算子方程描述；在系统分析方面，连续系统有时域、频域和 s 域分析法，离散系统有时域、频域和 z 域分析法；等等。这些并行关系对于更好地理解和掌握离散信号与系统的分析方法是有所帮助的。

6.2　序列及其基本运算

6.2.1　序列的定义

连续时间信号，在数学上可以表示为连续时间变量 t 的函数。这类信号的特点是：在时间定义域内，除有限个不连续点外，对任一给定时刻都对应有确定的信号值。

离散时间信号，简称离散信号，它是离散时间变量 t_k（$k=0,\pm1,\pm2,\cdots$）的函数。信号仅在规定的离散时间点上有意义，而在其他时间没有定义，如图 6-1（a）所示。鉴于 t_k 按一定顺序变化时，其相应的信号值组成一个数值序列，通常把离散时间信号定义为如下有序信号值的集合：

$$f_k = \{f(t_k)\},\ k=0,\pm1,\pm2,\cdots \tag{6-1}$$

式中，k 为整数，表示信号值在序列中出现的序号。

式（6-1）中 t_k 和 t_{k-1} 之间的间隔 $(t_k - t_{k-1})$ 可以是常数，也可以随 k 变化。在实际应用中，一般取常数。例如，对连续时间信号均匀取样后得到的离散时间信号便是如此。对于这类离散时间信号，若令 $t_k - t_{k-1} = T$，则信号仅在均匀时刻 $t=kT$（$k=0,\pm1,\pm2,\cdots$）上取值。此时，式（6-1）中的 $\{f(t_k)\}$ 可以改写为 $\{f(kT)\}$，信号图形如图 6-1（b）所示。为了简便，我们用序列值的通项 $f(kT)$ 表示集合 $\{f(kT)\}$，并将常数 T 省略，则式（6-1）可简写为

$$f_k = f(k),\ k=0,\pm1,\pm2,\cdots \tag{6-2}$$

信号图形如图 6-1（c）所示。对于时间间隔 $(t_k - t_{k-1})$ 随 k 变化的离散时间信号，或者其他非时

间变量的离散信号，如果我们仅对信号值及其序号感兴趣，那么，可以以序号 k 作为独立变量来表示离散信号。在离散序列与系统分析中，通常用 $x(n)$ 而不是 $f(k)$ 表示输入。

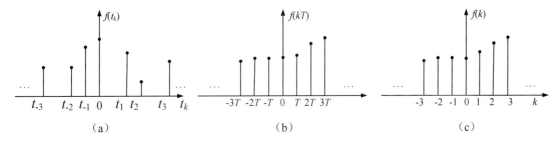

(a)　　　　　　　　　(b)　　　　　　　　　(c)

图 6-1　离散时间信号

为了简便起见，常用一般项 $x(n)$ 表示序列，称为序列 $x(n)$。

例如
$$x_1(n) = \left[\underset{\uparrow}{1}, \frac{1}{2}, \frac{1}{4}, \frac{1}{8}, \cdots \right] = \left(\frac{1}{2} \right)^n, \quad n \geqslant 0$$

其中，小箭头表示 $n = 0$ 时所对应的样值。

$$x_2(n) = \begin{cases} 3, & n = -1 \\ 5, & n = 0 \\ 2, & n = 1 \\ 2, & n = 2 \end{cases} \quad \text{或} \quad x_2(n) = [3, \underset{\uparrow}{5}, 2, 2]$$

另外还可以用谱线状的图形表示离散时间信号。

6.2.2　典型序列

1．单位脉冲序列

单位脉冲序列也称单位样值序列，用 $\delta(n)$ 表示，定义为

$$\delta(n) = \begin{cases} 1, & n = 0 \\ 0, & n \neq 0 \end{cases} \tag{6-3}$$

单位脉冲序列 $\delta(n)$ 如图 6-2 所示。

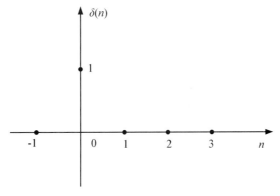

图 6-2　单位脉冲序列

2. 单位阶跃序列

单位阶跃序列用 $\varepsilon(n)$ 表示，定义为

$$\varepsilon(n) = \begin{cases} 1, & n \geqslant 0 \\ 0, & n < 0 \end{cases} \quad (6\text{-}4)$$

单位阶跃序列 $\varepsilon(n)$ 如图 6-3 所示。

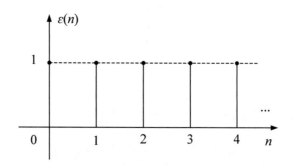

图 6-3　单位阶跃序列

还可用 $\delta(n)$ 表示 $\varepsilon(n)$，即

$$\varepsilon(n) = \sum_{m=0}^{\infty} \delta(n-m) = \delta(n) + \delta(n-1) + \delta(n-2) + \cdots \quad (6\text{-}5)$$

亦可用 $\varepsilon(n)$ 表示 $\delta(n)$，即

$$\delta(n) = \varepsilon(n) - \varepsilon(n-1) \quad (6\text{-}6)$$

3. 单位矩形序列

单位矩形序列用 $R_N(n)$ 表示，定义为

$$R_N(n) = \begin{cases} 1, & 0 \leqslant n \leqslant N-1 \\ 0, & n < 0 \text{ 或 } n \geqslant N \end{cases}$$

$R_4(n)$ 如图 6-4 所示。

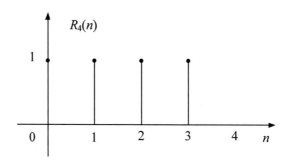

图 6-4　单位矩阵序列

亦可用 $\delta(n)$、$\varepsilon(n)$ 表示 $R_N(n)$，即

$$R_N(n) = \varepsilon(n) - \varepsilon(n-N) = \sum_{m=0}^{N-1} \delta(n-m)$$

4. 斜变序列

斜变序列是包络为线性变化的序列，表示式为

$$x(n) = n\varepsilon(n)$$

斜变序列如图 6-5 所示。

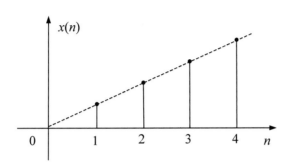

图 6-5　斜变序列

5. 实指数序列

实指数序列 a^n 是包络为指数函数的序列。当 $|a|>1$ 时，序列发散；当 $|a|<1$ 时，序列收敛；当 $a<0$ 时，序列正、负摆动。实指数序列的四种波形如图 6-6 所示。

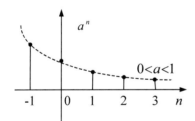
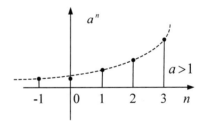

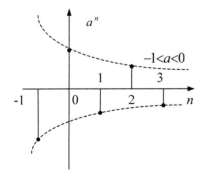
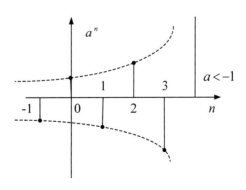

图 6-6　实指数序列的四种波形

6. 正弦型序列

正弦型序列是包络为正、余弦变化的序列。

如 $\sin n\theta_0$ 和 $\cos n\theta_0$ ，若 $\theta_0 = \dfrac{\pi}{5}$ ， $N = \dfrac{2\pi}{\pi/5} = 10$ ，即每 10 点重复一次正、余弦变化，如图 6-7 所示。

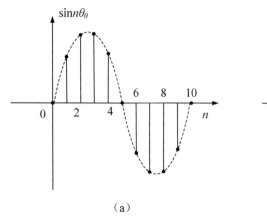
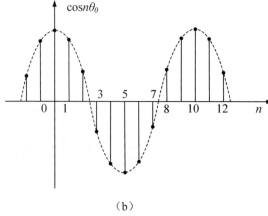

（a） （b）

图 6-7　正弦型序列

正弦型序列一般表示为

$$x(n) = A\cos(n\theta_0 + \varphi_n)$$

对模拟正弦型信号采样可以得到正弦型序列，如

$$x_a(t) = \sin \omega_0 t$$

$$x(n) = x_a(nT) = \sin n\omega_0 T = \sin n\theta_0$$

其中， $\theta_0 = \omega_0 T$ 是数字域频率， T 为采样周期。

数字域频率相当于模拟域频率对采样频率取归一化值，即

$$\theta = \omega T = \frac{\omega}{f_s}$$

7. 复指数序列

$$x(n) = e^{(\sigma + j\theta_0)n} = e^{\sigma n} e^{j\theta_0 n} = e^{\sigma n}(\cos n\theta_0 + j\sin n\theta_0) = |x(n)| e^{j\varphi(n)}$$

其中， $|x(n)| = e^{\sigma n}$ ， $\varphi(n) = n\theta_0$ 。

8. 周期序列

$$x(n) = x(n + N)，\quad -\infty < n < \infty$$

则 $x(n)$ 为周期序列，周期为 N 点。

对模拟周期信号采样得到的序列，未必是周期序列。例如模拟正弦型采样信号一般表示为

$$x(n) = A\cos(n\theta_0 + \varphi_n) = A\cos\left(2\pi\frac{n\theta_0}{2\pi} + \varphi_n\right)$$

式中， $\dfrac{2\pi}{\theta_0} = \dfrac{2\pi}{\omega_0 T} = \dfrac{2\pi f_s}{\omega_0} = \dfrac{f_s}{f_0}$ ， f_s 为采样频率， f_0 为模拟周期信号频率。

可由以下条件判断 $x(n)$ 是否为周期序列：

（1）$\dfrac{2\pi}{\theta_0}=N$ ， N 为整数，则 $x(n)$ 是周期序列，周期为 N 。

例如 $\sin n\theta_0$ ，若 $\theta_0=\dfrac{\pi}{5}$ ， $N=\dfrac{2\pi}{\pi/5}=10$ ，如图 6-7（a）所示。

（2）$\dfrac{2\pi}{\theta_0}=S=\dfrac{N}{L}$ ， L 、 N 为整数，则 $x(n)$ 是周期序列，周期为 $N=SL$ 。

例如 $\sin n\theta_0$ ，若 $\theta_0=\dfrac{8\pi}{3}$ ， $N=3$ ，如图 6-8 所示。

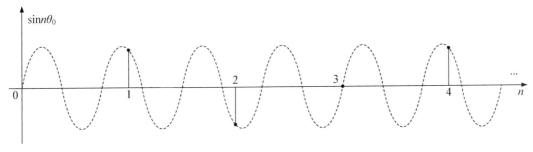

图 6-8　$\sin(8n\pi/3)$

（3）$\dfrac{2\pi}{\theta_0}$ 为无理数，则 $x(n)=A\cos(n\theta_0+\varphi_n)$ 不是周期序列。

例如 $\sin n\theta_0$ ，若 $\theta_0=\dfrac{1}{4}$ ， $\dfrac{2\pi}{\theta_0}=\dfrac{\pi}{2}$ 为无理数，将 $n=0,1,2,3,4,\cdots$ 分别代入 $\sin n\theta_0$ ，得到 $[0,0.2474,0.47943,0.68164,0.84147,0.94898,\cdots]$ ，是非周期序列。

6.2.3　序列的基本运算

1. 相加

$$z(n)=x(n)+y(n) \qquad (6\text{-}7)$$

$z(n)$ 是两个序列 $x(n)$ 、 $y(n)$ 对应项相加形成的序列。

2. 相乘

$$z(n)=x(n)\cdot y(n) \qquad (6\text{-}8)$$

$z(n)$ 是两个序列 $x(n)$ 、 $y(n)$ 对应项相乘形成的序列。

标量相乘

$$z(n)=ax(n) \qquad (6\text{-}9)$$

$z(n)$ 是 $x(n)$ 每项乘以常数 a 形成的序列。

3. 时移（时延、移序、移位、位移）

$$z(n)=x(n-m),\ \ m>0 \qquad (6\text{-}10)$$

$z(n)$ 是原序列 $x(n)$ 每项右移 m 位形成的序列。

$$z(n)=x(n+m),\ \ m>0 \qquad (6\text{-}11)$$

$z(n)$ 是原序列 $x(n)$ 每项左移 m 位形成的序列。

如图 6-9 所示是 $x(n)$、$x(n-1)$、$x(n+1)$ 序列的移序图。

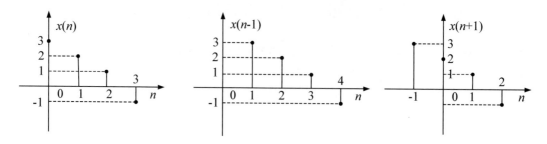

图 6-9　序列的移序

例 6-1　已知 $x(n)=[0.5,1,5,1,-0.5]$，　$y(n)=x(n)+2x(n)x(n-2)$。

解
$$x(n-2)=[0,0.5,1.5,1,-0.5]$$

$$2x(n)x(n-2)=\begin{cases}0.5\times1\times2=1,& n=1\\1.5\times2\times(-0.5)=-1.5,& n=2\end{cases}$$

$$y(n)=x(n)+2x(n)x(n-2)=[0.5,1.5,2,-2]$$

4. 折叠及其位移

$$y(n)=x(-n) \tag{6-12}$$

是以纵轴为对称轴翻转 180° 形成的序列。

折叠位移序列

$$z(n)=x(-n\pm m) \tag{6-13}$$

$z(n)$ 是由 $x(-n)$ 向右或向左移 m 位形成的序列。

折叠序列与折叠位移序列如图 6-10 所示。

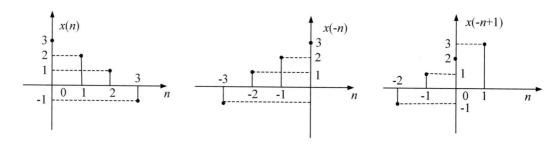

图 6-10　序列的折叠位移

5. 尺度变换

$y(n)=x(nm)$，这是 $x(n)$ 序列每隔 m 点取一点形成的，即时间轴 n 压缩至原来的 $\dfrac{1}{m}$。例如 $m=2$ 时，$x(2n)$ 如图 6-11 所示。

$y(n)=x(n/m)$，这是 $x(n)$ 序列每一点加 $m-1$ 个零值点形成的，即时间轴 n 扩展至原来的 m 倍。例如 $m=2$ 时，$x(n/2)$ 如图 6-12 所示。

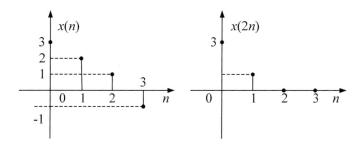

图 6-11　序列的压缩

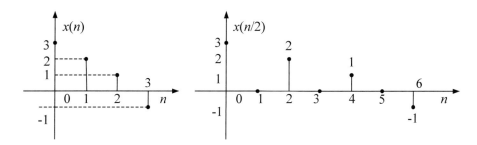

图 6-12　序列的扩展

借助 MATLAB 可实现序列的运算。

6.3　卷积和

本节讨论离散时间信号卷积和运算的定义、性质和计算方法。

6.3.1　卷积和的定义

我们定义两个连续时间信号 $f_1(t)$ 和 $f_2(t)$ 的卷积运算为

$$f_1(t) * f_2(t) = \int_{-\infty}^{\infty} f_1(\tau) f_2(t-\tau) \mathrm{d}\tau \tag{6-14}$$

并在此基础上得到了 LTI 连续系统零状态响应的时域计算公式。类似地，我们定义

$$x(n) = x_1(n) * x_2(n) \overset{\Delta}{=} \sum_{i=-\infty}^{\infty} x_1(i) x_2(n-i) \tag{6-15}$$

为序列 $x_1(n)$ 和 $x_2(n)$ 的卷积和运算，简称卷积和。由于积分运算实际上也是一种求和运算，故卷积和运算与卷积运算并没有实质上的差别，因此卷积和运算也用符号 "*" 表示。式（6-15）中，i 为虚设求和变量，卷积和运算结果为另一个新的序列。

如果 $x_1(n)$ 为因果序列，由于 $n<0$ 时，$x_1(n)=0$，故式（6-15）中求和下限可改写为零，即

$$x_1(n) * x_2(n) = \sum_{i=0}^{\infty} x_1(i) x_2(n-i) \tag{6-16}$$

如果 $x_2(n)$ 为因果序列，而 $x_1(n)$ 不受限制，那么式（6-15）中，当 $(n-i)<0$，即 $i>n$ 时，$x_2(n-i)=0$，因而和式的上限可改写为 n，也就是

$$x_1(n)*x_2(n)=\sum_{i=-\infty}^{n}x_1(i)x_2(n-i) \tag{6-17}$$

如果 $x_1(n)$ 和 $x_2(n)$ 均为因果序列，则有

$$x_1(n)*x_2(n)=\sum_{i=0}^{n}x_1(i)x_2(n-i) \tag{6-18}$$

例 6-2 设 $x_1(n)=\mathrm{e}^{-n}\varepsilon(n)$，$x_2(n)=\varepsilon(n)$，求 $x_1(n)*x_2(n)$。

解 由卷积和定义式（6-15）得

$$x_1(n)*x_2(n)=\sum_{i=-\infty}^{\infty}\mathrm{e}^{-i}\varepsilon(i)\varepsilon(n-i)$$

考虑到 $x_1(n)$、$x_2(n)$ 均为因果序列，根据式（6-18），可将上式表示为

$$x_1(n)*x_2(n)=\sum_{i=0}^{\infty}\mathrm{e}^{-i}\varepsilon(n-i)=\sum_{i=0}^{n}\mathrm{e}^{-i}=\frac{1-\mathrm{e}^{-n}\cdot\mathrm{e}^{-1}}{1-\mathrm{e}^{-1}}=\frac{1-\mathrm{e}^{-(n+1)}}{1-\mathrm{e}^{-1}}$$

显然，上式中 $n\geq 0$，故应写为

$$x_1(n)*x_2(n)=\mathrm{e}^{-n}\varepsilon(n)*\varepsilon(n)=\left[\frac{1-\mathrm{e}^{-(n+1)}}{1-\mathrm{e}^{-1}}\right]\varepsilon(n)$$

与卷积运算一样，用图解法求两序列的卷积和运算也包括信号的翻转、平移、相乘、求和四个基本步骤。

例 6-3 已知离散信号

$$x_1(n)=\begin{cases}1, & n=0 \\ 3, & n=1 \\ 2, & n=2 \\ 0, & 其他\end{cases}$$

$$x_2(n)=\begin{cases}4-n, & n=0,1,2,3 \\ 0, & 其他\end{cases}$$

求卷积和 $x_1(n)*x_2(n)$。

解 记卷积和运算结果为 $x(n)$，由式（6-15）得

$$x(n)=x_1(n)*x_2(n)=\sum_{i=-\infty}^{\infty}x_1(i)x_2(n-i) \tag{6-19}$$

下面采用图解法计算。

第一步，画出 $x_1(i)$、$x_2(i)$ 图形，分别如图 6-13（a）（b）所示。

第二步，将 $x_2(i)$ 图形绕纵坐标轴翻转 180°，得到 $x_2(-i)$ 图形，如图 6-13（c）所示。

第三步，将 $x_2(-i)$ 图形沿 i 轴左移（$n<0$）或右移（$n>0$）$|n|$ 个时间单位，得到 $x_2(n-i)$ 图形。例如，当 $n=-1$ 和 $n=1$ 时，$x_2(n-i)$ 图形分别如图 6-13（d）（e）所示。

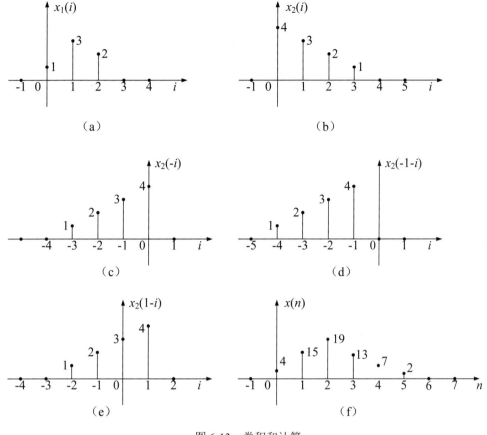

图 6-13　卷积和计算

第四步，对任意给定值 n，按式（6-19）进行相乘、求和运算，得到序号为 n 的卷积和序列值 $x(n)$。若令 n 由 $-\infty$ 至 ∞ 变化，$x_2(n-i)$ 图形将从 $-\infty$ 处开始沿 i 轴自左向右移动，并由式（6-19）计算求得卷积和序列 $x(n)$。对于本例中给定的 $x_1(n)$ 和 $x_2(n)$，具体计算过程如下：

当 $n<0$ 时，由于乘积项 $x_1(i)x_2(n-i)$ 均为零，故 $x(n)=0$；

当 $n=0$ 时，$x(0)=\sum_{i=-\infty}^{\infty} x_1(i)x_2(n-i)=\sum_{i=0}^{0} x_1(i)x_2(n-i)=x_1(0)x_2(0)=1\times 4=4$；

当 $n=1$ 时，$x(1)=\sum_{i=-\infty}^{1} x_1(i)x_2(1-i)=x_1(0)x_2(1)+x_1(1)x_2(0)=3+12=15$；

当 $n=2$ 时，$x(2)=\sum_{i=-\infty}^{2} x_1(i)x_2(2-i)=x_1(0)x_2(2)+x_1(1)x_2(1)+x_1(2)x_2(0)=2+9+8=19$。

同理可得 $x(3)=13$，$x(4)=7$，$x(5)=2$，以及当 $n>5$ 时，$x(n)=0$。

于是，其卷积和为

$$x(n)=\{\cdots 0,\underset{n=0}{4},15,19,13,7,2,0\cdots\}$$

其图形如图 6-13（f）所示。

对于两个有限长序列的卷积和计算，可以采用下面介绍的更为简便实用的方法。这种方法不需要画出序列图形，只要把两个序列排成两行，按普通乘法运算相乘，但中间结果不进位，最后将位于同一列的中间结果相加即可得到卷积和序列。例如，对于例 6-3 中给定的 $x_1(n)$ 和 $x_2(n)$，为了方便，将 $x_2(n)$ 写在第一行，$x_1(n)$ 写在第二行，经序列值相乘和中间结果相加运算后得到

$$
\begin{array}{r}
4 \ \ 3 \ \ 2 \ \ 1 \\
\times \ \ \ \ \ \ \ \ 1 \ \ 3 \ \ 2 \\
\hline
8 \ \ 6 \ \ 4 \ \ 2 \\
12 \ \ 9 \ \ 6 \ \ 3 \\
+ \ 4 \ \ 3 \ \ 2 \ \ 1 \\
\hline
4 \ 15 \ 19 \ 13 \ 7 \ 2
\end{array}
$$

$$\uparrow \atop n=3$$

所以

$$x(n) = x_1(n) * x_2(n) = \{\cdots 0, \underset{n=0}{4}, 15, 19, 13, 7, 2, 0 \cdots\}$$

卷积和序列值的序号可以这样确定：根据卷积和定义式（6-15），我们知道在任一乘积项 $x_1(i)x_2(n-i)$ 中，相乘两序列值的序号之和恒等于卷积和序列值的序号 n。这样，结合实际"乘法"运算过程，就能确定任一卷积和序列值的序号。例如，本例 $x_1(n)$ 中序列值 2 的序号为 2，$x_2(n)$ 中序列值 3 的序号为 1，两者序号和为 3，则中间结果 6 相应的卷积和序列值 13 的序号即为 3。上面乘法运算式中有关序列值用虚线框表示。确定了序列中一个序列值的序号后，其余序列值序号的确定是容易的。

6.3.2 卷积和的性质

性质 1 离散信号的卷积和运算服从交换律、结合律和分配律，即

$$x_1(n) * x_2(n) = x_2(n) * x_1(n) \tag{6-20}$$

$$x_1(n) * [x_2(n) * x_3(n)] = [x_1(n) * x_2(n)] * x_3(n) \tag{6-21}$$

$$x_1(n) * [x_2(n) + x_3(n)] = x_1(n) * x_2(n) + x_1(n) * x_3(n) \tag{6-22}$$

性质 2 任一序列 $x(n)$ 与单位脉冲序列 $\delta(n)$ 的卷积和等于序列 $x(n)$ 本身，即

$$x(n) * \delta(n) = \delta(n) * x(n) = x(n) \tag{6-23}$$

性质 3 若 $x_1(n) * x_2(n) = x(n)$，则

$$x_1(n) * x_2(n-k_0) = x_1(n-k_0) * x_2(n) = x(n-k_0) \tag{6-24}$$

$$x_1(n-k_1) * x_2(n-k_2) = x_1(n-k_2) * x_2(n-k_1) = x(n-k_1-k_2) \tag{6-25}$$

式中 n_0、n_1、n_2 均为整数。

以上性质的证明是容易的，读者可自行完成。

例 6-4 已知序列 $x(n) = (3)^{-n}\varepsilon(n)$，$y(n) = 1$，$-\infty < n < \infty$，试验证 $x(n)$ 和 $y(n)$ 的卷积和运算满足交换律，即

$$x(n) * y(n) = y(n) * x(n)$$

解 先计算 $x(n) * y(n)$，考虑到 $x(n)$ 是因果序列，根据式（6-16），有

$$x(n) * y(n) = \sum_{i=-\infty}^{\infty} x(i) y(n-i) = \sum_{i=-\infty}^{\infty} (3)^{-i} \varepsilon(i) = \sum_{i=0}^{\infty} (3)^{-i} \qquad (6\text{-}26)$$

再计算 $y(n) * x(n)$，同样考虑到 $x(n)$ 是因果序列，按式（6-17），可得

$$y(n) * x(n) = \sum_{i=-\infty}^{\infty} y(i) x(n-i) = \sum_{i=-\infty}^{\infty} 3^{-(n-i)} \varepsilon(n-i) \qquad (6\text{-}27)$$

$$= \sum_{i=-\infty}^{n} 3^{-(n-i)} = 3^{-n} \sum_{i=-\infty}^{n} 3^{i} = 3^{-n} \frac{(-3^n) \times 3}{1-3} = 1.5$$

所以

$$x(n) * y(n) = y(n) * x(n) = 1.5$$

因求解过程中对 n 没有限制，故上述结论在 $-\infty < n < \infty$ 范围内均成立，即 $x(n) * y(n)$ 运算满足交换律。

例 6-5　求序列 $x_1(n) = 2^{-(n+1)} \varepsilon(n+1)$ 和 $x_2(n) = \varepsilon(n-2)$ 的卷积和。

解：

方法一：图解法。将序列 $x_1(n)$、$x_2(n)$ 的自变量换为 i，画出 $x_1(i)$ 和 $x_2(i)$ 的图形如图 6-14（a）和（b）所示。

将 $x_2(i)$ 图形翻转 180° 后，得 $x_2(-i)$，如图 6-14（c）所示。

当 $n < 1$ 时，由图 6-14（d）可知，其乘积项 $x_1(i) x_2(n-i)$ 为零，故 $x_1(n) * x_2(n) = 0$。

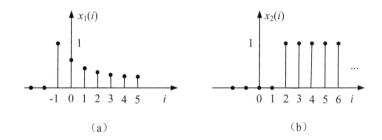

（a）　　　　　　　　　　　　　　（b）

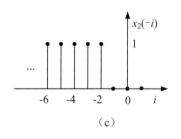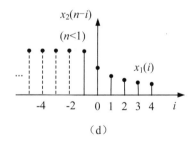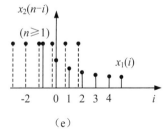

（c）　　　　　　　　　（d）　　　　　　　　　（e）

图 6-14　例 6-5 图

当 $n \geqslant 1$ 时，按卷积和定义，参见图 6-14（e），可得

$$x_1(n) * x_2(n) = \sum_{i=-\infty}^{\infty} 2^{-(i+1)} \varepsilon(i+1) \varepsilon(n-2-i) = \sum_{i=-1}^{\infty} 2^{-(i+1)} \varepsilon(n-2-i) = \sum_{i=-1}^{n-2} 2^{-(i+1)}$$

$$= 2^{-1} \sum_{i=-1}^{n-2} 2^{-i} = 2^{-1} \times \frac{2 - 2^{-(n-2)-1}}{1 - 2^{-1}} = 2(1 - 2^{-n})$$

于是

$$x_1(n)*x_2(n)=\begin{cases}0, & n<1\\2(1-2^{-n}), & n\geqslant 1\end{cases}$$

故有

$$x_1(n)*x_2(n)=2(1-2^{-n})\varepsilon(n-1)$$

方法二：应用卷积和性质 3。先计算

$$x(n)=2^{-n}\varepsilon(n)*\varepsilon(n)$$
$$=\sum_{i=-\infty}^{\infty}2^{-i}\varepsilon(i)\varepsilon(n-i)$$
$$=\sum_{i=0}^{n}2^{-i}=\frac{1-2^{-n-1}}{1-2^{-1}}$$
$$=2-2^{-n}$$

上式中 $n\geqslant 0$ ，故有

$$x(n)=2^{-n}\varepsilon(n)*\varepsilon(n)=(2-2^{-n})\varepsilon(n)$$

再应用卷积和性质 3，求得

$$x_1(n)*x_2(n)=2^{-(n+1)}\varepsilon(n+1)*\varepsilon(n-2)$$
$$=x(n+1-2)$$
$$=x(n-1)$$
$$=[2-2^{-(n-1)}]\varepsilon(n-1)$$
$$=2(1-2^{-n})\varepsilon(n-1)$$

6.3.3　常用序列的卷积和公式

常用因果序列的卷积和公式列于表 6-1 中，以供查阅。

表 6-1　常用序列的卷积和公式

序号	$x_1(n),\ n\geqslant 0$	$x_2(n),\ n\geqslant 0$	$x_1(n)*x_2(n),\ n\geqslant 0$
1	$x(n)$	$\delta(n)$	$x(n)$
2	$x(n)$	$\varepsilon(n)$	$\sum_{i=0}^{n}x(i)$
3	$\varepsilon(n)$	$\varepsilon(n)$	$n+1$
	a^n	a^n	$a^n(n+1)$
	$e^{\lambda n}$	$e^{\lambda n}$	$(n+1)e^{\lambda n}$
4	a_1^n	a_2^n	$\dfrac{a_1^{n+1}-a_2^{n+1}}{a_1-a_2},\ a_1\neq a_2$
	$\varepsilon(n)$	a^n	$\dfrac{1-a^{n+1}}{1-a},\ a\neq 1$

续表

序号	$x_1(n),\ n\geqslant 0$	$x_2(n),\ n\geqslant 0$	$x_1(n)*x_2(n),\ n\geqslant 0$
5	$\mathrm{e}^{\lambda_1 n}$	$\mathrm{e}^{\lambda_2 n}$	$\dfrac{\mathrm{e}^{\lambda_1(n+1)}-\mathrm{e}^{\lambda_2(n+1)}}{\mathrm{e}^{\lambda_1}-\mathrm{e}^{\lambda_2}},\ \lambda_1\neq\lambda_2$
	$\varepsilon(n)$	$\mathrm{e}^{\lambda n}$	$\dfrac{1-\mathrm{e}^{\lambda(n+1)}}{1-\mathrm{e}^{\lambda}}$
6	n	$\varepsilon(n)$	$\dfrac{n(n+1)}{2}$
	n	n	$\dfrac{(n-1)n(n+1)}{6}$
7	n	a^n	$\dfrac{n}{1-a}+\dfrac{a(a^n-1)}{(1-a)^2}$
	n	$\mathrm{e}^{\lambda n}$	$\dfrac{n}{1-\mathrm{e}^{\lambda}}+\dfrac{\mathrm{e}^{\lambda}(\mathrm{e}^{\lambda n}-1)}{(1-\mathrm{e}^{\lambda})^2}$
8	$a_1^n\cos(\theta_0 n+\varphi_n)$	a_2^n	$\dfrac{a_1^{n+1}\cos[\theta_0(n+1)+\varphi_n-\varphi]-a_2^{n+1}\cos(\varphi_n-\varphi)}{\sqrt{a_1^2+a_2^2-2a_1a_2\cos\theta_0}}$ $\varphi=\arctan\left(\dfrac{a_1\sin\theta_0}{a_1\cos\theta_0-a_2}\right)$

6.4 离散时间系统的建模与求解

离散时间系统的作用是将输入序列转变为输出序列，系统的功能是完成将输入 $x(n)$ 转变为输出 $y(n)$ 的运算，记为

$$y(n)=T[x(n)] \tag{6-28}$$

离散时间系统的作用如图 6-15 所示。

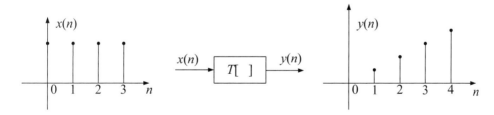

图 6-15 离散时间系统的作用示意图

离散时间系统与连续时间系统有相似的分类，如线性、非线性和时变、非时变等。运算关系 $T[\ ]$ 满足不同条件，对应着不同的系统。本书只讨论"线性非时（移）变离散系统"，即 LTI 离散系统。

6.4.1　LTI 离散系统

与 LTI 连续系统相同，LTI 离散系统应满足可分解、线性（叠加、比例）以及非时变特性。离散系统的线性与非时变特性的示意图分别如图 6-16 和图 6-17 所示。

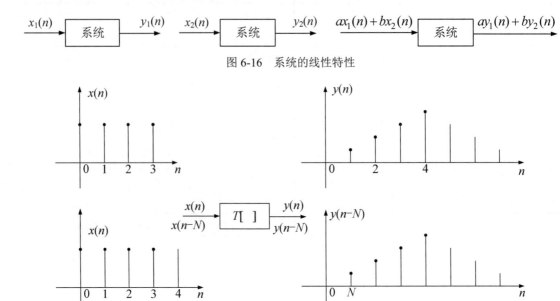

图 6-16　系统的线性特性

图 6-17　系统的非时变特性

下面通过具体例题讨论离散系统的线性非时变特性。

例 6-6　判断下列系统是否为线性系统。

（1）$y(n) = T[x(n)] = ax(n) + b$；

（2）$y(n) = T[x(n)] = \sin\left(\theta_0 n + \dfrac{\pi}{4}\right) x(n)$。

解：（1）$T[x_1(n)] = ax_1(n) + b = y_1(n)$，$T[x_2(n)] = ax_2(n) + b = y_2(n)$

$$T[x_1(n) + x_2(n)] = a[x_1(n) + x_2(n)] + b = ax_1(n) + ax_2(n) + b \neq y_1(n) + y_2(n)$$

所以该系统是非线性系统。

（2）$y_1(n) = T[x_1(n)] = \sin\left(\theta_0 n + \dfrac{\pi}{4}\right) x_1(n)$，$y_2(n) = T[x_2(n)] = \sin\left(\theta_0 n + \dfrac{\pi}{4}\right) x_2(n)$

$$T[x_1(n) + x_2(n)] = \sin\left(\theta_0 n + \dfrac{\pi}{4}\right)[x_1(n) + x_2(n)]$$

$$= \sin\left(\theta_0 n + \dfrac{\pi}{4}\right) x_1(n) + \sin\theta\left(_0 n + \dfrac{\pi}{4}\right) x_2(n) = y_1(n) + y_2(n)$$

所以该系统是线性系统。

例 6-7　判断下列系统是否为非时变系统。

（1）$y(n) = T[x(n)] = ax(n) + b$；

（2）$y(n) = T[x(n)] = nx(n)$。

解： （1）$T[x(n-n_0)] = ax(n-n_0) + b = y(n-n_0)$，是非时变系统。

（2）$T[x(n-n_0)] = nx(n-n_0) \neq y(n-n_0) = (n-n_0)x(n-n_0)$，是时变系统。

6.4.2　LTI 离散系统的数学模型——差分方程

LTI 离散系统的基本运算有延时（移序）、乘法、加法，基本运算可以由基本运算单元实现，由基本运算单元可以构成 LTI 离散系统。

1. LTI 离散系统基本运算单元的框图及流图表示

（1）延时器的框图及信号流图如图 6-18 所示。

图 6-18　延时器框图及流图表示

图 6-18 中，$1/E$ 是单位延时器，有时也用 D、T 表示。离散系统延时器的作用与连续系统中的积分器相当。

（2）加法器的框图及信号流图如图 6-19 所示。

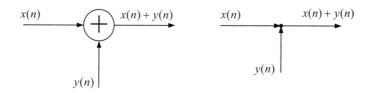

图 6-19　加法器框图及流图表示

（3）乘法器的框图及信号流图如图 6-20 所示。

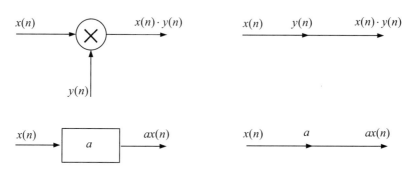

图 6-20　乘法器框图及流图表示

利用离散系统的基本运算单元，可以构成任意 LTI 离散系统。

2. LTI 离散系统的差分方程

线性时不变连续系统是由常系数微分方程描述的，而线性时不变离散系统是由常系数差分方程描述的。在差分方程中构成方程的各项包含有未知离散变量的 $y(n)$，以及

$y(n+1)$，$y(n+2)$，$\cdots$，$y(n-1)$，$y(n-2)$，$\cdots$。下面举例说明系统差分方程的建立。

例 6-8　系统方框如图 6-21 所示，写出其差分方程。

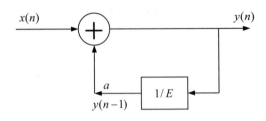

图 6-21　离散时间系统

解：

$$y(n) = ay(n-1) + x(n)　\text{或}　y(n) - ay(n-1) = x(n) \tag{6-29}$$

式（6-29）左边由未知序列 $y(n)$ 及其移位序列 $y(n-1)$ 构成，因为仅差一个移位序列，所以是一阶差分方程。若还包括未知序列的移位项 $y(n-2)$，$\cdots$，$y(n-N)$，则可构成 N 阶差分方程。

未知（待求）序列变量序号最高与最低值之差是差分方程阶数；各未知序列序号以递减方式给出 $y(n)$，$y(n-1)$，$y(n-2)$，$\cdots$，$y(n-N)$，称为后向形式差分方程。一般因果系统用后向形式比较方便。各未知序列序号以递增方式给出 $y(n)$，$y(n+1)$，$y(n+2)$，$\cdots$，$y(n+N)$，称为前向形式差分方程。一般在状态变量分析中习惯用前向形式。

例 6-9　系统方框如图 6-22 所示，写出其差分方程。

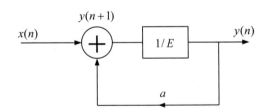

图 6-22　例 6-9 离散时间系统

解：

$$y(n+1) = ay(n) + x(n)　\text{或}　y(n) = \frac{1}{a}[y(n+1) - x(n)] \tag{6-30}$$

这是一阶前向差分方程，与后向差分方程形式相比较，仅是输出信号的输出端不同。前者是从延时器的输入端取出，后者则是从延时器的输出端取出。

当系统的阶数不高，并且激励不复杂时，我们可以用迭代（递推）法求解差分方程。

例 6-10　已知 $y(n) = ay(n-1) + x(n)$，且 $y(n) = 0, n < 0$，$x(n) = \delta(n)$，求 $y(n)$。

解：

$$y(0) = ay(-1) + x(0) = \delta(n) = 1$$
$$y(1) = ay(0) + x(1) = a$$
$$y(2) = ay(1) + x(2) = a^2$$

最后 $y(n) = a^n \varepsilon(n)$ 。

3. 数学模型的建立及求解方法

下面由具体例题讨论离散系统数学模型的建立。

例 6-11　电路如图 6-23 所示，已知边界条件 $v(0) = E$ ， $v(N) = 0$ ，求第 n 个节点电压 $v(n)$ 的差分方程。

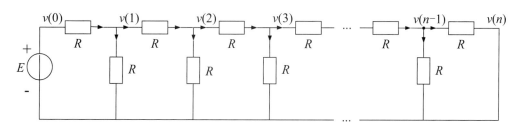

图 6-23　例 6-11 离散时间系统

解：与任意节点 $v(n-1)$ 关联的电路如图 6-24 所示，由此对任意节点 $v(n-1)$ 可列节点 KCL 方程为

$$\frac{v(n-2) - v(n-1)}{R} = \frac{v(n-1)}{R} + \frac{v(n-1) - v(n)}{R}$$

整理得到

$$v(n-2) = 3v(n-1) - v(n)$$
$$v(n) - 3v(n-1) + v(n-2) = 0$$

上式是一个二阶后向差分方程，借助两个边界条件可求解出 $v(n)$ 。这里 n 代表电路图中节点的顺序。

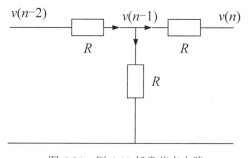

图 6-24　例 6-11 任意节点电路

前面所讨论差分方程的自变量取的都是时间，此例说明差分方程描述的离散系统不限于时间系统。本书将自变量取为时间只是习惯上的用法，实际上差分方程的应用遍及许多领域。

N 阶 LTI 离散系统的数学模型是常系数 N 阶线性差分方程，它的一般形式是

$$a_0 y(n) + a_1 y(n-1) + \cdots + a_N y(n-N) = b_0 x(n) + b_1 x(n-1) + \cdots + b_M x(n-M)$$

或

$$\sum_{k=0}^{N} a_k y(n-k) = \sum_{r=0}^{M} b_r x(n-r) \qquad (6\text{-}31)$$

为处理方便，若不特别指明，一般默认待求量序号最高项的系数为 1（$a_0 = 1$）。

6.4.3　线性差分方程的求解方法

一般差分方程的求解方法有下列四种：

（1）递推（迭代）法。此法直观简便，但往往不易得到一般项的解析式（闭式或封闭解答），它一般为数值解，如例 6-10。

（2）时域法。此法与连续系统的时域法相同，分别求解离散系统的零输入响应与零状态响应，完全响应为二者之和。其中零输入响应是齐次差分方程的解，零状态响应可由卷积的方法求得，这也是本章的重点。

（3）时域经典法。此法与微分方程求解相同，先分别求差分方程的齐次通解与特解，二者之和为完全解，再代入边界条件后确定完全解的待定系数。

（4）变域法。此法与连续系统的拉氏变换法相似，离散系统可利用 z 变换求解响应，优点是可以简化求解过程。这种方法将在第 7 章讨论。

6.5　离散时间系统的零输入响应

线性时不变离散系统的数学模型是常系数线性差分方程，系统零输入响应是常系数线性齐次差分方程的解。为简化讨论，先从一阶齐次差分方程求解开始。

6.5.1　一阶线性时不变离散系统的零输入响应

一阶线性时不变离散系统的齐次差分方程的一般形式为

$$\begin{cases} y(n) - ay(n-1) = 0 \\ y(0) = C \end{cases} \qquad (6\text{-}32)$$

将差分方程改写为

$$y(n) = ay(n-1)$$

用递推（迭代）法，$y(n)$ 仅与前一时刻 $y(n-1)$ 有关，以 $y(0)$ 为起点

$$y(1) = ay(0)$$
$$y(2) = ay(1) = a^2 y(0)$$
$$y(3) = ay(2) = a^3 y(0)$$

当 $n \geqslant 0$ 时，齐次方程的解为

$$y(n) = y(0)a^n = Ca^n \qquad (6\text{-}33)$$

由式（6-33）可见，$y(n)$ 是一个公比为 a 的几何级数，其中 C 取决于初始条件 $y(0)$，这是式（6-32）一阶系统的零输入响应。

利用递推（迭代）法的结果，我们可以直接写出一阶差分方程解的一般形式。因为一阶差分方程的特征方程为

$$\alpha - a = 0 \qquad (6\text{-}34)$$

由特征方程解出其特征根

$$\alpha = a$$

与齐次微分方程类似，得到特征根 a 后，就可得到一阶差分方程齐次解的一般形式为 $C(a)^n$，其中 C 由初始条件 $y(0)$ 决定。

6.5.2　N 阶线性时不变离散系统的零输入响应

有了一阶齐次差分方程解的一般方法，可将其推广至 N 阶齐次差分方程，有

$$\begin{cases} y(n+N) + \alpha_N y(n+N-1) + \cdots + \alpha_1 y(n+1) + \alpha_0 y(n) = 0 \\ y(0), y(1), \cdots, y(N-1) \end{cases} \quad (6\text{-}35)$$

N 阶齐次差分方程的特征方程为

$$\alpha^N + a_{N-1}\alpha^{N-1} + \cdots + a_1\alpha + a_0 = 0 \quad (6\text{-}36)$$

（1）当特征根均为单根时，特征方程可以分解为

$$(\alpha - \alpha_1)(\alpha - \alpha_2)\cdots(\alpha - \alpha_N) = 0 \quad (6\text{-}37)$$

利用一阶齐次差分方程解的一般形式，由特征方程可类推得

$$\alpha - \alpha_1 = 0, \ 解得 \ y_1(n) = C_1\alpha_1^n$$

$$\alpha - \alpha_2 = 0, \ 解得 \ y_2(n) = C_2\alpha_2^n$$

$$\vdots$$

$$\alpha - \alpha_N = 0, \ 解得 \ y_N(n) = C_N\alpha_N^n$$

N 阶线性齐次差分方程的解是这 N 个线性无关解的线性组合，即

$$y(n) = C_1\alpha_1^n + C_2\alpha_2^n + \cdots + C_N\alpha_N^n \quad (6\text{-}38)$$

式中，$C_1, C_2, \cdots, C_N$ 由 $y(0), y(1), \cdots, y(N-1)$ 等 N 个边界条件确定。

$$y(0) = C_1 + C_2 + \cdots + C_N$$

$$y(1) = C_1\alpha_1 + C_2\alpha_2 + \cdots + C_N\alpha_N$$

$$\vdots \quad (6\text{-}39)$$

$$y(N-1) = C_1\alpha_1^{N-1} + C_2\alpha_2^{N-1} + \cdots + C_N\alpha_N^{N-1}$$

写为矩阵形式

$$\begin{bmatrix} y(0) \\ y(1) \\ \vdots \\ y(N-1) \end{bmatrix} = \begin{bmatrix} 1 & 1 & \cdots & 1 \\ \alpha_1 & \alpha_2 & \cdots & \alpha_N \\ \vdots & \vdots & & \vdots \\ \alpha_1^{N-1} & \alpha_2^{N-1} & \cdots & \alpha_N^{N-1} \end{bmatrix} \begin{bmatrix} C_1 \\ C_2 \\ \vdots \\ C_N \end{bmatrix} \quad (6\text{-}40)$$

即

$$[Y] = [V][C] \quad (6\text{-}41)$$

其系数解为

$$[C] = [V]^{-1}[Y] \quad (6\text{-}42)$$

（2）当特征方程中 α_1 是 m 阶重根时，其特征方程为

$$(\alpha - \alpha_1)^m (\alpha - \alpha_{m+1}) \cdots (\alpha - \alpha_N) = 0 \qquad (6\text{-}43)$$

式中，$(\alpha - \alpha_1)^m$ 对应的解为 $(C_1 + C_2 n + \cdots + C_m n^{m-1})\alpha_1^n$，此时零输入响应解的形式为

$$y(n) = (C_1 + C_2 n + \cdots + C_m n^{m-1})\alpha_1^n + C_{m+1}\alpha_{m+1}^n + \cdots + C_N \alpha_N^n \qquad (6\text{-}44)$$

式中，$C_1, C_2, \cdots, C_N$ 由 $y(0), y(1), \cdots, y(N-1)$ 等 N 个边界条件确定。

例 6-12 已知某离散系统的差分方程

$$y(n) + 6y(n-1) + 12y(n-2) + 8y(n-3) = 0$$

且 $y(0) = 0$，$y(1) = -2$，$y(2) = 2$，求零输入响应 $y(n)$。

解：这是三阶差分方程，其特征方程为

$$\alpha^3 + 6\alpha^2 + 12\alpha + 8 = 0$$

$(\alpha + 2)^3 = 0$，$\alpha = -2$ 是三重根，$y(n)$ 的形式为

$$y(n) = (C_1 + C_2 n + C_3 n^2)(-2)^n$$

代入边界条件

$$\begin{cases} y(0) = C_1 = 0 \\ y(1) = (C_2 + C_3)(-2) = -2 \\ y(2) = (2C_2 + 4C_3)(-2)^3 = 2 \end{cases} \quad 整理得 \quad \begin{cases} C_1 = 0 \\ C_2 + C_3 = 1 \\ C_2 + 2C_3 = 1/4 \end{cases}$$

解出

$$C_2 = \frac{7}{4}, \quad C_3 = -\frac{3}{4}$$

最后得到

$$y(n) = \frac{1}{4}(7n - 3n^2)(-2)^n$$

与连续时间系统类似，对于实系数的特征方程，若有复根必为共轭成对出现，形成振荡（增、减、等幅）序列。一般共轭复根既可当单根处理，整理成实序列，也可看作整体因子。

因为

$$a + jb = \sqrt{a^2 + b^2}\, e^{j\arctan\frac{b}{a}} = re^{j\varphi}$$

$$a - jb = \sqrt{a^2 + b^2}\, e^{-j\arctan\frac{b}{a}} = re^{-j\varphi}$$

$$re^{j\varphi} + re^{-j\varphi} = 2r\cos\varphi$$

所以解的一般形式为

$$r^n(A\cos n\varphi + B\sin n\varphi) \qquad (6\text{-}45)$$

代入初始条件可以计算系数 A、B。

例 6-13 已知某系统差分方程

$$y(n) - 2y(n-1) + 2y(n-2) - 2y(n-3) + y(n-4) = 0$$

且 $y(1) = 1$，$y(2) = 0$，$y(3) = 1$，$y(5) = 1$，求 $y(n)$。

解：这是四阶差分方程，其特征方程为

$$\alpha^4 - 2\alpha^3 + 2\alpha^2 - 2\alpha + 1 = 0$$

$$(\alpha-1)^2(\alpha^2+1)=0$$

特征根

$$\alpha_1=1\ (二阶），\ \alpha_3=\mathrm{j},\ \alpha_4=-\mathrm{j}$$

方法一： $y(n)=(C_1+C_2n)1^n+C_3\mathrm{j}^n+C_4(-\mathrm{j})^n$

代入边界条件

$$y(1)=C_1+C_2+\mathrm{j}C_3-\mathrm{j}C_4=1 \qquad (A)$$
$$y(2)=C_1+2C_2-C_3-C_4=0 \qquad (B)$$
$$y(3)=C_1+3C_2-\mathrm{j}C_3+\mathrm{j}C_4=1 \qquad (C)$$
$$y(5)=C_1+5C_2+\mathrm{j}C_3-\mathrm{j}C_4=1 \qquad (D)$$

由式 (A) – 式 (D) 得

$$-4C_2=0,\ C_2=0$$

由式 (A) + 式 (C) 得

$$2C_1=2,\ C_1=1$$

代入式 (C) ，得 $C_3=C_4$ 。由式 (B) 解出

$$C_3=C_4=\frac{1}{2}$$

$$y(n)=1+\frac{1}{2}\mathrm{j}^n+\frac{1}{2}(-\mathrm{j})^n=1+\frac{1}{2}(\mathrm{e}^{\mathrm{j}\frac{n\pi}{2}}+\mathrm{e}^{-\mathrm{j}\frac{n\pi}{2}})=1+\cos\frac{n\pi}{2},\ n\geqslant1$$

方法二： $\mathrm{j}=\mathrm{e}^{\mathrm{j}\frac{\pi}{2}}=\mathrm{e}^{\mathrm{j}\varphi}$ ，$-\mathrm{j}=\mathrm{e}^{-\mathrm{j}\frac{\pi}{2}}=\mathrm{e}^{-\mathrm{j}\varphi}$

$$y(n)=C_1+C_2n+A\cos\frac{n\pi}{2}+B\sin\frac{2\pi}{n}$$
$$y(1)=C_1+C_2+B=1 \qquad (A')$$
$$y(2)=C_1+2C_2-A=0 \qquad (B')$$
$$y(3)=C_1+3C_2-B=1 \qquad (C')$$
$$y(5)=C_1+5C_2+B=1 \qquad (D')$$

由式 (D') – 式 (A') 得

$$4C_2=0,\ C_2=0$$

由式 (D') – 式 (C') 得

$$2B=0,\ B=0$$

分别代入式 (A') 、式 (B') ，解出 $C_1=1$ ， $A=1$ ，则

$$y(n)=1+\cos\frac{n\pi}{2},n\geqslant1$$

结果同方法一。由此例还可见， N 阶差分方程的 N 个边界条件可以不按顺序给出。

6.6 离散时间系统的零状态响应

与连续时间系统相似，用时域法求离散系统的零状态响应，必须知道离散系统的单位脉冲响应 $h(n)$ 。通常既可用迭代法求单位脉冲响应，也可用转移算子法求单位脉冲响应。但由

于迭代法的局限性，我们重点讨论由转移算子法求单位脉冲响应，为此先讨论离散系统的转移（传输）算子。

6.6.1　离散系统的转移（传输）算子

类似连续时间系统的微分算子，离散系统也可用移序算子来表示。由此可得到差分方程的移序算子方程，由算子方程的基本形式可得出对应的转移算子 $H(E)$ 。

移序（离散）算子定义：

（1）超前算子 E 。

$$x(n+1) = Ex[n]$$

$$x(n+m) = E^m x[n] \tag{6-46}$$

（2）滞后算子 $1/E$ 。

$$x(n-1) = \frac{1}{E}[x(n)]$$

$$x(n-m) = \frac{1}{E^m}[x(n)] \tag{6-47}$$

N 阶前向差分方程的一般形式为

$$
\begin{aligned}
& y(n+N) + a_{N-1}y(n+N-1) + \cdots + a_1 y(n+1) + a_0 y(n) \\
& = b_M x(n+M) + b_{M-1}x(n+M-1) + \cdots + b_1 x(n+1) + b_0 x(n)
\end{aligned}
\tag{6-48}
$$

用算子表示为

$$(E^N + a_{N-1}E^{N-1} + \cdots + a_1 E + a_0)y(n) = (b_M E^M + b_{M-1}E^{M-1} + \cdots + b_1 E + b_0)x(n)$$

可以改写为

$$y(n) = \frac{b_M E^M + b_{M-1}E^{M-1} + \cdots + b_1 E + b_0}{E^N + a_{N-1}E^{N-1} + \cdots + a_1 E + a_0}x(n) \tag{6-49}$$

定义转移（传输）算子

$$H(E) = \frac{b_M E^M + b_{M-1}E^{M-1} + \cdots + b_1 E + b_0}{E^N + a_{N-1}E^{N-1} + \cdots + a_1 E + a_0} = \frac{N(E)}{D(E)} \tag{6-50}$$

与连续时间系统相同，$H(E)$ 的分子、分母算子多项式表示运算关系，不是简单的代数关系，因此不可随便约去。与连续时间系统的 $H(p)$ 不同，$H(E)$ 表示的系统既可以是因果系统，也可以是非因果系统。如图 6-25 所示为 $H(E) = E$ 的简单非因果系统。

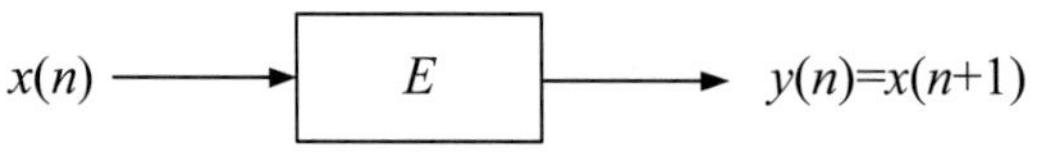

图 6-25　简单非因果离散时间系统

从时间关系上看，该系统的响应出现在激励前，所以是非因果系统。

6.6.2　单位脉冲响应 $h(n)$

由 $\delta(n)$ 产生的系统零状态响应定义为单位脉冲响应，记为 $h(n)$ 。求系统的单位脉冲响应的方法有若干种，先讨论两种常用方法。

1. 迭代法

由具体例题介绍用迭代法求单位脉冲响应的方法。

例 6-14 已知某系统的差分方程为 $y(n) - \dfrac{1}{2} y(n-1) = x(n)$，利用迭代法求 $h(n)$。

解： 当 $x(n) = \delta(n)$ 时，$y(n) = h(n)$，且因果系统的 $h(-1) = 0$，所以有

$$h(0) = \frac{1}{2} h(-1) + \delta(n) = 1$$

$$h(1) = \frac{1}{2} h(0) = \frac{1}{2}$$

$$h(2) = \frac{1}{2} h(1) = \left(\frac{1}{2}\right)^2$$

一般项：$h(n) = \left(\dfrac{1}{2}\right)^n \varepsilon(n)$。

当系统的阶数较高时，用迭代法不容易得到 $h(n)$ 的一般项表示式，可以把 $\delta(n)$ 等效为起始条件，将问题转化为求解齐次方程（零输入）的解。这种方法称为转移（传输）算子法。

2. 转移算子法

已知 N 阶系统的传输算子为

$$H(E) = \frac{b_M E^M + b_{M-1} E^{M-1} + \cdots + b_1 E + b_0}{E^N + a_{N-1} E^{N-1} + \cdots + a_1 E + a_0} = \frac{N(E)}{D(E)}$$

设 $H(E)$ 的分母多项式 $D(E)$ 均为单根，即

$$D(E) = E^N + a_{N-1} E^{N-1} + \cdots + a_1 E + a_0 = (E - \alpha_1)(E - \alpha_2) \cdots (E - \alpha_N)$$

将 $H(E)$ 部分分式展开，有

$$H(E) = \frac{A_1}{E - \alpha_1} + \frac{A_2}{E - \alpha_2} + \cdots + \frac{A_N}{E - \alpha_N} = \sum_{i=1}^{N} \frac{A_i}{E - \alpha_i} \tag{6-51}$$

$$= H_1(E) + H_2(E) + \cdots + H_N(E) = \sum_{i=1}^{N} H_i(E)$$

则

$$h(n) = H(E)\delta(n) = \sum_{i=1}^{N} \frac{A_i}{E - \alpha_i} \delta(n) = \sum_{i=1}^{N} h_i(n) \tag{6-52}$$

式（6-52）中任一子系统的传输算子为

$$H_i(E) = \frac{A_i}{E - \alpha_i} \tag{6-53}$$

由此得到任一子系统的差分方程，并对其中任一子系统的传输算子求 $h_i(n)$，则

$$h_i(n) = \frac{A_i}{E - \alpha_i} \delta(n) \tag{6-54}$$

$$h_i(n+1) - \alpha_i h_i(n) = A_i \delta(n) \tag{6-55}$$

将式（6-55）的激励等效为初始条件，把问题转化为求解齐次方程（零输入）的解。由于因果系统的 $h_i(-1) = 0$，令 $n = -1$，代入式（6-55），得

$$h_i(0) - \alpha_i h_i(-1) = A_i \delta(-1) = 0$$

解出 $h_i(0) = 0$。

再令 $n = 0$，代入式（6-55）得

$$h_i(1) - \alpha_i h_i(0) = A_i \delta(n) = A_i$$

解出 $h_i(1) = A_i$，即为等效的初始条件。

因为齐次方程解的形式为 $h_i(n) = C\alpha_i^n$，代入初始条件 $h_i(1) = C\alpha_i = A_i$，解出 $C = \dfrac{A_i}{\alpha_i}$，由此得出 $h_i(n)$ 的一般形式为

$$h_i(n) = A_i\alpha_i^{n-1} = A_i\alpha_i^{n-1}\varepsilon(n-1), \quad n \geq 1 \qquad (6\text{-}56)$$

将式（6-56）代入式（6-52），得到 $h(n)$ 的一般形式为

$$h(n) = \sum_{i=1}^{N} A_i\alpha_i^{n-1}\varepsilon(n-1) \qquad (6\text{-}57)$$

若将 $H(E)$ 展开为

$$H(E) = \frac{A_1 E}{E - \alpha_1} + \frac{A_2 E}{E - \alpha_2} + \cdots + \frac{A_N E}{E - \alpha_N} = \sum_{i=1}^{N} \frac{A_i E}{E - \alpha_i}$$

$$= H_1(E) + H_2(E) + \cdots + H_N(E) = \sum_{i=1}^{N} H_i(E) \qquad (6\text{-}58)$$

$$H_i(E) = \frac{A_i E}{E - \alpha_i} = A_i\left(1 + \frac{\alpha_i}{E - \alpha_i}\right) \qquad (6\text{-}59)$$

对应的 $h_i(n)$ 为

$$h_i(n) = A_i\left(1 + \frac{\alpha_i}{E - \alpha_i}\right)\delta(n) = A_i\delta(n) + A_i\frac{\alpha_i}{E - \alpha_i}\delta(n)$$

将式（6-59）的结果代入上式，得到

$$h_i(n) = A_i[\delta(n) + \alpha_i\alpha_i^{n-1}\varepsilon(n-1)] = A_i\alpha_i^n\varepsilon(n)$$

再将新的 $h_i(n)$ 代入式（6-52），$h(n)$ 的一般形式为

$$h(n) = \sum_{i=1}^{N} A_i\alpha_i^n\varepsilon(n) \qquad (6\text{-}60)$$

例 6-15 已知某系统的差分方程为

$$y(n) - 5y(n-1) + 6y(n-2) = x(n) - 3x(n-2)$$

求系统的脉冲响应 $h(n)$。

解：方程同时移序 2 个位序，有

$$(E^2 - 5E + 6)y(n) = (E^2 - 3)x(n)$$

$$H(E) = \frac{E^2 - 3}{E^2 - 5E + 6} = \frac{E^2 - 3}{(E-2)(E-3)} = 1 - \frac{1}{E-2} + \frac{6}{E-3}$$

$$h(n) = \delta(n) - 2^{n-1}\varepsilon(n-1) + 6 \cdot 3^{n-1}\varepsilon(n-1) = \delta(n) + (2 \cdot 3^n - 2^{n-1})\varepsilon(n-1)$$

对应不同的转移算子，有不同的$h(n)$序列与之对应，见表 6-2。

表 6-2　$H(E)$ 对应的 $h(n)$

序号	$H(E)$	$h(n)$
1	A	$A\delta(n)$
2	$\dfrac{A}{E-\alpha}$	$A\alpha^{n-1}\varepsilon(n-1)$
3	$\dfrac{A}{E-\mathrm{e}^{\lambda T}}$	$A\mathrm{e}^{\lambda(n-1)T}\varepsilon(n-1)$
4	$\dfrac{AE}{E-\alpha}$	$A\alpha^{n}\varepsilon(n)$
5	$\dfrac{AE}{(E-\alpha)^{2}}$	$An\alpha^{n-1}\varepsilon(n)$
6	$\dfrac{AE^{k+1}}{(E-\alpha)^{k+1}}$	$A\dfrac{1}{k!}(n+1)(n+2)\cdots(n+k)\alpha^{n}\varepsilon(n)$
7	$A\dfrac{E}{E-\alpha}+A^{*}\dfrac{E}{E-\alpha^{*}}$	$2re^{\lambda nT}\cos(\beta nT+\theta)\varepsilon(n)$

注：$A=r\mathrm{e}^{\mathrm{j}\theta}$，$\alpha=\mathrm{e}^{(\lambda+\mathrm{j}\beta)T}$。

6.6.3　零状态响应

已知任意离散信号可表示为 $x(n)=\displaystyle\sum_{m=-\infty}^{\infty}x(m)\delta(n-m)$，并且 $\delta(n)\to h(n)$，那么与连续时间系统的时域分析法相同，基于离散 LTI 系统的线性与时不变特性，可以用时域方法求解系统的零状态响应。因为

$$\delta(n)\to h(n)$$

由时不变性得

$$\delta(n-m)\to h(n-m)$$

再由比例性得

$$x(m)\delta(n-m)\to x(m)h(n-m)$$

最后由叠加性得

$$x(n)=\sum_{m=-\infty}^{\infty}x(m)\delta(n-m)\to y_{\mathrm{zs}}(n)=\sum_{m=-\infty}^{\infty}x(m)h(n-m) \qquad （6-61）$$

式（6-61）的右边是离散 LTI 系统的零状态响应，也是离散序列卷积公式。因为离散序列卷积是求和运算，所以有称其为卷积和的，也有称其为卷和的。

利用变量代换，卷积的另一种形式为

$$y_{\mathrm{zs}}(n)=\sum_{m=-\infty}^{\infty}h(m)x(n-m) \qquad （6-62）$$

离散序列的卷积公式可以简写为

$$y_{zs}(n) = x(n) * h(n) = h(n) * x(n) \tag{6-63}$$

以上推导表明，离散系统的时域分析法是利用单位脉冲响应，通过卷积完成系统的零状态响应求解的，而不是求解差分方程。

6.7 系统差分方程的经典解

与连续系统响应的经典解法类似，对于 LTI 离散系统，也可以应用经典解法，分别求出离散系统差分方程的齐次解和特解，然后将它们相加得到系统的完全响应。

1. 齐次解

设 N 阶 LTI 离散系统的传输算子 $H(E)$ 为

$$H(E) = \frac{E^{N-M}(b_M E^M + b_{M-1} E^{M-1} + \cdots + b_1 E + b_0)}{E^N + a_{N-1} E^{N-1} + \cdots + a_1 E + a_0} \tag{6-64}$$

相应的输入输出方程可用后向差分方程表示为

$$\begin{aligned} y(n) + a_{N-1}y(n-1) + \cdots + a_1 y(n-N+1) + a_0 y(n-N) \\ = b_M x(n) + b_{M-1}x(n-1) + \cdots + b_1 x(n-M+1) + b_0 x(n-M) \end{aligned} \tag{6-65}$$

式中，$a_i(i=0,1,\cdots,N-1)$、$b_j(j=0,1,\cdots,M)$ 均为实常数。

当式（6-65）中的 $x(n)$ 及其各移位项均为零时，齐次方程

$$y(n) + a_{N-1}y(n-1) + \cdots + a_1 y(n-N+1) + a_0 y(n-N) = 0 \tag{6-66}$$

的解称为齐次解，记为 $y_h(n)$。

通常，齐次解由形式为 $c\lambda^n$ 的序列组合而成，将 $c\lambda^n$ 代入式（6-66），得到

$$c\lambda^n + a_{N-1}c\lambda^{n-1} + \cdots + a_1 c\lambda^{n-N+1} + a_0 c\lambda^{n-N} = 0$$

消去常数 c，并同乘以 λ^{N-n}，得

$$\lambda^N + a_{n-1}\lambda^{N-1} + \cdots + a_1\lambda + a_0 = 0 \tag{6-67}$$

该式称为差分方程（6-65）或（6-66）的特征方程，一般有 N 个不等于零的 λ_i（$i=1,2,\cdots,N$），称为差分方程的特征根。由于特征方程（6-67）左端与传输算子 $H(E)$ 的分母式具有相同形式，因此，差分方程的特征根就是传输算子 $H(E)$ 的极点。

根据特征根（或传输算子极点）的不同取值，差分方程齐次解的函数式见表 6-3。表中的 A、B、c_i、φ_i 等为待定常数，一般由初始条件 $y(0)$，$y(1)$，$\cdots$，$y(N-1)$ 确定。

表 6-3　特征根及其对应的齐次解

特征根（传输算子极点）λ	齐次解 $y_h(n)$
互异单实根 λ_i（$i=1,2,\cdots,N$）	$\displaystyle\sum_{i=1}^{N} c_i \lambda_i^n$
r 重实根 λ	$(c_0 + c_1 n + \cdots + c_{r-1}n^{r-1})\lambda^n$
共轭复根 $\lambda_{1,2} = \rho e^{\pm j\theta_0}$	$(A\cos\theta_0 n + B\sin\theta_0 n)\rho^n$ 或 $c\rho^n\cos(\theta_0 n + \varphi)$
r 重共轭复根	$\rho^n[c_0\cos(\theta_0 n + \varphi_0) + c_1 n\cos(\theta_0 n + \varphi_1) + \cdots + c_{r-1}n^{r-1}\cos(\theta_0 n + \varphi_{r-1})]$

2. 特解

特解用 $y_p(n)$ 表示，它的函数形式与输入的函数形式有关。将输入 $x(n)$ 代入差分方程式（6-65）的右端，所得结果称为"自由项"。表 6-4 中列出了几种典型自由项函数形式对应的特解函数。将相应的特解函数代入原差分方程，按照方程两边对应项系数相等的方法，确定待定常数 P_i、Q 等，即可得到方程的特解 $y_p(n)$。

表 6-4　自由项及其对应的特解

自由项函数	特解函数 $y_p(n)$
n^m	$P_0 + P_1 n + \cdots + P_{m-1}n^{m-1} + P_m n^m$
α^n	$P_0 \alpha^n$ （α 不等于特征根）
	$(P_0 + P_1 n)\alpha^n$ （α 等于单特征根）
	$(P_0 + P_1 n + \cdots + P_{r-1}n^{r-1} + P_r n^r)\alpha^n$ （α 等于 r 重特征根）
$\cos(\theta_0 n)$或$\sin(\theta_0 n)$	$P\cos(\theta_0 n) + Q\sin(\theta_0 n)$ 或 $A\cos(\theta_0 n + \varphi)$
$\alpha^n \cos(\theta_0 n)$或$\alpha^n \sin(\theta_0 n)$	$\alpha^n[P\cos(\theta_0 n) + \sin(\theta_0 n)]$

将式（6-65）的齐次解和特解相加就是该差分方程的完全解。如果一个 n 阶差分方程，特征根 λ_1 为 r 重根，其余特征根均为单根，那么，该差分方程的完全解可表示为

$$y(n) = y_h(n) + y_p(n) = \left(\sum_{i=0}^{r-1} c_i n^i \lambda_1^n + \sum_{j=r+1}^{N} c_j \lambda_j^n\right) + y_p(n) \qquad (6\text{-}68)$$

式中的各系数 c_i、c_j 由差分方程的初始条件，即 N 个独立的 $y(n)$ 值确定。

例 6-16　某离散系统的输入输出方程为 $6y(n) - y(n-1) - y(n-2) = 12x(n)$，已知 $x(n) = \cos(n\pi)\varepsilon(n)$，$y(0) = 15$，$y(2) = 4$，试求当 $n \geq 0$ 时，系统的完全响应 $y(n)$。

解：系统特征方程为

$$6\lambda^2 - \lambda - 1 = 0$$

其特征根 $\lambda_1 = 1/2$，$\lambda_2 = -1/3$。故差分方程的齐次解为

$$y_h(n) = c_1 \left(\frac{1}{2}\right)^n + c_2 \left(-\frac{1}{3}\right)^n$$

因为输入

$$x(n) = \cos(n\pi)\varepsilon(n)$$

由表 6-4 可设特解为

$$y_p(n) = P\cos(n\pi) + Q\sin(n\pi) = P\cos(n\pi)$$

相应右移序列为

$$y_p(n-1) = P\cos[(n-1)\pi] = -P\cos(n\pi)$$

$$y_p(n-2) = P\cos[(n-2)\pi] = P\cos(n\pi)$$

代入原差分方程，得

$$6P\cos(n\pi) = 12\cos(n\pi)$$

比较方程两边系数，解得 $P=2$ ，于是有

$$y_p(n) = 2\cos(n\pi), \ n \geq 0$$

方程的完全解

$$y(n) = y_h(n) + y_p(n) = \left[c_1 \left(\frac{1}{2} \right)^n + c_2 \left(-\frac{1}{3} \right)^n \right] + 2\cos(n\pi)$$

将初始条件代入上式，可得

$$y(0) = c_1 + c_2 + 2 = 15$$

$$y(2) = \frac{1}{4}c_1 + \frac{1}{9}c_2 + 2 = 4$$

解得 $c_1 = 4$ ， $c_2 = 9$ 。

　　最后，得到系统的完全响应

$$y(n) = \underbrace{4 \left(\frac{1}{2} \right)^n + 9 \left(-\frac{1}{3} \right)^n}_{\substack{\text{自由响应} \\ \text{（暂态响应）}}} + \underbrace{2\cos(n\pi)}_{\substack{\text{强迫响应} \\ \text{（稳态响应）}}}, \quad n \geq 0$$

　　与连续系统响应类似，也称差分方程的齐次解为系统的自由响应，称其特解为强迫响应。本例中，特征根 $|\lambda_{1,2}| < 1$ ，其自由响应随 n 的增大而逐渐衰减为零，故为系统的暂态响应。而强迫响应为有始正弦序列，是系统的稳态响应。

习题 6

6-1　试分别绘出以下各序列的图形。

（1）$x(n) = n\varepsilon(n)$ ；　　　　　　（2）$x(n) = -n\varepsilon(-n)$ ；

（3）$x(n) = 2^{-n}\varepsilon(n)$ ；　　　　　（4）$x(n) = \left(-\frac{1}{2} \right)^{-n} \varepsilon(n)$ ；

（5）$x(n) = -\left(\frac{1}{2} \right)^n \varepsilon(-n)$ ；　　（6）$x(n) = \left(\frac{1}{2} \right)^{n+1} \varepsilon(n+1)$ 。

6-2　试分别绘出以下各序列的图形。

（1）$x(n) = \sin\left(\frac{n\pi}{5} \right)$ ；　（2）$x(n) = \cos\left(\frac{n\pi}{10} - \frac{\pi}{5} \right)$ ；　（3）$x(n) = \left(\frac{5}{6} \right)^n \sin\left(\frac{n\pi}{5} \right)$ 。

6-3　试判断以下各序列是否是周期性的，如果是周期性的，试确定其周期。

（1）$x(n) = A\cos\left(\frac{3\pi}{7}n - \frac{\pi}{8} \right)$ ；　（2）$x(n) = e^{j\left(\frac{n}{8} - \pi \right)}$ 。

6-4　试列出如图 6-26 所示系统的差分方程，已知边界条件 $y(-1) = 0$ 。分别求以下输入时的输出 $y(n)$ ，并绘出其图形（用逐次迭代法）。（1）$x(n) = \delta(n)$ ；（2）$x(n) = \varepsilon(n)$ ；（3）$x(n) = \varepsilon(n) - \varepsilon(n-5)$ 。

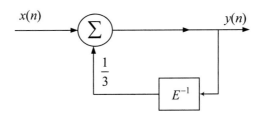

图 6-26　题 6-4 图

6-5　试列出图 6-27 所示系统的差分方程，已知边界条件 $y(-1)=0$，并限定 $n<0$ 时，$y(n)=0$，若 $x(n)=\delta(n)$，求 $y(n)$。比较本题与题 6-4 的结果。

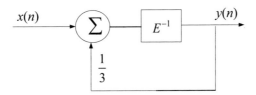

图 6-27　题 6-5 图

6-6　试列出如图 6-28 所示系统的差分方程，并指出其阶次。

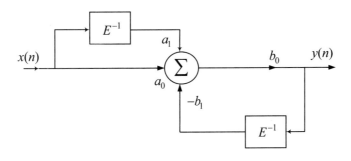

图 6-28　题 6-6 图

6-7　试列出如图 6-29 所示系统的差分方程，并指出其阶次。

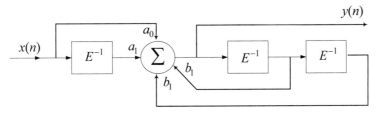

图 6-29　题 6-7 图

6-8　试求解下列差分方程。

（1）$y(n)-\dfrac{1}{2}y(n-1)=0$，$y(0)=1$；（2）$y(n)-2y(n-1)=0$，$y(0)=\dfrac{1}{2}$；

（3）$y(n)+3y(n-1)=0$，$y(1)=1$；（4）$y(n)+\dfrac{2}{3}y(n-1)=0$，$y(0)=1$。

6-9　试求解下列差分方程。

（1）$y(n)+3y(n-1)+2y(n-2)=0$，$y(-1)=2$，$y(-2)=1$；

（2）$y(n)+2y(n-1)+y(n-2)=0$，$y(0)=y(-1)=1$；

（3）$y(n)+y(n-2)=0$，$y(0)=1$，$y(1)=2$。

6-10　试求解差分方程 $y(n)+2y(n-1)=n-2$，已知 $y(0)=1$。

6-11　已知序列 $x(n)=\{1,\underset{n=0}{2},3,-4,5\}$，则 $y(n)=x(n)*\varepsilon(n-2)=$ _____。

6-12　已知离散系统的差分方程为 $2y(n)-y(n-1)-y(n-2)=x(n)+2x(n-1)$，则系统的单位序列响应 $h(n)=$ _____。

6-13　$\varepsilon(n+1)*[\varepsilon(n-2)+\delta(n-1)]=$ _____。

6-14　已知离散系统的单位阶跃响应为 $x(n)=\left(-\dfrac{1}{2}\right)^{n}\varepsilon(n)$，则描述该系统的差分方程为

_____。

6-15　下列各式为描述离散系统的差分方程：

（1）$y(n)=[x(n)]^{2}$；　　　　　　　　（2）$y(n)=2x(n)\cos\left(3n+\dfrac{\pi}{3}\right)$；

（3）$y(n+1)=2x(n)+3$；　　　　　　　（4）$y(n)=2x(n)$。

试判断各差分方程所描述的系统是否为线性、时不变、无记忆的。

6-16　已知离散系统的差分方程为 $y(n+2)+3y(n+1)+2y(n)=x(n+1)+x(n)$，初始条件为 $y(0)=2$，$y(1)=1$。试求系统的零输入响应 $y_{zi}(n)$。

6-17　已知 $x_1(n)$ 和 $x_2(n)$ 的波形如图 6-30（a）和（b）所示。试画出 $y(n)=x_1(n)*x_2(n)$ 的图形。

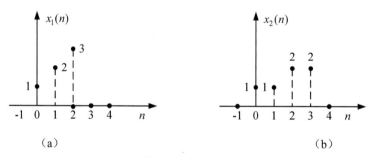

（a）　　　　　　　　　　　　　　　　　（b）

图 6-30　题 6-17 图

6-18　已知 $x(n)=\varepsilon(n)-\varepsilon(n-2)$，$h_1(n)=\delta(n)-\delta(n-1)$，$h_2(n)=a^{n}\varepsilon(n-1)$。试求 $y(n)=x(n)*h_1(n)*h_2(n)$。

6-19　已知离散系统的差分方程为 $y(n+2)+3y(n+1)+2y(n)=x(n+1)-x(n)$，$x(n)=(-2)^{n}\varepsilon(n)$，零输入的初始条件为 $y_{zi}(0)=0$，$y_{zi}(1)=1$。求零输入响应 $y_{zi}(n)$、零状态响应 $y_{zs}(n)$ 和全响应 $y(n)$，并指出强迫响应与自由响应分量。

6-20　某离散系统如图 6-31 所示，其中 D 为单位延迟器，要求在时域中：

（1）写出系统的差分方程；

（2）当 $x(n) = \delta(n)$ 时，全响应的初始条件为 $y(0) = 1$，$y(-1) = -1$，求系统的零输入响应 $y_{zi}(n)$；

（3）当 $x(n) = \delta(n)$ 时，求系统的零状态响应 $y_{zs}(n)$，并说明系统是否为因果、稳定的。

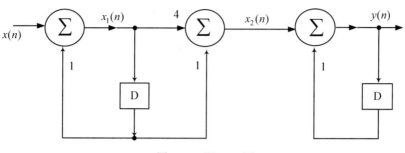

图 6-31　题 6-20 图

6-21　某离散系统如图 6-32 所示，已知 $h_1(n) = \delta(n-2)$，$h_2(n) = (0.5)^n \varepsilon(n)$。试求该系统的单位冲激响应 $h(n)$。

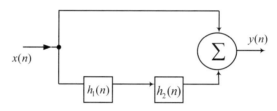

图 6-32　题 6-21 图

6-22　已知连续时间信号 $x(t) = \begin{cases} 1 - |t|, & -1 \leqslant t \leqslant 1 \\ 0, & \text{其他} \end{cases}$，$x(t)$ 的波形如图 6-33 所示。试分别画出抽样间隔 $T_s = 0.25\text{s}$ 和 $T_s = 0.5\text{s}$ 两种情况下，对 $x(t)$ 进行均匀抽样所得离散时间序列的波形。

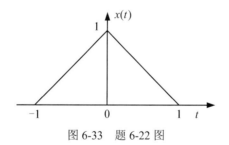

图 6-33　题 6-22 图

6-23　已知虚指数信号 $x(t) = e^{j\omega_0 t}$，$t \in R$，周期 $T = \dfrac{2\pi}{\omega_0}$。若对 $x(t)$ 以间隔 T_s 均匀抽样，得到离散时间序列 $x(n) = x(nT_s) = e^{j\omega_0 nT_s}$，试求使 $x(n)$ 为周期信号的抽样间隔 T_s。

6-24　已知正弦信号 $x(t) = \sin 20t$，$t \in R$，试完成：

（1）对 $x(t)$ 均匀抽样，求出使 $x(n) = x(nT_s)$ 为周期序列的抽样间隔 T_s；

（2）若 $T_s = 0.15\pi$，求出 $x(n) = x(nT_s)$ 的基本周期。

6-25 已知两个时限序列：

$$x(n) = \begin{cases} 1, & n = 0,1,2 \\ 0, & n \text{ 为其他值} \end{cases}$$

$$h(n) = \begin{cases} n, & n = 1,2,3 \\ 0, & n \text{ 为其他值} \end{cases}$$

求 $y(n) = x(n) * h(n)$ 。

6-26 已知各系统的差分方程如下，试求各系统的零输入响应 $y_{zi}(n)$ 。

（1） $y(n+3) + 6y(n+2) + 12y(n+1) + 8y(n) = \varepsilon(n)$ ，初始值为 $y(1) = 1$ ， $y(2) = 2$ ， $y(3) = -23$ ；

（2） $5y(n) - 6y(n-1) = x(n)$ ， $x(n) = 10\varepsilon(n)$ ， $y(0) = 1$ ；

（3） $6y(n) - 5y(n-1) + y(n-2) = x(n)$ ， $x(n) = (-1)^{n+2}\varepsilon(n-2)$ ， $y(0) = 15$ ， $y(1) = 9$ 。

6-27 试求下列差分方程所描述系统的单位冲激响应 $h(n)$ 。

（1） $y(n+3) - 2\sqrt{2}y(n+2) + y(n+1) + 0y(n) = x(n)$ ；

（2） $y(n+2) - y(n+1) + \dfrac{1}{4}y(n) = x(n)$ 。

6-28 已知系统的差分方程为 $y(n) - 3y(n-1) + 2y(n-2) = x(n) + x(n-1)$ ，初始状态 $y_{zi}(-1) = 2$ ， $y_{zi}(0) = 0$ 。

（1）求零输入响应 $y_{zi}(n)$ ；

（2）求 $h(n)$ ；

（3）求单位阶跃响应 $g(n)$ ；

（4）若 $x(n) = 2^n\varepsilon(n)$ ，求零状态响应 $y_{zs}(n)$ 。

6-29 如图 6-34 所示系统。

（1）求系统的差分方程；

（2）若激励 $x(n) = \varepsilon(n)$ ，全响应的初始值 $y(0) = 9$ ， $y(1) = 13.9$ ，求系统的零输入响应 $y_{zi}(n)$ ；

（3）求系统的零状态响应 $y_{zs}(n)$ ；

（4）求全响应 $y(n)$ 。

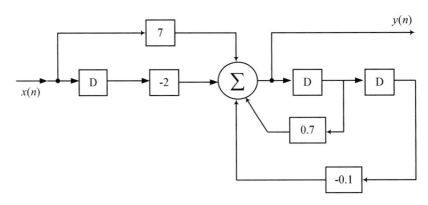

图 6-34 题 6-29 图

6-30　已知 $x(n)$ 的图形如图 6-35 所示，试画出下列各信号的图形。

（1）$x(3-n)$；

（2）$x\left(\dfrac{n}{2}\right)$；

（3）$x(2n)$；

（4）$x(2-2n)$；

（5）$\displaystyle\sum_{i=-\infty}^{n} x(3-i)$。

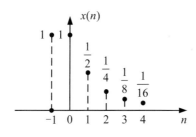

图 6-35　题 6-30 图

第 7 章　z 变换与离散系统的 z 域分析

7.1　引言

第 3 章和第 5 章分别介绍了连续时间信号的傅里叶变换和拉普拉斯变换的分析方法。使用这两种方法，可以将时域内的微分方程转化为代数方程，从而简化了计算。对于离散时间信号，也可以采用类似的变换方法，将差分方程变换成代数方程，这种变换方法称为 z 变换。作为一种重要的数学工具，z 变换还可以利用系统函数的零极点分布，定性分析系统的时域特性、频率响应、稳定性等。

尽管 z 变换的概念提出得很早，但由于科技发展水平的限制，一直没有得到充分的运用与发展，直到抽样数据控制系统和数字计算机的出现，才使 z 变换得到了快速发展与广泛应用。z 变换是分析离散时间信号与系统的重要工具，其作用就如同拉普拉斯变换对连续时间信号与系统的作用一样，能够大大简化分析过程，对离散时间信号的处理及离散时间系统的设计和实现有着极为重要的意义。

7.2　z 变换定义

z 变换的定义可由采样信号的拉氏变换引出。连续信号的理想采样信号为

$$x_s(t) = x(t) \cdot \delta_T(t) = \sum_{n=-\infty}^{\infty} x(nT)\delta(t-nT)$$

式中，T 为采样间隔。对上式取双边拉氏变换，得到

$$X_s(s) = \mathscr{L}\{x_s(t)\} = \int_{-\infty}^{\infty} x_s(t)\mathrm{e}^{-st}\mathrm{d}t = \int_{-\infty}^{\infty} [\sum_{n=-\infty}^{\infty} x(nT)\delta(t-nT)]\mathrm{e}^{-st}\mathrm{d}t$$

交换运算次序，并利用冲激函数的抽样性，得到采样信号的拉氏变换为

$$X_s(s) = \sum_{n=-\infty}^{\infty} \int_{-\infty}^{\infty} [x(nT)\delta(t-nT)]\mathrm{e}^{-st}\mathrm{d}t = \sum_{n=-\infty}^{\infty} x(nT)\mathrm{e}^{-snT} \qquad (7\text{-}1)$$

令 $z = \mathrm{e}^{+st}$，引入新的复变量，式（7-1）可写为

$$X_s(s) = \sum_{n=-\infty}^{\infty} x(nT)z^{-n} \qquad (7\text{-}2)$$

式（7-2）是复变量 z 的函数（T 是常数），可写成

$$X(z) = \sum_{n=-\infty}^{\infty} x(n)z^{-n} = \cdots + x(-2)z^2 + x(-1)z + x(0) + x(1)z^{-1} + x(2)z^{-2} + \cdots \qquad (7\text{-}3)$$

式（7-3）是双边 z 变换的定义。

如果 $x(n)$ 是因果序列，则式（7-3）的 z 变换为

$$X(z) = \sum_{n=0}^{\infty} x(n)z^{-n} = x(0) + x(1)z^{-1} + x(2)z^{-2} + \cdots \qquad (7\text{-}4)$$

式（7-4）也称单边 z 变换。比较式（7-3）与式（7-4）可见，因果序列的双边 z 变换就是单边 z 变换，因此单边 z 变换是双边 z 变换的特例。

z 变换是复变量 z 的幂级数（也称罗朗级数），其系数是序列 $x(n)$ 的样值。连续时间系统中，信号一般都是因果的，所以主要讨论拉氏单边变换。在离散系统分析中，可以用因果序列逼近非因果序列，因此单边与双边 z 变换都要涉及。z 变换可用英文缩写 $\mathscr{Z}$ 表示。

7.3　z 变换收敛域

对于任意给定的有界序列，使式（7-3）级数收敛的所有 z 值称为 $X(z)$ 的收敛区（Region of Convergence，ROC）。我们举例说明式（7-3）收敛与否，以及在什么范围收敛。

例 7-1 已知序列 $x_1(n) = \begin{cases} a^n, & n \geq 0 \\ 0, & n < 0 \end{cases}$，$x_2(n) = \begin{cases} 0, & n \geq 0 \\ -a^n, & n < 0 \end{cases}$，分别求它们的 z 变换及收敛区。

解：

$$X_1(z) = \sum_{n=0}^{\infty} a^n z^{-n} = \sum_{n=0}^{\infty} (az^{-1})^n$$

$$= \lim_{n \to \infty} \frac{1 - (az^{-1})^n}{1 - az^{-1}} = \frac{1}{1 - az^{-1}}, \quad |az^{-1}| < 1$$

$$= \frac{z}{z - a}, \quad |a| < |z|$$

$$X_2(z) = \sum_{n=-\infty}^{-1} (-a^n)z^{-n} = \sum_{n=1}^{\infty} -(a^{-1}z)^n = 1 - \sum_{n=0}^{\infty} (a^{-1}z)^n$$

$$= 1 - \lim_{n \to \infty} \frac{1 - (a^{-1}z)^n}{1 - a^{-1}z} = 1 - \frac{1}{1 - a^{-1}z}, \quad |a^{-1}z| < 1$$

$$= \frac{z}{z - a}, \quad |a| > |z|$$

$X_1(z)$ 与 $X_2(z)$ 相同，但 $X_1(z)$ 的收敛区是以 $|a|$ 为半径的圆外，而 $X_2(z)$ 的收敛区是以 $|a|$ 为半径的圆内。

此例说明，收敛区与 $x(n)$ 有关，并且对于双边 z 变换，不同序列的表示式有可能相同，但各自的收敛区一定不同。所以为了唯一确定 z 变换所对应的序列，双边 z 变换除了要给出 $X(z)$ 的表示式外，还必须标明 $X(z)$ 的收敛区。

任意序列 z 变换存在的充分条件是级数满足绝对可和，即

$$\sum_{n=-\infty}^{\infty} \left| x(n)z^{-n} \right| < \infty \qquad (7\text{-}5)$$

下面利用式（7-5）讨论几类序列的收敛区。

1. 有限长序列

$$x(n) = \begin{cases} x(n), & n_1 \leqslant n \leqslant n_2 \\ 0, & \text{其他} \end{cases}，\quad \text{如图 7-1 所示。}$$

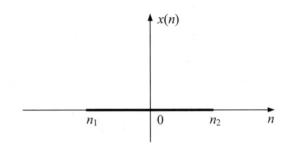

图 7-1　有限长序列示意图

有限长序列的 z 变换为

$$X(z) = \sum_{n=n_1}^{n_2} x(n) z^{-n}$$

由有限长序列的 z 变换可见，此时 $X(z)$ 是有限项级数，因此只要级数每项都有界，则有限项之和亦有界。当 $x(n)$ 有界时，z 变换的收敛区取决于 $|z|^{-n}$。当 $n_1 \leqslant n \leqslant n_2$ 时，显然，$|z|^{-n}$ 在整个开区间 $(0,\infty)$ 可满足这一条件。所以有限长序列的收敛区至少为 $0 < |z| < \infty$。如果 $0 \leqslant n_1$，$X(z)$ 只有 z 负幂项，收敛区为 $0 < |z| \leqslant \infty$；若 $n_2 \leqslant 0$，$X(z)$ 只有 z 正幂项，收敛区为 $0 \leqslant |z| < \infty$；均为半开区间。特别地，当 $x(n) = \delta(n) \leftrightarrow X(z) = 1$，$0 \leqslant |z| \leqslant \infty$ 时，收敛区为全 z 平面。

例 7-2　已知序列 $x(n) = R_N(n)$，求 $X(z)$。

解： $X(z) = \sum_{n=0}^{N-1} z^{-n} = 1 + z^{-1} + z^{-2} + \cdots + z^{-(N-1)} = \dfrac{1-z^{-N}}{1-z^{-1}}$，收敛域为 $0 < |z| \leqslant \infty$。

2. 右边序列

右边序列是有始无终的序列，即 $n_2 \to \infty$，如图 7-2 所示。右边序列的 z 变换为

$$X(z) = \sum_{n=n_1}^{\infty} x(n) z^{-n}$$

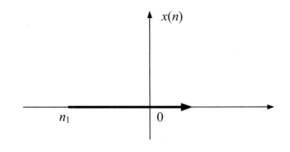

图 7-2　右边序列示意图

当 $n_1 < 0$ 时，将右边序列的 $X(z)$ 分为两部分

$$\sum_{n=n_1}^{\infty}\left|x(n)z^{-n}\right| = \sum_{n=n_1}^{-1}\left|x(n)z^{-n}\right| + \sum_{n=0}^{\infty}\left|x(n)z^{-n}\right|$$

式中，第一项是有限长序列，其收敛域为 $0 \leqslant |z| < \infty$；第二项只有 z 的负幂项，其收敛域为 $R_{X^-} < |z| \leqslant \infty$，是以 R_{X^-} 为半径的圆外，且 R_{X^-} 一定大于零；综合第一、第二两项的收敛区情况，一般右边序列的收敛区为

$$R_{X^-} < |z| < \infty \qquad (7\text{-}6)$$

式（7-6）表明，右边序列的收敛区是以 R_{X^-} 为收敛半径的圆外。

当 $n_1 \geqslant 0$ 时，$X(z)$ 的和式中没有 z 的正幂项，收敛域为 $R_{X^-} < |z| \leqslant \infty$。

例 7-3　已知序列 $x(n) = \left(\dfrac{1}{3}\right)^n \varepsilon(n)$，求 $X(z)$。

解： $X(z) = \displaystyle\sum_{n=0}^{\infty}\left(\frac{1}{3}\right)^n z^{-n} = \lim_{n\to\infty}\dfrac{1-\left(\dfrac{1}{3}z^{-1}\right)^n}{1-\dfrac{1}{3}z^{-1}} = \dfrac{1}{1-\dfrac{1}{3}z^{-1}}$，　当 $\left|\dfrac{1}{3}z^{-1}\right| < 1$ 或 $|z| > \dfrac{1}{3}$ 时

此例的收敛域是以 $X(z)$ 的极点为圆心，$1/3$ 为半径的圆外。

推论： 在 $X(z)$ 的封闭表示式中，若有多个极点，则右边序列的收敛区是以绝对值最大的极点为圆心的收敛圆外。

3. 左边序列

左边序列是无始有终的序列，即 $n_1 \to -\infty$，如图 7-3 所示。左边序列的 z 变换为

$$X(z) = \sum_{n=-\infty}^{n_2} x(n)z^{-n}$$

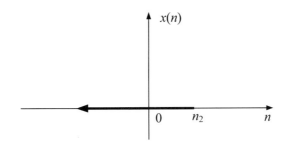

图 7-3　左边序列示意图

当 $n_2 > 0$ 时，将左边序列的 $X(z)$ 分为两部分

$$\sum_{n=-\infty}^{n_2}\left|x(n)z^{-n}\right| = \sum_{n=-\infty}^{-1}\left|x(n)z^{-n}\right| + \sum_{n=0}^{n_2}\left|x(n)z^{-n}\right|$$

式中，第一项只有 z 的正幂项，收敛域为 $0 \leqslant |z| < R_{X^+}$；第二项是有限长序列，收敛域为 $0 < |z| \leqslant \infty$；综合第一、第二两项的收敛区情况，一般左边序列的收敛区为

$$0 < |z| < R_{X^+} \qquad (7\text{-}7)$$

式（7-7）表明左边序列的收敛区是以 R_{X^+} 为收敛半径的圆内。

当 $n_2 < 0$ ，$X(z)$ 的和式中没有 z 的负幂项时，其收敛域为 $0 \leqslant |z| < R_{X^+}$ 。

例 7-4 已知序列 $x(n) = -b^n \varepsilon(-n-1)$ ，求 $X(z)$ 。

解：

$$X(z) = \sum_{n=-\infty}^{-1} -b^n z^{-n} = \sum_{n=1}^{\infty} -b^{-n} z^n = 1 - \sum_{n=1}^{\infty} b^{-n} z^n = 1 - \lim_{n \to \infty} \frac{1-(b^{-1}z)^n}{1-b^{-1}z} = \frac{-b^{-1}z}{1-b^{-1}z} = \frac{z}{z-b} , \ 0 \leqslant |z| < |b|$$

注意到此例收敛域是以 $X(z)$ 的极点为圆心，b 为半径的圆内。

推论： 在 $X(z)$ 的封闭表示式中，若有多个极点，则左边序列收敛区是以绝对值最小的极点为收敛圆心的圆内。

4. 双边序列

双边序列是无始无终的序列，即 $n_1 \to -\infty$ ，$n_2 \to \infty$ 。其 z 变换为

$$X(z) = \sum_{n=-\infty}^{\infty} x(n) z^{-n}$$

将双边序列的 $X(z)$ 分为两部分

$$X(z) = \sum_{n=-\infty}^{-1} x(n) z^{-n} + \sum_{n=0}^{\infty} x(n) z^{-n}$$

式中，第一项是左边序列，其收敛域为 $0 \leqslant |z| < R_{X^+}$ ；第二项是右边序列，其收敛域为 $R_{X^-} < |z| \leqslant \infty$ ；综合第一、第二项的收敛区情况可知，只有当 $R_{X^+} > R_{X^-}$ 时，$X(z)$ 的双边 z 变换才存在，收敛区为

$$R_{X^-} < |z| < R_{X^+} \tag{7-8}$$

式（7-8）表明双边序列的收敛区是以 R_{X^-} 为内径、以 R_{X^+} 为外径的一环形区；而当 $R_{X^+} < R_{X^-}$ 时，$X(z)$ 的双边 z 变换不存在。

例 7-5 已知双边序列 $x(n) = c^{|n|}$ ，c 为实数，求 $X(z)$ 。

解： $x(n) = c^{|n|} = \begin{cases} c^{-n}, & n < 0 \\ c^n, & n \geqslant 0 \end{cases}$

$$X(z) = \sum_{n=-\infty}^{\infty} c^{|n|} z^{-n} = \sum_{n=-\infty}^{-1} c^{-n} z^{-n} + \sum_{n=0}^{\infty} c^n z^{-n} = X_1(z) + X_2(z)$$

$n < 0$ 时，

$$X_1(z) = \sum_{n=-\infty}^{-1} c^{-n} z^{-n} = \sum_{n=1}^{\infty} c^n z^n = cz + (cz)^2 + \cdots\cdots$$

$$= \lim_{n \to \infty} cz \frac{1-(cz)^n}{1-cz} = \frac{cz}{1-cz} , \quad |cz| < 1 \text{ 或 } |z| < \frac{1}{|c|}$$

$n \geqslant 0$ 时，

$$X_2(z) = \sum_{n=0}^{\infty} c^n z^{-n} = \frac{1}{1-cz^{-1}} = \frac{z}{z-c} , \quad |cz^{-1}| < 1 \text{ 或 } |c| < |z|$$

讨论：（1）当 $|c| < 1$ 时，$c^{|n|}$ 波形如图 7-4 所示。

$$X(z) = X_1(z) + X_2(z) = \frac{cz}{1 - cz} + \frac{z}{z - c} = \frac{z(1 - c^2)}{(1 - cz)(z - c)}, \quad |c| < |z| < \frac{1}{|c|}$$

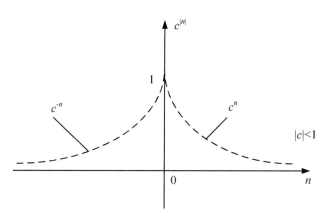

图 7-4 $|c| < 1$ 双边序列示意图

（2）当 $|c| > 1$ 时，$c^{|n|}$ 波形如图 7-5 所示。因为 $R_{x^-} = |c| > \frac{1}{|c|} = R_{x^+}$ 无公共收敛区，所以 $X(z)$ 的双边 z 变换不存在。

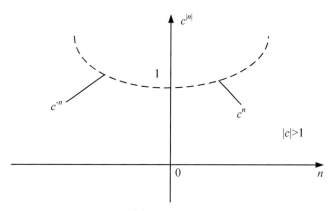

图 7-5 $|c| > 1$ 双边序列示意图

7.4 典型序列的 z 变换

在离散系统分析中除了因果序列，非因果序列也有一定的应用，所以典型序列中除了单边序列外，还有双边序列。

1. 单位样值序列 $\delta(n)$

$$\mathscr{Z}[\delta(n)] = \sum_{n=0}^{\infty} \delta(n) z^{-n} = 1$$

$$\delta(n) \leftrightarrow 1$$

2. 单位阶跃序列 $\varepsilon(n)$

$$\mathscr{Z}[\varepsilon(n)] = \sum_{n=0}^{\infty} z^{-n} = \frac{1}{1-z^{-1}}, \quad \left|z^{-1}\right| < 1$$

$$= \frac{z}{z-1}, \quad |z| > 1$$

3. 斜变序列 $n\varepsilon(n)$

$$\mathscr{Z}[n\varepsilon(n)] = \sum_{n=0}^{\infty} nz^{-n} = z^{-1} + 2z^{-2} + \cdots + nz^{-n} + \cdots, \quad \left|z^{-1}\right| < 1$$

可利用 $\varepsilon(n)$ 的 z 变换，得

$$\sum_{n=0}^{\infty} z^{-n} = \frac{1}{1-z^{-1}}, \quad |z| > 1$$

等式两边分别对 z^{-1} 求导，得

$$\sum_{n=0}^{\infty} n(z^{-1})^{n-1} = \frac{1}{(1-z^{-1})^2} = \frac{z^2}{(z-1)^2}$$

两边各乘以 z^{-1}，得

$$\sum_{n=0}^{\infty} n(z^{-1})^n = \frac{z}{(z-1)^2}, \quad |z| > 1$$

4. 实指数序列

（1）$a^n \varepsilon(n)$。

$$\mathscr{Z}[a^n \varepsilon(n)] = \sum_{n=0}^{\infty} a^n z^{-n} = \frac{z}{z-a}, \quad |z| > |a|$$

（2）$-a^n \varepsilon(-n-1)$。

$$\mathscr{Z}[-a^n \varepsilon(-n-1)] = \frac{z}{z-a}, \quad |z| < |a|$$

若 $a = \mathrm{e}^b$，则

$$\mathscr{Z}[\mathrm{e}^{bn}\varepsilon(n)] = \sum_{n=0}^{\infty} \mathrm{e}^{bn} z^{-n} = \frac{z}{z-\mathrm{e}^b}, \quad |z| > \left|\mathrm{e}^b\right|$$

5. 单边正、余弦序列

由指数序列的 z 变换

$$\mathrm{e}^{bn}\varepsilon(n) \leftrightarrow \frac{z}{z-\mathrm{e}^b}, \quad |z| > \left|\mathrm{e}^b\right|$$

可推得

$$\mathrm{e}^{\pm j\theta_0 n}\varepsilon(n) \leftrightarrow \frac{z}{z-\mathrm{e}^{\pm j\theta_0}}, \quad |z| > 1$$

将正、余弦序列分解为两个指数序列

$$\cos(\theta_0 n)\varepsilon(n) = \frac{1}{2}(\mathrm{e}^{\mathrm{j}\theta_0 n} + \mathrm{e}^{-\mathrm{j}\theta_0 n})\varepsilon(n)$$

$$\leftrightarrow \frac{1}{2}\left(\frac{z}{z - \mathrm{e}^{\mathrm{j}\theta_0}} + \frac{z}{z - \mathrm{e}^{-\mathrm{j}\theta_0}}\right) = \frac{z(z - \cos\theta_0)}{z^2 - 2z\cos\theta_0 + 1}, \quad |z| > 1$$

同理

$$\sin(\theta_0 n)\varepsilon(n) = \frac{1}{2\mathrm{j}}(\mathrm{e}^{\mathrm{j}\theta_0 n} + \mathrm{e}^{-\mathrm{j}\theta_0 n})\varepsilon(n)$$

$$\leftrightarrow \frac{1}{2\mathrm{j}}\left(\frac{z}{z - \mathrm{e}^{\mathrm{j}\theta_0}} + \frac{z}{z - \mathrm{e}^{-\mathrm{j}\theta_0}}\right) = \frac{z\sin\theta_0}{z^2 - 2z\cos\theta_0 + 1}, \quad |z| > 1$$

6. 双边指数序列

$x(n) = a^{|n|}$，$|a| < 1$，有

$$X(z) = \frac{z(1 - a^2)}{(1 - az)(z - a)}, \quad |a| < |z| < \frac{1}{|a|}$$

表 7-1 给出了常用序列的 z 变换。利用这个表再结合 z 变换的性质，可求一般序列的正、反 z 变换。

表 7-1 常用序列与 z 变换之间的关系

序列		单边 z 变换	双边 z 变换
因果序列	$\delta(n)$	1，$|z| > 0$	同左
	$\varepsilon(n)$	$\dfrac{z}{z-1}$，$|z| > 1$	
	$\mathrm{e}^{\mathrm{j}\theta_0 n}\varepsilon(n)$	$\dfrac{z}{z - \mathrm{e}^{\mathrm{j}\theta_0}}$，$|z| > 1$	
	$a^n\varepsilon(n)$	$\dfrac{z}{z-a}$，$|z| > |a|$	
	$na^{n-1}\varepsilon(n)$	$\dfrac{z}{(z-a)^2}$，$|z| > |a|$	
	$\dfrac{n(n-1)\cdots(n-m+1)}{m!}a^{n-m}\varepsilon(n)$	$\dfrac{z}{(z-a)^{m+1}}$，$|z| > |a|$	
	$\sin(\theta_0 n)\varepsilon(n)$	$\dfrac{z\sin\theta_0}{z^2 - 2z\cos\theta_0 + 1}$，$|z| > 1$	
	$\cos(\theta_0 n)\varepsilon(n)$	$\dfrac{z^2 - z\cos\theta_0}{z^2 - 2z\cos\theta_0 + 1}$，$|z| > 1$	
反因果序列	$-\varepsilon(-n-1)$	不存在	$\dfrac{z}{z-1}$，$|z| < 1$
	$-\mathrm{e}^{\mathrm{j}\theta_0 n}\varepsilon(-n-1)$		$\dfrac{z}{z - \mathrm{e}^{\mathrm{j}\theta_0}}$，$|z| < 1$
	$-a^n\varepsilon(-n-1)$		$\dfrac{z}{z-a}$，$|z| < |a|$

续表

序列		单边 z 变换	双边 z 变换
反因果 序列	$-na^{n-1}\varepsilon(-n-1)$	不存在	$\dfrac{z}{(z-a)^2},\ \lvert z\rvert<\lvert a\rvert$
	$-\dfrac{n(n-1)\cdots(n-m+1)}{m!}a^{n-m}\varepsilon(-n-1)$		$\dfrac{z}{(z-a)^{m+1}},\ \lvert z\rvert<\lvert a\rvert$
双边 序列	$a^n\varepsilon(n)+b^n\varepsilon(-n-1),\ (\lvert b\rvert>\lvert a\rvert)$	$\dfrac{z}{z-a},\ \lvert z\rvert>\lvert a\rvert$	$\dfrac{z}{z-a}-\dfrac{z}{z-b}=$ $\dfrac{z(a-b)}{(z-a)(z-b)},\ \lvert a\rvert<\lvert z\rvert<\lvert b\rvert$

注：表中 a、b 为非零实常数，θ_0 为实常数，m 为正整数。

7.5　z 变换的性质

本节讨论 z 变换的基本性质和定理。这些性质和定理体现了序列时域运算与象函数 z 域运算之间的对应关系，其结论除了用于求序列 $x(n)$ 的 z 变换外，还可用于由象函数求原序列的逆 z 变换计算。注意，若无特别说明，本节结论将同时适用于单、双边 z 变换。

1. 线性

z 变换是一种线性变换，根据 z 变换定义可直接证明如下线性性质。若序列 $x_1(n)$、$x_2(n)$ 满足

$$x_1(n)\leftrightarrow X_1(z),\quad \alpha_1<\lvert z\rvert<\alpha_2$$
$$x_2(n)\leftrightarrow X_2(z),\quad \beta_1<\lvert z\rvert<\beta_2$$

则对任意常数 c_1、c_2，恒有

$$c_1x_1(n)+c_2x_2(n)\leftrightarrow c_1X_1(z)+c_2X_2(z) \tag{7-9}$$

线性性质表明：序列 $x_1(n)$ 和 $x_2(n)$ 在时域的线性组合运算，反映在 z 域中是对相应的象函数 $X_1(z)$ 和 $X_2(z)$ 做同样的线性组合运算。组合函数 $[c_1X_1(z)+c_2X_2(z)]$ 的 ROC 一般是 $X_1(z)$ 与 $X_2(z)$ 的 ROC 的公共部分。但应注意，若 $X_1(z)$ 与 $X_2(z)$ 在组合过程中出现某些零、极点相抵消的情况，则组合后的 ROC 可能会扩大。例如，序列 $\varepsilon(n)$ 和 $\varepsilon(n-1)$，相应 z 变换的 ROC 都是 $\lvert z\rvert>1$，其组合序列 $[\varepsilon(n)-\varepsilon(n-1)]$ 的 z 变换的 ROC 却扩展为 $\lvert z\rvert>0$。

例 7-6　已知 $x(n)=2\varepsilon(n)+3^n\varepsilon(-n-1)$，求 $x(n)$ 的双边 z 变换。

解：$x(n)$ 是双边序列，可看成由因果序列 $2\varepsilon(n)$ 和反因果序列 $3^n\varepsilon(-n-1)$ 两部分组成。由表 7-1 可分别得到双边 z 变换

$$\varepsilon(n)\leftrightarrow\frac{z}{z-1},\quad \lvert z\rvert>1$$

$$-3^n\varepsilon(-n-1)\leftrightarrow\frac{z}{z-3},\quad \lvert z\rvert<3$$

根据线性性质，求得 $x(n)$ 的双边 z 变换为

$$X(z) = \mathscr{Z}[x(n)] = \frac{2z}{z-1} + \frac{-z}{z-3} = \frac{z^2 - 5z}{(z-1)(z-3)}, \ 1 < |z| < 3$$

其收敛域是因果、反因果序列相应两部分象函数 ROC 的公共区域 $1 < |z| < 3$。

例 7-7 求因果余弦序列 $\cos(n\theta_0)\varepsilon(n)$ 的 *z* 变换。

解：对于因果序列，其单边、双边 *z* 变换相同。由于

$$\cos(n\theta_0) = \frac{\mathrm{e}^{jn\theta_0} + \mathrm{e}^{-jn\theta_0}}{2}$$

$$\mathrm{e}^{\pm jn\theta_0}\varepsilon(n) \leftrightarrow \frac{z}{z - \mathrm{e}^{\pm j\theta_0}}, \ |z| > 1$$

因此，根据线性性质，有

$$\mathscr{Z}[\cos(\theta_0 n)\varepsilon(n)] = \frac{1}{2}\left(\frac{z}{z - \mathrm{e}^{j\theta_0}} + \frac{z}{z - \mathrm{e}^{-j\theta_0}}\right) = \frac{z^2 - z\cos\theta_0}{z^2 - 2z\cos\theta_0 + 1}$$

即

$$\cos(\theta_0 n)\varepsilon(n) \leftrightarrow \frac{z^2 - z\cos\theta_0}{z^2 - 2z\cos\theta_0 + 1}, \ |z| > 1 \tag{7-10}$$

同理可得

$$\sin(\theta_0 n)\varepsilon(n) \leftrightarrow \frac{\sin\theta_0}{z^2 - 2z\cos\theta_0 + 1}, \ |z| > 1 \tag{7-11}$$

2. 位移性

鉴于单边、双边 *z* 变换定义中求和下限不同，以及序列位移后会使原序列项位置发生改变，从而导致单边、双边 *z* 变换位移性质有重要差别，下面分两种情况予以讨论。

（1）双边 *z* 变换位移性质。设双边序列 $x(n)$ 的双边 *z* 变换为 $X_{\mathrm{b}}(z)$，即

$$x(n) \leftrightarrow X_{\mathrm{b}}(z), \ \alpha < |z| < \beta$$

则位移序列 $x(n \pm m)$ 的双边 *z* 变换满足

$$x(n \pm m) \leftrightarrow z^{\pm m} X_{\mathrm{b}}(z), \ \alpha < |z| < \beta \tag{7-12}$$

式中整数 $m > 0$。

证明：根据双边 *z* 变换定义，可得

$$\mathscr{Z}_{\mathrm{b}}[x(n \pm m)] = \sum_{n=-\infty}^{\infty} x(n \pm m) z^{-n}$$

令 $i = n \pm m$，则有

$$\mathscr{Z}_{\mathrm{b}}[x(n \pm m)] = \sum_{i=-\infty}^{\infty} x(i) z^{\pm m - i} = z^{\pm m} \sum_{i=-\infty}^{\infty} x(i) z^{-i} = z^{\pm m} X_{\mathrm{b}}(z), \ \alpha < |z| < \beta$$

故式（7-12）成立。该式表明，序列 $x(n)$ 在时域位移 $\pm m$ 位的运算，相当于 *z* 域象函数 $X_{\mathrm{b}}(z)$ 数乘 $z^{\pm m}$ 的运算。通常称 $z^{\pm m}$ 为位移因子。由于位移因子仅影响象函数在 $z=0$ 或 $z=\infty$ 处的零、极点分布，因此当位移序列 $x(n \pm m)$ 仍为双边序列时，其象函数的 ROC 保持不变。

（2）单边 *z* 变换位移性质。对于双边序列 $x(n)$，由于单边 *z* 变换仅涉及 $n \geqslant 0$ 区域的序列项，故位移序列 $x(n \pm m)$ 与原序列 $x(n)$ 参与单边 *z* 变换运算的序列项数目一般是不相同的。具体地说，对于左移序列，进行单边 *z* 变换时，需要在 $x(n)\varepsilon(n)$ 中舍弃若干序列项；而对于右

移序列，则应在 $x(n)\varepsilon(n)$ 基础上，增添原序列 $x(n)$ 中位于 $n<0$ 区域的若干序列项。设双边序列 $x(n)$ 的单边 z 变换为 $X(z)$，即

$$x(n)\varepsilon(n) \leftrightarrow X(z), \; |z|>\alpha$$

则位移序列 $x(n\pm m)$ 的单边 z 变换满足

$$x(n+m)\varepsilon(n) \leftrightarrow z^m\left[X(z)-\sum_{i=0}^{m-1}x(i)z^{-i}\right], \; |z|>\alpha \qquad （7\text{-}13）$$

$$x(n-m)\varepsilon(n) \leftrightarrow z^{-m}\left[X(z)+\sum_{i=-m}^{-1}x(i)z^{-i}\right], \; |z|>\alpha \qquad （7\text{-}14）$$

式中，m 为正整数。下面证明式（7-13）。

根据单边 z 变换定义式，写出

$$\mathscr{Z}[x(n+m)\varepsilon(n)] = \sum_{n=0}^{\infty}x(n+m)z^{-n} = z^m\sum_{n=0}^{\infty}[x(n+m)z^{-(n+m)}]$$

令 $i=n+m$，则有

$$\mathscr{Z}[x(n+m)\varepsilon(n)] = z^m\sum_{i=m}^{\infty}x(i)z^{-i} = z^m\left[\sum_{i=0}^{\infty}x(i)z^{-i}-\sum_{i=0}^{m-1}x(i)z^{-i}\right] = z^m\left[X(z)-\sum_{i=0}^{m-1}x(i)z^{-i}\right], \; |z|>\alpha$$

同理可证式（7-14）。

显然，对于因果序列 $x(n)$ 而言，应用单边 z 变换位移性质时，式（7-14）中的求和项应等于零。

例 7-8 已知 $x(n)=3^n[\varepsilon(n+1)-\varepsilon(n-2)]$，求 $x(n)$ 的双边 z 变换及其收敛域。

解： $x(n)$ 可以表示为

$$x(n)=3^n[\varepsilon(n+1)-\varepsilon(n-2)]=3^{-1}\cdot3^{n+1}\varepsilon(n+1)-3^2\cdot3^{n-2}\varepsilon(n-2)$$

由表 7-1 得

$$3^n\varepsilon(n) \leftrightarrow \frac{z}{z-3}, \; |z|>3$$

根据双边 z 变换位移性质，得

$$3^{n+1}\varepsilon(n+1) \leftrightarrow \frac{z\cdot z}{z-3}=\frac{z^2}{z-3}, \; 3<|z|<\infty$$

$$3^{n-2}\varepsilon(n-2) \leftrightarrow z^{-2}\cdot\frac{z}{z-3}=\frac{1}{z(z-3)}, \; |z|>3$$

根据线性性质，得

$$X(z)=\mathscr{Z}[x(n)]=\frac{z^2}{3(z-3)}-\frac{9}{z(z-3)}=\frac{z^3-27}{3z(z-3)}, \; 3<|z|<\infty$$

例 7-9 已知 $x(n)=a^{n-2}$，求 $x(n)$ 的单边 z 变换 $X(z)$。

解： $x(n)$ 为双边序列。令 $x_1(n)=a^n$，则 $x_1(n)$ 的单边变换为

$$X_1(z)=\mathscr{Z}[a^n]=\mathscr{Z}[a^n\varepsilon(n)]=\frac{z}{z-a}, \; |z|>a$$

根据单边 z 变换位移性质式（7-14），则

$$X(z) = \mathscr{Z}[a^{n-2}\varepsilon(n)] = \mathscr{Z}[x_1(n-2)\varepsilon(n)] = z^{-2}\left[X_1(z) + \sum_{i=-2}^{-1} x_1(i)z^{-i}\right]$$

$$= z^{-2}\left[\frac{z}{z-a} + \sum_{i=-2}^{-1} a^i z^{-i}\right] = \frac{a^2 z}{z-a}, \quad |z| > a$$

或者

$$X(z) = \mathscr{Z}[a^{n-2}\varepsilon(n)] = \mathscr{Z}[a^{-2}a^n\varepsilon(n)] = \frac{a^2 z}{z-a}, \quad |z| > |a|$$

例 7-10　求 $\delta(n-m)$ 和 $\varepsilon(n-m)$（m 为正整数）的单边 z 变换。

解：由于 $\delta(n)$ 和 $\varepsilon(n)$ 是因果序列，并且

$$\delta(n) \leftrightarrow 1, \ |z| > 0; \ \ \varepsilon(n) \leftrightarrow \frac{z}{z-1}, \ |z| > 1$$

因此，根据式（7-14）（注意此时式中求和项为零），则有

$$\delta(n-m) \leftrightarrow z^{-m}, \ |z| > 0$$

$$\varepsilon(n-m) \leftrightarrow z^{-m}\frac{z}{z-1} = \frac{z^{1-m}}{z-1}, \ |z| > 1$$

3. 周期性

若 $x_1(n)$ 是定义域为 $0 \leqslant n < N$ 的有限长序列，且

$$x_1(n) \leftrightarrow X_1(z), \ |z| > 0$$

则由线性、位移性质，求得单边周期序列 $x_T(n) = \sum_{i=0}^{\infty} x_1(n-iN)$ 的 z 变换为

$$\mathscr{Z}[x_T(n)] = \mathscr{Z}[\sum_{i=0}^{\infty} x_1(n-iN)] = \mathscr{Z}[x_1(n) + x_1(n-N) + x_1(n-2N) + \cdots]$$

$$= X_1(z)(1 + z^{-N} + z^{-2N} + \cdots) = \frac{X_1(z)}{1-z^{-N}}, \ |z| > 1$$

即

$$x_T(n) = \sum_{i=0}^{\infty} x_1(n-iN) \leftrightarrow \frac{X_1(z)}{1-z^{-N}}, \ |z| > 1 \tag{7-15}$$

式中，分母项 $1-z^{-N}$ 称为 z 域周期因子。式（7-15）表明，一个单边周期序列 $x_T(n) = \sum_{i=0}^{\infty} x_1(n-iN)$ 的 z 变换，可以利用第一周期序列 $x_1(n)$ 的 z 变换 $X_1(z)$ 除以周期因子 $1-z^{-N}$ 求得。

例 7-11　求周期为 N 的单边周期序列 $\delta_N(n)\varepsilon(n) = \sum_{i=0}^{\infty} \delta(n-iN)$ 的 z 变换。

解：因为 $\delta(n) \leftrightarrow 1$，ROC 为 $|z| > 0$，所以

$$\delta_N(n)\varepsilon(n) \leftrightarrow \frac{1}{1-z^{-N}}, \ |z| > 1$$

4. 时域乘 a^n（z 域尺度变换）

若序列 $x(n)$ 满足 $x(n) \leftrightarrow X(z)$，$\alpha < |z| < \beta$，则时域乘指数序列 a^n 后的 z 变换为

$$\mathcal{Z}[a^n x(n)] = \sum_{n=-\infty}^{\infty} a^n x(n) z^{-n} = \sum_{n=-\infty}^{\infty} x(n)\left(\frac{z}{a}\right)^{-n}, \quad \alpha < \left|\frac{z}{a}\right| < \beta$$

即

$$a^n x(n) \leftrightarrow X\left(\frac{z}{a}\right), \quad |a|\alpha < |z| < |a|\beta \tag{7-16}$$

表明时域 $x(n)$ 乘以指数序列 a^n 的运算对应于 z 域 $X(z)$ 在尺度上展缩 a 的运算。

式（7-16）中，若令 $a = -1$，则有

$$(-1)^n x(n) \leftrightarrow X(-z), \quad \alpha < |z| < \beta \tag{7-17}$$

例 7-12 已知 $x(n) = \left(\dfrac{1}{2}\right)^n \cdot 3^{n+1} \varepsilon(n+1)$，求 $x(n)$ 的双边 z 变换及其收敛域。

解： 令 $x_1(n) = 3^{n+1} \varepsilon(n+1)$，则有

$$x(n) = \left(\frac{1}{2}\right)^n x_1(n)$$

由于

$$X_1(z) = \mathcal{Z}[x_1(n)] = \frac{z^2}{z-3}, \quad 3 < |z| < \infty$$

根据时域乘 a^n 的性质，得

$$X(z) = \mathcal{Z}[x(n)] = \mathcal{Z}\left[\left(\frac{1}{2}\right)^n x_1(n)\right] = X_1(2z) = \frac{(2z)^2}{2z-3} = \frac{4z^2}{2z-3}, \quad \frac{3}{2} < |z| < \infty$$

5. 时域卷积和

若

$$x_1(n) \leftrightarrow X_1(z), \quad \alpha_1 < |z| < \beta_1$$
$$x_2(n) \leftrightarrow X_2(z), \quad \alpha_2 < |z| < \beta_2$$

则

$$x_1(n) * x_2(n) \leftrightarrow X_1(z) \cdot X_2(z) \tag{7-18}$$

式中，$X_1(z) \cdot X_2(z)$ 的收敛域一般为 $X_1(z)$ 和 $X_2(z)$ 收敛域的公共部分。若 $X_1(z)$ 和 $X_2(z)$ 相乘中有零、极点相消，则 $X_1(z) \cdot X_2(z)$ 的收敛域有可能扩大。式（7-18）表明，两序列 $x_1(n)$、$x_2(n)$ 在时域的卷积和运算对应于各自象函数在 z 域的相乘运算。

证明：根据双边 z 变换的定义，则有

$$\mathcal{Z}[x_1(n) * x_2(n)] = \sum_{n=-\infty}^{\infty} [x_1(n) * x_2(n)] z^{-n} = \sum_{n=-\infty}^{\infty} \left[\sum_{m=-\infty}^{\infty} x_1(m) x_2(n-m)\right] z^{-n}$$

交换上式的求和次序，得

$$\mathcal{Z}[x_1(n) * x_2(n)] = \sum_{m=-\infty}^{\infty} x_1(m) \left[\sum_{n=-\infty}^{\infty} x_2(n-m) z^{-n}\right] \tag{7-19}$$

式中，中括号内的求和项是 $x_2(n-m)$ 的双边 z 变换。根据位移性质，有

$$\sum_{n=-\infty}^{\infty} x_2(n-m)z^{-n} = z^{-m}X_2(z) \tag{7-20}$$

式（7-20）代入式（7-19）得

$$Z[x_1(n)*x_2(n)] = \sum_{m=-\infty}^{\infty} x_1(m)z^{-m}X_2(z) = \left[\sum_{m=-\infty}^{\infty} x_1(m)z^{-m}\right]X_2(z) = X_1(z) \cdot X_2(z)$$

例 7-13　已知 $x_1(n) = \varepsilon(n+1)$，$x_2(n) = (-1)^n \varepsilon(n-2)$，$x(n) = x_1(n)*x_2(n)$。求 $x(n)$ 的双边 z 变换和 $x(n)$。

解： 由双边 z 变换位移性质得

$$X_1(z) = \mathcal{Z}[x_1(n)] = \frac{z^2}{z-1}, \quad 1 < |z| < \infty$$

$$\varepsilon(n-2) \leftrightarrow z^{-2}\frac{z}{z-1} = -\frac{1}{z(z-1)}, \quad |z| > 1$$

由时域乘 a^n 的性质得

$$X_2(z) = \mathcal{Z}[(-1)^n \varepsilon(n-2)] = \frac{1}{-z(-z-1)} = \frac{1}{z(z+1)}, \quad |z| > 1$$

根据卷积和性质，得

$$X(z) = \mathcal{Z}[x_1(n)*x_2(n)] = X_1(z)X_2(z) = \frac{z}{(z-1)(z+1)} = \frac{1}{2}\left(\frac{z}{z-1} - \frac{z}{z+1}\right), \quad |z| > 1$$

根据线性性质和表 7-1 得到 $X(z)$ 的原函数

$$x(n) = \frac{1}{2}\varepsilon(n) - \frac{1}{2}(-1)^n \varepsilon(n)$$

6. 时域乘 n（z 域微分）

若 $x(n) \leftrightarrow X(z)$，$\alpha < |z| < \beta$，则有

$$nx(n) \leftrightarrow (-z)\frac{\mathrm{d}X(z)}{\mathrm{d}z}, \quad \alpha < |z| < \beta \tag{7-21}$$

证明： 根据 z 变换定义

$$X(z) = \sum_{n=-\infty}^{\infty} x(n)z^{-n}, \quad \alpha < |z| < \beta$$

将上式两边对 z 求导数，得

$$\frac{\mathrm{d}X(z)}{\mathrm{d}z} = \frac{\mathrm{d}}{\mathrm{d}z}\left[\sum_{n=-\infty}^{\infty} x(n)z^{-n}\right] = \sum_{n=-\infty}^{\infty} x(n)\frac{\mathrm{d}}{\mathrm{d}z}(z^{-n}) = \sum_{n=-\infty}^{\infty} x(n)(-n)z^{-n-1} = -z^{-1}\sum_{n=-\infty}^{\infty} nx(n)z^{-n}$$

两边同乘 $-z$，得

$$(-z)\frac{\mathrm{d}X(z)}{\mathrm{d}z} = \sum_{n=-\infty}^{\infty} nx(n)z^{-n} = \mathcal{Z}[nx(n)]$$

即

$$nx(n) \leftrightarrow (-z)\frac{\mathrm{d}X(z)}{\mathrm{d}z}, \quad \alpha < |z| < \beta$$

可见，时域对序列的乘 n 运算相当于 z 域象函数对 z 求导后再乘以 $-z$ 的运算。由于 $X(z)$ 是复变量 z 的幂级数，其导函数是具有相同 ROC 的另一个幂级数，故式（7-21）的 ROC 也与 $X(z)$ 的 ROC 相同。

上述结果推广至 $x(n)$ 乘以 n 的正整数 m 次幂的情况，可得

$$n^m x(n) \leftrightarrow \left(-z\frac{\mathrm{d}}{\mathrm{d}z}\right)^m X(z), \quad \alpha < |z| < \beta \tag{7-22}$$

式中 $\left(-z\dfrac{\mathrm{d}}{\mathrm{d}z}\right)^m X(z)$ 表示

$$(-z)\frac{\mathrm{d}}{\mathrm{d}z}\left[\cdots\left(-z\frac{\mathrm{d}}{\mathrm{d}z}\left(-z\frac{\mathrm{d}}{\mathrm{d}z}X(z)\right)\right)\cdots\right]$$

即在 z 域对象函数求一次导数后再乘以 $-z$，这样的运算共进行 m 次。

式（7-22）一般不会改变象函数的极点，故其 ROC 仍为 $\alpha < |z| < \beta$。若发生零、极点相消，ROC 可能会扩大。

例 7-14 已知 $x(n) = n(n-1)a^{n-2}\varepsilon(n)$，求 $x(n)$ 的双边 z 变换 $X(z)$。

解： 根据双边 z 变换位移性质，得

$$a^{n-1}\varepsilon(n-1) \leftrightarrow z^{-1}\frac{z}{z-a} = \frac{1}{z-a}$$

根据 z 域微分性质，得

$$na^{n-1}\varepsilon(n-1) \leftrightarrow (-z)\frac{\mathrm{d}}{\mathrm{d}z}\left(\frac{1}{z-a}\right) = \frac{z}{(z-a)^2}$$

再应用位移性质得

$$(n-1)a^{n-2}\varepsilon(n-2) \leftrightarrow z^{-1}\frac{z}{(z-a)^2} = \frac{1}{(z-a)^2}$$

对上式应用 z 域微分性质得

$$n(n-1)a^{n-2}\varepsilon(n-2) \leftrightarrow (-z)\frac{\mathrm{d}}{\mathrm{d}z}\left[\frac{1}{(z-a)^2}\right] = \frac{2z}{(z-a)^3} \tag{7-23}$$

由于 $n=0$ 或 $n=1$ 时 $n(n-1)a^{n-2} = 0$，故

$$n(n-1)a^{n-2}\varepsilon(n-2) = n(n-1)a^{n-2}\varepsilon(n)$$

因此，式（7-23）可以表示为

$$n(n-1)a^{n-2}\varepsilon(n) \leftrightarrow \frac{2z}{(z-a)^3}, \quad |z| > |a| \tag{7-24}$$

于是得

$$X(z) = \mathscr{Z}[x(n)] = \frac{2z}{(z-a)^3}$$

对式（7-24）重复应用位移性质和 z 域微分性质，可得如下重要变换对

$$\frac{1}{m!}n(n-1)(n-2)\cdots(n-m+1)a^{n-m}\varepsilon(n) \leftrightarrow \frac{z}{(z-a)^{m+1}}, \quad |z| > |a| \tag{7-25}$$

利用类似的方法，由 $a^n\varepsilon(-n-1)$ 的双边 z 变换可以得到下面的重要变换对

$$-\frac{1}{m!}n(n-1)(n-2)\cdots(n-m+1)a^{n-m}\varepsilon(-n-1)\leftrightarrow\frac{z}{(z-a)^{m+1}}, \quad |z|<|a| \qquad (7\text{-}26)$$

7. 时域除 $(n+m)$（z 域积分）

若 $x(n)\leftrightarrow X(z)$，$\alpha<|z|<\beta$，则有

$$\frac{x(n)}{n+m}\leftrightarrow z^m\int_z^\infty\frac{X(\lambda)}{\lambda^{m+1}}\mathrm{d}\lambda , \quad \alpha<|z|<\beta \qquad (7\text{-}27)$$

式中，m 为整数，$m+k>0$。若 $m=0$，$k>0$，则有

$$\frac{x(n)}{n}\leftrightarrow\int_z^\infty\frac{X(\lambda)}{\lambda^{m+1}}\mathrm{d}\lambda , \quad \alpha<|z|<\beta \qquad (7\text{-}28)$$

证明：由双边 z 变换的定义

$$X(z)=\sum_{n=-\infty}^\infty x(n)z^{-n}, \quad \alpha<|z|<\beta$$

对上式两端同除 z^{m+1}，然后从 z 到 ∞ 积分，得

$$\int_z^\infty\frac{X(z)}{z^{m+1}}\mathrm{d}z=\int_z^\infty\frac{1}{z^{m+1}}\left[\sum_{n=-\infty}^\infty x(n)z^{-n}\right]\mathrm{d}z=\int_z^\infty\left[\sum_{n=-\infty}^\infty x(n)z^{-(n+m+1)}\right]\mathrm{d}z$$

为了避免积分变量与积分限的混淆，把积分变量 z 用 λ 代替，并交换积分、求和次序，得

$$\int_z^\infty\frac{X(\lambda)}{\lambda^{m+1}}\mathrm{d}\lambda=\int_z^\infty\left[\sum_{n=-\infty}^\infty x(n)\lambda^{-(n+m+1)}\right]\mathrm{d}\lambda=\sum_{n=-\infty}^\infty x(n)\int_z^\infty\lambda^{-(n+m+1)}\mathrm{d}\lambda=\sum_{n=-\infty}^\infty x(n)\left[\frac{\lambda^{-(n+m)}}{-(n+m)}\right]_z^\infty$$

因为 $n+m>0$，故上式为

$$\int_z^\infty\frac{X(\lambda)}{\lambda^{m+1}}\mathrm{d}\lambda=\sum_{n=-\infty}^\infty x(n)\frac{z^{-(n+m)}}{(n+m)}=z^{-m}\sum_{n=-\infty}^\infty\frac{x(n)}{(n+m)}z^{-n}$$

上式两端乘以 z^m，得

$$z^m\int_z^\infty\frac{X(\lambda)}{\lambda^{m+1}}\mathrm{d}\lambda=\sum_{n=-\infty}^\infty x(n)\frac{z^{-n}}{(n+m)}=\mathcal{Z}\left[\frac{x(n)}{(n+m)}\right]$$

即

$$\frac{x(n)}{(n+m)}\leftrightarrow z^m\int_z^\infty\frac{X(\lambda)}{\lambda^{m+1}}\mathrm{d}\lambda , \quad \alpha<|z|<\beta$$

例 7-15 已知 $x(n)=\frac{2^n}{n+1}\varepsilon(n)$，求 $x(n)$ 的双边 z 变换 $X(z)$。

解：由于

$$2^n\varepsilon(n)\leftrightarrow\frac{z}{z-2}, \quad |z|>2$$

根据 z 域积分性质式（7-27），则有

$$X(z)=Z\left[\frac{2^n\varepsilon(n)}{n+1}\right]=z\int_z^\infty\frac{\mathrm{d}\lambda}{\lambda(\lambda-2)}=\frac{z}{2}\ln\frac{\lambda-2}{\lambda}\Big|_z^\infty=\frac{z}{2}\ln\frac{z-2}{z}, \quad |z|>2$$

8. 时域反转

若 $x(n) \leftrightarrow X_b(z)$, $\alpha < |z| < \beta$，则有

$$\mathscr{Z}[x(-n)] = \sum_{n=-\infty}^{\infty} x(-n)z^{-n} = \sum_{m=-\infty}^{m=-n} x(m)(z^{-1})^{-m} = X(z^{-1})$$

即

$$x(-n) \leftrightarrow X_b(z^{-1}), \quad \frac{1}{\beta} < |z| < \frac{1}{\alpha} \tag{7-29}$$

表明时域的坐标轴正方向翻转 $180°$，对应于 z 域中 $X_b(z)$ 将变量 z 置换为 z^{-1}。因为 $X_b(z)$ 的 ROC 为 $\alpha < |z| < \beta$，所以 $X(z^{-1})$ 的 ROC 为 $\alpha < |z^{-1}| < \beta$，即 $\frac{1}{\beta} < |z| < \frac{1}{\alpha}$。

例 7-16 已知 $a^n\varepsilon(n) \leftrightarrow \dfrac{z}{z-a}$, $|z| > a$（其中 $a > 0$）。求 $a^{-n}\varepsilon(-n-1)$ 的双边 z 变换。

解：由已知 $a^n\varepsilon(n) \leftrightarrow \dfrac{z}{z-a}$, $|z| > a$，分别应用时域反转和双边 z 变换位移性质，得

$$a^{-n}\varepsilon(-n) \leftrightarrow \frac{z^{-1}}{z^{-1}-a}, \quad |z^{-1}| > a \text{ 即 } |z| < \frac{1}{a}$$

$$a^{-n-1}\varepsilon(-n-1) \leftrightarrow z\frac{z^{-1}}{z^{-1}-a} = \frac{z}{1-az}, \quad |z| < \frac{1}{a}$$

将序列数乘 a，由线性求得

$$a^{-n}\varepsilon(-n-1) \leftrightarrow \frac{az}{1-az} = \frac{-z}{z-\frac{1}{a}}, \quad |z| < \frac{1}{a}$$

若令 $b = a^{-1}$，将上式写成

$$b^n\varepsilon(-n-1) \leftrightarrow \frac{-z}{z-b}, \quad |z| < b$$

这就是我们已经熟知的结论。

例 7-17 已知序列 $x(n)$ 的双边 z 变换为 $X(z)$，其 ROC 为 $\alpha < |z| < \beta$。求序列 $g(n) = \displaystyle\sum_{i=-\infty}^{n} x(i)$ 的 z 变换。

解：因为

$$x(n) * \varepsilon(n) = \sum_{i=-\infty}^{\infty} x(i)\varepsilon(n-i) = \sum_{i=-\infty}^{n} x(i)$$

$$\varepsilon(n) \leftrightarrow \frac{z}{z-1}, \quad |z| > 1$$

所以，由卷积和性质，得

$$g(n) = \sum_{i=-\infty}^{n} x(i) = x(n) * \varepsilon(n) \leftrightarrow \frac{z}{z-1}X(z) \tag{7-30}$$

其 ROC 应为 $|z| > 1$ 和 $\alpha < |z| < \beta$ 的公共部分，即 $\max(1,\alpha) < |z| < \beta$。

显然，当 $x(n)$ 是因果序列时，其 z 变换为 $X(z)$，当 $|z| > \alpha$ 时，则有

$$g(n) = \sum_{i=0}^{n} x(i) \leftrightarrow \frac{z}{z-1} X(z), \quad |z| > \max(1, \alpha) \tag{7-31}$$

应用中常称 $g(n)$ 为 $x(n)$ 的部分和序列，故也称式（7-30）和式（7-31）的结论为 z 变换的部分和性质。

9. 初值定理

设 $x(n)$ 为因果序列，由于

$$X(z) = \sum_{n=0}^{\infty} x(n) z^{-n} = x(0) + x(1) z^{-1} + x(2) z^{-2} + \cdots \tag{7-32}$$

当 $z \to \infty$ 时，上式右边除了第一项 $x(0)$ 外，其余诸项均趋于零。所以

$$x(0) = \lim_{z \to \infty} X(z) \tag{7-33}$$

此结论称为初值定理。它表明序列域中 $x(n)$ 的初值 $x(0)$ 可直接用 z 域象函数的终值 $X(\infty)$ 计算，而不必求 $X(z)$ 的逆变换。

对式（7-32）等号两边连续乘变量 z，然后令 $z \to \infty$ 取极限，可推得

$$x(1) = \lim_{z \to \infty} z[X(z) - x(0)]$$

$$x(2) = \lim_{z \to \infty} z^2[X(z) - x(0) - x(1)z]$$

$$\cdots$$

$$x(m) = \lim_{z \to \infty} z^m\left[X(z) - \sum_{i=0}^{m-1} x(i) z^{-i}\right] \tag{7-34}$$

即从 $X(z)$ 出发，可按递推方式求出任一序列值 $x(n)$。实际上，根据单边 z 变换位移性质，式（7-34）右端表示对 $x(n+m)$ 的 z 变换求极限，按初值定理确定位移序列的初值，自然就是 $x(n)$ 中第 m 号序列值。

10. 终值定理

设 $x(n)$ 是因果序列，且

$$x(n) \leftrightarrow X(z) = \sum_{n=0}^{\infty} x(n) z^{-n}$$

则

$$x(\infty) = \lim_{z \to 1}[(z-1)X(z)] \tag{7-35}$$

证明：应用线性、位移性质，得

$$\mathcal{Z}[x(n+1) - x(n)] = z[X(z) - x(0)] - X(z) = (z-1)X(z) - zx(0)$$

于是

$$(z-1)X(z) = zx(0) + \mathcal{Z}[x(n+1) - x(n)] = zx(0) + \sum_{n=0}^{\infty} [x(n+1) - x(n)] z^{-n}$$

对上式取 $z \to 1$ 的极限，得

$$\lim_{z \to 1}[(z-1)X(z)] = x(0) + \lim_{z \to 1}\sum_{n=0}^{\infty}[x(n+1)-x(n)]z^{-n}$$

$$= x(0) + [x(1)-x(0)] + [x(2)-x(1)] + [x(3)-x(2)] + \cdots = x(\infty)$$

故式（7-35）成立。

终值定理表明，序列终值可由 z 域表达式 $(z-1)X(z)$ 在 $z \to 1$ 时的极限值来计算。注意，只有当 $(z-1)X(z)$ 的 ROC 包含单位圆，或者 $X(z)$ 除在 $z=1$ 处有一阶极点外，其余极点均位于单位圆内时，式（7-35）右端取 $z \to 1$ 极限才有意义，此时 $x(\infty)$ 存在，终值定理才可应用。

例 7-18 已知因果序列 $x_1(n)$、$x_2(n)$ 的 z 变换分别为 $X_1(z) = \dfrac{z(2z-1.5)}{z^2-1.5z+0.5}$ 和 $X_2(z) = \dfrac{z}{z+1}$，求：

（1）$x_1(0)$、$x_2(0)$ 和 $x_2(1)$；

（2）$x_1(\infty)$ 和 $x_2(\infty)$。

解：（1）应用初值定理和式（7-34），求得

$$x_1(0) = \lim_{z \to \infty} X_1(z) = \lim_{z \to \infty}\left[\frac{z(2z-1.5)}{z^2-1.5z+0.5}\right] = \lim_{z \to \infty}\left[\frac{2-1.5z^{-1}}{1-1.5z^{-1}+0.5z^{-2}}\right] = 2$$

$$x_2(0) = \lim_{z \to \infty} X_2(z) = \lim_{z \to \infty}\left[\frac{z}{z+1}\right] = \lim_{z \to \infty}\left[\frac{1}{1+z^{-1}}\right] = 1$$

$$x_2(1) = \lim_{z \to \infty} z[X_2(z) - x(0)] = \lim_{z \to \infty}\left[-\frac{z}{z+1}\right] = -1$$

（2）因为 $X_1(z) = \dfrac{z(2z-1.5)}{z^2-1.5z+0.5} = \dfrac{z}{z-0.5} + \dfrac{z}{z-1}$，极点 $z=0.5$ 位于单位圆内，极点 $z=1$ 是一阶极点，终值定理成立，故有

$$x_1(\infty) = \lim_{z \to 1}(z-1)X_1(z) = \lim_{z \to 1}(z-1)\left(\frac{z}{z-0.5} + \frac{z}{z-1}\right) = 1$$

对于 $X_2(z) = \dfrac{z}{z+1}$，在 $z=-1$ 处有极点，$(z-1)X_2(z)$ 在单位圆上不收敛，故终值定理不适用。

事实上，容易求得 $x_2(n) = \mathscr{Z}^{-1}[X_2(z)] = (-1)^n \varepsilon(n)$，可见序列值随 n 的增长交替呈现为 1 和 -1，故终值 $x_2(\infty)$ 是不确定的。此时，若不考察 $X_2(z)$ 极点情况，直接应用终值定理求得

$$x_2(\infty) = \lim_{z \to 1}(z-1)X_2(z) = \lim_{z \to 1}\frac{z(z-1)}{z+1} = 0$$

其结果自然是错误的。

最后，将 z 变换的性质归纳于表 7-2 中，以便于查阅和应用。为了简洁，表中省略了收敛域，使用时应明确所有性质均适用于 z 变换的 ROC 内。

表 7-2　z 变换的性质和定理

序号	名称	时域序列关系	z 域象函数关系
1	线性	$c_1 x_1(n) + c_2 x_2(n)$	$c_1 X_1(z) + c_2 X_2(z)$

序号	名称	时域序列关系	z 域象函数关系
2	位移性	$x(n \pm m)$	$z^{\pm m} X_{\text{b}}(z)$
		$x(n+m)\varepsilon(n)^*$	$z^m \left[X(z) - \sum_{i=0}^{m-1} x(i)z^{-i} \right]$
		$x(n-m)\varepsilon(n)^*$	$z^{-m} \left[X(z) + \sum_{i=-m}^{-1} x(i)z^{-i} \right]$
		$x(n-m)\varepsilon(n-m)^*$	$z^{-m} X(z)$
3	周期性	$\sum_{i=0}^{\infty} x_1(n-iN)^*$	$\dfrac{X_1(z)}{1-z^{-N}}$
4	时域卷积和	$x_1(n) * x_2(n)$	$X_1(z)X_2(z)$
5	时域乘 a^n	$a^n x(n)$	$X\left(\dfrac{z}{a}\right)$
6	时域反转	$x(-n)$	$X_{\text{b}}(z^{-1})$
7	z 域微分	$n^m x(n)$	$\left(-z\dfrac{\text{d}}{\text{d}z}\right)^m X(z)$
8	z 域积分	$\dfrac{x(n)}{n}, \quad n>0$	$\int_z^{\infty} \dfrac{X(\lambda)}{\lambda^{m+1}}\text{d}\lambda$
		$\dfrac{x(n)}{(n+m)}, \quad n+m>0$	$z^m \int_z^{\infty} \dfrac{X(\lambda)}{\lambda^{m+1}}\text{d}\lambda$
9	部分和	$\sum_{i=0}^{n} x(i)^*$	$\dfrac{z}{z-1}X(z)$
		$\sum_{i=-\infty}^{n} x(i)$	$\dfrac{z}{z-1}X_{\text{b}}(z)$
10	初值、终值定理	$x(0) = \lim\limits_{z \to \infty} X(z)^* \qquad x(\infty) = \lim\limits_{z \to 1}[(z-1)X(z)]^*$	

注：表中 c_1、c_2、a 为实常量，m、N 为整数；$X(z)$ 或 $X_{\text{b}}(z)$、$X_1(z)$ 和 $X_2(z)$ 分别表示 $x(n)$、$x_1(n)$ 和 $x_2(n)$ 的 z 变换；带"*"的性质对单边 z 变换成立。

7.6　逆 z 变换

逆 z 变换也称反变换，z 反变换可用英文缩写 z^{-1} 表示，是由 $X(z)$ 求 $x(n)$ 的运算，若

$$X(z) = \sum_{n=-\infty}^{\infty} x(n)z^{-n}, \quad R_{X^-} < |z| < R_{X^+} \qquad （7-36）$$

则由柯西积分定理，可以推得逆变换表示式为

$$x(n) = \frac{1}{2\pi j} \oint_c X(z) z^{n-1} \mathrm{d}z \ , \quad c \in (R_{X^-}, R_{X^+}) \tag{7-37}$$

即对 $X(z)z^{n-1}$ 作围线积分，其中 c 是在 $X(z)$ 的收敛区内一条逆时针的闭合围线。一般来说，计算复变函数积分比较困难，当 $X(z)$ 为有理函数时，介绍常用的三种反变换方法。

1. 留数法

当 $X(z)$ 为有理函数时，$x(n)$ 可用下式计算：

$$x(n) = \frac{1}{2\pi j} \oint_c X(z) z^{n-1} \mathrm{d}z = \sum \mathrm{Re}s[X(z)z^{n-1}, z_k] \tag{7-38}$$

式中，z_k 为 $X(z)z^{n-1}$ 的极点，其对应的留数计算方法如下：

（1）z_k 为 $X(z)z^{n-1}$ 的单极点，有

$$\mathrm{Re}s[X(z)z^{n-1}, z_k] = (z - z_k)X(z)z^{n-1}\Big|_{z=z_k} \tag{7-39}$$

（2）z_k 为 $X(z)z^{n-1}$ 的 i 阶重极点，有

$$\mathrm{Re}s[X(z)z^{n-1}, z_k] = \frac{1}{(i-1)!} \frac{\mathrm{d}^{i-1}}{\mathrm{d}z^{i-1}} \Big[(z-z_k)^i X(z)z^{n-1}\Big]\Big|_{z=z_k} \tag{7-40}$$

例 7-19　$X(z) = \dfrac{1}{1 - az^{-1}}$，$|z| > |a|$，求 $x(n)$。

解：$x(n) = \dfrac{1}{2\pi j} \oint_c \dfrac{z}{z-a} z^{n-1} \mathrm{d}z = \dfrac{1}{2\pi j} \oint_c \dfrac{z^n}{z-a} \mathrm{d}z$

$X(z)$ 的收敛区与极点分布如图 7-6 所示。

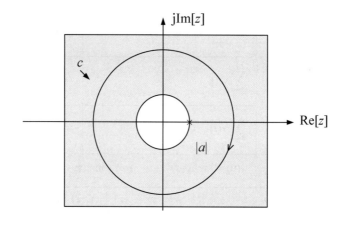

图 7-6　$X(z)$ 的收敛区与极点分布

由 $|z| > |a|$ 可知，$x(n)$ 为右边序列，即有 $x(n) = 0$，$n < 0$，所以取 $n \geqslant 0$。当 $n \geqslant 0$ 时，c 围线包围 $z = a$ 的一阶极点。

$$x(n) = \mathrm{Re}s\left[\frac{z^n}{z-a}, \ z_1 = a\right] = (z-a)\frac{z^n}{z-a}\Big|_{z=a} = a^n$$

$$x(n) = a^n \varepsilon(n)$$

2. 幂级数展开法

将 $X(z)$ 展开，$X(z) = \cdots + x(-1)z + x(0) + x(1)z^{-1} + \cdots$，其系数就是 $x(n)$。特别地，对单边的左序列或右序列，当 $X(z)$ 为有理函数时，幂级数法也称为长除法。举例说明用长除法将 $X(z)$ 展开成级数来求 $x(n)$ 的方法。

例 7-20 已知 $X(z) = \dfrac{a}{a - z^{-1}}$，$|z| > \dfrac{1}{|a|}$，求 $x(n)$。

解： 因为收敛区在 $\dfrac{1}{|a|}$ 外，序列为右序列，应展开为 z 的降幂级数。

$$
\begin{array}{r}
1 + \dfrac{1}{a}z^{-1} + \dfrac{1}{a^2}z^{-2} + \cdots \\[2pt]
a - z^{-1} \overline{\smash{\big)}\, a \phantom{{}-z^{-1}}} \\
\underline{a - z^{-1}} \\
z^{-1} \\
\underline{z^{-1} - \dfrac{1}{a}z^{-2}} \\
\dfrac{1}{a}z^{-2} \\
\underline{\dfrac{1}{a}z^{-2} - \dfrac{1}{a^2}z^{-3}} \\
\vdots
\end{array}
$$

$$X(z) = 1 + \frac{z^{-1}}{a} + \frac{z^{-2}}{a^2} + \frac{z^{-3}}{a^3} + \cdots = \sum_{n=0}^{\infty} a^{-n}z^{-n}$$

由此可得 $x(n) = a^{-n}\varepsilon(n)$。

例 7-21 已知 $X(z) = \dfrac{a}{a - z^{-1}}$，$|z| < \dfrac{1}{|a|}$，求 $x(n)$。

解： 因为收敛区在 $\dfrac{1}{|a|}$ 圆内，序列为左序列，应展开为 z 的升幂级数。

$$
\begin{array}{r}
-az - a^2 z^2 - a^3 z^3 - \cdots \\[2pt]
-z^{-1} + a \overline{\smash{\big)}\, a \phantom{{}-z^{-1}}} \\
\underline{a - a^2 z} \\
a^2 z \\
\underline{a^2 z - a^3 z^2} \\
a^3 z^2 \\
\underline{a^3 z^2 - a^4 z^3} \\
a^4 z^3 \\
\vdots
\end{array}
$$

$$X(z) = -az - a^2 z^2 - a^3 z^3 - \cdots = -\sum_{n=-\infty}^{-1} a^{-n}z^{-n}$$

由此可得 $x(n) = -a^{-n}\varepsilon(-n-1)$。

　　用长除法可将 $X(z)$ 展开为 z 的升幂或降幂级数，它取决于 $X(z)$ 的收敛区。所以在用长除法之前，首先要确定 $x(n)$ 是左序列还是右序列，由此决定分母多项式是按升幂还是降幂排列的。由长除法可以直接得到 $x(n)$ 的具体数值，但当 $X(z)$ 有两个或两个以上的极点时，用长除法得到的序列值要归纳为 $x(n)$ 闭合式还是比较困难的，这时可以用部分分式法求解 $x(n)$。

　　3．部分分式法

　　$X(z)$ 一般是 z 的有理函数，可表示为有理分式形式。最基本的分式及其对应的序列为

$$\frac{1}{1-d_k z^{-1}}=\frac{z}{z-d_k} \leftrightarrow \begin{cases} d_k^n \varepsilon(n), & |z|>|d_k| \\ -d_k^n \varepsilon(-n-1), & |z|<|d_k| \end{cases} \tag{7-41}$$

　　式（7-41）是最常见的 z 变换对。部分分式法就是基于此基础上的一种方法，即将 $X(z)$ 的一般有理分式展开为基本有理分式之和。这与傅氏变换、拉氏变换的部分分式法相似。

　　通常 $X(z)$ 表示式为

$$X(z)=\frac{N(z)}{D(z)}=\frac{b_0+b_1 z+\cdots b_{M-1}z^{M-1}+b_M z^M}{a_0+a_1 z+\cdots a_{N-1}z^{N-1}+a_N z^N} \tag{7-42}$$

式中，分子最高次为 M，分母最高次为 N。

　　设 $M \leqslant N$，且 $X(z)$ 均为单极点，$X(z)$ 可展开为

$$\frac{X(z)}{z}=\frac{A_0}{z}+\sum_{k=1}^{N}\frac{A_k}{z-d_k} \tag{7-43}$$

式中

$$A_k=(z-d_k)\frac{X(z)}{z}\Big|_{z=d_k}, \quad k=0,1,\cdots N \tag{7-44}$$

$$A_0=X(z)\big|_{z=0}=\frac{b_0}{a_0} \tag{7-45}$$

　　因为 z 变换的基本形式为 $\frac{z}{z-d_k}$，在用部分分式展开法时，可以先将 $\frac{X(z)}{z}$ 展开，然后每个分式乘以 z，$X(z)$ 就可以展开为 $\frac{z}{z-d_k}$ 的形式，即

$$X(z)=A_0+\sum_{k=1}^{N}\frac{A_k z}{z-d_k} \tag{7-46}$$

式中，A_0 对应的变换为 $A_0\delta(n)$，根据收敛域最终确定 $x(n)$。

　　例7-22　已知 $X(z)=\frac{z^2}{(z-1)(z-0.5)}$，$|z|>1$，求 $x(n)$。

　　解：当 $|z|>1$ 时，是右边（因果）序列。

$$\frac{X(z)}{z}=\frac{A_1}{z-0.5}+\frac{A_2}{z-1}$$

$$A_1=(z-0.5)\frac{X(z)}{z}\Big|_{z=0.5}=\frac{z}{z-1}\Big|_{z=0.5}=-1$$

$$A_2=(z-1)\frac{X(z)}{z}\Big|_{z=1}=\frac{z}{z-0.5}\Big|_{z=1}=2$$

$$X(z) = \frac{2z}{z-1} - \frac{z}{z-0.5}, \quad |z| > 1$$

$$x(n) = (2 - 0.5^n)\varepsilon(n)$$

例 7-23　已知 $X(z) = \dfrac{5z^{-1}}{1+z^{-1}-6z^{-2}}$，$2 < |z| < 3$，求 $x(n)$。

解：　$\dfrac{X(z)}{z} = \dfrac{5z^{-2}}{1+z^{-1}-6z^{-2}} = \dfrac{5}{z^2+z-6} = \dfrac{5}{(z-2)(z+3)} = \dfrac{A_1}{z-2} + \dfrac{A_2}{z+3}$

$A_1 = (z-2)\dfrac{X(z)}{z}\Big|_{z=2} = \dfrac{5}{z+3}\Big|_{z=2} = 1$

$A_2 = (z+3)\dfrac{X(z)}{z}\Big|_{z=-3} = \dfrac{5}{z-2}\Big|_{z=-3} = -1$

$\dfrac{X(z)}{z} = \dfrac{1}{z-2} - \dfrac{1}{z+3}$

$X(z) = \dfrac{z}{z-2} - \dfrac{z}{z+3}$

因为收敛区为 $2 < |z| < 3$，是双边序列，$2 < |z|$ 对应右边序列，$|z| < 3$ 对应左边序列，所以

$$x(n) = 2^n \varepsilon(n) + (-3)^n \varepsilon(-n-1)$$

若 $X(z)$ 在 $z = d_1$ 有一个 s 阶的重极点，其余为单极点。$X(z)$ 可展开为

$$X(z) = \sum_{k=1}^{s} \frac{B_k z}{(z-d_1)^k} + A_0 + \sum_{k=s+1}^{N} \frac{A_k z}{z-d_k}$$

其中，A_0、A_k 计算同前，B_k 为

$$B_k = \frac{1}{(s-k)!}\left[\frac{\mathrm{d}^{s-k}}{\mathrm{d}z^{s-k}}(z-d_1)^s \frac{X(z)}{z}\right]\Bigg|_{z=d_1} \tag{7-47}$$

7.7　z 变换求解差分方程

　　LTI 离散系统是用线性常系数差分方程描述的。离散系统的输入通常为因果信号。因此，可以根据单边 z 变换的位移性质把差分方程变为 z 域的代数方程，然后求解，因而能比较方便地求出系统的零输入响应、零状态响应和完全响应。

　　以二阶离散系统为例，设二阶离散系统的差分方程为

$$y(n) + a_1 y(n-1) + a_0 y(n-2) = b_2 x(n) + b_1 x(n-1) + b_0 x(n-2) \tag{7-48}$$

式（7-48）中，a_0、a_1 和 b_0、b_1、b_2 为实常数，$x(n)$ 为因果信号，$x(-1)$、$x(-2)$ 均等于零。设 $y(n)$ 的单边 z 变换为 $Y(z)$，根据单边 z 变换的位移性质，对式（7-48）两端取单边 z 变换，得

$$Y(z) + a_1[z^{-1}Y(z) + y(-1)] + a_0[z^{-2}Y(z) + \sum_{n=0}^{1} y(n-2)z^{-n}] \tag{7-49}$$
$$= b_2 X(z) + b_1 z^{-1} X(z) + b_0 z^{-2} X(z)$$

整理写成

$$(1 + a_1 z^{-1} + a_0 z^{-2})Y(z) = -[(a_1 + a_0 z^{-1})y(-1) + a_0 y(-2)] + (b_2 + b_1 z^{-1} + b_0 z^{-2})X(z) \tag{7-50}$$

分别令

$$A(z) = 1 + a_1 z^{-1} + a_0 z^{-2}$$
$$B(z) = b_2 + b_1 z^{-1} + b_0 z^{-2}$$
$$M(z) = -[(a_1 + a_0 z^{-1})y(-1) + a_0 y(-2)]$$

则由式（7-50）得到

$$Y(z) = \frac{M(z)}{A(z)} + \frac{B(z)}{A(z)}X(z) \tag{7-51}$$

式（7-51）中，$\dfrac{M(z)}{A(z)}$ 只与 $y(n)$ 的初始值 $y(-1)$、$y(-2)$ 有关，而与 $X(z)$ 无关，$y(-1)$、$y(-2)$

取决于系统的初始状态，所以 $\dfrac{M(z)}{A(z)}$ 是系统零输入响应 $y_{zi}(n)$ 的单边 z 变换 $Y_{zi}(z)$；$\dfrac{B(z)}{A(z)}X(z)$

只与 $X(z)$ 有关，而与初始状态无关，因此，它是系统零状态响应 $y_{zs}(n)$ 的单边 z 变换 $Y_{zs}(z)$；$A(z)$ 称为系统的特征多项式，$A(z) = 0$ 称为系统的特征方程，其根称为特征根。分别求 $Y(z)$、$Y_{zi}(z)$、$Y_{zs}(z)$ 的单边 z 逆变换，就可得到完全响应 $y(n)$、零输入响应 $y_{zi}(n)$ 和零状态响应 $y_{zs}(n)$，即

$$y(n) = \mathscr{Z}^{-1}\left[\frac{M(z)}{A(z)} + \frac{B(z)}{A(z)}X(z)\right] \tag{7-52}$$

$$y_{zi}(n) = \mathscr{Z}^{-1}\left[\frac{M(z)}{A(z)}\right] \tag{7-53}$$

$$y_{zs}(n) = \mathscr{Z}^{-1}\left[\frac{B(z)}{A(z)}X(z)\right] \tag{7-54}$$

由于 $Y_{zs}(z) = H(z)X(z)$，因此，由式（7-51）得到系统函数为

$$H(z) = \frac{B(z)}{A(z)} = \frac{b_2 + b_1 z^1 + b_0 z^{-2}}{1 + a_1 z^1 + a_0 z^{-2}} \tag{7-55}$$

设 n 阶离散系统的差分方程为

$$\sum_{i=0}^{N} a_{N-i} y(n-i) = \sum_{j=0}^{M} b_{M-j} x(n-j) \tag{7-56}$$

式中，$M \leqslant N$，$a_N = 1$，a_i（$i = 0,1,\cdots,N-1$）、b_j（$j = 0,1,\cdots,M$）为实常数，则系统函数为

$$H(z) = \frac{B(z)}{A(z)} = \frac{b_M + b_{M-1}z^{-1} + b_{M-2}z^{-2} + \cdots + b_0 z^{-M}}{1 + a_{N-1}z^{-1} + a_{N-2}z^{-2} + \cdots + a_0 z^{-N}} \tag{7-57}$$

式（7-57）表示了系统函数 $H(z)$ 与系统差分方程之间的对应关系。根据这种关系，可由系统差分方程得到 $H(z)$，也可由 $H(z)$ 得到系统的差分方程。

由前面的讨论可知，求解差分方程需要知道响应的初始值。关于响应的初始值，需要注

意以下问题。对于 N 阶线性时不变离散系统,若输入 $x(n)$ 为因果信号,则 $y_{zs}(-i)$ ($i=1,2,\cdots,N$) 等于零,但 $y_{zs}(i)$ 一般不等于零。由于

$$y(n)=y_{zi}(n)+y_{zs}(n)$$

因此 $y(n)$、 $y_{zi}(n)$、 $y_{zs}(n)$ 的初始值有以下关系:

$$y(-i)=y_{zi}(-i)+y_{zs}(-i)=y_{zi}(-i),\quad i=1,2,\cdots,N \tag{7-58}$$

$$y(i)=y_{zi}(i)+y_{zs}(i),\quad i=0,1,\cdots,N \tag{7-59}$$

初始值 $y(i)$ 和 $y(-i)$ 可根据系统差分方程应用递推法相互转换。例如,设二阶离散系统的差分方程为

$$y(n)-3y(n-1)+2y(n-2)=x(n) \tag{7-60}$$

$x(n)=\varepsilon(n)$, $y(0)=1$, $y(1)=2$。对式(7-60),令 $n=1$,得

$$y(-1)=\frac{1}{2}[-y(1)+3y(0)+x(1)]=1$$

令 $n=0$,得

$$y(-2)=\frac{1}{2}[-y(0)+3y(-1)+x(0)]=\frac{3}{2}$$

对于式(7-60),若首先令 $n=0$,然后令 $n=1$,就可由 $y(-1)$、 $y(-2)$、 $x(0)$、 $x(1)$ 分别求出 $y(0)$ 和 $y(1)$。 $y_{zi}(i)$ 和 $y_{zi}(-i)$ 也可用递推法根据 $y_{zi}(n)$ 满足的差分方程相互转换,具体方法与上述 $y(i)$ 与 $y(-i)$ 的转换方法类似。

例 7-24　已知二阶离散系统的差分方程 $y(n)-5y(n-1)+6y(n-2)=x(n-1)$, $x(n)=2^n\varepsilon(n)$, $y(-1)=1$, $y(-2)=1$ 。求系统的完全响应 $y(n)$、零输入响应 $y_{zi}(n)$ 和零状态响应 $y_{zs}(n)$ 。

解:
方法一　输入 $x(n)$ 的单边 z 变换为

$$X(z)=\mathscr{Z}[2^n\varepsilon(n)]=\frac{z}{z-2},\quad |z|>2$$

对系统差分方程两端取单边 z 变换,得

$$Y(z)-5[z^{-1}Y(z)+y(-1)]+6[z^{-2}Y(z)+y(-2)+y(-1)z^{-1}]=z^{-1}X(z) \tag{7-61}$$

把 $X(z)$ 和初始条件 $y(-1)$、 $y(-2)$ 代入式(7-61),得

$$Y(z)=\frac{(5-6z^{-1})y(-1)-6y(-2)}{1-5z^{-1}+6z^{-2}}+\frac{z^{-1}}{1-5z^{1}+6z^{2}}X(z)=\frac{5z}{z-2}-\frac{6z}{z-3}-\frac{2z}{(z-2)^2},\quad |z|>3$$

$$Y_{zi}(z)=\frac{(5-6z^{-1})y(-1)-6y(-2)}{1-5z^{-1}+6z^{-2}}=\frac{8z}{z-2}-\frac{9z}{z-3},\quad |z|>3$$

$$Y_{zs}(z)=\frac{z^{-1}}{1-5z^{-1}+6z^{-2}}X(z)=\frac{3z}{z-3}-\frac{3z}{z-2}-\frac{2z}{(z-2)^2},\quad |z|>3$$

分别求 $Y(z)$、 $Y_{zi}(z)$、 $Y_{zs}(z)$ 的逆 z 变换,得

$$y(n)=\mathscr{Z}^{-1}[Y(z)]=5(2)^n-2(3)^{n+1}-n(2)^n,\quad n\geqslant 0$$

$$y_{zi}(n)=\mathscr{Z}^{-1}[Y_{zi}(z)]=2^{n+3}-3^{n+2},\quad n\geqslant 0$$

$$y_{zs}(n)=[3^{n+1}-(3+n)2^n]\varepsilon(n)$$

方法二 分别根据 $y_{zi}(n)$ 满足的方程和 $y_{zs}(n)$ 满足的方程求 $y_{zi}(n)$、$y_{zs}(n)$。

$y_{zi}(n)$ 满足的方程为

$$y_{zi}(n) - 5y_{zi}(n-1) + 6y_{zi}(n-2) = 0 \tag{7-62}$$

$y_{zi}(n)$ 的初始条件 $y_{zi}(-1) = y(-1)$，$y_{zi}(-2) = y(-2)$。

$y_{zs}(n)$ 满足的差分方程为

$$y_{zs}(n) - 5y_{zs}(n-1) + 6y_{zs}(n-2) = x(n-1) \tag{7-63}$$

$y_{zs}(n)$ 的初始条件 $y_{zs}(-1)$、$y_{zs}(-2)$ 均为零。

分别对式（7-62）、式（7-63）两边取单边 z 变换，就可求得 $Y_{zi}(z)$、$Y_{zs}(z)$。然后再求逆变换，就得到 $y_{zi}(n)$、$y_{zs}(n)$ 和 $y(n)$。

7.8　离散系统的表示和模拟

与连续系统类似，离散系统也可以用方框图、信号流图来表示。若已知离散系统的差分方程或系统函数，可用一些基本单元构成该系统，称为离散系统的模拟。离散系统的表示和模拟是离散系统分析和设计的基础。

7.8.1　离散系统的方框图表示

如图 7-7 所示的方框图表示一个离散系统。图 7-7 中，$x(n)$ 和 $y(n)$ 分别为系统的输入和输出。与连续系统的方框图表示类似，几个离散系统的串联、并联或串并混合连接组成的复合系统可以表示一个复杂的离散系统。此外，一个离散系统也可以由基本单元加法器、数乘器、单位延迟器的连接表示。

图 7-7　离散系统的方框图表示

1．离散系统的串、并联

图 7-8 表示由 N 个离散系统的串联（级联）组成的复合系统，图（a）为时域形式，图（b）为 z 域形式。$h_i(n)$（$i = 1, 2, \cdots, N$）为第 i 个子系统的单位响应，$H_i(z)$（$i = 1, 2, \cdots, N$）为 $h_i(n)$ 的单边 z 变换，即为第 i 个子系统的系统函数。若复合系统为因果系统，则系统的单位响应 $h(n)$ 与各子系统的单位响应 $h_i(n)$ 均为因果信号。根据离散系统时域分析的结论，$h(n)$ 与 $h_i(n)$ 之间的关系为

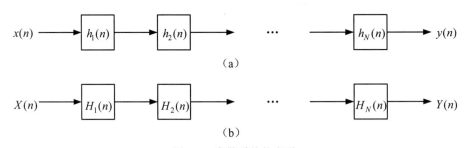

（a）

（b）

图 7-8　离散系统的串联

$$h(n) = h_1(n) * h_2(n) * \cdots * h_N(n) \qquad (7\text{-}64)$$

根据单边 z 变换的时域卷积和性质，复合系统的系统函数 $H(z)$ 与各子系统的系统函数 $H_i(z)$ 之间的关系为

$$H(z) = H_1(z) \cdot H_2(z) \cdots H_N(z) \qquad (7\text{-}65)$$

图 7-9 表示 N 个离散系统的并联组成的复合系统。图（a）为时域形式，图（b）为 z 域形式。设复合系统为因果系统，$h(n)$ 为复合系统的单位响应，$H(z)$ 为系统函数，则 $h(n)$ 与子系统单位响应 $h_i(n)$ 以及 $H(z)$ 与各子系统的 $H_i(z)$ 之间的关系为

$$h(n) = \sum_{i=1}^{N} h_i(n) \qquad (7\text{-}66)$$

$$H(z) = \sum_{i=1}^{N} H_i(z) \qquad (7\text{-}67)$$

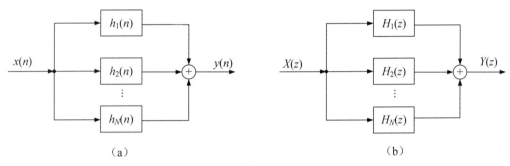

图 7-9 离散系统的并联

例 7-25 已知离散系统的方框图表示如图 7-10 所示。图中，$h_1(n) = \delta(n-2)$，$h_2(n) = \delta(n)$，$h_3(n) = \delta(n-1)$。

（1）求系统的单位响应 $h(n)$；

（2）若系统输入 $x(n) = a^n \varepsilon(n)$，求系统的零状态响应 $y_{zs}(n)$。

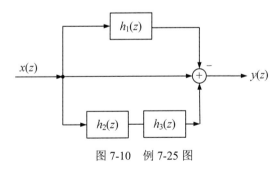

图 7-10 例 7-25 图

解：（1）求 $h(n)$：设由子系统 $h_2(n)$ 和 $h_3(n)$ 串联组成的子系统的单位响应为 $h_4(n)$，该子系统的系统函数为 $H_4(z)$，则

$$h_4(n) = h_2(n) * h_3(n) = \delta(n) * \delta(n-1) = \delta(n-1)$$

$$H_4(z) = \mathscr{Z}[h_4(n)] = z^{-1}$$

因此，系统的单位响应 $h(n)$ 为

$$h(n) = \delta(n) + h_4(n) - h_1(n) = \delta(n) + \delta(n-1) - \delta(n-2)$$

$$H(z) = \mathcal{Z}[h(n)] = 1 + z^{-1} - z^{-2}, \quad |z| > 0$$

（2）求系统的零状态响应 $y_{zs}(n)$：

$$y_{zs}(n) = x(n) * h(n) = a^n \varepsilon(n) * [\delta(n) + \delta(n-1) - \delta(n-2)]$$

$$= a^n \varepsilon(n) + a^{n-1} \varepsilon(n-1) - a^{n-2} \varepsilon(n-2)$$

或

$$X(z) = \mathcal{Z}[x(n)] = \frac{z}{z-a}, \quad |z| > |a|$$

$$Y_{zs}(z) = \mathcal{Z}[y_{zs}(n)] = X(z)H(z) = \frac{z}{z-a} + z^{-1}\frac{z}{z-a} - z^{-2}\frac{z}{z-a}, \quad |z| > |a|$$

求 $Y_{zs}(z)$ 的单边 z 逆变换，根据线性性质和位移性质，得

$$y_{zs}(n) = a^n \varepsilon(n) + a^{n-1} \varepsilon(n-1) - a^{n-2} \varepsilon(n-2)$$

2. 用基本单元表示离散系统

表示离散系统的基本单元有数乘器、加法器和单位延迟器，如图 7-11 所示。图（a）表示数乘器的时域和 z 域形式，图（b）表示加法器的时域和 z 域形式，图（c）表示单位延迟器的时域和 z 域形式，并且假定单位延迟器的初始状态 $y(-1) = 0$。

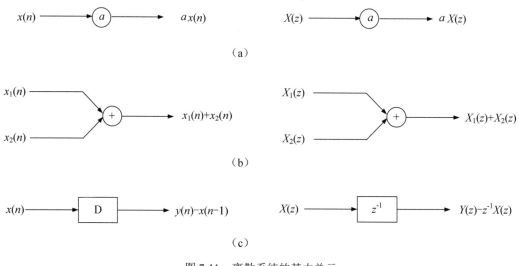

图 7-11　离散系统的基本单元

例 7-26　已知离散系统的方框图表示如图 7-12 所示，写出描述系统输入输出关系的差分方程。

解：如图 7-12 所示为离散系统的 z 域方框图表示。根据基本单元的 z 域输入输出关系，设左边加法器的输出为 $F(z)$，则左边第一个延迟器的输出为 $z^{-1}F(z)$，第二个延迟器的输出为 $z^{-2}F(z)$。于是有以下关系：

$$F(z) = -a_1 z^{-1} F(z) - a_0 z^{-2} F(z) + X(z) \tag{7-68}$$

$$Y(z) = b_2 F(z) + b_1 z^{-1} F(z) + b_0 z^{-2} F(z) \tag{7-69}$$

整理后得

$$F(z) = \frac{X(z)}{1 + a_1 z^{-1} + a_0 z^{-2}} \qquad (7\text{-}70)$$

$$Y(z) = (b_2 + b_1 z^{-1} + b_0 z^{-2}) F(z) \qquad (7\text{-}71)$$

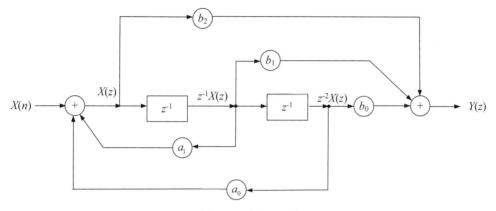

图 7-12　例 7-26 图

将式（7-70）代入式（7-71）得

$$Y(z) = \frac{b_2 + b_1 z^{-1} + b_0 z^{-2}}{1 + a_1 z^{-1} + a_0 z^{-2}} X(z)$$

即

$$(1 + a_1 z^{-1} + a_0 z^{-2}) Y(z) = (b_2 + b_1 z^{-1} + b_0 z^{-2}) X(z) \qquad (7\text{-}72)$$

由于框图是系统在零状态情况下的表示，所以根据单边 z 变换的位移性质，对式（7-72）两端取 z 逆变换，得到系统的差分方程为

$$y(n) + a_1 y(n-1) + a_0 y(n-2) = b_2 x(n) + b_1 x(n-1) + b_0 x(n-2)$$

7.8.2　离散系统的信号流图表示

离散系统信号流图表示的规则与连续系统信号流图表示的规则相同。应用梅森公式求离散系统的系统函数 $H(z)$ 的方法与求连续系统的系统函数 $H(s)$ 的方法也相同。离散系统的信号流图表示可由方框图得到。方框图与信号流图的对应关系如图 7-13 所示。

下面举例说明由离散系统的方框图表示得到信号流图表示的方法以及梅森公式的应用。

例 7-27　已知离散系统的方框图表示如图 7-14 所示，画出系统的信号流图。

解：设图 7-14（a）所示方框图左边加法器的输出为 $X_1(z)$，上边第一个延迟器的输出为 $X_2(z)$，第二个延迟器的输出为 $X_3(z)$。根据基本单元的输入输出关系，则有

$$X_1(z) = -a_1 X_2(z) - a_0 X_3(z) + X(z) \qquad (7\text{-}73)$$

$$X_2(z) = z^{-1} X_1(z) \qquad (7\text{-}74)$$

$$X_3(z) = z^{-1} X_2(z) \qquad (7\text{-}75)$$

$$Y(z) = b_2 X_1(z) + b_0 X_3(z) \qquad (7\text{-}76)$$

在信号流图中用节点分别表示 $X(z)$、$X_1(z)$、$X_2(z)$、$X_3(z)$ 和 $Y(z)$，然后根据上述信号

之间的传输关系、信号流图的规则以及方框图与信号流图的对应关系，得到系统的信号流图表示如图 7-14（b）所示。

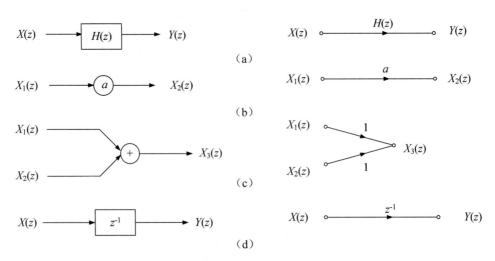

图 7-13　离散系统方框图与信号流图的对应关系

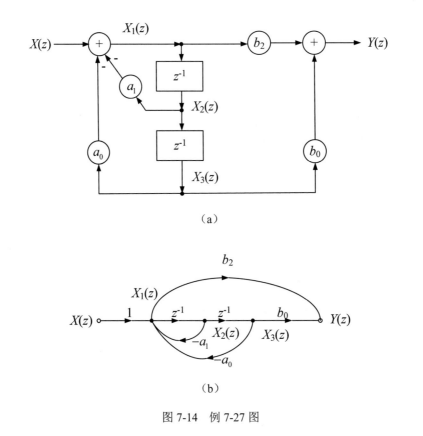

图 7-14　例 7-27 图

例 7-28　已知离散系统的信号流图表示如图 7-15 所示，求系统函数 $H(z)$。

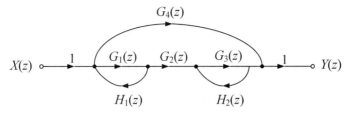

图 7-15 例 7-28 图

解：系统信号流图中共有两个环，其中，环 1 的传输函数 $L_1 = H_1(z)G_1(z)$，环 2 的传输函数 $L_2 = H_2(z)G_3(z)$，并且环 1 和环 2 不接触。因此，信号流图特征行列式为

$$\Delta = 1 - (L_1 + L_2) + (L_1 L_2)$$
$$= 1 - [H_1(z)G_1(z) + H_2(z)G_3(z)] + [H_1(z)G_1(z)H_2(z)G_3(z)]$$

信号流图中从 $X(z)$ 到 $Y(z)$ 共有两条开路。开路 1 的传输函数 P_1 及对应的剩余流图特征行列式 Δ_1、开路 2 的传输函数 P_2 及对应的剩余流图特征行列式 Δ_2 分别为

$$P_1 = G_4(z), \quad \Delta_1 = 1$$
$$P_2 = G_1(z)G_2(z)G_3(z), \quad \Delta_2 = 1$$

于是得到系统函数

$$H(z) = \frac{\sum_{i=1}^{2} P_i \Delta_i}{\Delta} = \frac{G_4(z) + G_1(z)G_2(z)G_3(z)}{1 - [H_1(z)G_1(z) + H_2(z)G_3(z)] + [H_1(z)G_1(z)H_2(z)G_3(z)]}$$

7.8.3 离散系统的模拟

与连续系统的模拟类似，若已知离散系统的差分方程或系统函数 $H(z)$，可根据 $H(z)$ 与梅森公式的关系得到系统的信号流图模拟。根据信号流图与系统框图的对应关系，可以进一步得到系统的方框图模拟。离散系统常用信号流图的模拟形式分直接形式、串联形式和并联形式三种。下面举例说明。

例 7-29 已知二阶离散系统的系统函数为

$$H(z) = \frac{b_2 z^2 + b_1 z + b_0}{z^2 + a_1 z + a_0} \tag{7-77}$$

用直接形式的信号流图模拟系统。

解：系统函数 $H(z)$ 的分子分母同除以 z^2，得

$$H(z) = \frac{b_2 + b_1 z^{-1} + b_0 z^{-2}}{1 - (-a_1 z^{-1} - a_0 z^{-2})} \tag{7-78}$$

式（7-78）的分母可看作信号流图的特征行列式，括号中的两项可分别看作两个互相接触环的传输函数；分子中的三项可分别看作从 $X(z)$ 到 $Y(z)$ 三条开路的传输函数。因此，系统的信号流图可由两个相互接触的环和三条开路组成。根据梅森公式和信号流图的对应关系得到系统的信号流图模拟如图 7-16（a）和（c）所示。图 7-16（a）是直接形式 I，图 7-16（b）是对应的框图模拟；图 7-16（c）是直接形式 II，图 7-16（d）是图 7-16（c）对应的框图模拟。

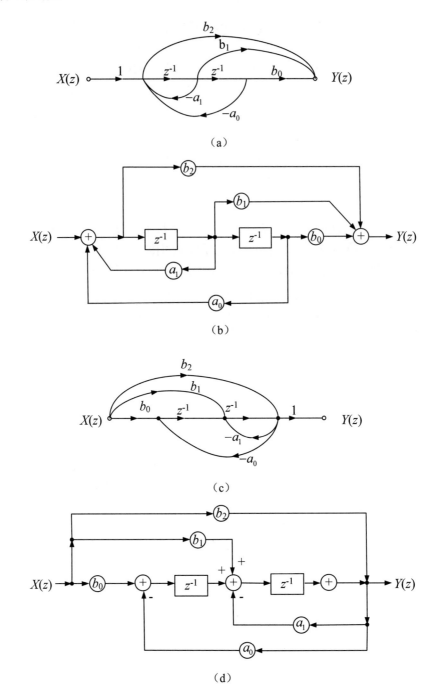

图 7-16 例 7-29 图

例 7-30 已知离散系统的系统函数为

$$H(z) = \frac{z(3z+2)}{(z+1)(z^2+5z+6)} \tag{7-79}$$

用串联形式的信号流图模拟系统。

解： 系统函数 $H(z)$ 可以表示为

$$H(z) = H_1(z) \cdot H_2(z) \qquad\qquad (7\text{-}80)$$

式中

$$H_1(z) = \frac{z}{z+1} = \frac{1}{1-(-z^{-1})} \qquad\qquad (7\text{-}81)$$

$$H_2(z) = \frac{3z+2}{z^2+5z+6} = \frac{3z^{-1}+2z^{-2}}{1-(-5z^{-1}-6z^{-2})} \qquad\qquad (7\text{-}82)$$

由式（7-80）可知，系统可由子系统 $H_1(z)$ 和子系统 $H_2(z)$ 串联组成。子系统 $H_1(z)$ 为一阶节，子系统 $H_2(z)$ 为二阶节。根据式（7-81）和式（7-82），子系统 $H_1(z)$ 和子系统 $H_2(z)$ 的直接形式的信号流图分别如图 7-17（a）和（b）所示。由两个子系统串联组成的系统信号流图如图 7-17（c）所示，图 7-17（d）是对应的串联形式框图模拟。

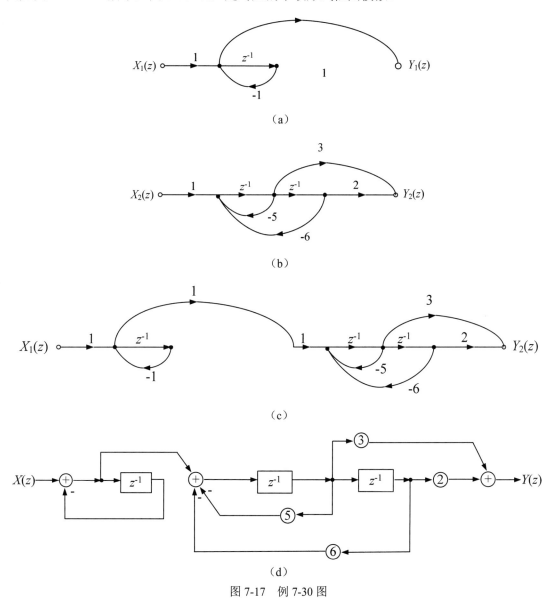

图 7-17　例 7-30 图

例 7-31　已知离散系统的系统函数为

$$H(z) = \frac{z^3 + 9z^2 + 23z + 16}{(z+2)(z^2 + 7z + 12)}$$

用并联形式的信号流图模拟系统。

解： $H(z)$ 可以表示为

$$H(z) = \frac{z+1}{z+2} + \frac{z+2}{z^2 + 7z + 12} = H_1(z) + H_2(z) \tag{7-83}$$

$$H_1(z) = \frac{z+1}{z+2} = \frac{1 + z^{-1}}{1 - (-2z^{-1})} \tag{7-84}$$

$$H_2(z) = \frac{z+2}{z^2 + 7z + 12} = \frac{z^1 + 2z^{-2}}{1 - (-7z^{-1} - 12z^{-2})} \tag{7-85}$$

由式（7-83）可知，系统可由子系统 $H_1(z)$ 和子系统 $H_2(z)$ 并联组成。由两个子系统并联组成的系统信号流图如图 7-18（a）所示，图 7-18（b）是对应的并联形式框图模拟。

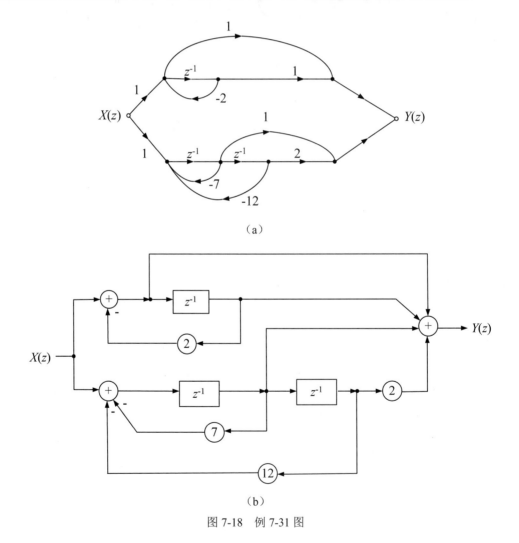

（a）

（b）

图 7-18　例 7-31 图

7.9　系统函数与系统特性

7.9.1　系统函数

可以用单位脉冲响应 $h(n)$ 来表示 LTI 离散系统的输入输出关系

$$y(n) = T[x(n)] = x(n) * h(n)$$

对应的 z 变换为

$$Y(z) = H(z)X(z)$$

定义 LTI 离散系统输出 z 变换与输入 z 变换之比为系统函数

$$H(z) = \frac{Y(z)}{X(z)} \tag{7-86}$$

当 $x(n) = \delta(n)$，$H(z) = Y(z)$。所以系统函数是系统单位脉冲响应 $h(n)$ 的 z 变换。

$$H(z) = \mathscr{Z}[h(n)]$$
$$h(n) = \mathscr{Z}^{-1}[H(z)] \tag{7-87}$$

N 阶 LTI 离散系统的差分方程通常为

$$y(n) + \sum_{k=1}^{N} a_k y(n-k) = \sum_{k=0}^{M} b_k x(n-k) \tag{7-88}$$

系统为零状态时，对两边取 z 变换，可得

$$Y(z) + \sum_{k=1}^{N} a_k z^{-k} Y(z) = \sum_{k=0}^{M} b_k z^{-k} X(z)$$

$$\left(1 + \sum_{k=1}^{N} a_k z^{-k}\right) Y(z) = \sum_{k=0}^{M} b_k z^{-k} X(z)$$

解出

$$Y(z) = \frac{\sum_{k=0}^{M} b_k z^{-k}}{1 + \sum_{k=1}^{N} a_k z^{-k}} X(z)$$

得到系统函数

$$H(z) = \frac{Y(z)}{X(z)} = \frac{\sum_{k=0}^{M} b_k z^{-k}}{1 + \sum_{k=1}^{N} a_k z^{-k}} \tag{7-89}$$

式（7-89）是 z^{-1} 的有理分式，其系数正是差分方程的系数，系统函数还可以分解为

$$H(z) = \frac{A \prod_{k=1}^{M} (1 - c_k z^{-1})}{\prod_{k=1}^{N} (1 - d_k z^{-1})} \tag{7-90}$$

式中，$\{c_k\}$ 是 $H(z)$ 的零点；$\{d_k\}$ 是 $H(z)$ 的极点。由式（7-90）可见，除了系数 A 外，$H(z)$ 可由其零、极点确定。将零点 $\{c_k\}$ 与极点 $\{d_k\}$ 标在 z 平面上，可得到离散系统的零、极点图。

当离散系统的系统函数有除原点以外的任意极点时，即式（7-90）中有 $d_k \neq 0$ 时，对应的单位脉冲响应 $h(n)$ 的时宽为无限大，这样的系统称为无限冲激响应系统，简称 IIR 系统；当离散系统的系统函数只在原点处有极点时，即式（7-90）中所有 $d_k = 0$ 时，对应的单位脉冲响应 $h(n)$ 的时宽有限，这样的系统称为有限冲激响应系统，简称 FIR 系统。FIR 系统函数一般表示为

$$H(z) = \sum_{n=0}^{N-1} h(n)z^{-n} = A\prod_{k=1}^{M}(1 - c_k z^{-1}) \tag{7-91}$$

由于 FIR 系统可以具有线性相位，并且不存在系统稳定问题，因此得到越来越广泛的应用。

与连续系统相似，离散系统的特性与其零、极点分布密切相关，但将系统函数由有理分式形式分解为零、极点形式时并不容易，而用 Simulink 则可以很方便地确定零、极点并作零、极点图。

7.9.2 $H(z)$ 的零、极点分布与时域特性

$H(z)$ 与 $h(n)$ 是一对 z 变换对，所以只要知道 $H(z)$ 在 z 平面上的零、极点分布情况，就可以知道系统的脉冲响应 $h(n)$ 的变化规律。假设式（7-90）的所有极点均为单极点且 $M \leqslant N$，利用部分分式展开

$$H(z) = \dfrac{A\prod\limits_{k=1}^{M}(1 - c_k z^{-1})}{\prod\limits_{k=1}^{N}(1 - d_k z^{-1})} = \sum_{k=1}^{N}\dfrac{A}{1 - d_k z^{-1}} \tag{7-92}$$

式（7-92）对应的单位脉冲响应为

$$h(n) = \sum_{k=1}^{N} A_k d_k^n \varepsilon(n) = \sum_{k=1}^{N} h_k(n) \tag{7-93}$$

以单位圆为界，可将 z 平面分为单位圆内与单位圆外。由式（7-93）不难得出 $h_k(n)$ 与 $h(n)$ 的变化规律。

1. $|d_k| < 1$ 的极点

若 $|d_k| < 1$，极点在 z 平面的单位圆内，$h_k(n)$ 的幅度随 n 的增长而衰减；一对单位圆内的共轭极点 d_k 与 d_k^* 对应的 $h_k(n)$ 是衰减振荡。

2. $|d_k| = 1$ 的极点

若 $|d_k| = 1$，极点在 z 平面的单位圆上，$h_k(n)$ 的幅度随 n 的增长而不变；一对单位圆上的共轭极点 d_k 与 d_k^* 对应的 $h_k(n)$ 是等幅振荡。

3. $|d_k| > 1$ 的极点

若 $|d_k| > 1$，极点在 z 平面的单位圆外，$h_k(n)$ 的幅度随 n 的增长而增长；一对单位圆外的共轭极点 d_k 与 d_k^* 对应的 $h_k(n)$ 是增幅振荡。

与连续系统函数分析相同，由系统函数 $H(z)$ 极点在 z 平面上的位置便可确定 $h(n)$ 的模式，而零点只影响 $h(n)$ 的幅度与相位。系统函数 $H(z)$ 极点与 $h(n)$ 模式的示意图如图 7-19 所示。

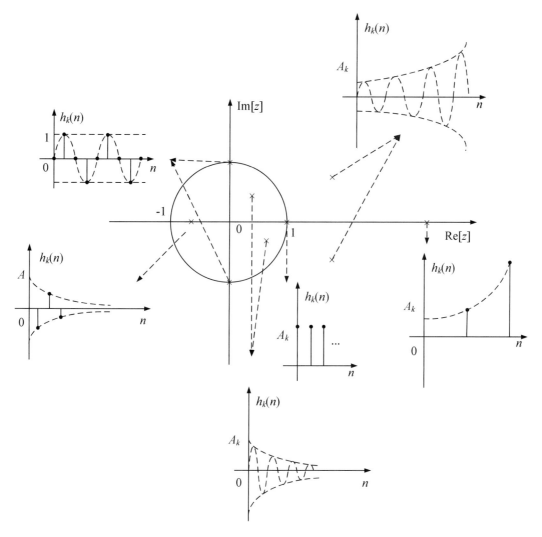

图 7-19　$H(z)$ 的极点与 $h(n)$ 模式的示意图

7.9.3　系统的因果稳定性

系统函数的收敛区直接关系到系统的因果稳定性。

1. 因果系统

由因果系统的时域条件 $n < 0$，$h(n) = 0$ 及 $H(z)$ 的定义，可知因果系统的 $H(z)$ 只有 z 的负幂项，其收敛区为 $R_{H^-} < |z| \leq \infty$。因此收敛区包含无穷时，必为因果系统。

2. 稳定系统

由系统稳定的时域条件 $\sum\limits_{n=-\infty}^{\infty} |h(n)| < \infty$，可知系统的傅氏变换存在，$H(z)$ 收敛区必定包含

单位圆。其收敛区为 $R_{H^-} < |z| < R_{H^+}$，且 $R_{H^-} < 1 < R_{H^+}$。因此收敛区包含单位圆时，为稳定系统；反之，为不稳定系统。

当虚轴上有一阶极点时，与连续时间系统定义为临界稳定的情况类似，当 $H(z)$ 的单位圆上有一阶极点时，定义离散系统为临界稳定（属于不稳定）。

3. 因果稳定系统

综合上述两种情况，当 $R_{H^-} < |z| \leqslant \infty$，且 $R_{H^-} < 1$ 时，系统是因果稳定系统，意味着因果稳定的系统函数 $H(z)$ 的所有极点只能分布在单位圆内，若 $H(z)$ 有单位圆上或单位圆外的极点，系统就是非稳定系统。

例 7-32　已知某离散系统的系统函数为

$$H(z) = \frac{0.2 + 0.1z^{-1} + 0.3z^{-2} + 0.1z^{-3} + 0.2z^{-4}}{1 - 1.1z^{-1} + 1.5z^{-2} - 0.7z^{-3} + 0.3z^{-4}}$$

判断该系统的稳定性。

解：根据系统稳定的条件，将系统函数写成零、极点形式

$$H(z) = \frac{0.2(1 + z^{-1} + z^{-2})(1 - 0.5z^{-1} + z^{-2})}{(1 - 0.4734z^{-1} + 0.8507z^{-2})(1 - 0.6266z^{-1} + 0.3562z^{-2})}$$

$$= \frac{0.2(1 + z^{-1} + z^{-2})(1 - 0.5z^{-1} + z^{-2})}{[1 + (0.2367 + j0.8915)z^{-1}][1 + (0.2367 - j0.8915)z^{-1}]}$$

式中，极点的模

$$|z_1| = |z_2| = \sqrt{0.2367^2 + 0.8915^2} = 0.9225 < 1$$

$$|z_3| = |z_4| = \sqrt{0.3133^2 + 0.5045^2} = 0.5939 < 1$$

所有极点均在单位圆内，所以是稳定系统。

此例是通过求解系统极点，由其是否均在单位圆内来判断系统的稳定性。对于一个复杂系统来说，求极点并不容易，有时甚至是相当烦琐的（如本例）。因此，判断连续系统是否稳定以往是利用罗斯准则，而判断离散系统是否稳定则利用劳斯准则。基本思路是不直接求极点，而是判断是否有极点在 s 的右半平面（包括虚轴），或是否有极点在 z 平面的单位圆外（或圆上）。现在利用 MATLAB 程序可以得到系统的特征根，直接判断系统的稳定性，或利用 MATLAB 程序作出其零、极点图，可直观判断。

7.9.4　$H(z)$ 的零、极点与系统频响

类似连续系统，可以利用系统函数 $H(z)$ 的零、极点，通过几何方法简便直观大致地绘出离散系统频响图。若已知稳定系统的系统函数为

$$H(z) = \frac{A \prod\limits_{k=1}^{M}(1 - c_k z^{-1})}{\prod\limits_{k=1}^{N}(1 - d_k z^{-1})} = A \frac{\prod\limits_{k=1}^{M}(z - c_k)}{\prod\limits_{k=1}^{N}(z - d_k)}$$

则系统的频响函数为

$$H(\mathrm{e}^{\mathrm{j}\theta}) = H(z)\Big|_{z=\mathrm{e}^{\mathrm{j}\theta}} = \frac{A\prod\limits_{k=1}^{M}(\mathrm{e}^{\mathrm{j}\theta} - c_k)}{\prod\limits_{k=1}^{N}(\mathrm{e}^{\mathrm{j}\theta} - d_k)}$$

$$= A\frac{\prod\limits_{k=1}^{M}\boldsymbol{C}_k}{\prod\limits_{k=1}^{N}\boldsymbol{D}_k} = A\frac{\prod\limits_{k=1}^{M}C_k\mathrm{e}^{\mathrm{j}\alpha_k}}{\prod\limits_{k=1}^{N}D_k\mathrm{e}^{\mathrm{j}\beta_k}} = \left|H(\mathrm{e}^{\mathrm{j}\theta})\right|\mathrm{e}^{\mathrm{j}\varphi(\theta)}$$

（7-94）

其中，$\mathrm{e}^{\mathrm{j}\theta} - c_k = \boldsymbol{C}_k = C_k\mathrm{e}^{\mathrm{j}\alpha_k}$ 是零点 c_k 指向单位圆用极坐标表示的矢量；$\mathrm{e}^{\mathrm{j}\theta} - d_k = \boldsymbol{D}_k = D_k\mathrm{e}^{\mathrm{j}\beta_k}$ 是极点 d_k 指向单位圆用极坐标表示的矢量；C_k、D_k 是零、极点矢量的模；α_k、β_k 是零、极点矢量与正实轴的夹角，如图 7-20 所示。

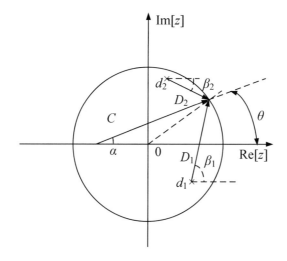

图 7-20　频响 $H(\mathrm{e}^{\mathrm{j}\theta})$ 的几何确定法

当 θ 在 2～2π 内变化一周时，各矢量沿逆时针方向旋转一周。其矢量长度乘积的变化反映了振幅 $\left|H(\mathrm{e}^{\mathrm{j}\theta})\right|$ 的变化，其夹角之和的变化反映了相位 $\varphi(\theta)$ 的变化。

$$\left|H(\mathrm{e}^{\mathrm{j}\theta})\right| = A\frac{\prod\limits_{k=1}^{M}C_k}{\prod\limits_{k=1}^{N}D_k}$$

（7-95）

$$\varphi(\theta) = \sum_{k=1}^{M}\alpha_k - \sum_{k=1}^{N}\beta_k + \theta(N - M)$$

（7-96）

例 7-33　已知某系统的系统函数 $H(z) = \dfrac{1}{1 - az^{-1}}$，$|a| < 1$。求该系统频响 $H(\mathrm{e}^{\mathrm{j}\theta})$，并作 $\left|H(\mathrm{e}^{\mathrm{j}\theta})\right|$、$\varphi(\theta)$ 图。

解：由已知条件可知系统是因果稳定系统。

由系统函数 $H(z) = \dfrac{z}{z-a}$，得到极点 $z_\infty = a$，零点 $z_0 = 0$，如图 7-21 所示。

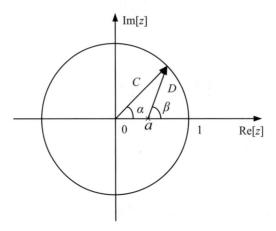

图 7-21 例 7-33 系统频响的几何作图法

因为当 θ 在 $0 \sim \pi$ 内时，

$$C = |\boldsymbol{C}| = 1$$

$$D = |\boldsymbol{D}| = \begin{cases} 最小, & \theta = 0 \\ 最大, & \theta = \pi \end{cases}$$

所以

$$\left| H(\mathrm{e}^{\mathrm{j}\theta}) \right| = \frac{\boldsymbol{C}}{\boldsymbol{D}} = \begin{cases} 最小, & \theta = \pi \\ 最大, & \theta = 0 \end{cases}$$

当 θ 在 $0 \sim \pi$ 时，α 在 $0 \sim \pi$ 均匀直线变化；β 在 $0 \sim \pi/2$ 变化快，$\pi/2 \sim \pi$ 变化慢，变化为曲线，最后频响 $\varphi(\theta)$ 如图 7-22 所示。

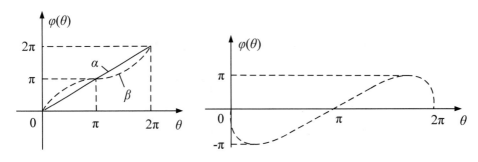

图 7-22 例 7-33 系统频响 $\varphi(\theta)$ 的确定

由式（7-94）、式（7-95）以及上例可以归纳出几何法确定频响 $H(\mathrm{e}^{\mathrm{j}\theta})$ 的一般规律：

（1）在某个极点 d_k 附近，振幅特性 $\left| H(\mathrm{e}^{\mathrm{j}\theta}) \right|$ 有可能形成峰值，d_k 越靠近单位圆，峰值越明显，d_k 在单位圆上 $\left| H(\mathrm{e}^{\mathrm{j}\theta}) \right| \to \infty$ 出现谐振。

（2）在某个零点 c_k 附近，振幅特性 $\left|H(\mathrm{e}^{\mathrm{j}\theta})\right|$ 有可能形成谷点，c_k 越靠近单位圆，谷点越明显，c_k 在单位圆上 $\left|H(\mathrm{e}^{\mathrm{j}\theta})\right| = 0$。

（3）原点处的零、极点对振幅特性 $\left|H(\mathrm{e}^{\mathrm{j}\theta})\right|$ 无影响，只有线性相位分量。

（4）在零、极点附近相位变化较快（与实轴夹角有 $\pm\pi$ 的变化）。

当零、极点个数较多时，用几何方法简便作图也并非易事，利用 MATLAB 可以方便准确地画出系统的频响特性。

例 7-34　某离散 LTI 因果系统的差分方程为

$$y(n) + 0.2y(n-1) - 0.24y(n-2) = x(n) + x(n-1)$$

求：

（1）系统函数 $H(z)$，讨论系统的稳定性；

（2）系统单位脉冲响应 $h(n)$；

（3）激励 $x(n) = \varepsilon(n)$ 时的零状态响应 $y(n)$；

（4）系统频响 $H(\mathrm{e}^{\mathrm{j}\theta})$。

解：（1）$H(z) = \dfrac{1 + z^{-1}}{1 + 0.2z^{-1} - 0.24z^{-2}} = \dfrac{z(z+1)}{(z-0.4)(z+0.6)}$

系统的两个极点分别为 0.4 和 -0.6，均在单位圆内，因果系统的收敛域为 $|z| > 0.6$，且包含 $z = \infty$，系统稳定。

（2）将 $H(z)$ 展开为部分分式

$$H(z) = \frac{1.4}{1 - 0.4z^{-1}} - \frac{0.4}{1 + 0.6z^{-1}}, \quad |z| > 0.6$$

取 $H(z)$ 反变换，得到

$$h(n) = [1.4(0.4)^n - 0.4(-0.6)^n]\varepsilon(n)$$

（3）激励 $x(n) = \varepsilon(n) \leftrightarrow X(z) = \dfrac{z}{z-1} = \dfrac{1}{1 - z^{-1}}, \quad |z| > 1$

$$Y(z) = X(z)H(z) = \frac{1 + z^{-1}}{(1 - 0.4z^{-1})(1 + 0.6z^{-1})(1 - z^{-1})}$$

将 $Y(z)$ 展开为部分分式

$$Y(z) = \frac{2.08}{1 - z^{-1}} - \frac{0.93}{1 - 0.4z^{-1}} - \frac{0.15}{1 + 0.6z^{-1}}, \quad |z| > 1$$

取 $Y(z)$ 反变换，得到

$$y(n) = [2.08 - 0.93(0.4)^n - 0.15(-0.6)^n]\varepsilon(n)$$

（4）$H(\mathrm{e}^{\mathrm{j}\theta}) = \dfrac{\mathrm{e}^{\mathrm{j}\theta}(\mathrm{e}^{\mathrm{j}\theta} + 1)}{(\mathrm{e}^{\mathrm{j}\theta} - 0.4)(\mathrm{e}^{\mathrm{j}\theta} + 0.6)}$

7.10　z 变换与拉氏变换、傅氏变换关系

拉氏变换、傅氏变换以及 z 变换是前面讨论过的三种变换。下面讨论这三种变换之间的内

在联系与关系。

要讨论 z 变换与拉氏变换的关系，首先要研究 z 平面与 s 平面的映射（变换）关系。在 7.1 节中我们已经将连续信号的拉氏变换与采样序列的 z 变换联系起来，引进了复变量 z，它与复变量 s 有以下的映射关系

$$z = e^{sT} \tag{7-97}$$

或

$$s = \frac{\ln z}{T}$$

式中，T 是采样间隔，对应的采样频率 $\omega_s = \dfrac{2\pi}{T}$。

为了更清楚地说明式（7-97）的映射关系，将 $s = \sigma + j\omega$ 代入式（7-97），得

$$z = e^{sT} = e^{(\sigma+j\omega)T} = e^{\sigma T}e^{j\omega T} = re^{j\theta} \tag{7-98}$$

其中

$$\begin{cases} r = e^{\sigma T} \\ \theta = \omega T \end{cases}$$

式中，θ 是数字域频率，由式（7-98）具体讨论 s 与 z 平面的映射关系。

（1）s 平面的虚轴（$\sigma = 0$）映射到 z 平面的单位圆 $e^{j\theta}$，s 平面左半平面（$\sigma < 0$）映射到 z 平面单位圆内（$r = e^{\sigma T} < 1$）；s 平面右半平面（$\sigma > 0$）映射到 z 平面单位圆外（$r = e^{\sigma T} > 1$）。

（2）$\omega = 0$ 时，$\theta = 0$，s 平面的实轴映射到 z 平面上的正实轴。s 平面的原点 $s = 0$ 映射到 z 平面单位圆 $z = 1$ 的点。

（3）由于 $z = re^{j\theta}$ 是 θ 的周期函数，当 ω 为 $-\dfrac{\pi}{T} \sim \dfrac{\pi}{T}$ 时，θ 为 $-\pi \sim \pi$，幅角旋转了一周，映射了整个 z 平面，且 ω 每增加一个采样频率 $\omega_s = \dfrac{2\pi}{T}$，$\theta$ 就重复旋转一周，z 平面就重叠一次。s 平面上宽度为 $\dfrac{2\pi}{T}$ 的带状区映射为整个 z 平面，这样 s 平面内一条宽度为 ω_s 的"横带"被重叠映射到整个 z 平面。所以，s 平面与 z 平面的映射关系不是单值的，如图 7-23 所示。z 平面对应为无穷多 s 平面上宽度为 $\dfrac{2\pi}{T}$ 的带状区。

由以上 s 平面与 z 平面的映射关系，再利用理想采样作为桥梁，可以得到连续信号 $x(t)$ 的拉氏变换 $X(s)$ 与采样序列 z 变换的关系为

$$X(z)\big|_{z=e^{sT}} = X_s(s) = \frac{1}{T}\sum_{m=-\infty}^{\infty} X(s - j\omega_s m) = \frac{1}{T}\sum_{m=-\infty}^{\infty} X\left(s - j\frac{2\pi}{T}m\right) \tag{7-99}$$

傅氏变换是双边拉氏变换在虚轴（$\sigma = 0, s = j\omega$）上的特例，当 $\sigma = 0, s = j\omega$ 映射为 $z = e^{j\theta}$ 是 z 平面的单位圆。将此关系代入式（7-99），可以得到 z 变换与傅氏变换的关系

$$X(z)\big|_{z=e^{j\omega T}} = X_s(j\omega) = \frac{1}{T}\sum_{m=-\infty}^{\infty} X(j\omega - j\omega_s m) \tag{7-100}$$

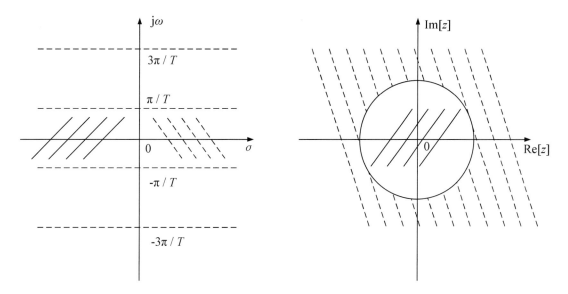

图 7-23 s 平面与 z 平面映射关系

式（7-100）说明，采样序列 $x(n)$ 的频谱是连续信号 $x(t)$ 的频谱 $X(j\omega)$ 以 ω_s 为周期重复的周期频谱，如图 7-24 所示。

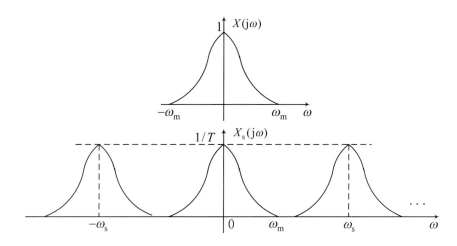

图 7-24 理想采样序列的傅氏变换

习题 7

7-1 求双边序列 $x(n) = \left(\dfrac{1}{2}\right)^{|n|}$ 的 z 变换，标明收敛域并绘出零、极点图。

7-2 求下列的 z 变换，并标明收敛域，绘出零、极点图。

（1）$x(n) = Ar^n \cos(n\omega_0 + \varphi)\varepsilon(n)$，$-1 < r < 1$；

（2）$x(n) = R_N(n) = \varepsilon(n) - \varepsilon(n - N)$。

7-3　直接从下列 z 变换看出它们所对应的序列。

（1）$X(z) = 1, |z| \leqslant \infty$；

（2）$X(z) = z^3, |z| < \infty$；

（3）$X(z) = z^{-1}, 0 < |z| \leqslant \infty$；

（4）$X(z) = -2z^2 + 2z + 1, 0 < |z| < \infty$；

（5）$X(z) = \dfrac{1}{1 - az^{-1}}, |z| > a$；

（6）$X(z) = \dfrac{1}{1 - az^{-1}}, |z| < a$。

7-4　求下列 $X(z)$ 的逆变换 $x(n)$。

（1）$X(z) = \dfrac{1}{1 + 0.5z^{-1}}, |z| > 0.5$；

（2）$X(z) = \dfrac{1 - 0.5z^{-1}}{1 + \frac{3}{4}z^{-1} + \frac{1}{8}z^{-2}}, |z| > \dfrac{1}{2}$；

（3）$X(z) = \dfrac{1 - \frac{1}{2}z^{-1}}{1 - \frac{1}{4}z^{-2}}, |z| > \dfrac{1}{2}$；

（4）$X(z) = \dfrac{1 - az^{-1}}{z^{-1} - a}, |z| > \left| \dfrac{1}{a} \right|$。

7-5　利用两种逆变换方法求 $X(z)$ 的逆变换 $x(n)$。

$$X(z) = \frac{10z}{(z-1)(z-2)}, |z| > 2$$

7-6　求下列 $X(z)$ 的 $x(n)$。

（1）$X(z) = \dfrac{10}{(1 - 0.5z^{-1})(1 - 0.25z^{-1})}, |z| > 0.5$；　（2）$X(z) = \dfrac{10z^2}{(z-1)(z+1)}, |z| > 1$。

7-7　画出 $X(z) = \dfrac{-3z^{-1}}{2 - 5z^{-1} + 2z^{-2}}$ 的零、极点图，在下列三种收敛域下，哪种情况对应左边序列、右边序列、双边序列，并求各对应序列。

（1）$|z| > 2$；（2）$|z| < 0.5$；（3）$0.5 < |z| < 2$。

7-8　利用卷积定理求 $y(n) = x(n) * h(n)$，已知

（1）$x(n) = a^n \varepsilon(n), h(n) = b^n \varepsilon(-n)$；

（2）$x(n) = a^n \varepsilon(n), h(n) = \delta(n-2)$；

（3）$x(n) = a^n \varepsilon(n), h(n) = \varepsilon(n-1)$。

7-9　用单边 z 变换解下列差分方程。

（1）$y(n+2) + y(n+1) + y(n) = \varepsilon(n), y(0) = 1, y(1) = 2$；

（2）$y(n) + 0.1y(n-1) - 0.02y(n-2) = 10\varepsilon(n), y(-1) = 4, y(-2) = 6$；

（3）$y(n) - 0.9y(n-1) = 0.05\varepsilon(n), y(-1) = 0$；

（4）$y(n) - 0.9y(n-1) = 0.05\varepsilon(n), y(-1) = 1$；

（5）$y(n) = -5y(n-1) + n\varepsilon(n), y(-1) = 0$；

（6）$y(n) + 2y(n-1) = (n-2)\varepsilon(n), y(0) = 1$。

7-10　因果系统的系统函数 $H(z)$ 如下所示，试说明这些系统是否稳定。

（1）$H(z) = \dfrac{z+2}{8z^2 - 2z + 3}$；

（2）$H(z) = \dfrac{8(1 - z^{-1} - z^{-2})}{2 + 5z^{-1} + 2z^{-2}}$；

（3）$H(z) = \dfrac{2z - 4}{2z^2 + z - 1}$；

（4）$H(z) = \dfrac{1 + z^{-1}}{1 - z^{-1} + z^{-2}}$。

7-11 已知一阶因果离散系统的差分方程为 $y(n) + 3y(n-1) = x(n)$，试求：

（1）系统的单位样值响应 $h(n)$；（2）若 $x(n) = (n + n^2)\varepsilon(n)$，求响应 $y(n)$。

7-12 由下列差分方程画出离散系统的结构图，并求出系统函数 $H(z)$ 及单位样值响应 $h(n)$。

（1）$3y(n) - 6y(n-1) = x(n)$；

（2）$y(n) = x(n) - 5x(n-1) + 8x(n-3)$；

（3）$y(n) - \dfrac{1}{2}y(n-1) = x(n)$；

（4）$y(n) - 3y(n-1) + 3y(n-2) - y(n-3) = x(n)$；

（5）$y(n) - 5y(n-1) + 6y(n-2) = x(n) - 3x(n-2)$。

7-13 求下列系统函数在 $10 < |z| \leqslant \infty$ 及 $0.5 < |z| < 10$ 两种收敛域情况下的单位样值响应 $h(n)$，并说明系统的稳定性与因果性。

$$H(z) = \frac{9.5z}{(z - 0.5)(10 - z)}$$

7-14 某离散系统的差分方程为 $y(n) + y(n-1) = x(n)$，试完成：

（1）求系统函数 $H(z)$ 及单位样值响应 $h(n)$，并说明系统的稳定性；

（2）若系统的起始状态为零，如果 $x(n) = 10\varepsilon(n)$，求系统的响应。

7-15 已知某系统的系统函数为 $H(z) = \dfrac{z}{z - K}$（K 为常数），试完成：

（1）写出系统的差分方程；

（2）画出该系统的结构图；

（3）求系统的频率响应，并画出 $K = 0, 0.5, 1$ 三种情况下系统的幅度响应和相位响应。

7-16 已知系统的差分方程表示为 $y(n) - \dfrac{1}{2}y(n-1) = x(n)$，试完成：

（1）求系统函数和单位样值响应；

（2）若系统的零状态响应为 $y(n) = 3\left[\left(\dfrac{1}{2}\right)^n - \left(\dfrac{1}{3}\right)^n\right]\varepsilon(n)$，求激励信号 $x(n)$；

（3）画出系统函数的零极点分布图；

（4）画出幅频响应特性曲线；

（5）画出系统的结构框图。

7-17 已知离散系统的差分方程为 $y(n) - y(n-1) + \dfrac{1}{2}y(n-2) = x(n-1)$。试完成：

（1）画出系统的一种时域模拟图；

（2）求 $H(z) = \dfrac{Y(z)}{X(z)}$，画出零极点图；

（3）求单位响应 $h(n)$，画出 $h(n)$ 的波形；

（4）若激励 $x(n) = 100\cos(\pi n - 90°)\varepsilon(n)$，求系统的正弦稳态响应 $y_s(n)$。

7-18 已知离散系统的差分方程为
$$y(n) + 0.2y(n-1) - 0.24y(n-2) = x(n) + x(n-1)$$

（1）求 $H(z)=\dfrac{Y(z)}{X(z)}$ 及 $h(n)$；

（2）写出 $H(z)$ 的收敛域，判断系统的稳定性；

（3）若 $x(n)=12\cos 2\pi n$，求系统的正弦稳态响应 $y_s(n)$。

7-19 有离散系统，当 $x_1(n)=\varepsilon(n)-\varepsilon(n-2)$ 时，其零状态响应为 $y_1(n)=2\varepsilon(n-1)$。求当 $x_2(n)=\varepsilon(n)$ 时的零状态响应 $y_2(n)$。

7-20 已知系统的差分方程为
$$y(n)+0.4y(n-1)-0.32y(n-2)=4x(n)+2x(n-1)$$

（1）求 $H(z)=\dfrac{Y(z)}{X(z)}$；

（2）判断系统的稳定性；

（3）画出 $H(z)$ 的零极点图；

（4）求 $x(n)=10\cos\dfrac{\pi n}{2}$ 时系统的正弦稳态响应 $y_s(n)$。

7-21 已知系统的差分方程为
$$y(n)+0.2y(n-1)-0.24y(n-2)=x(n)+x(n-1)$$

（1）求 $H(z)=\dfrac{Y(z)}{X(z)}$；

（2）画出级联与并联形式的信号流图；

（3）若 $x(n)=\cos(0.5\pi n+45°)$，求系统的正弦稳态响应 $y_s(n)$。

7-22 已知离散系统的单位序列响应 $h(n)=[(-1)^{n-1}+(-0.5)^{n-1}]\varepsilon(n)$，求系统的差分方程。

7-23 求出以下序列的 z 变换，并标明收敛域。

（1）$x(n)=\left(\dfrac{1}{4}\right)^n\varepsilon(n)-\left(\dfrac{2}{3}\right)^n\varepsilon(n)$；（2）$x(n)=-\left(\dfrac{1}{2}\right)^n\varepsilon(-n-1)$。

7-24 已知离散系统的差分方程为
$$y(n)+0.2y(n-1)-0.24y(n-2)=x(n)+x(n-1)$$

（1）求系统函数 $H(z)=\dfrac{Y(z)}{X(z)}$，并说明其收敛域及系统的稳定性；

（2）求单位样值响应 $h(n)$；

（3）若 $x(n)=\varepsilon(n)$，求系统的零状态响应 $y(n)$。

7-25 设计一个离散时间系统，使对每一个 k，该系统输出 $y(n)$ 为在 $n,n-1,n-2,\cdots,n-(M-1)$ 时输入 $x(n)$ 的平均值。

（1）写出表征该系统输入 $x(n)$ 与输出 $y(n)$ 的差分方程，并确定系统函数 $H(z)$；

（2）当 $M=3$ 时，用加法器、倍乘器和单位延时器实现系统。

7-26 利用 z 变换的性质求下列 $x(n)$ 的 z 变换 $X(z)$。

（1）$(-1)^n n\varepsilon(n)$；（2）$(n-1)^2\varepsilon(n-1)$；（3）$\dfrac{a^n}{n+1}\varepsilon(n)$；（4）$\displaystyle\sum_{i=0}^{n}(-1)^i$；

（5）$(n+1)[\varepsilon(n)-\varepsilon(n-3)]*[\varepsilon(n)-\varepsilon(n-4)]$。

7-27　已知 $X(z) = \dfrac{z^3 + 2z^2 + 1}{z^3 - 1.5z^2 + 0.5z}$，$|z| > 1$，求 $x(n)$。

7-28　已知系统的差分方程为 $y(n) - y(n-1) - 2y(n-2) = x(n) + 2x(n-2)$，初始条件为 $y(-1) = 2$，$y(-2) = -\dfrac{1}{2}$，激励 $x(n) = \varepsilon(n)$。利用 z 变换求系统的零输入响应和零状态响应。

7-29　描述线性时不变离散系统的差分方程为 $y(n) + 3y(n-1) + 2y(n-2) = x(n)$，$y(-1) = 0$，$y(-2) = 0.5$，$x(n) = \varepsilon(n)$。求系统的响应 $y(n)$。

7-30　描述线性时不变系统的差分方程组为
$$\begin{cases} y_1(n) - 4y_1(n-1) - y_2(n) = x(n-1) \\ y_1(n-1) + 2y_1(n-2) + y_2(n) + 2y_2(n-1) = x(n) - 3x(n-1) \end{cases}$$

设 $Y_1(z) = \mathscr{Z}[y_1(n)]$，$Y_2(z) = \mathscr{Z}[y_2(n)]$，$X(z) = \mathscr{Z}[x(n)]$，求系统函数 $H_1(z) = \dfrac{Y_1(z)}{X(z)}$ 和 $H_2(z) = \dfrac{Y_2(z)}{X(z)}$。

7-31　已知二阶离散系统的初始条件为 $y_{\mathrm{zi}}(0) = 2$，$y_{\mathrm{zi}}(1) = 1$。当输入 $x(n) = \varepsilon(n)$ 时，响应为 $y(n) = \left[\dfrac{1}{2} + 4(2)^n - \dfrac{5}{2}(3)^n \right] \varepsilon(n)$。求系统的差分方程。

7-32　求图 7-25 所示系统的单位冲激响应 $h(n)$ 与单位阶跃响应 $g(n)$。

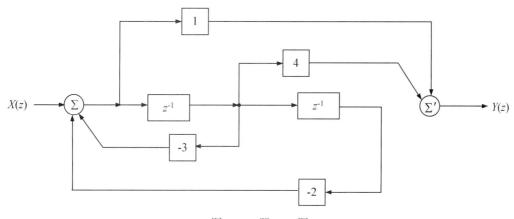

图 7-25　题 7-32 图

第 8 章　MATLAB 在信号与系统中的应用

MATLAB 又称"矩阵实验室"，是一种流行的工程软件，广泛应用于数学计算和分析、自动控制、系统仿真、数字信号处理、图形图像分析、数理统计、人工智能、虚拟现实技术、通信工程、金融系统等领域。MATLAB 软件于 1984 年由美国 Math Works 公司研制开发，是以矩阵计算为基础交互式的功能强大的科学及工程计算软件，它将高性能的数值计算和可视化集成在一块，并提供了大量的内置函数，给用户带来了最直观、最简洁的程序开发环境。其主要优点有：

（1）友好的工作平台和编程环境。MATLAB 由一系列工具组成，接近 Windows 的标准界面，人机交互性强，操作简单。

（2）简单易用的程序语言。MATLAB 语言简洁紧凑，使用方便灵活，既具有结构化的控制语句（如 for 循环、while 循环、break 语句和 if 语句），又有面向对象编程的特性。

（3）强大的计算能力。MATLAB 以矩阵作为基本单位，提供了十分丰富的数值计算函数，并且 MATLAB 命令与数学中的符号、公式非常接近，可读性强，容易掌握。

（4）图形功能强大。MATLAB 具有方便的数据可视化功能，可以将矢量和矩阵用图形表现出来，并可以对图形进行标注和打印。

（5）具有功能强大的工具箱。MATLAB 包含功能性工具箱和学科性工具箱。功能性工具箱主要用来扩充其符号计算功能、图示建模仿真功能、文字处理功能以及与硬件实时交互功能，可用于多种学科；学科性工具箱的专业性比较强，如 control toolbox、signal processing toolbox、communication toolbox 等，这些工具箱都是由该领域内学术水平很高的专家编写的，所以用户无需编写自己学科范围内的基础程序，就能直接进行高、精、尖的研究。

MATLAB 的缺点：它和其他高级程序相比，程序的执行速度较慢。这是由于 MATLAB 的程序不用编译等预处理，也不生成可执行文件，程序为解释执行，所以速度较慢。

8.1　MATLAB 的基本知识

8.1.1　MATLAB 的启动界面

启动 MATLAB 后，进入 MATLAB 的默认界面，如图 8-1 所示。最上面一行为菜单工具栏，下面是 4 个最常用的窗口：左边是当前目录窗口（Current Directory），中间最大的是命令窗口（Command Window），右上方为工作空间窗口（Workspace），右下方为历史命令窗口（Command History）。

1. 命令窗口

命令窗口是进行 MATLAB 操作最主要的窗口，用于输入运算命令和数据、运行 MATLAB 函数和脚本、显示运算结果。下面列举常见的命令：

- ">>"为输入函数的提示符（Prompt），在提示符后面输入数据或运行函数。

- "%" 的后面是用于解释的文字，不参与运算。
- 在语句末尾添加分号 ";"，屏幕上将不显示输出结果，在创建大矩阵时常用到。
- ans 为 answer 的缩写，它是 MATLAB 默认的系统变量。
- clear 为清除工作空间中的变量命令。
- clc 为清屏命令。

命令窗口中显示数值计算的结果有一定的格式，默认为短格式（Format Short），即保留小数点后 4 位有效数字，对于大于 1000 的数值，使用科学计数法表示。

2．命令历史窗口

用于显示记录 MATLAB 启动时间和命令窗口中最近输入的所有 MATLAB 命令，可再次执行。

3．工作空间窗口

工作空间窗口由一系列变量组成，可通过使用函数、运行 M 文件或载入已存在的工作空间来添加变量。用工作空间窗口可以显示每个变量的名称（Name）、值（Value）、数组大小（Size）、字节大小（Bytes）和类型（Class）。下面列举常见相关工作空间的命令：

- who 列出当前工作空间中的所有变量。
- whos 列出变量和它们的大小、类型。
- save 将工作空间中的部分或全部变量保存到一个二进制文件（.mat）。
- load 将二进制文件（.mat）中的变量装入工作空间。

4．当前目录窗口

当前目录窗口用于搜索、查看、打开、查找和改变 MATLAB 路径和文件。

5．菜单栏和工具栏

菜单和工具栏类似于 Word 等其他常用软件。

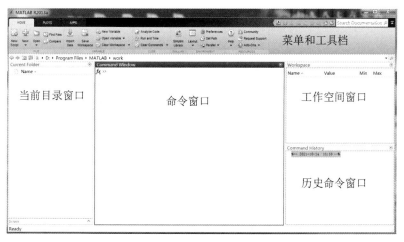

图 8-1　MATLAB 2013 默认启动界面

8.1.2　MATLAB 基本数据类型

计算机语言用不同类型的变量来描述不同类型的对象。作为一种科学计算语言，MATLAB 既有一般高级语言所具备的基本数据类型，又提供了适合矩阵计算的特殊数据类型。

1. 变量

（1）预定义变量。MATLAB 提供了一些预定义变量，定义了 MATLAB 应用和编程中经常用到的数据，如虚数单位、计算精度、圆周率等（表 8-1）。预定义变量不必声明，可以直接应用于 MATLAB 编程。

表 8-1 预定义变量和返回值

变量	返回值	变量	返回值
ans	默认变量名，最近运算的结果	nargin	函数的输入参数个数
pi	圆周率	nargout	函数的输出参数个数
i 或 j	基本虚数单位	realmax	系统所能表示的最大数值
inf	无限大	realmin	系统所能表示的最小数值
eps	系统的浮点精度，无穷小量	computer	计算机类型
nan	不合法的数值，如除以 0	version	MATLAB 版本字符串

（2）用户变量。MATLAB 变量名的第一个字符必须是字母，后面可以跟字母、数字和下划线的任何组合，但不能含中文。变量名区分大小写。创建变量时不必声明变量的数据类型，可直接创建。但要防止它与系统的预定义变量名、函数名、保留字（for、if、while、end 等）冲突。

MATLAB 支持的基本变量数据类型包括基本数值类型、字符（串）型（char）、元胞数组（cell）、结构数组（struct）、函数句柄（function handle）、Java 对象、逻辑类型（logical）。其中基本数值类型又包括双精度类型 doublefloat（64 位）、单精度类型 singlefloat（32 位）和整数类型 integer。整数类型 integer 又包括有符号 8 位整数 int8（$-2^7 \sim 2^7-1$）和无符号 8 位整数 uint8（$0 \sim 2^8-1$），有符号 16 位整数 int16（$-2^{15} \sim 2^{15}-1$）和无符号 16 位整数 uint16（$0 \sim 2^{16}-1$），有符号 32 位整数 int32（$-2^{31} \sim 2^{31}-1$）和无符号 32 位整数 uint32（$0 \sim 2^{32}-1$），有符号 64 位整数 int64（$-2^{63} \sim 2^{63}-1$）和无符号 64 位整数 uint64（$0 \sim 2^{64}-1$），共 4 类。

2. 数组

MATLAB 运算的基本数据对象是矩阵，数组（这里指向量）是矩阵的特殊类型，但创建与运算又有区别。数组与矩阵属于数据结构的范畴，MATLAB 中所有的数据都是用数组或矩阵形式保存的。

（1）数组的构造。

1）直接法。用空格或逗号间隔数组元素，然后用中括号"[]"括起来。

如：x = [0 1 2 3] 或 x = [0,1,2,3]

句尾直接按下 Enter 键，显示数组；句尾加分号后按 Enter 键，不显示数组。

2）增量法（冒号法）。

利用 MATLAB 提供的冒号运算符"："可生成数组。

格式：x = first:step:last;   %初值:增量:终值，若增量默认，默认为 1

如：x=0:l:3 或 x=0:3

3）linspace 函数法。

格式：x = linspace(first:last:num); %初值:终值:元素个数，需指定首尾值和元素个数，步

长 step = (last-first)/(num-1);

如：x = linspace (0:3:4)

（2）数组的运算。常用数组运算符见表 8-2。

表 8-2　常用数组运算符

运算	符号	说明
数组加与减	a+b 与 a-b	对应元素之间加减
数乘数组	k*a 或 a*k	k 乘 a 的每个元素
数组乘数组	a.*b	a 中的元素乘以 b 中对应的元素 a(i) * b(i)
数组乘方	a.^k	a 中各元素的 k 次幂
	k.^a	以 k 为底，a 中各元素为幂
数除以数组	k./a	以 k 为分子，a 中各元素为分母
数组除法	a.\b 左除	b 中的元素除以 a 中对应的元素 b(i)/a(i)
	a./b 右除	a 中的元素除以 b 中对应的元素 a(i)/b(i)

3. 矩阵

（1）矩阵的创建。

1）在命令窗口中创建。

如：X = [l,2,3;4,5,6;7,8,9]

2）通过数据文件创建，在命令窗口或程序中调入。例如使用已有数据，保存为 c:\bdat.xls，在 MATLAB 的 Files 菜单选择 Import Data，找到文件 c:\bdat.xls 并打开，就将表格中数据作为二维数组赋予变量 bdat。

3）聚合矩阵。通过连接一个或多个矩阵来形成新的矩阵。[]既是矩阵构造符，又是矩阵运算符。

X =[AB]水平（相同行数）;

X =[A;B]垂直（相同列数）。

4）特殊矩阵的生成。

zeros (m,n);　　%生成 m 行 n 列全零阵

ones(m,n);　　%生成 m 行 n 列全 1 阵

eye(n);　　%生成 n 行 n 列单位阵

diag(a,n);　　%生成 n + 1 行 n + 1 列对角矩阵

magic(n);　　%生成 n 行 n 列魔方矩阵

5）获取矩阵的元素 X(row, column)。

6）获取矩阵的信息。

length(X);　　%返回矩阵 X 的行数与列数中的最大值

size(X);　　%返回矩阵 X 的行数和列数

ndims(X);　　%返回矩阵 X 的维数

numel(X);　　%返回矩阵 X 的元素个数

（2）矩阵的运算。常用矩阵运算符见表 8-3。

表 8-3　常用矩阵运算符

运算	符号	说明
矩阵转置	A'	复矩阵共轭转置
矩阵加与减	A+B 与 A-B	对应元素之间加减
数乘矩阵	k*A 或 A*k	k 乘 A 的每个元素
矩阵乘法	A.*B	A 中的元素乘以 B 中对应的元素 A(i,j) * B(i,j)
	A*B	A * B
矩阵乘方	A.^k	A 中各元素的 k 次赛
	k.^A	以 k 为底，A 中各元素为分母
	A^k	k 个 A 相乘
数除以矩阵	k./A	以 k 为底，A 中各元素为分母
矩阵除法	A.\B 左除	B 中的元素除以 A 中对应的元素 B(i,j)/A(i,j)
	A./B 右除	A 中的元素除以 B 中对应的元素 A(i,j)/B(i,j)
	A\B 左除	AX = B 的解
	A/B 右除	XB=A 的解

4. 字符串

（1）字符串的创建。

1）直接法。通过把字符放在单引号中来指定字符数据，每个字符占用 2 个字节。使用函数 class 测试数据类型。

    country ='china'
    class (country)

2）函数法。用 char 函数创建，自动以最长的输入字符串的长度为标准，进行空格补齐。

    name = char('liu ying','hu xu')

（2）字符转换。字符转换常用函数见表 8-4。

表 8-4　字符转换常用函数

函数	函数说明
char	将单元数组转换为标准字符串数组
str2double	将单元数组转换为字符串表示的双精度值
int2str	将整型数据转换为字符串型数据
num2str	将数值型数据转换为字符串型数据
num2str(str , n)	将数值型数据转换为字符串型数据，且设置输出的位数
str2num	将字符串型数据转换为数值型数据
mat2str	将二维数组转换为字符串

8.1.3 MATLAB 程序设计

1. M 文件

（1）M 文件概述。用 MATLAB 语言编写的程序，称为 M 文件。M 文件的调用以文件名为准，%为 MATLAB 的注释符，其后的语句不执行（只对当前行有效）。M 文件可以根据调用方式的不同分为两类：脚本文件（Script File）和函数文件（Function File）。

脚本文件：在 MATLAB 的工作空间内对数据进行操作。

函数文件：可接受输入参数并返回输出参数，内部的变量不占用 MATLAB 工作空间，第一行包含 function。

（2）M 文件的建立与打开。M 文件是一个文本文件，它可以用任何编辑程序来建立和打开，而一般常用且最为方便的是使用 MATLAB 提供的文本编辑器。

1）建立新的 M 文件。为建立新的 M 文件，启动 MATLAB 文本编辑器有 3 种方法：

- 菜单操作。从 MATLAB 主窗口的中选择 New 菜单项，再选择 Script 命令，屏幕上将出现 MATLAB 文本编辑器窗口。
- 命令操作。在 MATLAB 命令窗口输入命令 edit，启动 MATLAB 文本编辑器后，输入 M 文件的内容并存盘。
- 命令按钮操作。单击 MATLAB 主窗口工具栏上的 New Script 命令按钮，启动 MATLAB 文本编辑器后，输入 M 文件的内容并存盘。

2）打开已有的 M 文件。打开已有的 M 文件，有 2 种方法：

- 菜单操作。从 MATLAB 主窗口的选择 Open 菜单项，再选择 Open 命令，则屏幕出现 Open 对话框，在 Open 对话框中选中需打开的 M 文件。在文档窗口可以对打开的 M 文件进行编辑修改，编辑完成后，将 M 文件存盘。
- 命令操作。在 MATLAB 命令窗口输入命令：edit M 文件名，则打开指定的 M 文件。

2. 程序控制结构

（1）顺序结构。

1）数据的输入。从键盘输入数据，可以使用 input 函数来进行，该函数的调用格式为

    A=input(提示信息,选项); %提示信息为一个字符串，用于提示用户输入什么样的数据

如：x = input(' x =');

2）数据的输出。

MATLAB 提供的命令窗口输出函数主要有 disp 函数和 fprintf 函数，其调用格式为

    disp(输出项);   %其中输出项既可以为字符串，也可以为矩阵

    fprintf(fid,format);   %与 c 语言类似

3）程序的暂停。暂停程序的执行可以使用 pause 函数，其调用格式为 pause(延迟秒数)。如果省略延迟时间，直接使用 pause，则将暂停程序，直到用户按任一键后程序继续执行。

（2）选择结构。

1）if 语句。在 MATLAB 中，if 语句有 3 种格式。

- 单分支 if 语句

    if 条件

    语句组

    end

当条件成立时，则执行语句组，执行完之后继续执行 if 语句的后继语句；若条件不成立，则直接执行 if 语句的后继语句。

- 双分支 if 语句

  if 条件
  语句组 1
  else
  语句组 2
  end

当条件成立时，执行语句组 1，否则执行语句组 2。语句组 1 或语句组 2 执行后，再执行 if 语句的后继语句。

- 多分支 if 语句

  if 条件 1
  语句组 1
  else if 条件 2
  语句组 2
  ……
  else if 条件 m
  语句组 m
  else
  语句组 n
  end

多分支 if 语句用于实现多分支选择结构。

2）switch 语句。switch 语句根据表达式的取值不同，分别执行不同的语句，其语句格式为

  switch 表达式
  case 表达式 1
  语句组 1
  case 表达式 2
  语句组 2
  ……
  case 表达式 m
  语句组 m
  otherwise
  语句组 n
  end

解释如下：

当表达式的值等于表达式 1 的值时，执行语句组 1；当表达式的值等于表达式 2 的值时，执行语句组 2；当表达式的值等于表达式 m 的值时，执行语句组 m；当表达式的值不等于 case 所列的表达式的值时，执行语句组 n。当任意一个分支的语句执行完后，直接执行 switch 语句的下一句。

3）try 语句。

语句格式为

  try
  语句组 1

```
    catch
        语句组 2
    end
```

try 语句先试探性执行语句组 1，如果语句组 1 在执行过程中出现错误，则将错误信息赋给保留的 lasterr 变量，并转去执行语句组 2。

（3）循环结构。

1）for 语句。for 语句的格式为

```
    for 循环变量=表达式 1:表达式 2:表达式 3
        循环体语句
    end
```

其中表达式 1 的值为循环变量的初值，表达式 2 的值为步长，表达式 3 的值为循环变量的终值。步长为 1 时，表达式 2 可以省略。

2）while 语句。while 语句的一般格式为

```
    while (条件)
        循环体语句
    end
```

其执行过程为：若条件成立，则执行循环体语句，执行后再判断条件是否成立，如果不成立则跳出循环。

3）break 语句和 continue 语句。与循环结构相关的语句还有 break 语句和 continue 语句。它们一般与 if 语句配合使用。break 语句用于终止循环的执行，当在循环体内执行到该语句时，程序将跳出循环，继续执行循环语句的下一语句；continue 语句控制跳过循环体中的某些语句，当在循环体内执行到该语句时，程序将跳过循环体中所有剩下的语句，继续下一次循环。

3. 函数文件

（1）函数文件的基本结构。函数文件由 function 语句引导，其基本结构为

```
    function 输出形参表=函数名(输入形参表)
        注释说明部分
        函数体语句
```

其中以 function 开头的一行为引导行，表示该 M 文件是一个函数文件。函数的命名规则与变量名相同。输入形参为函数的输入参数，输出形参为函数的输出参数。当输出形参多于一个时，则应该用方括号括起来。

（2）函数调用。函数调用的一般格式是：[输出实参表]二函数名(输入实参表)。要注意的是，函数调用时各实参出现的顺序、个数，应与函数定义时形参的顺序、个数一致，否则会出错。函数调用时，先将实参传递给相应的形参，从而实现参数传递，然后再执行函数的功能。

（3）全局变量与局部变量。局部变量的作用范围仅限于本函数。

全局变量的作用范围为整个 M 文件。用 global 命令定义，格式为：global 变量名。将变量作为函数参数进行传递更为保险。

8.1.4　MATLAB 绘图

1. 二维数据曲线图

（1）绘制单根二维曲线。plot 函数的基本调用格式为：plot(x,y)。其中 x 和 y 为长度相同的向量，分别用于存储 x 坐标和 y 坐标数据。

（2）绘制多根二维曲线。

1）plot 函数的输入参数是矩阵形式。

- 当 x 是(1 行 n 列)，y 是 m 行 n 列的矩阵时，绘制出 m 根不同颜色的曲线。
- 当 x,y 是同维矩阵时，则以 x, y 对应列元素为横、纵坐标分别绘制曲线，曲线条数等于矩阵的列数。
- 对只包含一个输入参数的 plot 函数，当输入参数是实矩阵时，则按列绘制每列元素值相对其下标的曲线，曲线条数等于输入参数矩阵的列数。当输入参数是复数矩阵时，则按列分别以元素实部和虚部为横、纵坐标，绘制多条曲线。

2）含多个输入参数的 plot 函数。调用格式为

plot(xl,yl,x2,y2,…,xn,yn);

- 当输入参数都为向量时，x1 和 yl，x2 和 y2，…，xn 和 yn 分别组成一组向量对，每一组向量对的长度可以不同。每一向量对可以绘制出一条曲线，这样可以在同一坐标内绘制出多条曲线。
- 当输入参数有矩阵形式时，配对的 x、y 按对应列元素为横、纵坐标分别绘制曲线，曲线条数等于矩阵的列数。

3）具有两个纵坐标标度的图形。在 MATLAB 中，如果需要绘制出具有不同纵坐标标度的两个图形，可以使用 plotyy 绘图函数。调用格式为

plotyy(xl,yl,x2,y2);

其中 x1,yl 对应一条曲线，x2,y2 对应另一条曲线。横坐标的标度相同，纵坐标有两个，左纵坐标用于 x1,y1 数据对，右纵坐标用于 x2,y2 数据对。

4）图形保持。hold on/off 命令控制是保持原有图形还是刷新原有图形，不带参数的 hold 命令在两种状态之间进行切换。

2. 设置曲线样式

MATLAB 提供了一些绘图选项，用于确定所绘曲线的线型、颜色和数据点标记符号，它们可以组合使用。例如，"b-." 表示蓝色点划线，"y:d" 表示黄色虚线并用菱形符标记数据点。当选项省略时，MATLAB 规定，线型一律用实线，颜色将根据曲线的先后顺序依次不同。

要设置曲线样式，可以在 plot 函数中加绘图选项，其调用格式为

plot(xl,yl,选项 1,x2,y2,选项 2, …,xn,yn,选项 n);

plot 绘图函数的参数见表 8-5。

表 8-5　plot 绘图函数的参数

字元	颜色	字元	时标	字元	线态
y	黄色	.	点	-	实线（默认）
k	黑色	o	圆	:	点线
w	白色	x	十字	-.	点虚线
b	蓝色	+	+	--	虚线
g	绿色	*	*		
r	红色	s	矩形		
c	亮青色	d	菱形		

3．图形标注与坐标控制

（1）图形标注。有关图形标注函数的调用格式为

```
title(图形名称);
xlabel(x 轴说明);
ylabel(y 轴说明);
text(x, y,图形说明);
legend(图例 1,图例 2,…);
```

（2）坐标控制。axis 函数的调用格式为

```
axis( [xmin,xmax,ymin,ymax,zmin,zmax]);
```

axis 函数功能丰富，常用的格式还有：

- axis equal：纵、横坐标轴采用等长刻度。
- axis square：产生正方形坐标系（默认为矩形）。
- axis auto：使用默认设置。
- axis off：取消坐标轴。
- axis on：显示坐标轴。

给坐标加网格线用 grid 命令来控制。grid on/off 命令控制是加还是不加网格线，不带参数的 grid 命令在两种状态之间进行切换。

给坐标加边框线用 box 命令来控制。box on/off 命令控制是加还是不加边框线，不带参数的 box 命令在两种状态之间进行切换。

4．对函数自适应采样的绘图函数

fplot 函数的调用格式为

```
fplot( fname,lims,tol,选项);
```

其中，fname 为函数名，以字符串形式出现；lims 为 x, y 的取值范围；tol 为相对允许误差，其系统默认值为 2×10^{-3}；选项定义与 plot 函数相同。

5．图形窗口的分割

subplot 函数的调用格式为

```
subplot(m,n,p);
```

该函数将当前图形窗口分成 m×n 个绘图区，即每行 n 个，共 m 行，区号按行优先编号，且选定第 p 个区为当前活动区。在每一个绘图区允许以不同的坐标系单独绘制图形。

6．二维统计分析图

在 MATLAB 中，二维统计分析图形很多，常见的有条形图、阶梯图、杆图和填充图等，所采用的函数分别是 bar(x,y,选项)、stairs(x,y,选项)、stem(x,y,选项)和 fill(x,y,选项)。

例 8-1　分别以曲线图、条形图、阶梯图和杆图形式绘制曲线 $y=\sin(x)$。

程序如下：

```
x =0:pi/10:2*pi;
y = sin(x);
subplot(2,2,1); plot(x,y,'r');
title('plot(x,y,"y")') ; axis( [0,7,-1.1,1.1 ]);
subplot(2,2,2); bar( x,y,'g');
title('bar(x,y,"g")'); axis( [0,7,-1.1,1.1]);
subplot(2,2,3); stairs(x,y,'b');
```

```
title('stairs(x,y,"b")'); axis( [0,7,-1.1,1.1 ]);
subplot(2,2,4) ; stem(x,y,'k');
title('stem(x,y,"k")'); axis( [0,7, -1.1,1.1]);
```

运行结果如图 8-2 所示。

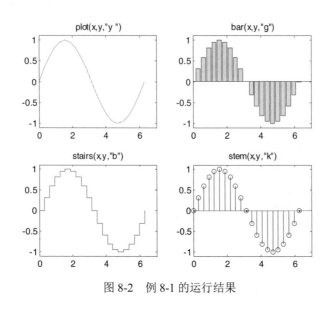

图 8-2   例 8-1 的运行结果

8.2   MATLAB 用于连续时间系统的时域分析

8.2.1   常用连续信号的实现

MATLAB 提供了一系列表示基本信号的函数，包括正弦信号、指数信号、单位冲激信号、单位阶跃信号、抽样信号、符号信号、矩形脉冲信号、三角波脉冲信号等。下面给出一些例子说明它们的用法。

1. 单位冲激信号 $\delta(t)$

单位冲激信号的定义为

$$\delta(t) = \begin{cases} \infty, & t = 0 \\ 0, & t \neq 0 \end{cases}$$

严格地说，MATLAB 不能表示单位冲激信号，但可以用宽度为 $\mathrm{d}t$、高度为 $\dfrac{1}{\tau}$ 的矩形脉冲来近似地表示冲激信号。当保持矩形脉冲面积 $\tau \cdot \dfrac{1}{\tau} = 1$ 不变，而脉宽 τ 趋于零时，脉冲幅度 $\dfrac{1}{\tau}$ 必趋于无穷大，此极限情况即为单位冲激函数，记作 $\delta(t)$。下面是绘制单位冲激信号 $\delta(t)$ 的 MATLAB 函数程序，其中 t_1、t_2 表示信号的起始时刻，t_0 表示信号沿时间轴的平移量。程序运行的结果如图 8-3 所示。

```
%冲激信号实现程序
t1=-2;t2=6;t0=0;
```

```
dt=0.01;                          %信号时间间隔
t=t1:dt:t2;                       %信号时间样本点向量
n=length(t);                      %时间样本点向量长度
x=zeros(1,n);                     %各样本点信号赋值为零
x(1,(-t0-t1)/dt+1)=1/dt;          %在信号 t=-t0 处，给样本点赋值为 1/dt
stairs(t,x);                      %绘制阶梯步进图形
axis([t1,t2,0,1.2/dt]);           %对当前坐标 x,y 轴进行标定
title('单位冲激信号');
```

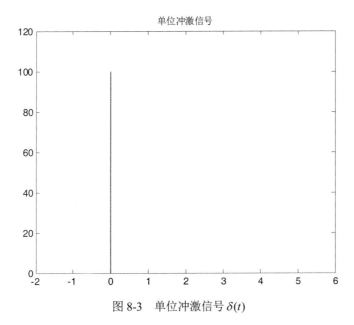

图 8-3　单位冲激信号 $\delta(t)$

2. 单位阶跃信号 $\varepsilon(t)$

单位阶跃信号的定义为

$$\varepsilon(t)=\begin{cases}1, & t>0 \\ 0, & t<0\end{cases}$$

MATLAB 工具箱里没有现成表示阶跃信号的函数，所以就需要在自己的工作目录下创建该函数，并以 jieyue.m 命名。创建的文件如下：

```
function f=jieyue(t)
f=(t>0);          % t>0 时，f 为 1，否则为 0
```

将 jieyue.m 文件保存后，用户只要调用该函数，就可以显示出 $\varepsilon(t)$ 的波形。源程序如下：

```
t=-1:0.01:4;
f=jieyue(t);
plot(t,f);
grid on;
title('单位阶跃信号');
axis([-1,4,-0.2,1.2]);
```

运行结果如图 8-4 所示。

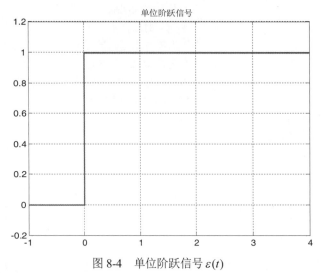

图 8-4　单位阶跃信号 $\varepsilon(t)$

3. 符号信号 sgn(t)

符号信号的定义为

$$\text{sgn}(t)=\begin{cases}1, & t>0\\ -1, & t<0\end{cases}$$

符号信号在 MATLAB 中用 sign 函数表示，其调用形式为 y=sign(t)。下面是用该函数生成符号信号的程序，程序运行结果如图 8-5 所示。

```
t=-4:0.01:4;
f=sign(t);
plot(t,f);grid on;
title('符号信号');axis([-4,4,-1.1,1.1]);
```

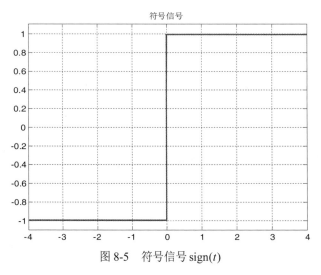

图 8-5　符号信号 sign(t)

4. 抽样信号 Sa(t)

抽样函数定义为 $Sa(t)=\dfrac{\sin t}{t}$，抽样信号在 MATLAB 中用 sinc 函数表示，该函数表示 $\dfrac{\sin \pi t}{\pi t}$。

下面是用该函数生成抽样信号的程序，程序运行结果如图 8-6 所示。

```
t=-3*pi:0.01:3*pi;
f=sinc(t/pi);
plot(t,f);grid on;
title('抽样信号');
```

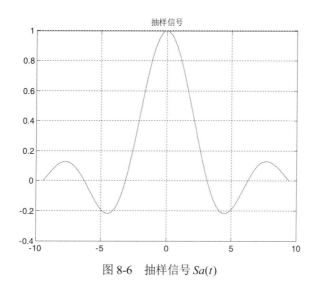

图 8-6　抽样信号 $Sa(t)$

5. 指数信号

实指数信号 Ae^{at} 在 MATLAB 中可以用 exp 函数来表示，其调用形式为 y=A*exp(a*t)，单边衰减指数信号的源程序如下，取 A=2，a=-0.6，程序运行结果如图 8-7 所示。

```
A=2;a=-0.6;
t=0:0.01:10;
f=A*exp(a*t);
plot(t,f);grid on;
title('指数信号');
```

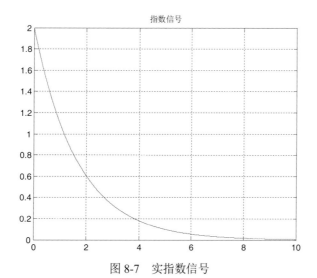

图 8-7　实指数信号

复指数信号 $Ae^{(a+j\omega)t}$ 在 MATLAB 中可以用 exp 函数来表示，其调用形式为 y=A*exp((a+i*w)*t)，复指数信号的源程序如下，取 A=2，a=-0.2，w=pi，程序运行结果如图 8-8 所示。

```
A=2;a=-0.2;
w=pi;
t=0:0.01:15;
X=A*exp((a+i*w)*t);
Xr=real(X);Xi=imag(X);
Xa=abs(X);Xn=angle(X);
subplot(2,2,1);plot(t,Xr);title('实部');
subplot(2,2,2);plot(t,Xi);title('虚部');
subplot(2,2,3);plot(t,Xa);title('模');
subplot(2,2,4);plot(t,Xn);title('相角');
```

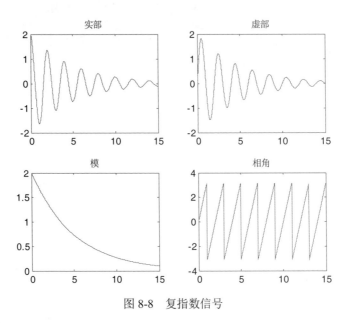

图 8-8　复指数信号

6. 正弦信号

正弦信号 $A\sin(\omega_0 t+\varphi)$ 和余弦信号 $A\cos(\omega_0 t+\varphi)$ 可以用 MATLAB 的函数 sin 和 cos 来表示，其调用形式为 A*sin(w0*t+phi)和 A*cos(w0*t+phi)。正弦信号的源程序如下，取 A=2，w0=2*pi，phi=pi/3，程序运行结果如图 8-9 所示。

```
A=2;
w0=pi;
phi=pi/3;
t=0:0.01:10;
f=A*sin(w0*t+phi);
plot(t,f);title('正弦信号');
```

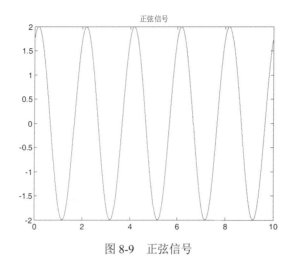

图 8-9　正弦信号

7. 矩形脉冲信号

矩形脉冲信号在 MATLAB 中用 rectpuls 函数表示，其调用形式为 y=rectpuls(t,width)。下面产生一个幅值为 1、脉冲宽度为 2、相对于 t=0 左右对称的矩形脉冲信号，源程序如下，程序运行结果如图 8-10 所示。

```
t=-3:0.01:3;
T=2;
f=rectpuls(t,T);
plot(t,f);
axis([-3,3,-0.2,1.2]);title('矩形脉冲信号');
```

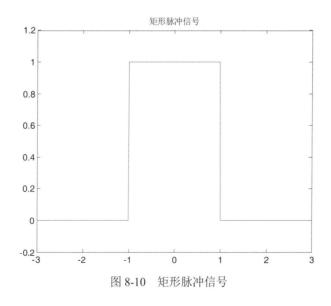

图 8-10　矩形脉冲信号

8.2.2　连续时间信号的基本运算与波形变换

利用 MATLAB 可以方便地实现对信号的加法、乘法、微分、积分的基本运算和时移、翻转、尺度变换等波形变换，并可以方便地用图形表示。下面以几个例题演示信号的基本运算。

1. 信号的相加与相乘

例 8-2 已知信号 $f_1(t) = (-2t + 4) \times [\varepsilon(t) - \varepsilon(t-2)]$，$f_2(t) = \cos(2t)$，用 MATLAB 求下列信号的波形。

（1） $f_3(t) = f_1(-t) + f_1(t)$

（2） $f_4(t) = -[f_1(-t) + f_1(t)]$

（3） $f_5(t) = f_2(-t) \times f_3(t)$

（4） $f_6(t) = f_1(-t) \times f_2(t)$

程序如下：

```
syms t;
f1=sym('(-2*t+4)*(jieyue(t)-jieyue(t-2))');
subplot(2,3,1);
ezplot(f1);title('f1(t)');
f2=sym('sin(2*pi*t)');
subplot(2,3,2);
ezplot(f2);title('f2(t)');
y1=subs(f1,t,-t);
f3=f1+y1;
subplot(2,3,3);
ezplot(f3);title('f3(t)');
f4=-f3;
subplot(2,3,4);
ezplot(f4);title('f4(t)');
f5=f2*f3;
subplot(2,3,5);
ezplot(f5);title('f5(t)');
f6=f1*f2;
subplot(2,3,6);
ezplot(f6);title('f6(t)');
```

运行结果如图 8-11 所示。

2. 时域波形变换

例 8-3 已知信号 $f(t) = (1 + \dfrac{t}{2}) \times [\varepsilon(t+2) - \varepsilon(t-2)]$，用 MATLAB 画出 $f(t+2)$、$f(t-2)$、$f(-t)$、$f(2t)$、$-f(t)$ 的时域波形。

程序如下：

```
syms t;
f=sym('(1+t/2)*(jieyue(t+2)-jieyue(t-2))');
subplot(2,3,1);
ezplot(f,[-3,3]);title('f(t)');
y1=subs(f,t,t+2);
subplot(2,3,2);ezplot(y1,[-5,1]);title('f(t+2)');
y2=subs(f,t,t-2);
subplot(2,3,3);ezplot(y2,[-1,5]);title('f(t-2)');
y3=subs(f,t,-t);
subplot(2,3,4);ezplot(y3,[-3,3]);title('f(-t)');
```

y4=subs(f,t,2*t);
subplot(2,3,5);ezplot(y4,[-2,2]);title('f(2t)');
y5=-f;
subplot(2,3,6);ezplot(y5,[-3,3]);title('-f(t)');

运行结果如图 8-12 所示。

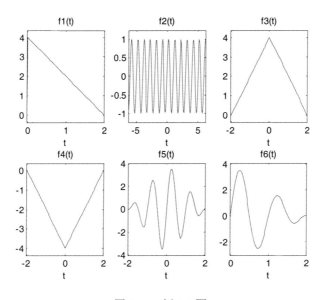

图 8-11　例 8-2 图

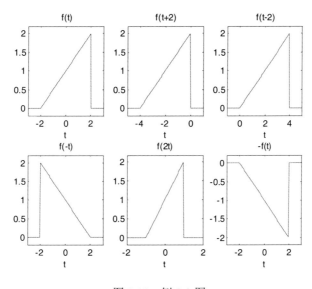

图 8-12　例 8-3 图

3. 信号的微分与积分

对于连续时间信号，其微分运算是用 diff 函数来完成的。其调用格式为

diff(function,'varidable',n);

其中，function 表示需要进行求导运算的信号，variable 为求导运算的独立变量，n 为求导的阶

数，默认值为求一阶导数。

连续时间信号的积分运算是用 int 函数来完成的。其调用格式为

　　　　int(function,'varidable',a,b);

其中，function 表示被积信号，variable 为积分变量，a,b 为积分上下限，a 和 b 省略时求不定积分。

例 8-4　求信号 $f_1(t) = t \times [\varepsilon(t) - \varepsilon(t-1)] + \varepsilon(t-1)$ 的微分和信号 $f_2(t) = [\varepsilon(t) - \varepsilon(t-1)]$ 的积分，并分别画出它们的波形。

程序如下：

```
syms t f1;
f1=t*(heaviside(t)-heaviside(t-1))+heaviside(t-1);
f=diff(f1,'t',1);
t=-1:0.01:2;
subplot(2,2,1);
ezplot(f1,t);title('f1(t)')
subplot(2,2,2);
ezplot(f,t);title('f1(t)的导数')
syms t f2;
f2=heaviside(t)-heaviside(t-1);
f=int(f2,'t');
t=-1:0.01:2;
subplot(2,2,3);
ezplot(f2,t);title('f2(t)')
subplot(2,2,4);
ezplot(f,t);title('f2(t)的积分')
```

运行结果如图 8-13 所示。

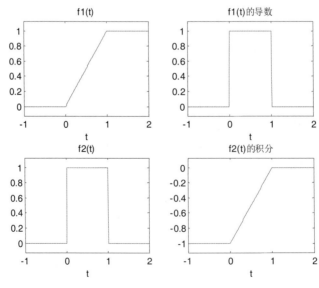

图 8-13　例 8-4 图

8.2.3　连续时间系统的冲激响应和阶跃响应

利用 MATLAB 提供的函数可以方便地求出单位冲激响应和阶跃响应的数值解，所得结果可以绘图表示。

1. 连续线性时不变系统的描述

设连续线性时不变系统的输入为 $x(t)$，响应为 $y(t)$，则描述系统的微分方程可表示为

$$\sum_{i=0}^{n} a_i x^{(i)}(t) = \sum_{j=0}^{m} b_j y^{(j)}(t)$$

为了在 MATLAB 编程中调用有关函数，可以用向量 $\boldsymbol{a}$ 和 $\boldsymbol{b}$ 来表示该系统，即

$$\boldsymbol{a} = [a_n, a_{n-1}, \cdots, a_1, a_0]$$
$$\boldsymbol{b} = [b_m, b_{m-1}, \cdots, b_1, b_0]$$

这里要注意，向量 $\boldsymbol{a}$ 和 $\boldsymbol{b}$ 的元素排列是按微分方程的微分阶次降幂排列，缺项要用 0 补齐。

2. 单位冲激响应和单位阶跃响应

MATLAB 提供了专门用于求连续系统单位冲激响应的函数 impulse()，该函数还能绘制其时域波形。其调用的格式如下：

```
impulse(b,a);
impulse(b,a,t);
impulse(b,a,t1:p:t2);
y=impulse(b,a,t1:p:t2);
```

不绘制系统的冲激响应波形，只计算出对应的数值解。

MATLAB 提供了专门用于求连续系统单位阶跃响应的函数 step()，该函数还能绘制其时域波形。其调用的格式如下：

```
step (b,a);
step (b,a,t);
step (b,a,t1:p:t2);
y=step (b,a,t1:p:t2);
```

不绘制系统的阶跃响应波形，只计算出对应的数值解。

例 8-5　已知一个 LTI 系统的微分方程为 $y''(t) + 5y'(t) + 6y(t) = x(t)$，用 MATLAB 求系统的冲激响应和阶跃响应。

求冲激响应 $h(t)$ 和阶跃响应 $g(t)$ 的程序如下：

```
b=[1];
a=[1 5 6];
subplot(2,1,1);
impulse(b,a);title('冲激响应');
subplot(2,1,2);
step(b,a);title('阶跃响应');
```

运行结果如图 8-14 所示。

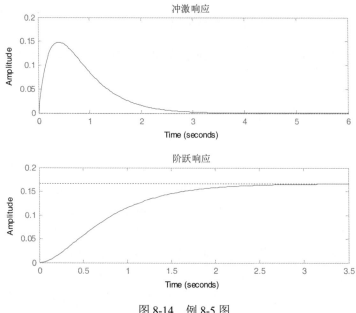

图 8-14 例 8-5 图

8.2.4 连续时间信号的卷积运算

卷积积分运算可以用信号的分段求和实现，函数 $f_1(t)$ 和函数 $f_2(t)$ 卷积的定义为

$$y(t) = f_1(t) * f_2(t) = \int_{-\infty}^{\infty} f_1(\tau)f_2(t-\tau)\mathrm{d}\tau$$

此式可以表示为

$$y(t) = f_1(t) * f_2(t) = \int_{-\infty}^{\infty} f_1(\tau)f_2(t-\tau)\mathrm{d}\tau = \lim_{\Delta \to 0} \sum_{k=-\infty}^{\infty} f_1(k\Delta) \cdot f_2(t-k\Delta) \cdot \Delta$$

如果只求当 $t = n\Delta$ （ n 为整数）时的 $y(t)$ 的值 $y(n\Delta)$ ，则

$$y(n\Delta) = \sum_{k=-\infty}^{\infty} f_1(k\Delta) \cdot f_2(n\Delta - k\Delta) \cdot \Delta = \Delta \sum_{k=-\infty}^{\infty} f_1(k\Delta) \cdot f_2[(n-k)\Delta]$$

式中，$\sum_{k=-\infty}^{\infty} f_1(k\Delta) \cdot f_2[(n-k)\Delta]$ 实际上就是连续信号 $f_1(t)$ 和 $f_2(t)$ 经过时间间隔 Δ 均匀采样的离散序列 $f_1(k\Delta)$ 和 $f_2(k\Delta)$ 的卷积和。当 Δ 足够小时， $y(n\Delta)$ 就是卷积积分的结果。

因此，用 MATLAB 实现连续信号 $f_1(t)$ 和 $f_2(t)$ 卷积的过程如下：

（1）将连续信号 $f_1(t)$ 和 $f_2(t)$ 以时间间隔 Δ 均匀采样，得到离散序列 $f_1(k\Delta)$ 和 $f_2(k\Delta)$ 。

（2）构造与 $f_1(k\Delta)$ 和 $f_2(k\Delta)$ 相对应的时间向量 k_1 和 k_2 。

（3）调用卷积函数 conv() 计算卷积积分的近似向量 $y(n\Delta)$ 。

（4）构造 $y(n\Delta)$ 对的时间向量 k 。

例 8-6 已知 $f_1(t) = t\varepsilon(t)$ ， $f_2(t) = \begin{cases} t\mathrm{e}^{-2t}, & t \geqslant 0 \\ \mathrm{e}^{2t}, & t < 0 \end{cases}$ ，用 MATLAB 求卷积 $y(t) = f_1(t) * f_2(t)$ 。

源程序如下：

```
t1=-5:0.01:5;
```

```
f1=t1.*jieyue(t1);
t2=-5:0.01:5;
f2=t2.*exp(-2*t2).*jieyue(t2)+exp(2*t2).*jieyue(-t2);
y=conv(f1,f2);
t3=-10:0.01:10;
subplot(3,1,1),plot(t1,f1);title('f1(t)');
subplot(3,1,2),plot(t2,f2);title('f2(t)');
subplot(3,1,3),plot(t3,y);title('y(t)');
```

运行结果如图 8-15 所示。

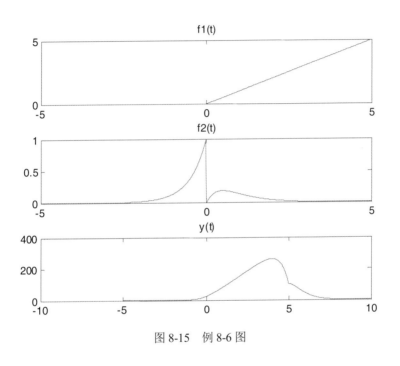

图 8-15　例 8-6 图

8.2.5　连续时间系统的零输入响应和零状态响应

对于一个动态系统而言，其响应 $y(t)$ 不仅与激励 $f(t)$ 有关，还与系统的初始状态有关。对于线性系统，通常可分为零输入响应和零状态响应两部分。对于低阶系统，一般可以通过解析分析的方法得到响应。但对于高阶系统，手工计算比较困难，利用 MATLAB 强大的计算功能就可以方便地得到系统的零输入响应、零状态响应和全响应。

1. 函数求解法

MATLAB 可以调用 lsim()函数来求解系统的全响应，调用格式为

　　　lsim(b,a,f,t,x0);

其中，b 是微分方程左侧的系数，a 是微分方程右侧的系数，f 为输入激励信号函数，t 为时间函数，x0 为初始状态。当 f 为零时可以求出系统的零输入响应，当 x0 缺省或为零时可以求解系统的零状态响应。

例 8-7　已知一 LTI 系统为 $y''(t)+2y'(t)+y(t)=x'(t)+2x(t)$ ，求当信号为 $x(t)=5\mathrm{e}^{-2t}\varepsilon(t)$ 时，该系统的零状态响应。

源程序如下：

```
a=[1 2 1];
b=[1 2];
t=0:0.01:5;
f=5*exp(-2*t);
lsim(b,a,f,t);
ylabel('y(t)');
```

运行结果如图 8-16 所示。

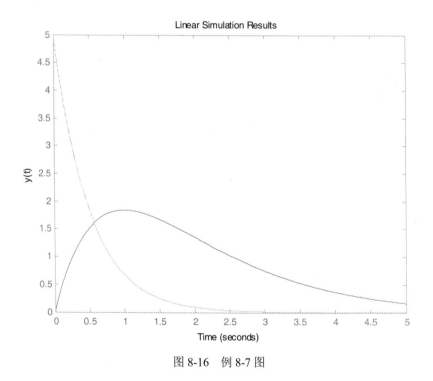

图 8-16   例 8-7 图

8.3   MATLAB 用于连续时间系统的频域分析

8.3.1   周期信号的傅里叶级数

对于连续时间信号 $f(t)$ 可以展开成指数形式傅里叶级数。其傅里叶级数的系数为 F_n，其变换对为

$$f(t) = \sum_{n=-\infty}^{\infty} F_n e^{jn\omega_0 t}$$

$$F_n = \frac{1}{T} \int_{-T/2}^{T/2} f(t) e^{-jn\omega_0 t} dt$$

式中，$\omega_0 = 2\pi / T$ 为离散频率相邻谱线之间的间隔，n 为谐波序号。

例 8-8　求周期矩形脉冲信号 $f(t)=\begin{cases}1, & 4k-5<t<4k-3\\0, & t\text{为其他值}\end{cases}$ 的傅里叶级数表示形式，并求其前 n 项和。

因为

$$F_n=\frac{A\tau}{T}Sa(\frac{n\omega_0\tau}{2})=0.5Sa(n\pi)$$

所以

$$f(t)=\sum_{n=-\infty}^{\infty}F_n\mathrm{e}^{jn\omega_0 t}=\lim_{N\to\infty}\sum_{n=-N}^{N}Sa(n\pi)\mathrm{e}^{jn\pi t/2}$$

源程序如下：

```
t=-10:0.01:10;
N1=3;N2=9;N3=21;N4=45;
F0=0.5;
fN1=F0*ones(1,length(t));
for n=-N1:2:N1;
    fN1=fN1+0.5*sinc(n/2)*exp(j*pi*t*n/2);
end
subplot(2,2,1);
plot(t,fN1);grid on;
title(['N=3']);axis([-10 10 -0.2 1.2]);
fN2=F0*ones(1,length(t));
for n=-N2:2:N2;
    fN2=fN2+0.5*sinc(n/2)*exp(j*pi*t*n/2);
end
subplot(2,2,2);
plot(t,fN2);grid on;
title(['N=9']);axis([-10 10 -0.2 1.2]);
fN3=F0*ones(1,length(t));
for n=-N3:2:N3;
    fN3=fN3+0.5*sinc(n/2)*exp(j*pi*t*n/2);
end
subplot(2,2,3);
plot(t,fN3);grid on;
title(['N=21']);axis([-10 10 -0.2 1.2]);
fN4=F0*ones(1,length(t));
for n=-N4:2:N4;
    fN4=fN4+0.5*sinc(n/2)*exp(j*pi*t*n/2);
end
subplot(2,2,4);
plot(t,fN4);grid on;
title(['N=45']);axis([-10 10 -0.2 1.2]);
```

运行结果如图 8-17 所示。

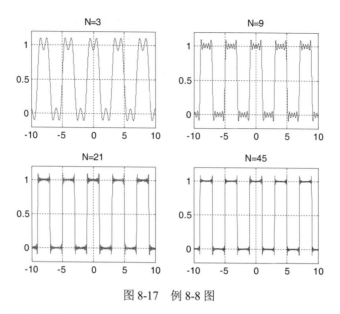

图 8-17　例 8-8 图

图 8-16 的 4 幅图分别是 3 项、9 项、21 项和 45 项傅里叶级数逼近的结果。由此可见，当选取傅里叶级数的项数越多，所合成的波形 $f_N(t)$ 中出现的峰起就越接近原函数 $f(t)$ 的不连续点。当选取的项数很大时，该峰起趋于一个常数，大约等于总跳变的 9%，这就是吉布斯现象。

8.3.2　非周期信号的频谱——傅里叶变换

对连续时间非周期信号 $f(t)$ 进行傅里叶变换，可以得到连续非周期信号的频谱密度函数 $F(\omega)$，其变换对为

$$F(\omega) = \int_{-\infty}^{\infty} f(t)e^{-j\omega t}dt$$

$$f(t) = \frac{1}{2\pi}\int_{-\infty}^{\infty} F(\omega)e^{j\omega t}d\omega$$

MATLAB 实现傅里叶变换有两种方法，一种是利用符号运算方法，另一种是数值计算方法。

1. 利用符号运算的方法实现

MATLAB 提供了能直接求解傅里叶变换与反变换的函数 fourier() 及 ifourier()。调用格式如下：

- F=fourier(f)：它是符号函数 f 的傅里叶变换，默认返回函数 F 是关于 ω 的函数。
- f=ifourier(F)：它是函数 F 的傅里叶反变换，默认的独立变量为 ω，默认返回是关于 x 的函数，如果 $F=F(t)$，则 ifourier(F) 返回关于 t 的函数。

这里要注意的是，在调用上述两个函数之前，先要用 syms 命令对所用到的变量（如 t、x、ω）等进行定义，将这些变量定义为符号变量。对于 fourier() 中的函数 f 或 ifourier() 中的 F，也要用 syms 将 f 或 F 定义为符号表达式。另外，采用 fourier() 及 ifourier() 得到的返回函数，仍然是符号表达式。若需要对返回函数作图时，只能用 ezplot() 绘图命令，而不能用 plot() 命令。

用 fourier() 函数时具有局限性，当 fourier() 对某些信号求反变换时，其返回函数可能会包含一些不能直接表达的式子，甚至可能会出现一些屏幕提示为"未被定义的函数或变量"的项；另外，在许多情况下，信号 $f(t)$ 尽管是连续的，但却不可能表示成符号表达式，函数 fourier() 也不可能对离散信号 $f(n)$ 进行处理。

2. 用数值计算的方法实现

用数值计算的方法计算连续时间信号的傅里叶变换需要信号是时限信号，也就是当时间 t 大于某个给定时间时，其值衰减为零或接近于零，计算机只能处理有限大小和有限数量的数。采用数值计算方法的理论依据是

$$F(\omega) = \int_{-\infty}^{\infty} f(t)\mathrm{e}^{-\mathrm{j}\omega t}\mathrm{d}t = \lim_{T \to 0} \sum_{n=-\infty}^{\infty} f(nT)\mathrm{e}^{-\mathrm{j}n\omega T} T$$

若信号为时限信号，当时间间隔 T 取得足够小时，上式可演变为

$$F(\omega) = T \sum_{n=-N}^{N} f(nT)\mathrm{e}^{-\mathrm{j}n\omega T}$$

$$= [f(t_1), f(t_2), \cdots, f(t_{2N+1})] \cdot [\mathrm{e}^{-\mathrm{j}\omega t_1}, \mathrm{e}^{-\mathrm{j}\omega t_2}, \cdots, \mathrm{e}^{-\mathrm{j}\omega t_{2N+1}}] \cdot T$$

用 MATLAB 表示为

  F = f*exp(j*t'*w)*T

其中 F 为信号 $f(t)$ 的傅里叶变换，w 为频率 ω，T 为时间步长。

相应的 MATLAB 程序如下：

```
T=0.01;dw=0.1;              %时间和频率变化的步长
t= -10:T:10;
w = -4 * pi:dw:4 * pi;
F = f * exp( -j* t' *w)* T ;     %傅里叶变换
F1=abs(F);                  %计算幅度谱
phaF = angle(F);            %计算相位谱
```

这里还需要注意，由于在 MATLAB 运算中，必须对连续信号 $f(t)$ 进行采样，为了不丢失原信号 $f(t)$ 的信息，即反变换后能不失真地恢复原信号 $f(t)$，采样间隔 T_S 的确定必须满足采样定理的要求，即 T_S 必须小于奈奎斯特间隔。

例 8-9　利用 MATLAB 采用数值近似方法计算门函数 $G_2(t) = \begin{cases} 1, & |t| < 1 \\ 0, & |t| > 1 \end{cases}$ 的频谱。

源程序如下：

```
r=0.01;
t=-6:r:6;
N=200;
W=6*pi;
k=-N:N;
w=k*W/N;
f1=rectpuls(t,2);
F=r*f1*exp(-j*t'*w);
F1=abs(F);
P1=angle(F);
subplot(311);plot(t,f1);grid on;
xlabel('t');title('f(t)');axis([-6 6 -0.2 1.2])
subplot(312);plot(w,F1);grid on;
xlabel('w');title('F(w)幅度');axis([-20 20 -0.2 2.2])
subplot(313);plot(w,P1);grid on;
xlabel('w');title('F(w)相位');axis([-20 20 -4 4])
```

运行结果如图 8-18 所示。

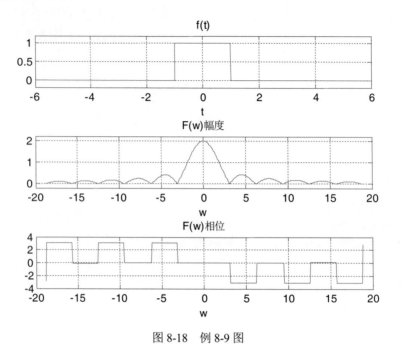

图 8-18 例 8-9 图

8.3.3 傅里叶变换性质用 MATLAB 实现

1. 时移性质

若 $f(t) \leftrightarrow F(\omega)$，则有 $f(t \pm t_0) \leftrightarrow F(\omega)\mathrm{e}^{\pm j\omega t_0}$。

例 8-10 利用 MATLAB 画出 $f(t) = \dfrac{1}{3}\mathrm{e}^{-3t}\varepsilon(t)$ 和 $f_1(t) = \dfrac{1}{3}\mathrm{e}^{-3(t+2)}\varepsilon(t+2)$ 的频谱图。

源程序如下：

```
r=0.01;
t=-6:r:6;
N=200;
W=2*pi;
k=-N:N;
w=k*W/N;
f=1/3*exp(-3*t).*jieyue(t);
f1=1/3*exp(-3*(t+2)).*jieyue(t+2);
F=r*f*exp(-j*t'*w);
F1=r*f1*exp(-j*t'*w);
Fa=abs(F);Fp=angle(F);
F1a=abs(F1);F1p=angle(F1);
subplot(321);plot(t,f);grid on;
xlabel('t');title('f(t)');
subplot(322);plot(t,f1);grid on;
xlabel('t');title('f1(t)');
subplot(323);plot(w,Fa);grid on;
```

```
xlabel('w');title('F(w)幅度');
subplot(324);plot(w,F1a);grid on;
xlabel('w');title('F1(w)幅度');
subplot(325);plot(w,Fp);grid on;
xlabel('w');title('F(w)相位');
subplot(326);plot(w,F1p);grid on;
xlabel('w');title('F1(w)相位');
```

运行结果如图 8-19 所示。

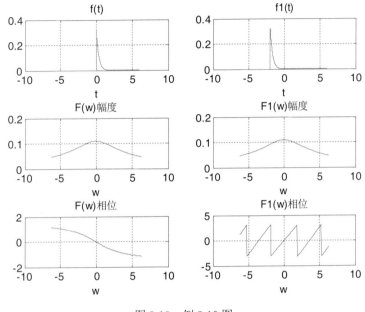

图 8-19　例 8-10 图

2. 频移性质

若 $f(t) \leftrightarrow F(\omega)$ ，则有 $f(t)\mathrm{e}^{\pm \mathrm{j}\omega_0 t} \leftrightarrow F(\omega \mp \omega_0)$ 。

例 8-11　利用 MATLAB 画出 $f(t) = \varepsilon(t+1) - \varepsilon(t-1)$ 和频移 e^{-10t} 的频谱图。

源程序如下：

```
r=0.01;
t=-2:r:2;
f=jieyue(t+1)-jieyue(t-1);
subplot(221);
plot(t,f);
xlabel('t');ylabel('f(t)');
f1=f.*exp(-j*10*t);
subplot(223);
plot(t,f1);
xlabel('t');ylabel('f1(t)=f(t)*exp(-10t)');
N=200;
W=2*pi*5;
k=-N:N;
```

```
w=k*W/N;
F=r*f*exp(-j*t'*w);
F=real(F);
F1=r*f1*exp(-j*t'*w);
F1=real(F1);
subplot(222);
plot(w,F);
axis([-40 40 -0.5 2]);
xlabel('w');ylabel('F(w)');
subplot(224);
plot(w,F1);
axis([-40 40 -0.5 2]);
xlabel('w');ylabel('F1(w)=F(w+10)');
```

运行结果如图 8-20 所示。

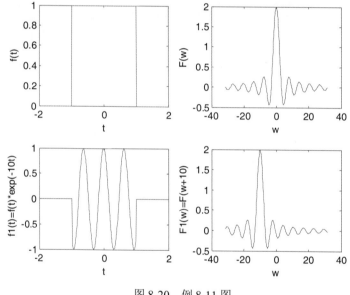

图 8-20 例 8-11 图

3. 对称性质

若 $f(t) \leftrightarrow F(\omega)$ ，则有 $F(t) \leftrightarrow 2\pi f(-\omega)$ 。

例 8-12 利用 MATLAB 画出抽样信号 $Sa(t)$ 的频谱图。

源程序如下：

```
r=0.01;
t=-16:r:16;
f=sinc(t);
subplot(221);plot(t,f);
axis([-20 20 -0.5 1.5]);
xlabel('t');ylabel('f(t)');
f1=(jieyue(t+1)-jieyue(t-1));
subplot(223);plot(t,f1);
axis([-20 20 -0.5 1.5]);
```

```
xlabel('t');ylabel('f1(t)');
N=200;
W=2*pi*5;
k=-N:N;
w=k*W/N;
F=r*f*exp(-j*t'*w);
F=real(F);
F1=r*f1*exp(-j*t'*w);
F1=real(F1);
subplot(222);plot(w,F);
xlabel('w');ylabel('F(w)');
subplot(224);plot(w,F1);
xlabel('w');ylabel('F1(w)');
```

运行结果如图 8-21 所示。

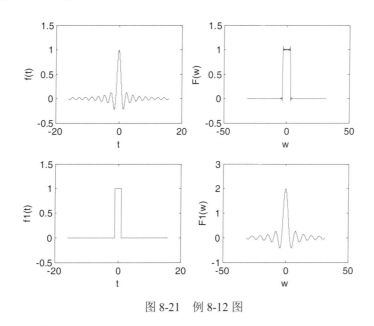

图 8-21　例 8-12 图

4. 尺度变换性质

若 $f(t) \leftrightarrow F(\omega)$ ，则有 $f(at) \leftrightarrow \dfrac{1}{|a|} f(\dfrac{\omega}{a})$ 。

例 8-13　利用 MATLAB 画出 $f(t) = \varepsilon(t+1) - \varepsilon(t-1)$ 和 $f(2t)$ 的频谱图。

源程序如下：

```
r=0.01;
t=-2:r:2;
f=jieyue(t+1)-jieyue(t-1);
subplot(221);plot(t,f);
xlabel('t');ylabel('f(t)');
f1=jieyue(2*t+1)-jieyue(2*t-1);
subplot(223);plot(t,f1);
xlabel('t');ylabel('f1(t)=f(2t)');
```

```
N=200;
W=2*pi*5;
k=-N:N;
w=k*W/N;
F=r*f*exp(-j*t'*w);
F=real(F);
F1=r*f1*exp(-j*t'*w);
F1=real(F1);
subplot(222);plot(w,F);
xlabel('w');ylabel('F(w)');
subplot(224);plot(w,F1);
xlabel('w');ylabel('F1(w)=F(w/2)');
```

运行结果如图 8-22 所示。

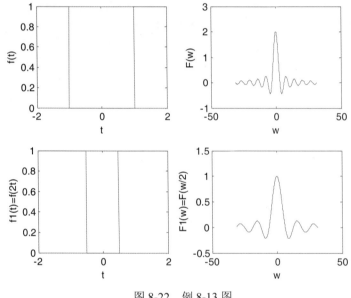

图 8-22   例 8-13 图

5. 时域卷积性质

若 $f_1(t) \leftrightarrow F_1(\omega)$, $f_2(t) \leftrightarrow F_2(\omega)$，则有 $f_1(t) * f_2(t) \leftrightarrow F_1(\omega) \cdot F_2(\omega)$。

例 8-14　利用 MATLAB 画出 $f(t) = \varepsilon(t+1) - \varepsilon(t-1)$ 自卷积后的频谱图。

源程序如下：

```
r=0.01;
t=-2:r:2;
f=jieyue(t+1)-jieyue(t-1);
subplot(321);plot(t,f);
xlabel('t');ylabel('f(t)');
y=r*conv(f,f);
t1=-4:r:4;
subplot(322);plot(t1,y);
xlabel('t');ylabel('y(t)');
```

```
N=200;
W=2*pi*5;
k=-N:N;
w=k*W/N;
F=r*f*exp(-j*t'*w);
F=real(F);
Y=r*y*exp(-j*t1'*w);
Y=real(Y);
F1=F.*F;
subplot(323);plot(w,F);
xlabel('w');ylabel('F(w)');
subplot(324);plot(w,F1);
axis([-40 40 0 8]);xlabel('w');ylabel('F1(w)');
subplot(325);plot(w,Y);
axis([-40 40 0 8]);xlabel('w');ylabel('Y(w)');
```

运行结果如图 8-23 所示。

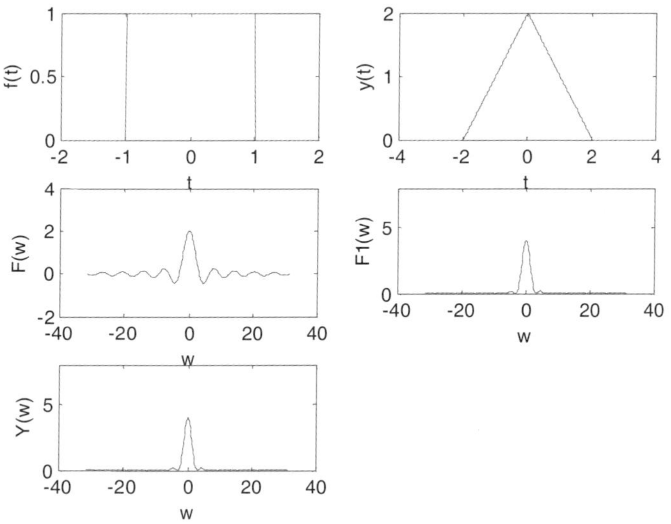

图 8-23　例 8-14 图

8.3.4　MATLAB 计算系统的频率响应

如果系统的微分方程已知，可以利用函数 freqs 来求出系统的频率响应，其调用格式为

H=freqs(b,a,w)

其中，b 和 a 分别为微分方程右边和左边各阶导数前的系数组成的向量，w 是计算频率响应时由频率抽样点构成的向量。

例 8-15　利用 MATLAB 求 $y''(t) + 5y'(t) + 6y(t) = x(t)$ 系统的频率响应。

源程序如下：

```
b=1;
a=[1 5 6];
fs=0.01*pi;
```

```
w=0:fs:4;
H=freqs(b,a,w);
subplot(211);plot(w,abs(H));
xlabel('角频率 w');ylabel('幅度');
subplot(212);plot(w,180*angle(H));
xlabel('角频率 w');ylabel('相位');
```

运行结果如图 8-24 所示。

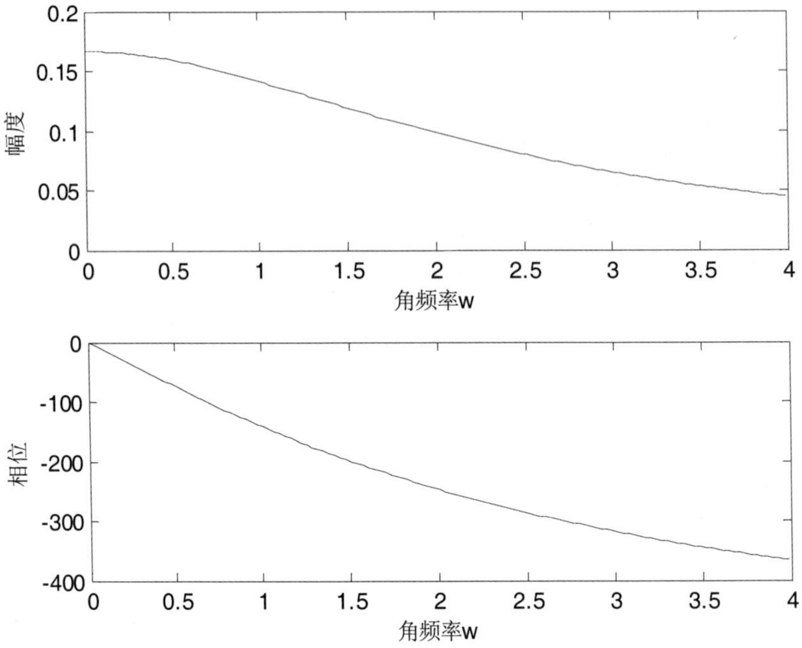

图 8-24   例 8-15 图

8.4   MATLAB 用于连续时间系统的 s 域分析

拉普拉斯变换是分析线性连续系统的有力工具，它将描述系统的时域微积分方程变换为 s 域的代数方程，便于运算；同时，它将系统的初始状态自然地包含于象函数方程中，既可以分别求零输入响应和零状态响应，也可以求系统的全响应。

8.4.1   利用 MATLAB 实现拉普拉斯正、反变换

对于一个实函数 $f(t)$，其单边拉普拉斯变换定义如下：

正变换：

$$F(s) = \int_{0_-}^{\infty} f(t)\mathrm{e}^{-st}\mathrm{d}t$$

反变换：

$$f(t) = \frac{1}{2\pi\mathrm{j}} \int_{\sigma-\mathrm{j}\infty}^{\sigma+\mathrm{j}\infty} F(s)\mathrm{e}^{st}\mathrm{d}s$$

MATLAB 提供了专门用于求拉普拉斯变换和反变换的函数，其调用格式如下：

- F=laplace(f)：用符号推理法求解拉普拉斯变换，f 表示时域信号，F 表示复频域信号，f 和 F 都是符号变量。
- f=laplace(F)：用符号推理法求解拉普拉斯反变换，f 表示时域信号，F 表示复频域信号，f 和 F 都是符号变量。
- [r,p,k]=reside(num,den)：按留数法计算拉普拉斯反变换，num 和 den 分别是 N(s)和 D(s)多项式系统按降序排列的行向量。

例 8-16　利用 MATLAB 函数求出 $f(t) = e^{-3t}\cos(3t)$ 的拉普拉斯变换。

源程序如下：

```
f=sym('exp(-2*t)*cos(3*t)');
F=laplace(f)
```

运行结果如下：

```
F =
 (s + 2)/((s + 2)^2 + 9)
```

8.4.2　利用 MATLAB 绘制连续时间系统的零极点图

连续时间系统的系统函数可以写成

$$H(s) = \frac{N(s)}{D(s)} = \frac{b_m s^m + b_{m-1}s^{m-1} + \cdots + b_1 s + b_0}{a_n s^n + a_{n-1}s^{n-1} + \cdots + a_1 s + a_0} = H_0 \frac{\prod_{i=1}^{m}(s - z_i)}{\prod_{j=1}^{n}(s - p_j)}$$

式中，$N(s)$ 和 $D(s)$ 分别是微分方程系数决定的关于 s 的多项式；H_0 为常数，z_i 为系统的 m 个零点；p_j 为系统的 n 个极点。可见系统的零点和极点已知，系统函数就可以确定了，也就是说系统函数的零极点分布完全决定了系统的特性。

MATLAB 提供的求系统零极点函数有：

- roots()：利用多项式求根函数来确定系统函数的零极点位置。
- pzmap(num,den)：绘制系统函数的零极点图，num 和 den 分别是 N(s)和 D(s)多项式系统按降序排列的行向量。

例 8-17　已知系统函数为 $H(s) = \dfrac{s^2 - 2s + 0.8}{s^3 + 2s^2 + 2s + 1}$，利用 MATLAB 画出系统的零极点分布图、冲激响应、阶跃响应、幅频响应和相频响应曲线，并判断系统的稳定性。

源程序如下：

```
num = [ 1 - 2 0. 8 ];den = [ 1 2 2 1 ];
subplot (231)
pzmap ( num, den );title('零极点图');
t=0:0.01:15;
subplot (232)
impulse ( num, den, t);title('冲激响应');grid on
subplot (233)
step(num,den,t);title('阶跃响应');grid on
omega =0:0.01:2 * pi;
```

```
H = freqs ( num, den, omega );
subplot (223)
plot(omega,abs( H));title('幅频响应');grid on
subplot (224)
plot(omega,angle(H));title('相频响应');grid on
```

运行结果如图 8-25 所示。

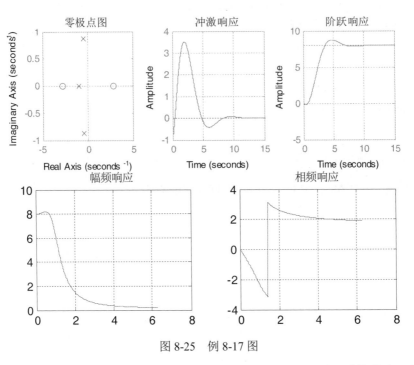

图 8-25　例 8-17 图

从零极点图中可以看出，系统的极点全部分布在左半平面，所以系统稳定。还可以看到，只要知道系统的系统函数，那么系统的时域特性和频域特性都可以很方便地得到。

8.5　MATLAB 用于离散时间信号与系统的时域分析

8.5.1　卷积和的 MATLAB 实现

卷积和可以用于求解离散时间系统的零状态响应，MATLAB 中用 conv()函数来计算两个离散序列的卷积和。

例 8-18　已知离散系统单位冲响应为 $h(n) = [1,0,1,2,1,2]$，输入信号为 $x(n) = [1,2,0,3,0,2]$，利用卷积各求系统的零状态响应。

源程序如下：

```
h=[1,0,1,2,1,2];
x=[1,2,0,3,0,2];
y=conv(h,x);
subplot(3,1,1);stem([0:length(x)-1],x);
ylabel('x(k)');xlabel('时间 k');title('离散序列卷积');
```

```
subplot(3,1,2);stem([0:length(h)-1],h);
ylabel('h(k)');xlabel('时间 k');
subplot(3,1,3);stem([0:length(y)-1],y);
ylabel('y(k)=x(k)*x(k)');xlabel('时间 k');
```

运行结果如图 8-26 所示。

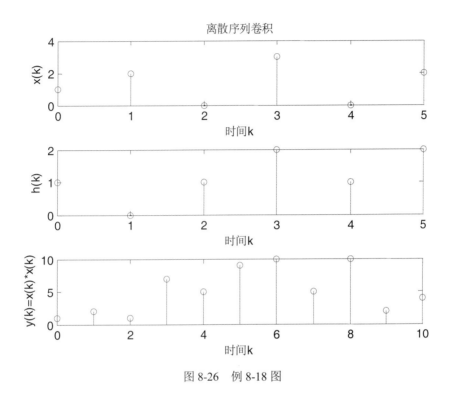

图 8-26　例 8-18 图

8.5.2　由差分方程求解离散时间系统响应的 MATLAB 实现

对于离散时间系统的时域分析，主要是求解其差分方程。在 MATLAB 中主要通过以下函数来求解差分方程。

- impz(b,a,N)：返回离散时间系统的单位脉冲响应，其中 b、a 是差分议程的系数向量，N 为输出序列的时间范围。
- impz(b,a,N)：返回离散时间系统的单位阶跃响应，其中 b、a 是差分议程的系数向量，N 为输出序列的时间范围。
- filter(b,a,x)：返回离散时间系统的零状态响应，其中 b、a 是差分议程的系数向量，x 为输入离散序列。
- filter(b,a,x,zi)：返回离散时间系统的全响应，其中 b、a 是差分议程的系数向量，x 为输入离散序列，zi 为系统的初始条件向量。

例 8-19　已知离散系统的差分方程为 $y(n) - 0.5y(n-1) + 0.6y(n-2) = x(n) + 0.4x(n-1)$，（1）求该系统的单位脉冲响应 $h(n)$ 和单位阶跃响应 $s(n)$；（2）当输入为 $x(n) = 0.5\varepsilon(n)$ 时，求系统的零状态响应。

源程序如下：

```
b=[1 0.4];
a=[1 -0.5 0.6];
n=0:30;
fn=0.5.^n;
y1=impz(b,a,31);
subplot(3,1,1);stem(n,y1,'filled');
title('单位冲激响应');grid on;
y2=stepz(b,a,31);
subplot(3,1,2);stem(n,y2,'filled');
title('单位阶跃响应');grid on;
y3=filter(b,a,fn);
subplot(3,1,3);stem(n,y3,'filled');
title('零状态响应');grid on;
```

运行结果如图 8-27 所示。

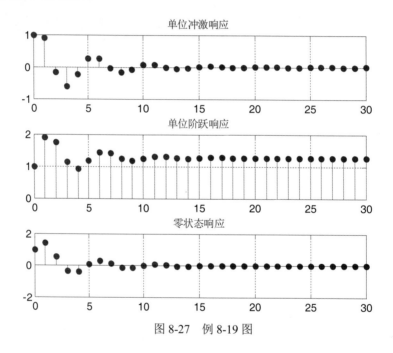

图 8-27　例 8-19 图

8.6　MATLAB 用于离散时间系统的 z 域分析

8.6.1　利用 MATLAB 实现 z 变换

MATLAB 提供了专门用于求 z 变换和反变换的函数，其调用格式如下：

- F=ztrans(f)：用符号推理法求解拉普拉斯变换，f 表示时域信号，F 表示复频域信号，f 和 F 都是符号变量。
- f=iztrans(F)：用符号推理法求解拉普拉斯反变换，f 表示时域信号，F 表示复频域信号，f 和 F 都是符号变量。

例 8-20　利用 MATLAB 函数求出 $f(n) = \cos(an)\varepsilon(n)$ 的 z 变换和 $F(z) = \dfrac{z}{(z-2)^2}$ 的 z 反变换。

源程序如下：

```
f=sym('cos(a*n)');
F=ztrans(f)
F=sym('z/(z-2)^2');
f=iztrans(F)
```

运行结果如下：

```
F =
(z*(z - cos(a)))/(z^2 - 2*cos(a)*z + 1)
 f =
2^n/2 + (2^n*(n - 1))/2
```

8.6.2　离散时间系统零极点分布图和系统幅频响应的 MATLAB 实现

MATLAB 提供的求离散时间系统零极点和频率响应的函数有：

- roots()：利用多项式求根函数来确定系统函数的零极点位置。
- zplane(b,a)：绘制系统函数的零极点图，b、a 分别是 $H(z)$ 按 z^{-1} 的升幂排列的分子、分母系数行向量。
- H=freqz(b,a,w)：求离散时间系统的频率响应的数值解，并可绘出系统的幅频及相频响应曲线。其中，b、a 分别是 $H(z)$ 按 z^{-1} 的升幂排列的分子、分母系数行向量，w 是频率取值范围。

例 8-21　已知离散时间系统的系统函数为 $H(z) = \dfrac{1 - z^1 - 2z^{-2}}{1 + 2z^1 - z^{-2}}$，利用 MATLAB 画出系统的零极点分布图、系统的幅频响应和相频响应曲线。

源程序如下：

```
b=[1,-1,-2];
a=[1,2,-1];
subplot(211);
zplane(b,a);
xlabel('虚部');ylabel('实部');title('零极点图');
w=-pi:pi/200:pi;
[H,w]=freqz(b,a,w);
subplot(223);
plot(w,abs(H));
xlabel('频率');ylabel('幅度');title('幅频响应图');
subplot(224);
plot(w,180/pi*unwrap(angle(H)));
xlabel('频率');ylabel('相位');title('幅频响应图');
```

运行结果如图 8-28 所示。

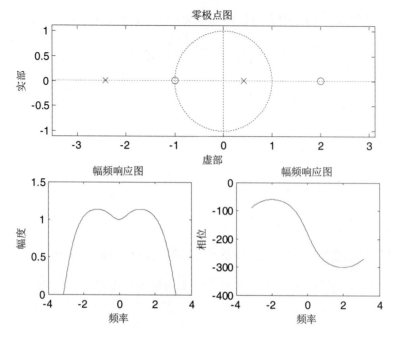

图 8-28　例 8-21 图

习题参考答案

第 1 章

1-1 （a）连续；（b）连续；（c）离散、数字；（d）离散；
（e）离散、数字；（f）离散、数字。

1-2 （1）$T=2\pi$；（2）$T=2\pi$；（3）$\pi\approx 3$ 时，$T\approx\dfrac{2}{3}\pi$；（4）$T=2$；

（5）$T=140\pi$；（6）$T=\dfrac{\pi}{2}$；（7）$T=2\pi$。

1-3 （1）$P=0.125\mathrm{W}$；（2）$W=8\mathrm{J}$；（3）$P=62.5\mathrm{W}$；
（4）$W=38.18\mathrm{J}$；（5）$P=2.5\mathrm{W}$。

1-4 略。

1-5 （a）$1-\dfrac{|t|}{2}\big[\varepsilon(t+2)-\varepsilon(t-2)\big]$

（b）$\varepsilon(t)+\varepsilon(t-1)+\varepsilon(t-2)$

（c）$E\sin\left(\dfrac{\pi}{T}t\right)\big[\varepsilon(t)-\varepsilon(t-T)\big]$

1-6 略。

1-7 略。

1-8 （1）$x(-t_0)$；（2）$x(t_0)$；（3）1；（4）0；（5）e^2-2；（6）$\dfrac{\pi}{6}+\dfrac{1}{2}$；（7）$1-\mathrm{e}^{-\mathrm{j}\omega t_0}$。

1-9 （1）$4\delta(t)$；（2）$\dfrac{1}{2}\mathrm{e}^{-7.5}\delta(t-2.5)$；（3）$-\dfrac{\sqrt{3}}{2}\delta\left(t+\dfrac{\pi}{2}\right)$；（4）$\mathrm{e}^{-1}\delta(t-3)$。

1-10 正确答案为（4）。

1-11～1-18 略。

1-19 （1）线性、时不变、因果；　　　　（2）线性、时变、因果；
（3）非线性、时变、因果；　　　　（4）线性、时变、非因果；
（5）线性、时变、非因果；　　　　（6）非线性、时不变、因果；
（7）线性、时不变、因果；　　　　（8）线性、时变、非因果。

1-20 $y_3(t)=4\cos\pi t-\mathrm{e}^{-t}$，$t>0$。

1-21 （1）可逆，$x(t+5)$；

（2）不可逆，当输入为任意常数时都使输出为零；

（3）可逆，$\dfrac{\mathrm{d}}{\mathrm{d}t}x(t)$。

（4）可逆，$x\left(\dfrac{t}{2}\right)$。

1-22　$y_2(t)=\delta(t)-ae^{-at}\varepsilon(t)$

第 2 章

2-1　$H_1(p)=\dfrac{2p+2}{p^2+3p+3}$；　　　　$H_2(p)=\dfrac{2p}{p^2+3p+3}$。

2-2　$H(p)=\dfrac{p^3+2p^2+p}{p^4+2p^3+2p^2+3p}$。

2-3　（1）$e^{-t}(\cos t+3\sin t)$；（2）$(3t+1)e^{-t}$；（3）$1-(t+1)e^{-t}$。

2-4　（1）$\dfrac{3}{2}$；（2）$\dfrac{2}{3}e^{-\frac{t}{2}}$；（3）$\dfrac{\sqrt{2}}{4}\cos(2t-45°)$；（4）$\dfrac{1}{2}t^2-\dfrac{1}{2}t+\dfrac{1}{4}$。

2-5　（1）2；（2）0；（3）1。

2-6　（1）$\underbrace{4e^{-t}-3e^{-2t}}_{\text{零输入响应}}\underbrace{-2e^{-t}+\dfrac{1}{2}e^{-2t}+\dfrac{3}{2}}_{\text{零状态响应}}$，自由响应为$2e^{-t}-\dfrac{5}{2}e^{-2t}$，强迫响应为$\dfrac{3}{2}$

（2）$\underbrace{4e^{-t}-3e^{-2t}}_{\text{零输入响应}}\underbrace{+e^{-t}-e^{-2t}}_{\text{零状态响应}}$，自由响应为$5e^{-t}-4e^{-2t}$，强迫响应为 0

2-7　（1）$-\dfrac{11}{6}e^{-3t}+\dfrac{5}{2}e^{-t}+\dfrac{1}{3}$，$t\geqslant0$

（2）$-\dfrac{7}{4}e^{-3t}+\dfrac{11}{4}e^{-t}+\dfrac{1}{2}te^{-t}$，$t\geqslant0$

2-8　（1）$-\dfrac{1}{3}e^{-3t}\varepsilon(t)+\dfrac{1}{3}$；（2）$e^{-3t}\varepsilon(t)$；（3）$-3e^{-3t}\varepsilon(t)+\delta(t)$。

2-9　（1）$h(t)=2\delta(t)-6e^{-3t}\varepsilon(t)$

$g(t)=2e^{-3t}\varepsilon(t)$

（2）$h(t)=\left[e^{-\frac{1}{2}t}\cos\left(\dfrac{\sqrt{3}}{2}t\right)+\dfrac{1}{\sqrt{3}}e^{-\frac{1}{2}t}\sin\left(\dfrac{\sqrt{3}}{2}t\right)\right]\varepsilon(t)$

$g(t)=\left[-e^{-\frac{1}{2}t}\cos\left(\dfrac{\sqrt{3}}{2}t\right)+\dfrac{1}{\sqrt{3}}e^{-\frac{1}{2}t}\sin\left(\dfrac{\sqrt{3}}{2}t\right)+1\right]\varepsilon(t)$

（3）$h(t)=\delta'(t)+\delta(t)+e^{-2t}\varepsilon(t)$

$g(t)=\delta(t)+\left(\dfrac{3}{2}-\dfrac{1}{2}e^{-2t}\right)\varepsilon(t)$

2-10 $h(t) = \delta(t) + \delta(t-1) + \varepsilon(t-1) - \varepsilon(t-4)$

2-11 （1）发生跳变

（2）$h(t) = -e^{-t}(2\cos t + \sin t)\varepsilon(t) + \delta(t)$

$g(t) = -\frac{1}{2}[1 + e^{-t}(\cos t - 3\sin t)]\varepsilon(t)$

2-12 $h(t) = \frac{1}{8}e^{-\frac{t}{2}}\varepsilon(t) - \frac{1}{4}\delta(t) + \frac{1}{2}\delta'(t)$

2-13 $h(t) = -e^{-\frac{1}{2}t}\cos\frac{\sqrt{3}}{2}t\varepsilon(t) - \frac{\sqrt{3}}{3}e^{-\frac{1}{2}t}\sin\frac{\sqrt{3}}{2}t\varepsilon(t) + \delta(t)$

$g(t) = \varepsilon(t) - \frac{2\sqrt{3}}{3}e^{-\frac{1}{2}t}\sin\frac{\sqrt{3}}{2}t\varepsilon(t)$

2-14 （a）$y_{zs}(t) = (2e^{-2t} - 1)\varepsilon(t) - 2[2e^{-2(t-2)} - 1]\varepsilon(t-2) + [2e^{-2(t-3)} - 1]\varepsilon(t-3)$

（b）$y_{zs}(t) = (1 - t - e^{-2t})\varepsilon(t)$

（c）$y_{zs}(t) = (1 - t - e^{-2t})\varepsilon(t) - [1 - t + e^{-2(t-1)}]\varepsilon(t-1)$

（d）$y_{zs}(t) = (1 - t - e^{-2t})\varepsilon(t) - (3 - 2t)\varepsilon(t-1) + [2 - t + e^{-2(t-2)}]\varepsilon(t-2)$

（e）$y_{zs}(t) = (1 - t - e^{-2t})\varepsilon(t) - 2[2 - t - e^{-2(t-1)}]\varepsilon(t-1) + [3 - t - e^{-2(t-2)}]\varepsilon(t-2)$

2-15 $x(t) = e^{-t}\varepsilon(t)$

2-16 （1）$y(t) = \begin{cases} 0, & t < 0 \\ 0.5t^2, & 0 \leq t < 1 \\ t - 0.5, & 1 \leq t < 2 \\ -t^2 + 5t - 4.5, & 2 \leq t < 3 \\ -t + 4.5, & 3 \leq t < 4 \\ 0.5t^2 - 5t + 12.5, & 4 \leq t < 5 \\ 0, & t \geq 5 \end{cases}$

（2）$y(t) = \begin{cases} 0, & t < 2 \\ 0.5t^2 - 2t + 2, & 2 \leq t < 3 \\ t - 2.5, & 3 \leq t < 4 \\ -t^2 + 9t - 18.5, & 4 \leq t < 5 \\ -t + 6.5, & 5 \leq t < 6 \\ 0.5t^2 - 7t + 24.5, & 6 \leq t < 7 \\ 0, & t \geq 7 \end{cases}$

2-17　$x(t) = r(t+4) - r(t+2) + r(t-2) - r(t-4)$

$$= \begin{cases} 0, & t < -4 \\ t+4, & -4 \leqslant t < -2 \\ 2, & -2 \leqslant t < 2 \\ t, & 2 \leqslant t < 4 \\ 4, & t \geqslant 4 \end{cases}$$

2-18　$y_{zs}(t) = (e^2 - e^{1-t})\varepsilon(t+1)$

2-19　（1）$\dfrac{1}{a}(1 - e^{-at})\varepsilon(t)$

（2）$\cos(\omega t + 45°)$

（3）$\left(\dfrac{1}{2}t^2 - \dfrac{1}{2}\right)\varepsilon(t-1) + (-t^2 + t + 2)\varepsilon(t-2) + \left(\dfrac{1}{2}t^2 - t - \dfrac{3}{2}\right)\varepsilon(t-3)$

（4）$\cos[\omega(t+1)] - \cos[\omega(t-1)]$

（5）$\dfrac{a\sin t - \cos t + e^{-at}}{a^2 + 1}\varepsilon(t)$

2-20　（1）$t[\varepsilon(t) - \varepsilon(t-1)] - (t-2)[\varepsilon(t-1) - \varepsilon(t-2)]$

（2）$(t-2)[\varepsilon(t-2) - \varepsilon(t-3)] - (t-4)[\varepsilon(t-3) - \varepsilon(t-4)]$

2-21　$h(t) = \delta(t) + t\varepsilon(t-1) - \varepsilon(t)$

2-22　（1）$h(t) = \delta(t-1) - \delta(t-3) + \varepsilon(t) - \varepsilon(t-2)$

（2）$y_{zs}(t) = \varepsilon(t-1) - \varepsilon(t-3) + t\varepsilon(t) - (t-2)\varepsilon(t-2)$

第 3 章

3-1　三角形式的傅里叶级数为

$$x(t) = \frac{2E}{\pi}\left[\sin(\omega_1 t) + \frac{1}{3}\sin(3\omega_1 t) + \frac{1}{5}\sin(5\omega_1 t) + \cdots\right], \quad \omega_1 = \frac{2\pi}{T}$$

指数形式的傅里叶级数为

$$x(t) = -\frac{jE}{\pi}e^{j\omega_1 t} + \frac{jE}{\pi}e^{-j\omega_1 t} - \frac{jE}{3\pi}e^{j3\omega_1 t} + \frac{jE}{3\pi}e^{-j3\omega_1 t} + \cdots, \quad \omega_1 = \frac{2\pi}{T}$$

3-2　（a）$x(t)$ 只含奇次余弦分量；

（b）$x(t)$ 只含奇次正弦分量；

（c）$x(t)$ 只含奇次谐波分量；

（d）$x(t)$ 只含正弦分量；

（e）$x(t)$ 只含直流和偶次余弦分量；

（f）$x(t)$ 只含直流和偶次谐波的正弦分量。

3-3　略。

3-4　（a）$\tau Sa\left(\dfrac{\omega\tau}{2}\right)e^{-j\frac{\omega\tau}{2}}$；

（b）$\dfrac{\pi}{2}\left[Sa\dfrac{\pi(\omega-1)}{2}+Sa\dfrac{\pi(\omega+1)}{2}\right]$；

（c）$\dfrac{1}{\omega^2\tau}(1-\mathrm{e}^{-\mathrm{j}\omega t}-\mathrm{j}\omega\tau)$；

（d）$\dfrac{\mathrm{e}^{-\mathrm{j}\omega}}{\omega^2}(\mathrm{j}\omega+1)-\dfrac{1}{\omega^2}+\dfrac{\mathrm{e}^{-\mathrm{j}\omega}}{\mathrm{j}\omega}(\mathrm{e}^{-\mathrm{j}\omega}-1)$。

3-5　$X_2(\mathrm{j}\omega)=X_1(-\mathrm{j}\omega)\mathrm{e}^{-\mathrm{j}\omega t_0}$

3-6　$\dfrac{1}{a-\mathrm{j}\omega}$

3-7　$\dfrac{\pi}{2}\left[\delta(\omega+\omega_0)+\delta(\omega-\omega_0)\right]+\mathrm{j}\dfrac{\omega}{\omega_0{}^2-\omega^2}$

　　　$\mathrm{j}\dfrac{\pi}{2}\left[\delta(\omega+\omega_0)-\delta(\omega-\omega_0)\right]+\dfrac{\omega_0}{\omega_0{}^2-\omega^2}$

3-8～3-9 略。

3-10　（1）$X(\mathrm{j}\omega)=G_{4\pi}(\omega)\mathrm{e}^{-\mathrm{j}2\omega}$；

　　　（2）$X(\mathrm{j}\omega)=2\pi\mathrm{e}^{-a|\omega|}$；

　　　（3）$X(\mathrm{j}\omega)=\dfrac{1}{2}\left(1-\dfrac{|\omega|}{4\pi}\right)G_{8\pi}(\omega)$。

3-11　（1）$x(t)=\dfrac{1}{\mathrm{j}\pi}\sin\omega_0 t$；

　　　（2）$x(t)=\varepsilon\left(t+\dfrac{\tau}{2}\right)-\varepsilon\left(t-\dfrac{\tau}{2}\right)$；

　　　（3）$x(t)=t\mathrm{e}^{-at}\varepsilon(t)$；

　　　（4）$x(t)=t\,\mathrm{sgn}\,t$。

3-12　（1）$X(\mathrm{j}\omega)=\dfrac{2}{\omega}(\sin 3\omega-\sin\omega)$；

　　　（2）$X(\mathrm{j}\omega)=\dfrac{4\pi\cos\omega}{\pi^2-4\omega^2}$。

3-13　（1）$tx(2t)\leftrightarrow\mathrm{j}\dfrac{1}{2}\dfrac{\mathrm{d}X\left(\dfrac{\omega}{2}\right)}{\mathrm{d}\omega}$；

　　　（2）$(t-2)x(t)\leftrightarrow\mathrm{j}\dfrac{\mathrm{d}X(\omega)}{\mathrm{d}\omega}-2X(\omega)$；

　　　（3）$(t-2)x(-2t)\leftrightarrow\dfrac{1}{2}\mathrm{j}\dfrac{\mathrm{d}X\left(-\dfrac{\omega}{2}\right)}{\mathrm{d}\omega}-X\left(-\dfrac{\omega}{2}\right)$；

　　　（4）$t\dfrac{\mathrm{d}x(t)}{\mathrm{d}t}\leftrightarrow-X(\omega)-\omega\dfrac{\mathrm{d}X(\omega)}{\mathrm{d}\omega}$；

　　　（5）$x(1-t)\leftrightarrow X(-\omega)\mathrm{e}^{-\mathrm{j}\omega}$；

（6）$(1-t)x(1-t) \leftrightarrow -\mathrm{j}\dfrac{\mathrm{d}X(-\omega)}{\mathrm{d}\omega}\mathrm{e}^{-\mathrm{j}\omega}$；

（7）$x(2t-5) \leftrightarrow \dfrac{1}{2}X\left(\dfrac{\omega}{2}\right)\mathrm{e}^{-\mathrm{j}\frac{5}{2}\omega}$。

3-14 （a）$X(\mathrm{j}\omega) = \pi\delta(\omega) + \dfrac{1}{\omega}Sa\dfrac{\omega}{2}\mathrm{e}^{-\mathrm{j}\left(\frac{\omega}{2}+\frac{\pi}{2}\right)}$；

（b）$X(\mathrm{j}\omega) = \dfrac{2}{\omega^2}(\cos\omega - \cos 2\omega)$；

（c）$X(\mathrm{j}\omega) = \mathrm{j}\dfrac{2}{\omega}(\cos\omega - Sa\omega)$。

3-15 （a）$x(t) = \dfrac{A\omega_0}{\pi}Sa\left[\omega_0(t+t_0)\right]$；

（b）$x(t) = \dfrac{-2A}{\pi t}\sin^2\left(\dfrac{\omega_0 t}{2}\right)$。

3-16 $X_2(\mathrm{j}\omega) = 2\pi\displaystyle\sum_{n=-\infty}^{\infty}\mathrm{Re}[X_1(\mathrm{j}n\pi)]\delta(\omega-n\pi)$

3-17 $x(t) = \mathrm{e}^{-t}\varepsilon(t)$

3-18 （a）$X(\mathrm{j}\omega) = \mathrm{j}\displaystyle\sum_{n=-\infty}^{\infty}\dfrac{1}{n}\delta(\omega-2n)$，$n \neq 0$；

（b）$X(\mathrm{j}\omega) = 2\omega_1\displaystyle\sum_{n=-\infty}^{\infty}\delta(\omega-n\omega_1)$，$n$ 取奇数；

（c）$X(\mathrm{j}\omega) = \displaystyle\sum_{n=-\infty}^{\infty}\dfrac{2}{(1-n^2)}\delta(\omega-n)$，$n = $ 奇数；
$X(\mathrm{j}\omega) = 0$，$n = $ 偶数；

（d）$X(\mathrm{j}\omega) = 2\pi\displaystyle\sum_{n=-\infty}^{\infty}Sa\left(\dfrac{n\pi}{2}\right)\delta(\omega-2n)$。

3-19 $X(\mathrm{j}\omega) = 3\pi[\delta(\omega+\omega_0)+\delta(\omega-\omega_0)] + \dfrac{3\pi}{2}[\delta(\omega+\omega_1-\omega_0)+\delta(\omega-\omega_1+\omega_0)]$

$\qquad + \dfrac{3\pi}{2}[\delta(\omega+\omega_1+\omega_0)+\delta(\omega-\omega_1-\omega_0)]$

3-20 $\dfrac{\pi}{2}[\delta(\omega+\omega_0)+\delta(\omega-\omega_0)] + \dfrac{\mathrm{j}\omega}{\omega_0^2-\omega^2}$

3-21 （1）$X_1(\omega) = \dfrac{\mathrm{e}-\mathrm{e}^{-\mathrm{j}\omega}}{1+\mathrm{j}\omega}$；

（2）$X_2(\omega) = \dfrac{2\mathrm{e}-2\cos\omega+2\omega\sin\omega}{1+\omega^2}$；

（3）$X_3(\omega) = \dfrac{-2\mathrm{j}\omega\mathrm{e}+2\mathrm{j}\sin\omega+2\mathrm{j}\omega\cos\omega}{1+\omega^2}$；

（4）$X_4(\omega) = \dfrac{(e - e^{-j\omega})(1 + e^{-j\omega})}{1 + j\omega}$；

（5）$X_5(\omega) = \dfrac{e - 2e^{-j\omega} - j\omega e^{-j\omega}}{(1 + j\omega)^2}$。

3-22　若 $X(\omega) = e^{-|\omega|}$，　$x(t) = \dfrac{1}{\pi(1 + t^2)}$；

　　　若 $X(\omega) = -e^{-|\omega|}$，　$x(t) = -\dfrac{1}{\pi(1 + t^2)}$。

3-23　（1）$\pi\delta(\omega + 3) + \dfrac{e^{-j2(\omega + 3)}}{j(\omega + 3)}$；

　　　（2）$\dfrac{\pi}{2}\big[\delta(\omega + \pi + 1) + \delta(\omega - \pi + 1)\big] - \dfrac{j(\omega + 1)}{(\omega + 1)^2 - \pi^2}$；

　　　（3）当 $-2\pi < \omega + \pi < 2\pi$ 时，$X(\omega) = \dfrac{\pi}{4}(\omega + 3\pi)$；

　　　　　当 $2\pi < \omega + \pi < 4\pi$ 时，$X(\omega) = \dfrac{\pi}{4}(-\omega + 3\pi)$。

3-24　（1）$-\dfrac{1}{t}$；（2）$\dfrac{1}{2}G_{10}(t)$；（3）$\delta(t) - 4.5e^{-5t}\varepsilon(t) + 3.5e^{-t}\varepsilon(t)$。

3-25　略。

3-26　$\dfrac{1}{8} \cdot \dfrac{\sin 2\pi t}{2\pi t}$。

3-27　$G_2(t + 2) + G_2(t - 2)$。

3-28　$2\pi\delta(\omega) + 2\pi\left[\delta\left(\omega + \dfrac{\pi}{4}\right) + \delta\left(\omega - \dfrac{\pi}{4}\right)\right]e^{j\frac{4}{3}\omega} + j\pi\left[\delta\left(\omega + \dfrac{\pi}{3}\right) - \delta\left(\omega - \dfrac{\pi}{3}\right)\right]e^{-j\frac{1}{2}\omega}$。

3-29　（a）：（1）$\dfrac{\tau}{2}Sa^2\left(\dfrac{\omega\tau}{4}\right)$；（2）$\dfrac{\tau^2}{4}Sa^4\left(\dfrac{\omega\tau}{4}\right)$；（3）$\dfrac{\tau}{3}$。

　　　（b）：

　　　（1）$E\tau\pi\left\{Sa\left[\dfrac{\tau}{4}(\omega + 1)\right]\sin\dfrac{\tau}{4}(\omega + 1) - Sa\left[\dfrac{\tau}{4}(\omega - 1)\right]\sin\dfrac{\tau}{4}(\omega - 1)\right\}$；

　　　（2）$(E\tau\pi)^2\left\{Sa\left[\dfrac{\tau}{4}(\omega + 1)\right]\sin\dfrac{\tau}{4}(\omega + 1) - Sa\left[\dfrac{\tau}{4}(\omega - 1)\right]\sin\dfrac{\tau}{4}(\omega - 1)\right\}^2$；

　　　（3）$E^2\dfrac{\tau}{2}$。

　　　（c）：（1）$\dfrac{E}{1 + j\omega}$；（2）$\dfrac{E^2}{1 + \omega^2}$；（3）$\dfrac{E^2}{2}$。

3-30　（1）π；（2）$\dfrac{\pi}{2}$。

第4章

4-1　$\dfrac{1}{2+\mathrm{j}\omega RC}$。

4-2　（1）$(1-2\mathrm{e}^{-t})\varepsilon(t)$；（2）$(2\mathrm{e}^{-t}-3\mathrm{e}^{-2t})\varepsilon(t)$。

4-3　（1）$h(t)=\delta(t-t_0)$　　$H(\mathrm{j}\omega)=\mathrm{e}^{-\mathrm{j}\omega t_0}$；

　　（2）$h(t)=\displaystyle\int_{-\infty}^{t}\delta(\tau)\mathrm{d}\tau=\varepsilon(t)$　　$H(\mathrm{j}\omega)=\pi\delta(\omega)+\dfrac{1}{\mathrm{j}\omega}$；

　　（3）$H(\mathrm{j}\omega)=\dfrac{2+\mathrm{j}\omega}{-\omega^2+4\mathrm{j}\omega+3}$　　$h(t)=\dfrac{1}{2}(\mathrm{e}^{-t}+\mathrm{e}^{-3t})\varepsilon(t)$。

4-4　（1）$h(t)=2.5[\delta(t+2)+\delta(t-2)]$；（2）$y(t)=2.5[x(t+2)+x(t-2)]$。

4-5　（1）$y_1(t)=x_1(t-1)$；（2）$y_2(t)=\dfrac{5}{2}Sa\left(\dfrac{t-1}{2}\right)\cos\dfrac{3(t-1)}{2}$。

4-6　$y_{zs}(t)=(\mathrm{e}^{-3t}+\mathrm{e}^{-t}-\mathrm{e}^{-2t})\varepsilon(t)$。

4-7　$H(\mathrm{j}\omega)=\dfrac{R_2(1+\mathrm{j}\omega C_1R_1)}{(R_1+R_2)+\mathrm{j}(\omega C_1R_1R_2+\omega C_2R_1R_2)}$，$C_1R_1=C_2R_2$。

4-8　$H(\mathrm{j}\omega)=\dfrac{2\mathrm{j}\omega+3}{(\mathrm{j}\omega+1)(\mathrm{j}\omega+10)}$。

4-9　（1）$y_1(t)=-\dfrac{2}{3}\sin(2\pi t+\theta)$；（2）$y_2(t)=0$。

4-10　$g(t)=\dfrac{3}{2}(1-\mathrm{e}^{-2t})\varepsilon(t)$，$t_0=1$。

4-11　$y(t)=3-2\cos 2t-4\sin t$，$t\in(-\infty,\infty)$。

4-12　$y(t)=20\cos 100t$。

4-13　$y(t)=\dfrac{1}{2\pi}Sa(t)$。

4-14　$1+2\cos\left(t-\dfrac{\pi}{3}\right)$。

4-15　$2\times10^6\,\mathrm{Hz}$；$1\times10^6\,\mathrm{Hz}$。

4-16　$100\pi\,\mathrm{rad/s}$；$200\pi\,\mathrm{rad/s}$；$0.01\mathrm{s}$。

4-17　（1）$f_s=800\mathrm{Hz}$，$T_s=1.25\mathrm{ms}$；

　　（2）$f_s=400\mathrm{Hz}$，$T_s=2.5\mathrm{ms}$；

　　（3）$f_s=800\mathrm{Hz}$，$T_s=1.25\mathrm{ms}$。

4-18　$y(t)=\dfrac{1}{2}Sa[\omega_c(t-t_0)]\cos\omega t_0$。

4-19　$Q\geqslant112.5$。

4-20　系统无幅度失真，但有相位失真。只有当$\omega<<\omega_0=\dfrac{1}{\sqrt{LC}}$时，才满足不失真传输条

件。这时输出电压 $u_0(t)$ 幅度不变，仅有时延 $t_0 = \dfrac{2}{\omega_0}$ 。

第 5 章

5-1　（1）$\dfrac{a}{s(s+a)}$ ；（2）$\dfrac{2s+1}{s^2+1}$ ；（3）$\dfrac{1}{(s+2)^2}$ ；（4）$\dfrac{2}{(s+1)^2+4}$ ；

（5）$\dfrac{s+3}{(s+1)^2}$ ；（6）$\dfrac{1}{s+\beta} - \dfrac{s+\beta}{(s+\beta)^2+\alpha^2}$ ；（7）$\dfrac{2}{s^3} + \dfrac{2}{s^2}$ ；（8）$2 - \dfrac{3}{s+7}$ ；

（9）$\dfrac{\beta}{(s+\alpha)^2-\beta^2}$ ；（10）$\dfrac{1}{2}\left(\dfrac{1}{s} + \dfrac{s}{s^2+4\omega^2}\right)$ ；（11）$\dfrac{1}{(s+a)(s+\beta)}$ ；

（12）$\dfrac{(s+1)\mathrm{e}^{-a}}{(s+1)^2+\omega^2}$ ；（13）$\dfrac{(s+2)\mathrm{e}^{-(s-1)}}{(s+1)^2}$ ；（14）$aX(as+1)$ ；

（15）$aX(as+a^2)$ ；（16）$\dfrac{1}{4}\left[\dfrac{3s^2-27}{(s^2+9)^2} + \dfrac{s^2-81}{(s^2+81)^2}\right]$ ；（17）$\dfrac{2s^3-24s}{(s^2+4)^3}$ ；

（18）$-\ln\left(\dfrac{s}{s+a}\right)$ ；（19）$\ln\left(\dfrac{s+5}{s+3}\right)$ ；（20）$\dfrac{\pi}{2} - \arctan\dfrac{s}{a}$ 。

5-2　（1）e^{-t} ；（2）$2\mathrm{e}^{-\frac{3}{2}t}$ （3）$\dfrac{4}{3}(1-\mathrm{e}^{-\frac{3}{2}t})$ ；（4）$\dfrac{1}{5}\left[1-\cos(\sqrt{5}t)\right]$ ；

（5）$\dfrac{3}{2}(\mathrm{e}^{-2t} - \mathrm{e}^{-4t})$ ；（6）$6\mathrm{e}^{-4t} - 3\mathrm{e}^{-2t}$ （7）$\sin t + \delta(t)$ ；（8）$\mathrm{e}^{2t} - \mathrm{e}^{t}$ ；

（9）$1 - \mathrm{e}^{-\frac{t}{RC}}$ ；（10）$1 - 2\mathrm{e}^{-\frac{t}{RC}}$ （11）$\dfrac{RC\omega}{1+(RC\omega)^2}\left[\mathrm{e}^{-\frac{t}{RC}} - \cos(\omega t) + \dfrac{1}{RC\omega}\sin(\omega t)\right]$ ；

（12）$7\mathrm{e}^{-3t} - 3\mathrm{e}^{-2t}$ ；（13）$\dfrac{100}{199}(49\mathrm{e}^{-t} + 150\mathrm{e}^{-200t})$ ；（14）$\mathrm{e}^{-t}(t^2-t+1) - \mathrm{e}^{-2t}$ ；

（15）$\dfrac{A}{K}\sin(Kt)$ ；（16）$\dfrac{1}{6}\left[\dfrac{\sqrt{3}}{3}\sin(\sqrt{3}t) - t\cos(\sqrt{3}t)\right]$ ；

（17）$\dfrac{-a}{(a-\alpha)^2+\beta^2}\mathrm{e}^{-at} + \dfrac{a}{(a-\alpha)^2+\beta^2}\cos(\beta t)\mathrm{e}^{-at} + \dfrac{\alpha^2+\beta^2-a\alpha}{(a-\alpha)^2+\beta^2}\cdot\dfrac{1}{\beta}\cdot\sin(\beta t)\mathrm{e}^{-at}$ ；

（18）$\dfrac{\alpha^2+\beta^2-\omega^2}{(\alpha^2+\beta^2-\omega^2)^2+(2\alpha\omega)^2}\cos(\omega t) + \dfrac{2\alpha\omega}{(\alpha^2+\beta^2-\omega^2)^2+(2\alpha\omega)^2}\sin(\omega t)$

$\qquad - \left[\dfrac{\alpha^2+\beta^2-\omega^2}{(\alpha^2+\beta^2-\omega^2)^2+(2\alpha\omega)^2}\cos(\beta t) + \dfrac{\alpha}{\beta}\cdot\dfrac{\alpha^2+\omega^2+\beta^2}{(\alpha^2+\beta^2-\omega^2)^2+(2\alpha\omega)^2}\sin(\beta t)\right]\mathrm{e}^{-at}$ ；

（19）$\dfrac{1}{4}\left[1-\cos(t-1)\right]\varepsilon(t-1)$ ；（20）$\dfrac{1}{t}(\mathrm{e}^{-9t}-1)$ 。

5-3　（a）$X(s) = \mathrm{e}^{-s} - 2\mathrm{e}^{-2s}$ ；（b）$X(s) = \dfrac{1}{s^2}(1-\mathrm{e}^{-s})$ ；

（c）$X(s) = \dfrac{1}{s} - \dfrac{1}{s^2}(1 - e^{-s})$；（d）$X(s) = \dfrac{1}{s+1}[1 - e^{-(s+1)}]$。

5-4 （1）$\dfrac{2}{4s^2 + 6s + 3}$；（2）$\dfrac{2e^{-\frac{s+3}{2}}}{s^2 + 4s + 7}$。

5-5 （a）$X(s) = \dfrac{1}{1 + e^{-s}}$；（b）$X(s) = \dfrac{1}{s} \cdot \dfrac{1 - e^{-s}}{1 + e^{-s}}$。

5-6 （1）$X_s(t) = \displaystyle\sum_{n=0}^{\infty} x(nT)e^{-snT}$；

　　（2）$X_s(t) = \dfrac{1}{1 - e^{-(a+s)T}}$。

5-7 （1）$y(t) = (4e^{-t} - 3e^{-2t})\varepsilon(t)$；（2）$y(t) = (3e^{-2t} - e^{-t})\varepsilon(t)$；

　　（3）$y_1(t) = \left(\dfrac{2}{3} + e^{-t} + \dfrac{1}{3}e^{-3t}\right)\varepsilon(t)$；$y_2(t) = \left(\dfrac{1}{3} + e^{-t} - \dfrac{1}{3}e^{-3t}\right)\varepsilon(t)$。

5-8 $u(t) = \left(1 + \dfrac{1}{3}e^{-t}\cos t - \dfrac{1}{3}e^{-t}\sin t\right)\varepsilon(t)$。

5-9 （1）$\dfrac{5s + 3}{s^2 + 11s + 24}$；（2）$\dfrac{s + 3}{s^3 + 3s^2 + 2s}$。

5-10 $h(t) = \dfrac{3}{2}\delta(t) + (e^{-2t} + 8e^{3t})\varepsilon(t)$。

5-11 $y''(t) + 4y'(t) + 3y(t) = x'(t) + 5x(t)$，$y_{zs}(t) = (2e^{-t} - 3e^{-2t} + e^{-3t})\varepsilon(t)$。

5-12 （1）$h(t) = 2\delta(t) - 6e^{-3t}\varepsilon(t)$；（2）$y(t) = (3e^{-3t} - e^{-t})\varepsilon(t)$。

5-13 $y(t) = \left(\dfrac{1}{2}t + 1\right)\cos 2t + \dfrac{3}{4}\sin 2t$，$t \geqslant 0$

5-14 $x(t) = \left(1 - \dfrac{1}{2}e^{-2t}\right)\varepsilon(t)$。

5-15 $g(t) = (1 - e^{-2t} + 2e^{-3t})\varepsilon(t)$。

5-16 $y_{zs}(t) = (-2te^{-2t} - 3e^{-2t} + 3e^{-t})\varepsilon(t)$，$y_{zi}(t) = (3e^{-t} - 2e^{-2t})\varepsilon(t)$。

5-17 $h(t) = (-2e^{-t} + 3e^{-3t})\varepsilon(t)$，$g(t) = (2e^{-t} - e^{-3t} - 1)\varepsilon(t)$。

5-18 $u_c(t) = \dfrac{3}{2}e^{-2t}\varepsilon(t)\mathrm{V}$，$i_c(t) = \left[\delta(t) - 3e^{-2t}\varepsilon(t)\right]\mathrm{A}$。

5-19 （1）$X_B(s) = \dfrac{-5}{(s-2)(s+3)}$，$-3 < \sigma < 2$；

　　（2）$X_B(s) = \dfrac{-1}{(s-3)(s-4)}$，$3 < \sigma < 4$；

　　（3）没有。

5-20 （1）$x(t) = (-e^t - e^{-t} - e^{-3t})\varepsilon(-t)$；（2）$x(t) = e^{-3t}\varepsilon(t) - (e^t + e^{-t})\varepsilon(-t)$；

　　（3）$x(t) = (e^{-t} + e^{-3t})\varepsilon(t) - e^t\varepsilon(-t)$；（4）$x(t) = (e^t + e^{-t} + e^{-3t})\varepsilon(t)$。

5-21　$H(s) = \dfrac{s^2 + 3s + 2}{s^2 + 2s + 1} = 1 + \dfrac{s+1}{s^2 + 2s + 1}$。

5-22　$H(s) = \dfrac{K(s+1)(s+5)}{s^2 + 6s + 5 + K}$。

5-23　（a）$H(s) = \dfrac{X + Y}{1 + YZ}$；

　　　（b）$H(s) = \dfrac{UVW}{1 - UVX + UVWZ + VWY}$。

5-24　略。

5-25　（a）$\dfrac{s}{RC\left(s^2 + \dfrac{3}{RC}s + \dfrac{1}{R^2 C^2}\right)}$；（b）$-\dfrac{s - \dfrac{1}{RC}}{s + \dfrac{1}{RC}}$；（c）$\dfrac{1}{6}$。

5-26　$H(s) = \dfrac{80(s+2)(s+3)}{3(s+1)(s^2+4)\left[(s+2)^2 + 4\right]}$。

5-27　（1）临界稳定；（2）不稳定。

5-28　（1）$H(s) = \dfrac{s+1}{s^2 + s - 6} = \dfrac{s+1}{(s-2)(s+3)}$；

　　　（2）$h(t) = \left(\dfrac{3}{5}e^{2t} + \dfrac{2}{5}e^{-3t}\right)\varepsilon(t)$，不稳定。

5-29　（a）低通；（b）带通；（c）高通；（d）带通；（e）带通；（f）带阻；
　　　（g）高通；（h）带通—带阻。

5-30　（1）$H(s) = \dfrac{Ks}{s^2 + (4-K)s + 4}$；（2）$K < 4$；

　　　（3）当 $K = 4$ 时，$h(t) = 4\cos 2t\varepsilon(t)$。

第 6 章

6-1　略。

6-2　略。

6-3　（1）$x(n)$ 是周期性的，周期 $N = 14$；

　　　（2）$x(n)$ 是非周期性的。

6-4　系统的差分方程为 $y(n) - \dfrac{1}{3}y(n-1) = x(n)$

　　　（1）$y(n) = \left(\dfrac{1}{3}\right)^n \varepsilon(n)$，曲线图略；

　　　（2）$y(n) = \dfrac{3 - \left(\dfrac{1}{3}\right)^n}{2} = \left[\dfrac{3}{2} - \dfrac{1}{2}\left(\dfrac{1}{3}\right)^n\right]\varepsilon(n)$，曲线图略；

（3） $y(n) = \left[\dfrac{3}{2} - \dfrac{1}{2}\left(\dfrac{1}{3}\right)^n \right][\varepsilon(n) - \varepsilon(n-5)] + \dfrac{121}{3^n}\varepsilon(n-5)$，曲线图略。

6-5　系统的差分方程为　$y(n) - \dfrac{1}{3}y(n-1) = x(n-1)$，

$y(n) = (\dfrac{1}{3})^{n-1}\varepsilon(n-1)$。

6-6　系统的差分方程为
$$b_0 y(n) + b_1 y(n-1) = a_0 x(n) + a_1 x(n-1)$$
该方程为一阶后向差分方程。

6-7　系统的差分方程为
$$y(n) - b_1 y(n-1) - b_2 y(n-2) = a_0 x(n) + a_1 x(n-1)$$
该方程为二阶后向差分方程。

6-8　（1） $y(n) = \left(\dfrac{1}{2}\right)^n$；（2） $y(n) = \dfrac{1}{2}(2)^n$；（3） $y(n) = -\dfrac{1}{3}(-3)^n$；（4） $y(n) = \left(-\dfrac{2}{3}\right)^n$。

6-9　（1） $y(n) = 4(-1)^n - 12(-2)^n$；

（2） $y(n) = (2n+1)(-1)^n$；

（3） $y(n) = \dfrac{1}{2}(\mathrm{e}^{\mathrm{j}\frac{\pi}{2}n} + \mathrm{e}^{-\mathrm{j}\frac{\pi}{2}n}) - \mathrm{j}(\mathrm{e}^{\mathrm{j}\frac{\pi}{2}n} - \mathrm{e}^{-\mathrm{j}\frac{\pi}{2}n}) = \cos\dfrac{\pi}{2}n + 2\sin\dfrac{\pi}{2}n$。

6-10　$y(n) = \left[\dfrac{13}{9}(-2)^n + \dfrac{1}{3}n - \dfrac{4}{9}\right]\varepsilon(n)$。

6-11　$y(n) = \{1, \underset{\substack{\uparrow \\ n=0}}{3}, 6, 2, 7, 7, \cdots\}$。

6-12　$h(n) = [1 + \left(-\dfrac{1}{2}\right)^{n+1}]\varepsilon(n)$。

6-13　原式 $= (n+1)\varepsilon(n)$ 或原式 $= n\varepsilon(n-1) + \varepsilon(n)$。

6-14　系统的差分方程为 $y(n) + \dfrac{1}{2}y(n-1) = x(n) - x(n-1)$。

6-15　（1）非线性、时不变、无记忆系统；

（2）线性、时变、无记忆系统；

（3）非线性、时不变、记忆系统；

（4）线性、时不变、无记忆系统。

6-16　$y_{zi}(n) = 5(-1)^n - 3(-2)^n$，$n \geqslant 0$。

6-17　略。

6-18　$y(n) = a^n\varepsilon(n-1) - a^{n-2}\varepsilon(n-3)$。

6-19　$y_{zi}(n) = (-1)^n - (-2)^n$，$n \geqslant 0$ 或 $y_{zi}(n) = [(-1)^n - (-2)^n]\varepsilon(n)$；

$y_{zs}(n) = h(n) * x(n) = [-2(-1)^n + 2(-2)^n + 3n(-2)^n]\varepsilon(n)$；

$y(n) = y_{zi}(n) + y_{zs}(n) = [-(-1)^n + (-2)^n + 3n(-2)^{n-1}]\varepsilon(n)$。

6-20　（1）系统的差分方程为 $y(n) - 2y(n-1) + y(n-2) = 4x(n) + x(n-1)$；

（2）$y_{zi}(n) = -2n - 3$，$n \geqslant 0$；

（3）系统不稳定，但因果；$y(n) = h(n) = (4+5n)\varepsilon(n)$。

6-21 $h(n) = \delta(n)(0.5)^{n-2}\varepsilon(n-2)$

6-22 略。

6-23 $T_s = \dfrac{m}{N} \times \dfrac{2\pi}{\omega_0} = \dfrac{mT}{N}$。

6-24 （1）$T_s = \dfrac{m}{N} \times \dfrac{2\pi}{\omega_0} = \dfrac{m}{N} \times \dfrac{2\pi}{20} = \dfrac{m\pi}{10N}$；

（2）基本周期 $N = 2$。

6-25 $y(n) = \{\cdots, 0, \underset{\substack{\uparrow \\ n=0}}{0}, 1, 3, 6, 5, 3, 0, 0, \cdots\}$。

6-26 （1）$y_{zi}(n) = \left[-\dfrac{5}{4}n(-2)^n + \dfrac{3}{4}n^2(-2)^n \right]\varepsilon(n)$；

（2）$y_{zi}(n) = -\left(\dfrac{6}{5}\right)^n$，$n \geqslant -1$；

（3）$y_{zi}(n) = 24\left(\dfrac{1}{2}\right)^n - 9\left(\dfrac{1}{3}\right)^n$，$n \geqslant 0$。

6-27 （1）
$$\begin{aligned} h(n) &= \delta(n-1) + \left[\dfrac{(\sqrt{2}+1)^{n-1}}{2(\sqrt{2}+1)} - \dfrac{(\sqrt{2}-1)^{n-1}}{2(\sqrt{2}-1)} \right]\varepsilon(n-1) \\ &= \delta(n-1) + \left[\dfrac{(\sqrt{2}+1)^{n-2}}{2} - \dfrac{(\sqrt{2}-1)^{n-2}}{2} \right]\varepsilon(n-2) \\ &= \delta(n-1) + \left[\dfrac{(\sqrt{2}+1)^{n-2} - (\sqrt{2}-1)^{n-2}}{2} \right]\varepsilon(n-2) \end{aligned}$$

（2）$h(n) = (n-1)\left(\dfrac{1}{2}\right)^{n-2}\varepsilon(n-1) = 4(n-1)\left(\dfrac{1}{2}\right)^2\varepsilon(n-1)$

或 $h(n) = 4(n-1)\left(\dfrac{1}{2}\right)^n\varepsilon(n-2)$。

6-28 （1）$y_{zi}(n) = 4 - 4(2)^n$，$n \geqslant 0$；

（2）$h(n) = -2(1)^n + 3(2)^n = [-2 + 3(2)^n]\varepsilon(n)$；

（3）$g(n) = [-2(n+1) + 6(2)^n - 3]\varepsilon(n)$；

（4）$y_{zs}(n) = [(3n+1)(2)^n + 2]\varepsilon(n)$。

6-29 （1）$y(n) - 0.7y(n-1) + 0.1y(n-2) = 7x(n) - 2x(n-1)$；

（2）$y_{zi}(n) = 12(0.5)^n - 10(0.2)^n$，$n \geqslant -2$；

（3）$y_{zs}(n) = \left\{ 12.5 - [5(0.5)^n + 0.5(0.2)^n] \right\}\varepsilon(n)$；

（4）$y(n) = 12.5 + 7(0.5)^n - 10.5(0.2)^n$，$n \geqslant 0$。

6-30 略。

第 7 章

7-1　$X(z)=\dfrac{1.5z}{(2-z)\left(z-\dfrac{1}{2}\right)}$；收敛域为 $\dfrac{1}{2}<|z|<2$；零、极点图略。

7-2　（1）$X(z)=A\dfrac{z^2\cos\varphi-zr\cos(\omega_0-\varphi)}{z^2-2zr\cos\omega_0+r^2}$，$|z|>r$；

　　（2）$X(z)=\dfrac{1-z^{-N}}{1-z^{-1}}$，$|z|>0$。

7-3　（1）$x(n)=\delta(n)$；（2）$x(n)=\delta(n+3)$；（3）$x(n)=\delta(n-1)$；

　　（4）$x(n)=-2\delta(n-2)+2\delta(n+1)+\delta(n)$；（5）$x(n)=a^n\varepsilon(n)$；

　　（6）$x(n)=-a^n\varepsilon(-n-1)$。

7-4　（1）$x(n)=(-0.5)^n\varepsilon(n)$；（2）$x(n)=[4\left(-\dfrac{1}{2}\right)^n-3\left(-\dfrac{1}{4}\right)^n]\varepsilon(n)$；

　　（3）$x(n)=\left(-\dfrac{1}{2}\right)^n\varepsilon(n)$；（4）$x(n)=-a\delta(n)+\left(a-\dfrac{1}{a}\right)\left(\dfrac{1}{a}\right)^n\varepsilon(n)$。

7-5　$x(n)=10(2^n-1)\varepsilon(n)$。

7-6　（1）$x(n)=[20(0.5)^n-10(0.25)^n]\varepsilon(n)$；

　　（2）$x(n)=[5(1)^n+5(-1)^n]\varepsilon(n)=5[1+(-1)^n]\varepsilon(n)$。

7-7　（1）$x(n)=\left[\left(\dfrac{1}{2}\right)^n-(2)^n\right]\varepsilon(n)$；

　　（2）$x(n)=\left[(2)^n-\left(\dfrac{1}{2}\right)^n\right]\varepsilon(-n-1)$；

　　（3）$x(n)=\left(\dfrac{1}{2}\right)^n\varepsilon(n)+(2)^n\varepsilon(-n-1)$。

7-8　（1）$y(n)=\dfrac{b}{b-a}[a^n\varepsilon(n)+b^n\varepsilon(-n-1)]$；

　　（2）$y(n)=a^{n-2}\varepsilon(n-2),\ |z|>|a|$；

　　（3）$y(n)=\left(\dfrac{1}{a-1}a^n+\dfrac{1}{1-a}\right)\varepsilon(n)=\dfrac{1-a^n}{1-a}\varepsilon(n)$。

7-9　（1）$y(n)=\left[\dfrac{1}{3}+\dfrac{4}{\sqrt{3}}\sin\dfrac{2\pi n}{3}+\dfrac{2}{3}\cos\dfrac{2\pi n}{3}\right]\varepsilon(n)$；

　　（2）$y(n)=[9.26+0.66(-0.2)^n-0.2(0.1)^n]\varepsilon(n)$；

　　（3）$y(n)=[-0.45(0.9)^n+0.5]\varepsilon(n)$；

　　（4）$y(n)=[0.45(0.9)^n+0.5]\varepsilon(n)$；

（5） $y(n) = \left[\dfrac{n}{6} + \dfrac{5}{36} - \dfrac{5}{36}(-5)^n\right]\varepsilon(n)$;

（6） $y(n) = \left[\dfrac{n}{3} - \dfrac{4}{9} + \dfrac{13}{9}(-2)^n\right]\varepsilon(n)$ 。

7-10　（1）稳定；（2）不稳定；（3）临界稳定；（4）临界稳定。

7-11　（1） $h(n) = (-3)^n \varepsilon(n)$;

　　　（2） $y(n) = \dfrac{1}{32}[-9(-3)^n + 8n^2 + 20n + 9]\varepsilon(n)$ 。

7-12　（1） $H(z) = \dfrac{Y(z)}{X(z)} = \dfrac{\dfrac{z}{3}}{z-2}$, $h(n) = \dfrac{1}{3}(2)^n \varepsilon(n)$;

　　　（2） $H(z) = \dfrac{z^3 - 5z^2 + 8}{z^3}$, $h(n) = \delta(n) - 5\delta(n-1) + 8\delta(n-3)$;

　　　（3） $H(z) = \dfrac{Y(z)}{X(z)} = \dfrac{z}{z - \dfrac{1}{2}}$, $h(n) = \left(\dfrac{1}{2}\right)^n \varepsilon(n)$;

　　　（4） $H(z) = \dfrac{Y(z)}{X(z)} = \dfrac{z^3}{z^3 - 3z^2 + 3z - 1} = \dfrac{z^3}{(z-1)^3}$, $h(n) = \dfrac{1}{2}(n+1)(n+2)\varepsilon(n)$;

　　　（5） $H(z) = \dfrac{Y(z)}{X(z)} = \dfrac{z^3 - 3}{z^2 - 5z + 6} = 1 + \dfrac{5z - 9}{(z-2)(z-3)} = 1 - \dfrac{1}{z-2} + \dfrac{6}{z-3}$

　　　 $h(n) = \delta(n) - 2^{n-1}\varepsilon(n-1) + 6(3)^{n-1}\varepsilon(n-1) = -\dfrac{1}{2}\delta(n) - \dfrac{1}{2}(2)^n \varepsilon(n) + 2(3)^n \varepsilon(n)$

7-13　当 $10 < |z| \le \infty$ 时, $h(n) = [(0.5)^n - 10^n]\varepsilon(n)$, 此时为因果系统, 但是不稳定系统；

　　　当 $0.5 < |z| < 10$ 时, $h(n) = 0.5^n \varepsilon(n) + 10^n \varepsilon(-n-1)$, 此时为非因果系统, 但是稳定系统。

7-14　（1） $H(z) = \dfrac{z}{z+1}$, $h(n) = (-1)^n \varepsilon(n)$, 系统是临界稳定；

　　　（2） $y(n) = 5[1 + (-1)^n]\varepsilon(n)$ 。

7-15　（1）系统的差分方程为 $y(n) - Ky(n-1) = x(n)$;

　　　（2）系统的结构图略；

　　　（3） $H(e^{j\omega}) = \dfrac{e^{j\omega}}{e^{j\omega} - K}$

　　　　　 $\left|H(e^{j\omega})\right| = \dfrac{1}{\sqrt{1 + K^2 - 2K\cos\omega}}$

　　　　　 $\varphi(\omega) = -\arctan\dfrac{K\sin\omega}{1 - K\cos\omega}$

7-16　（1） $H(z) = \dfrac{Y(z)}{X(z)} = \dfrac{z}{z - \dfrac{1}{3}}$, $|z| > \dfrac{1}{3}$, $h(n) = \left(\dfrac{1}{3}\right)^n \varepsilon(n)$;

（2） $x(n) = \dfrac{1}{2}\left(\dfrac{1}{2}\right)^{n-1}\varepsilon(n-1) = \left(\dfrac{1}{2}\right)^{n}\varepsilon(n-1)$ ；

（3）略；（4）略；（5）略。

7-17　（1）略；

（2） $H(z) = \dfrac{z}{z^2 - z + 0.5}$ ，零极点图略；

（3） $h(n) = 2(\sqrt{2})^{-n}\sin\dfrac{\pi n}{4}\varepsilon(n)$ ，波形图略；

（4） $y_s(n) = 40\cos(\pi n + 90^{\circ})$ 。

7-18　（1） $H(z) = \dfrac{z^2 + z}{(z-0.4)(z+0.6)}$ ， $h(n) = [1.4(0.4)^n - 0.4(-0.6)^n]\varepsilon(n)$ ；

（2） $|z| > 0.6$ ，系统是稳定的；

（3） $y_s(n) = 25\cos 2\pi n$ 。

7-19　 $y_2(n) = \left[n + \dfrac{1}{2}(1)^n - \dfrac{1}{2}(-1)^n\right]\varepsilon(n)$ 。

7-20　（1） $H(z) = \dfrac{4z^2 + 2z}{(z-0.4)(z+0.8)}$ ， $|z| > 0.8$ ；

（2）系统是稳定的；（3）略；（4） $y_s(n) = 32.4\cos\left(\dfrac{\pi n}{2} - 10^{\circ}\right)$ 。

7-21　（1） $H(z) = \dfrac{z^2 + z}{z^2 + 0.2z - 0.24}$ ；（2）略；（3） $y_s(n) = 1.13\cos\left(\dfrac{\pi n}{2} + 9.2^{\circ}\right)$ 。

7-22　 $y(n) + 1.5y(n-1) + 0.5y(n-2) = -3x(n) - 2.5x(n-1)$

7-23　（1） $X(z) = \dfrac{-\dfrac{5z}{12}}{\left(z-\dfrac{1}{4}\right)\left(z-\dfrac{2}{3}\right)}$ ， $|z| > \dfrac{2}{3}$ ；（2） $X(z) = \dfrac{1}{1-\dfrac{1}{2}z^{-1}}$ ， $|z| < \dfrac{1}{2}$ 。

7-24　（1） $H(z) = \dfrac{-0.4z}{z+0.6} + \dfrac{1.4z}{z-0.4}$ ， $|z| > 0.6$ ，稳定系统；

（2） $h(n) = [-0.4(-0.6)^n + 1.4(0.4)^n]\varepsilon(n)$ ；

（3） $y(n) = \left[-\dfrac{3}{20}(-0.6)^n - \dfrac{14}{15}(0.4)^n + \dfrac{25}{12}(1)^n\right]\varepsilon(n)$ 。

7-25　（1） $y(n) = \dfrac{1}{M}x(n) + x(n-1) + \cdots + x[n-(M-1)]$ ，

$H(z) = \dfrac{Y(z)}{X(z)} = \dfrac{1}{M}[1 + z^{-1} + z^{-2} + \cdots + z^{-(M-1)}]$ ；

（2）略。

7-26　（1） $X(z) = \dfrac{-z}{(z+1)^2}$ ， $|z| > 1$ ；（2） $X(z) = \dfrac{z+1}{(z-1)^3}$ ， $|z| > 1$ ；

（3）$X(z) = \dfrac{z}{a} \ln \dfrac{z}{z-a}$，$|z| > a$；（4）$X(z) = \dfrac{z^2}{z^2 - 1}$，$|z| > 1$；

（5）$X(z) = \dfrac{(z^2 + 1)(z + 1)(z^3 + z^2 - 1)}{z^5(z-1)}$。

7-27 $x(n) = 2\delta(n-1) + 6\delta(n) + [8 - 13(0.5)^n]\varepsilon(n)$

7-28 $y_{zi}(n) = [2^{n+1} - (-1)^n]\varepsilon(n)$；

$y_{zs}(n) = \left[2^{n+1} + \dfrac{1}{2}(-1)^n - \dfrac{3}{2}\right]\varepsilon(n)$。

7-29 $y(n) = \left[\dfrac{1}{6} + \dfrac{1}{2}(-1)^n - \dfrac{2}{3}(-2)^n\right]\varepsilon(n)$。

7-30 $H_1(z) = \dfrac{Y_1(z)}{X(z)} = \dfrac{z^2 - 2z + 2}{z^2 - z - 6}$； $H_2(z) = \dfrac{Y_2(z)}{X(z)} = \dfrac{z^3 - 7z^2 + 11z - 2}{z^2 - z - 6}$。

7-31 $y(n+2) - 5y(n+1) + 6y(n) = x(n)$。

7-32 $h(n) = [3(-1)^n - 2(-2)^n]\varepsilon(n)$；

$g(n) = \left[\dfrac{3}{2}(-1)^n - \dfrac{4}{3}(-2)^n + \dfrac{5}{6}\right]\varepsilon(n)$。

参考文献

[1] A.V.Oppenheim，A.S.Willsky，S.H.Nawab．信号与系统[M]．2 版．刘树棠，译．北京：电子工业出版社，2013．

[2] 郑君里，应启珩，杨为理．信号与系统[M]．3 版．北京：高等教育出版社，2011．

[3] 管致中，夏恭恪，孟桥．信号与线性系统[M]．6 版．北京：高等教育出版社，2015．

[4] 吴大正，杨林耀，张永瑞，等．信号与线性系统分析[M]．5 版．北京：高等教育出版社，2019．

[5] 陈后金，胡健，薛健，等．信号与系统[M]．3 版．北京：高等教育出版社，2020．

[6] 成开友，刘长学．信号与系统分析基础[M]．北京：电子工业出版社，2016．

[7] 钱玲，谷亚林，王海青，等．信号与系统[M]．5 版．北京：电子工业出版社，2010．

[8] 张小虹．信号与系统[M]．4 版．西安：西安电子科技大学出版社，2018．

[9] 郭宝龙，闫允一，朱娟娟，等．工程信号与系统[M]．北京：高等教育出版社，2014．

附录 信号与系统中常用的 MATLAB 函数

表 1 MATLAB 常用的基本数学函数

函数名	功能	函数名	功能
abs(x)	实数的绝对值，复数的模	xcorr	求自相关
angle (z)	复数 z 的相角（Phase Angle）	corrcoef	求相关系数
sqrt(x)	开平方	std(x)	向量 x 的元素的标准差
real(z)	复数 z 的实部	diff(x)	向量 x 的相邻元素的差
imag(z)	复数 z 的虚部	sort(x)	对向量 x 的元素进行排序
complex	建立一个复数	length (x)	向量 x 的元素个数
conj (z)	复数 z 的共轭复数	norm(x)	向量 x 的欧氏（Euclidean）长度
round (x)	四舍五入至最近整数	sum(x)	向量 x 的元素总和
fix(x)	朝零方向取整	prod(x)	向量 x 的元素总乘积
floor (x)	朝负无穷大方向取整	cumsum(x)	向量 x 的累计元素总和
ceil(x)	朝正无穷大方向取整	cumprod(x)	向量 x 的累计元素总乘积
gcd	最大公因数	dot(x,y)	向量 x 和 y 的内积
1cm	最小公倍数	cross(x,y)	向量 x 和 y 的外积
Ism	最小二乘法	blkding	从输入参量建立块对角矩阵
log	自然对数	eye	单位矩阵
log2	以 2 为底的对数	linespace	产生线性间隔的向量
log10	常用对数	logspace	产生对数间隔的向量
nchoosek	二项式系数和全部组合数	numel	元素个数
rat(x)	将实数%化为分数表示	ones	产生全为 1 的数组
rats(x)	将实数/化为多项分数展开	zeros	建立一个全 0 矩阵
sign(x)	符号函数（Signum Function）	cat	连接数组
mod(a,b)	取余	diag	对角矩阵和矩阵对角线
roots (a)	求向量 a 所表达的多项式的根	fliplr	从左到右翻转矩阵
poly(a)	由根向量 a 求多项式系数	flipud	从上到下翻转矩阵
min(x)	向量 x 的元素的最小值	det	行列式的值
max(x)	向量 x 的元素的最大值	eig	矩阵特征值和特征向量
mean(x)	向量 x 的元素的平均值	expm	矩阵指数
median (x)	向量 x 的元素的中位数	inv	矩阵的逆

表2　MATLAB 绘图函数

函数	函数说明	函数	函数说明
bar	竖直条图	datetick	数据格式标记
barh	水平条图	grid	加网格线
hist	直方图	gtext	用鼠标将文本放在 2D 图中
histc	直方图计数	legend	图注
hold	保持当前图形	plotyy	左右边都绘 y 轴
loglog	x,y 双对数坐标图	title	标题
pie	饼状图	xlabel	x 轴标签
plot	绘制二维图	ylabel	y 轴标签
polar	极坐标图	zlabel	z 轴标签
semilogy	y 轴对数坐标图	contour	等高线图
semilogx	x 轴对数坐标图	contourc	等高线计算
subplot	绘制子图	contourf	填充的等高线图
bar3	数值 3D 竖条图	hidden	网格线消影
bar3h	水平 3D 条形图	meshc	连接网格/等高线
comet3	3D 慧星图	mesh	具有参考轴的 3D 网格
cylinder	圆柱体	peaks	具有两个变量的采样函数
fill3	填充的 3D 多边形	surf	3D 阴影表面图
plot3	3 维空间绘图	surfc	海浪和等高线的结合
quiver3	3D 振动（速度）图	surfl	具有光照的 3D 阴影表面
slice	体积薄片图	trimesh	三角网格图
sphere	球	zoom	二维图形的变焦放大
stem3	绘制离散表面数据	plotedit	图形编辑工具
trisurf	三角表面	text	在图上标注文字

表3　MATLAB 波形产生函数

函数名	功能	函数名	功能
sin/ sind	产生正弦信号	exp	指数信号
cos/cosd	产生余弦信号	sine	产生 sine 或 sin(m)/(m)信号波形
tan/tand	产生正切信号	gauspuls	高斯脉冲
cot/ cotd	产生余切信号	pulstran	产生脉冲串
asin/ asind	产生反正弦信号	square	产生周期性的方波
acos/acosd	产生反余弦信号	sawtooth	产生周期性的锯齿波

续表

函数名	功能	函数名	功能
atan/atand	产生反正切信号	rectpuls	产生非周期的矩形波
acot/acotd	产生反余切信号	tripuls	产生非周期的三角波
atan2	四象限反正切	rand(1,N)	产生一个长度为 N,其值在[0,1] 之间均匀分布的随机序列
dirac	产生单位冲激信号	randn(1,N)	产生一个长度为 N，均值为 0，方差为 1 的高斯型随机序列
heaviside	产生单位阶跃信号		
chip	产生调频余弦信号	diric	产生 diricchlet 或周期 sine 信号

表4　MATLAB 信号变换函数

函数名	功能	函数名	功能
czt	线性调频 z 变换	cceps	复倒谱计算
det	离散余弦变换	icceps	逆复倒谱计算
dftmtx	离散傅里叶变换矩阵	reeps	实倒谱计算与最小相位重构
fift	一维快速傅里叶变换	del2	离散拉普拉斯变换
fft2	二维快速傅里叶变换	cplxpair	将复数值分类为共轭对
fiftshift	重新排列快速傅里叶变换的输出	ifftshift	反 FFT 偏移
residue	拉普拉斯变换的有理分式表达法和部分分式表达法的相互转换	nextpow2	最靠近的 2 的蒂次
residuez	z 变换的有理分式表达法和部分分式表达法的相互转换	fourier	Fourier 变换
unwrap	校正相位角	ifburier	Fourier 反变换
hilbert	希尔伯特变换	ilaplace	Laplace 反变换
idet	逆离散余弦变换	iztrans	z 反变换
ifft	一维快速傅里叶反变换	laplace	Laplace 变换
iflt2	二维快速傅里叶反变换	ztrans	z 变换

表5　MATLAB 系统分析函数

函数名	功能	函数名	功能
freqs	模拟系统的频率响应	grpdelay	平均滤波延时(群延时)
freqspace	控制频率响应中的频率间隔	impz	数字滤波器的冲激响应
freqz	数字系统的频率响应	unwrap	展开相角
freqzplot	绘出频率响应曲线	zplane	离散系统的零极点图
conv	求卷积	filtfilt	零相位数字滤波

函数名	功能	函数名	功能
conv2	求二维卷积	filtic	确定系统的初始条件
deconv	去卷积	latcfilt	应用格型结构滤波
fftfilt	利用重叠相加法基于快速傅里叶变换的有限长单位冲激响应滤波	medfilt1	一维中值滤波
filter	利用直接型滤波器的 IIR 无限长单位冲激响应或 FIR 滤波	sosfilt	IIR 二阶滤波
filter2	二维数字滤波	upfirdn	采样率转换